# 土建施工结构计算

主　编　杨　帆
主　审　王　伟

中国建材工业出版社

**图书在版编目（CIP）数据**

土建施工结构计算 / 杨帆主编. —北京 ：中国建
材工业出版社，2019.1
　ISBN 978-7-5160-2467-6

　Ⅰ. ①土… Ⅱ. ①杨… Ⅲ. ①土木工程-工程计算
Ⅳ. ①TU

中国版本图书馆 CIP 数据核字（2018）第 273581 号

## 内 容 简 介

　　本书内容包括基坑支护工程、模板工程、脚手架工程和起重设备四大部分，目的使读者能够迅速掌握施工过程中结构计算的问题。本书可作为高职高专土建专业学生的教材之用，也可作为土建结构施工技术人员的参考用书。

**土建施工结构计算**

主 编 杨 帆

出版发行：中国建材工业出版社
地　　址：北京市海淀区三里河路 1 号
邮　　编：100044
经　　销：全国各地新华书店
印　　刷：北京雁林吉兆印刷有限公司
开　　本：787mm×1092mm 　1/16
印　　张：18.5
字　　数：450 千字
版　　次：2019 年 1 月第 1 版
印　　次：2019 年 1 月第 1 次
定　　价：**56.00 元**

# 前　言

本书根据国家现行的施工安全技术规范和相应的职业资格考试辅导教材编写而成，旨在培养实用型人才，提高土建施工中结构计算人员的能力，达到和满足施工单位的要求。

本书在内容上分为基坑支护工程、模板工程、脚手架工程和起重设备四个部分。每部分后面附有习题和相应的施工方案，供土建施工人员参考。

本书在内容上偏重于土建施工结构的计算，主要涉及基坑的选型、设计和构造措施以及相应的计算；不同构件的模板计算；扣件式钢管脚手架、碗扣式钢管脚手架、门式钢管脚手架的设计、构造以及相应的计算；塔式起重机基础的设计计算。这些内容涉及钢筋混凝土、钢结构的相关知识和力学的部分内容。书中收录了一些施工中真实的失败案例，并给予总结和分析，希望引起业内重视，以避免此类事件的再次发生。

在本书编写的过程中，感谢黑龙江省建工集团为本书提供的图片资料和例题；感谢黑龙江建筑职业技术学院学生赵观芷、李冬梅进行了部分课件的制作；感谢孟繁盛总工提供的部分施工方案。特别感谢担任本书主审的哈尔滨工业大学土木工程学院王伟老师。

由于编者水平有限，书中错误及疏漏在所难免，恳请广大读者和专家批评指正。

编　者

2018 年 10 月

# 目 录

# 1　基坑支护工程

## 1.1　绪　　论

6月27日6时左右，上海闵行区"莲花河畔小区"一栋在建13层住宅楼整体倒塌（图1-1）。这是1949年以来建筑业最令人恐怖的倒楼事件。

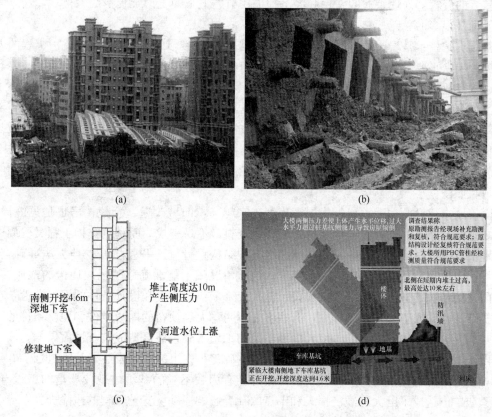

图1-1　上海"莲花河畔景苑"在建楼房整体倒塌示意图

(a) 整体倒塌图；(b) 楼房基础；(c) 楼房倒塌分析示意图；(d) 调查结果

骇人听闻的上海倒楼事件令土木人蒙羞，开发商、承包商、监理工程师和有监管职责的政府官员都负有责任。

基坑支护结构设计与施工问题，是土木工程建设中经常遇到较重要的问题，又是岩土力学学科中较复杂和困难的问题，其复杂性在于基坑边缘条件（水、电、煤气、通信、光缆等管道敷设）及水文、地质情况的复杂，其困难性在于天然地层中有些力学性质尚不能用室内或野外常规试验方法确定。国内外有关杂志和期刊发表了许多基坑支护结构设计理论文章，每篇文章中阐述的理论，均附带某些假定，有一定的局限性，计算出的结果差异较大，给支护结构设计的工程师们带来很多疑惑和不便。

## 1.1.1 概述

基坑支护结构大多为临时性结构，其作用仅是在基坑开挖和地下结构施工期间保证基坑周边既有建筑物、道路、地下管线等环境的安全和本工程地下室施工的进行，其有效使用期为一年。个别情况下，支护结构也可同时兼做地下室结构的组成部分，成为永久性结构。作为临时性结构，容易忽视它的重要性，认为一旦地下室建起来后支护结构就没有用了，往往把它看作施工临时措施而不愿投入太多的资金，为了省钱在短期内冒风险，并且抱有侥幸心理。基坑支护工程一旦出现工程事故，处理起来十分困难，造成的危害面也较大，常会产生对第三者的侵害，处理事故的费用和经济损失比节省下来的支护工程费用大得多，这方面的惨痛教训是很多的。

基坑支护技术是岩土力学问题和结构力学问题的结合，因而对从事基坑支护工程的人员的业务知识水平要求很高，工程技术人员既要有丰富的岩土力学专业知识和经验，又要有一定的结构专业的知识和经验，只具备一方面知识和经验是不行的。同时，支护设计与施工方法密不可分，支护方案的选择受地域地质条件的影响很大，因此需要具有相当丰富的施工经验和对当地地质情况的深入了解。另外，基坑支护工程的地域性很强，特别是不同地质条件对支护结构形式、支护结构的规律影响很大，应积极调研和吸取当地类似工程成功与失败的经验教训，既要吸取类似工程成功的经验和做法，也要防止在地质条件和其他条件不同的情况下盲目照搬。

随着城市建设的加速发展，房屋密集度越来越高，旧城改造、新建楼房也是见缝插针，常常缺乏旧有市政地下管线、地下设施的档案资料，不易查找。而基坑支护工程又受周边建筑和地下设施的影响很大，往往这些情况在支护结构设计施工和基坑开挖前无法准确查明，有时场区内勘察钻孔也无法探明局部特殊的地质情况或不能准确反映场地周边的地质差异。这些因素给基坑支护结构方案制订和设计施工带来了很大难度和设计条件的不确定性。在基坑支护结构施工或基坑开挖过程中，有些事先不明、无法预料的周边条件和地质条件的变化会使基坑支护工程出现突发的、使人措手不及的工程事故，甚至造成灾难性后果。

由于上述这些特点，基坑支护工程在地基基础工程中事故频繁发生，从 20 世纪 80 年代至今，在全国各大城市的建筑工程中，每年都会有为数不少的基坑出现较严重的工程事故，给国家和单位造成了巨大的经济损失和不良的社会影响。基坑支护工程的风险极大，应引起有关部门、单位和管理技术人员的高度重视。

随着国内基坑支护工程的普遍发展和日益增多，这方面的设计、施工、监理和质检的经验不断积累和逐渐成熟，同时也伴随着本领域发展过程中诸多的工程事故的发生和失败的教训，这些经验和教训促进了行业和地区对基坑支护工程项目的管理日趋完善，国家和地区相继出台了一些关于基坑支护工程的规范、规程和工程管理的有关规定等法律、法规文件。

建筑基坑是指为进行建筑物（包括构筑物）基础与地下室的施工所开挖的地面以下的空间。基坑底为基础或建（构）筑物底部结构施工提供操作面的基坑的底面。基坑侧壁是指构成建筑基坑围体的侧面。基坑周边环境为基坑开挖影响范围内包括既有建（构）筑物、道路、地下管线、岩土体及地下水体等的统称。

基坑支护为保护地下主体施工和基坑周边环境的安全，对基坑采用的临时性支挡、加固、保护与地下水控制的措施。地下水控制为在地下水位比较高的地区，为保证支护结构施工、基坑挖土、地下室施工及基坑周边环境安全而需要采取措施，如排水、降水、截水或回灌。

## 1.1.2 影响基坑支护结构选型和设计施工的主要因素

### 1. 工程地质和水文地质条件

地质勘查单位在现场勘查、室内试验和编制勘查报告工作中，除满足主体结构的勘查要求外，还应针对基坑支护工程的特殊要求进行勘查工作。

勘查范围应根据开挖深度及场地的岩土工程条件确定，除环境限制无法实施外，应在开挖边界外按开挖深度的 1～2 倍范围内布置勘探点，软土层的勘查范围应更大。当开挖边界外无法布置勘探点时，应通过调查取得相应的地质资料。

根据基坑支护结构设计的要求，一般勘查孔深度应为基坑深度的两倍以上，遇有软土地层时，应穿越软土层；当地层分布均匀时，勘探点间距一般在 15～30m 之间。地层变化起伏较大时，则应增密勘探点，以查明土层分布规律。

当有地下水时，应查明各含水层的性质、水位分布及各含水层的补给排泄条件和水力联系。应由试验得到各含水层的渗透系数和影响半径，分析施工过程中水位变化对支护结构和基坑周边环境的影响，并提出应采取的措施和建议。

应提供基坑支护和地下水控制进行各种计算和验算内容所需要的岩土工程测试参数，包括各种土的常规物理力学指标、土的抗剪强度指标、渗透系数和影响半径。遇有特殊地质条件或特殊情况应根据实际情况的要求，增加适宜的试验方法并提供所需的参数。

黏聚力 $c$ 和内摩擦角 $\varphi$ 是决定土压力大小的主要土性指标，可通过室内三轴试验或直剪试验得到，根据试验时土样的固结和排水条件，可分为不固结不排水剪、固结不排水剪和固结排水剪三种不同的强度指标，按不同的试验强度指标计算出的土压力值有时相差很大，因此试验指标的误用会使计算土压力造成偏差，在选取这些指标时，事先一定要弄清是由哪种试验方法得到的，不能随意选取，以防参数误用。《建筑基坑支护技术规程》JGJ 120—2012 规定，一般应选择三轴试验或直剪试验确定的固结不排水指标，实际工程中也经常采用固结不排水指标。但当土的渗透系数很小时或快速开挖条件下，有些观点认为采用不固结不排水指标更为合理一些。《建筑地基基础设计规范》GB 50007—2011 规定，饱和黏性土应采用土的有效自重应力下预固结的三轴不固结不排水试验确定抗剪强度指标。目前，国内在这一问题上观点并不统一，不同观点各持已见，在学术上也存在一定的争议。

### 2. 基坑周边的环境条件

基坑开挖、降水和支护结构位移引起的地面沉降和水平位移会对周边建筑物、道路和地下管线造成影响，周边建筑物地下室和基础、地下管线也会给支护结构施工带来影响，如锚杆或土钉成孔时遇到周边建筑物地下室、基础或地下管线时，将无法继续成孔。因此，在支护方案制订和设计时，必须对周边环境进行详细调查，采用合理的方案和施工措施避免支护结构与周边环境的相互影响。周边环境调查应包括以下内容：

（1）支护结构影响范围内建筑物的距离、结构类型、层数、基础形式和埋深、建筑物荷载和结构使用状况。

（2）基坑周边各类地下设施，包括电力电信管线、燃气管线、供水管线、污水雨水管线和热力管线等的位置尺寸和使用性状。

（3）场地周边范围内地表水汇流、排泄情况，旧有地下水管渗漏情况等。

（4）基坑周边道路的距离及车辆载重情况。

**3. 主体结构设计和施工的要求**

为了使支护结构满足地下室正常施工的要求，支护结构设计要考虑建筑物地下室的情况和相关要求，做到事先发现问题并协商解决，防止在支护结构施工完后发现与主体结构之间的矛盾，造成事后处理的被动局面。支护结构设计前应考虑的主要因素有：

（1）基坑边缘尺寸应保证建筑物地下室外墙、底板和承台边缘的尺寸及外墙模板安装空间的要求。

（2）基坑边缘与地下室外墙距离应考虑外墙的防水做法。

（3）支撑、锚杆和腰梁的标高应考虑与地下室各层楼层的关系，锚杆和腰梁是否拆除，拆除时间与地下室楼层施工的关系，是否利用楼板结构作为支撑等问题。

（4）靠近基坑边的基础或桩基的施工是否影响支护结构的设计受力条件。

（5）地下室内外管线接口位置的标高是否与支护结构有矛盾。

（6）地下室车道出入口的支护措施。

**4. 场地施工条件**

基坑和地下室施工条件也是影响支护结构设计施工的一个因素，主要有以下几个方面的问题：

（1）材料制作加工场地、材料堆放场地、临建、施工车辆道路和出入口的位置对基坑尺寸的要求。

（2）材料堆放荷载、施工车辆荷载、塔吊荷载等对支护结构受力的影响。

（3）现场的施工噪声和振动对支护结构施工机具的要求。

## 1.1.3 基坑支护工程在建筑工程中的重要性

**1. 高层建筑的发展**

现代高层建筑随着社会生产的发展和人们生活的需要而发展起来的，是商业化、工业化和城市化的结果。而科学技术的进步、轻质高强材料的出现以及机械化、电气化、计算机在建筑中的广泛应用等，又为高层建筑的发展提供了物质和技术条件。

20世纪70年代开始，我国高层建筑有了很大的发展。我国高层建筑的迅速发展，建筑高度的不断增加，建筑类型和功能越来越复杂，结构体系更加多样化。2003年已建成的高层建筑14000幢（上海占1/3），基础深度随着建筑高度的增高而增大，目前最深的基坑已达30余米。基坑支护工程数量大幅度增加，施工技术难度增大。

**2. 基坑支护工程尚属新兴学科领域**

20世纪90年代起，基坑支护工程有了全面的发展，并且取得了宝贵的经验。岩土工程学科是一门实用性和经验性极强的学科，当前我国基坑支护工程失效率较高（20%~30%）。基坑支护工程投资费用占总造价的30%。

**3. 基坑支护工程是综合技术的系统工程**

基坑支护工程是与众多因素相关的综合技术，如场地勘察、基坑设计、施工、监测、现场管理，以及相邻场地施工的相互影响等。基坑设计和施工涉及地质条件、岩土性质、场地环境、工作要求、气候变化、地下水动态、施工程序和方法等许多复杂问题，是理论上尚待发展的综合技术学科。

**4. 尚未形成设计与施工的专业队伍**

在基坑支护工程的早期，基坑支护在地基基础工程中的事故频繁发生，每年都会有一定数量的基坑出现较严重的事故，这些事故给国家和单位造成了巨大的经济损失和不良的社会影响。基坑支护技术需要结合岩土力学和结构力学，对从事基坑支护工程的人员的专业知识水平要求很高；同时，支护设计与施工方法密不可分，支护方案的选择受地域地质条件影响很大，因此需要具有相当丰富的施工经验和对当地地质情况的深入了解。我国基坑支护工程起步较晚，有些设计理论还不成熟，只能依靠一些实践工程取得的经验指导相应的设计，因此要逐步建设形成专业的基坑支护的设计和施工队伍。

**5. 开拓基坑支护工程技术任重而道远**

（1）由于地基土的非均性质，土的力学性能参数取值可能存在与实际值的较大误差，造成受力分析不准确而误导设计。

（2）作用外力的不确定性使得结构设计对支护体系的参数取值具有不真实性，造成设计受力与现实情况产生误差。

（3）变形的不确定性更难以准确确定支护体系在施工中的变形量，增加了不安全因素。

（4）周围环境的突变对基坑的冲击在施工中难以预料和控制。

综上所述，设计良好、全面和完善的基坑支护是整个工程中的中流砥柱，需要相关的专业技术人员作出不懈的努力！

# 1.2 结构设计理论

## 1.2.1 基坑支护结构的安全等级

基坑支护设计时，应综合考虑基坑周边环境和地质条件的复杂程度、基坑深度等因素。对同一基坑，可采用不同的安全等级（表 1-1）。

表 1-1 基坑支护结构的安全等级

| 安全等级 | 破坏后果 | 重要性系数 |
|---|---|---|
| 一级 | 支护结构失效、土体过大变形对基坑周边环境或主体结构施工安全的影响很严重 | 1.10 |
| 二级 | 支护结构失效、土体过大变形对基坑周边环境或主体结构施工安全的影响严重 | 1.00 |
| 三级 | 支护结构失效、土体过大变形对基坑周边环境或主体结构施工安全的影响不严重 | 0.90 |

## 1.2.2 基坑支护结构的极限状态及设计表达式

**1. 支护结构设计时应采用两种极限状态**

1）承载能力极限状态

承载能力极限状态是指对应于支护结构达到最大承载能力或土体失稳、过大变形导致支护结构或基坑周边环境破坏。

（1）支护结构构件或连接因超过材料强度而破坏，或因过度变形而不适于继续承受荷载，或出现压屈、局部失稳。

（2）支护结构和土体整体滑动。

（3）坑底因隆起而丧失稳定。

（4）对支挡式结构，挡土构件因坑底土体丧失嵌固能力而推移或倾覆。

（5）对锚拉式支挡结构或土钉墙，锚杆或土钉因土体丧失锚固能力而拔动。

（6）对重力式水泥土墙，墙体倾覆或滑移。

（7）对重力式水泥土墙、支挡式结构，其持力土层因丧失承载能力而破坏。

（8）地下水渗流引起的土体渗透破坏。

2）承载能力极限状态设计表达式

承载能力极限状态设计表达式见式（1-1）。

$$\gamma_0 S_d \leqslant R_d \qquad (1-1)$$

式中　　$\gamma_0$——支护结构重要性系数；

　　　　$S_d$——作用基本组合的效应（轴力、弯矩等）设计值；

　　　　$R_d$——结构构件的抗力设计值。

（1）支护结构重要性系数与作用基本组合的效应设计值的乘积（$\gamma_0 S_d$）可采用式（1-2）~式（1-4）表示：

$$M = \gamma_0 \gamma_F M_k \qquad (1-2)$$
$$V = \gamma_0 \gamma_F V_k \qquad (1-3)$$
$$N = \gamma_0 \gamma_F N_k \qquad (1-4)$$

式中　　$M$——弯矩设计值（kN·m）；

　　　　$\gamma_F$——作用基本组合的综合分项系数，该值不应小于1.25；

　　　　$M_k$——作用标准组合的弯矩值（kN·m）；

　　　　$V$——剪力设计值（kN）；

　　　　$V_k$——作用标准组合的剪力值（kN）；

　　　　$N$——轴向拉力设计值或轴向压力设计值（kN）；

　　　　$N_k$——作用标准组合的轴向拉力或轴向压力值（kN）。

（2）对临时性支护结构，作用基本组合的效应设计值应按式（1-5）确定：

$$S_d = \gamma_F S_k \qquad (1-5)$$

式中　　$S_k$——作用标准组合的效应。

（3）整体滑移、坑底隆起失稳、挡土构件嵌固段推移、锚杆与土钉拔动、支护结构倾覆与滑移、土体渗透破坏等稳定性计算和验算，均应符合式（1-6）要求：

$$\frac{R_k}{S_k} \geqslant K \qquad (1-6)$$

式中　　$R_k$——抗滑力、抗滑力矩、抗倾覆力矩、锚杆和土钉的极限抗拔承载力等土的抗力标准值；

　　　　$S_k$——滑动力、滑动力矩、倾覆力矩、锚杆和土钉的拉力等作用标准值的效应；

　　　　$K$——安全系数。

3）正常使用极限状态

正常使用极限状态是指对应于支护结构的变形已妨碍地下结构施工或影响基坑周边环境的正常使用功能。

（1）造成基坑周边建（构）筑物、地下管线、道路等损坏或影响其正常使用的支护结构位移。

（2）因地下水下降、地下水渗流或施工因素而造成基坑周边建（构）筑物、地下管线、道路等损坏或影响其正常使用的土体变形。

（3）影响主体地下结构正常施工的支护结构位移。

（4）影响主体地下结构正常施工的地下水渗流。

4）正常使用极限状态表达式

正常使用极限状态表达式见式（1-7）。

$$S_d \leqslant C \tag{1-7}$$

式中　$S_d$——作用标准组合的效应（位移、沉降等）设计值；

　　　$C$——支护结构水平位移、基坑周边建筑物和地面沉降的限值。

**2. 基坑支护设计时的沉降控制值**

1）基坑支护设计时沉降控制值的要求

基坑支护设计应按下列要求设定支护结构的水平位移控制值和基坑周边环境的沉降控制值：

（1）当基坑开挖影响范围内有建筑物时，支护结构水平位移控制值、建筑物的沉降控制值应按不影响其正常使用的要求确定，并应符合表1-2中对地基变形允许值的规定；当基坑开挖影响范围内有地下管线、地下构筑物、道路时，支护结构水平位移控制值、地面沉降控制值应按不影响其正常使用的要求确定，并应符合现行相关标准对其允许变形的规定。

（2）当支护结构构件同时用作主体地下结构构件时，支护结构水平位移控制值不应大于主体结构设计对其变形的限值。

（3）当无（1）、（2）情况时，支护结构水平位移控制值应根据地区经验按工程的具体条件确定。

表1-2　建筑物的地基变形允许值

| 变形特征 | | 地基土类别 | |
|---|---|---|---|
| | | 中、低压缩性土 | 高压缩性土 |
| 砌体承重结构基础的局部倾斜 | | 0.002 | 0.003 |
| 工业与民用建筑相邻柱基的沉降差 | 框架结构 | 0.002$l$ | 0.003$l$ |
| | 砌体墙填充的边排柱 | 0.0007$l$ | 0.001$l$ |
| | 当基础不均匀沉降时不产生附加应力的结构 | 0.005$l$ | 0.005$l$ |
| 单层排架结构（柱距为6m）柱基的沉降量（mm） | | （120） | 200 |
| 桥式吊车轨面的倾斜（按不调整轨道考虑） | 纵向 | 0.004 | |
| | 横向 | 0.003 | |
| 多层和高层建筑的整体倾斜 | $H_g \leqslant 24$ | 0.004 | |
| | $24 < H_g \leqslant 60$ | 0.003 | |
| | $60 < H_g \leqslant 100$ | 0.0025 | |
| | $H_g \geqslant 100$ | 0.002 | |

| 变形特征 | | 地基土类别 | |
| --- | --- | --- | --- |
| | | 中、低压缩性土 | 高压缩性土 |
| 体型简单的高层建筑基础的平均沉降量（mm） | | 200 | |
| 高耸结构基础的倾斜 | $H_g \leqslant 20$ | 0.008 | |
| | $20 < H_g \leqslant 50$ | 0.006 | |
| | $50 < H_g \leqslant 100$ | 0.005 | |
| | $100 < H_g \leqslant 150$ | 0.004 | |
| | $150 < H_g \leqslant 200$ | 0.003 | |
| | $200 < H_g \leqslant 250$ | 0.002 | |
| 高耸结构基础的沉降量 | $H_g \leqslant 100$ | 400 | |
| | $100 < H_g \leqslant 200$ | 300 | |
| | $200 < H_g \leqslant 250$ | 200 | |

注：1. 本表数值为建筑物地基实际最终变形允许值。

2. 有括号者仅适用于中压缩性土。

3. $l$ 为相邻柱基的中心距离（mm）；$H_g$ 为自室外地面起算的建筑物高度（m）。

4. 倾斜指基础倾斜方向两端点的沉降差与其距离的比值。

5. 局部倾斜指砌体承重结构沿纵向 6～10m 内基础两点的沉降差与其距离的比值。

2）基坑支护设计应满足主体地下结构的施工要求

（1）基坑侧壁与主体地下结构的净空间和地下水控制应满足主体地下结构及其防水的施工要求。

（2）采用锚杆时，锚杆的锚头及腰梁不应妨碍地下结构外墙的施工。

（3）采用内支撑时，内支撑及腰梁的设置应便于地下结构及其防水的施工。

3）土压力及水压力的分、合算方法应符合的规定

土压力及水压力计算、土的各类稳定性验算时，土、水压力的分、合算方法及相应的土的抗剪强度指标类别应符合下列规定：

（1）对地下水位以上的黏性土、黏质粉土的抗剪强度指标应采用三轴固结不排水抗剪强度指标 $c_{cu}$、$\varphi_{cu}$ 或直剪固结快剪强度指标 $c_{cq}$、$\varphi_{cq}$，对地下水位以上的砂质粉土、砂土、碎石土的抗剪强度指标应采用有效应力强度指标 $c'$、$\varphi'$。

（2）对地下水位以下的黏性土、黏质粉土，可采用土压力、水压力合算方法；此时，正常固结和超固结土的抗剪强度指标应采用三轴固结不排水抗剪强度指标 $c_{cu}$、$\varphi_{cu}$ 或直剪固结快剪强度指标 $c_{cq}$、$\varphi_{cq}$；欠固结土，宜采用有效自重压力下预固结的三轴不固结不排水抗剪强度指标 $c_{uu}$、$\varphi_{uu}$；

（3）地下水位以下的砂质粉土、砂土和碎石土，应采用土压力、水压力分算方法。此时，土的抗剪强度指标应采用有效应力强度指标 $c'$、$\varphi'$，对砂质粉土，缺少有效应力强度指标时，也可采用三轴固结不排水抗剪强度指标 $c_{cu}$、$\varphi_{cu}$ 或直剪固结快剪强度指标判断强度指标 $c_{cq}$、$\varphi_{cq}$ 代替；砂土和碎石土，有效应力强度指标 $\varphi'$ 可根据标准贯入试验实测击数和水下休止角等物理力学指标取值；土压力、水压力采用分算方法时，水压力可按静水压力计算；当地下水渗流时，宜按渗流理论计算水压力和土的竖向有效应力；当存在多个含水层时，应

分别计算各含水层的水压力。

（4）有可靠的地方验算时，土的抗剪强度指标尚可根据室内、原位试验得到的其他物理力学指标，按经验方法确定。

### 1.2.3 基坑支护结构勘察时的要求和环境调查

基坑支护结构除满足强度要求之外，还应满足基坑周边环境的变形控制要求。按强度和变形共同控制的原则，对支护结构进行精心的设计和计算，同时，布置支护结构和周边环境的监测点。

**1. 基坑工程的岩土勘察应符合的规定**

基坑工程的岩土勘察应符合下列规定：

（1）勘探点范围应根据基坑开挖深度及场地的岩土工程条件确定；基坑外宜布置勘探点，其范围不宜小于基坑深度的 1 倍；当需要采用锚杆时，基坑外勘探点的范围不宜小于基坑深度的 2 倍；当基坑外无法布置勘探点时，应通过调查取得相关勘察资料并结合场地内的勘察资料进行综合分析。

（2）勘探点应沿基坑边布置，其间距宜取 15～25m。当场地存在软弱土层、暗沟或岩溶等复杂地质条件时，应加密勘探点并查明其分布和工程特性。

（3）基坑周边勘探孔的深度不宜小于基坑深度的 2 倍；基坑面以下存在软弱土层或承压水含水层时，勘探孔深度应穿过软弱土层或承压水含水层。

（4）应按《岩土工程勘察规范（2009 年版）》GB 50021—2001 的规定进行原位测试和室内试验并提出各层土的物理性质指标和力学指标；对主要土层和厚度大于 3m 的素填土，应进行抗剪强度试验并提出相应的抗剪强度指标。

（5）当有地下水时，应查明各含水层的埋深、厚度和分布，判断地下水类型、补给和排泄条件；有承压水时，应分层测量其水头高度。

（6）应对基坑开挖与支护结构使用期内地下水位的变化幅度进行分析。

（7）当基坑需要降水时，宜采用抽水试验测定各含水层的渗透系数与影响半径；勘察报告中应提出各含水层的渗透系数。

（8）当建筑地基勘察资料不能满足基坑支护设计与施工要求时，应进行补充勘察。

**2. 基坑周边环境条件**

基坑支护设计前，应查明下列基坑周边环境条件：

（1）既有建筑物的结构类型、层数、位置、基础形式和尺寸、埋深、使用年限、用途等。

（2）各种既有地下管线、地下构筑物的类型、位置、尺寸、埋深等；对既有供水、污水、雨水等地下输水管线，尚应包括其使用状况及渗漏状况。

（3）道路的类型、位置、宽度、道路行驶情况、最大车辆荷载等。

（4）基坑开挖与支护结构使用期内施工材料、施工设备等临时荷载的要求。

（5）雨期时的场地周围地表水汇流和排泄条件。

### 1.2.4 基坑支护结构的选型

基坑支护时应根据基坑深度、土的性状及地下水条件、基坑周边环境对基坑变形的承受能力及支护结构失效的后果、主体地下结构和基础形式及施工方法、基坑平面尺寸及形状、支护结构施工工艺的可行性、施工现场条件及施工季节、经济指标、环保性能和施工工期等综合因素进行选择。

**1. 围护墙的类型**

1）钢筋混凝土排桩

排桩围护墙采用连续的柱列式桩，最常采用的桩型为灌注桩，常用的桩排列形式为单排分离式、单排咬合式和双排桩。

（1）单排分离式排桩。分离式排桩在单排桩的各单桩间留有一定的净距，以插板或喷射混凝土的形式保护桩间土，必要时在桩外设置止水帷幕。分离式排桩是最简单和常用的排桩围护结构，其计算理论明确，施工简单，适用于可成孔的各类土层。

（2）双排桩。双排桩在施工上不存在困难，问题在于计算理论不明确，尚有待于进一步研究。这种结构占用空间较大，但可悬臂支护更大的深度，且不需要设置内支撑。在场地空间充足，开挖深度较大，变形控制要求较高，且无法设置内支撑或锚杆的条件下，可考虑采用双排桩支护结构。

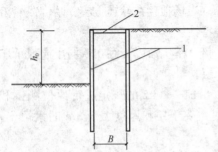

图 1-2　双排桩支护结构
1—钻孔灌注桩；2—联系横梁

在前排桩的后方设置较为稀疏的后排桩，前、后排桩以刚度较大的连梁连接在两排支护桩顶形成"刚冒"，构成双排桩，也称"门式刚架"。较之单排桩，双排桩支护一是增大了桩体系的抗侧移刚度，二是前后两排桩与其间土体的重力可抵抗部分坑外土体对支护结构的水平作用（图 1-2）。

（3）咬合桩。在场地狭窄设置止水帷幕时，可考虑采用咬合桩的形式。即先行隔桩浇筑素混凝土或钢筋混凝土灌注桩，而后在相邻两先浇桩间钻孔浇筑钢筋混凝土灌注桩，先浇桩与后浇桩直接互相咬合，形成既起到支护作用，又起到止水作用的咬合桩。此种支护结构占用空间小，整体刚度大，但对成桩的垂直度要求高，后浇桩施工时机把握难度大，施工不易。

2）钢板桩

钢板桩（图 1-3）在计算原理上与排桩无异，只是因其应用越来越多将其单独列为一类。钢板桩一般由振拔机打入，使用后由振拔机拔出。虽然钢板桩一次性投资大，但可重复使用，相关单位可根据本单位日后工程量的大小选择购买或租赁。钢板桩的优点是材料质量可靠，在软土地区打设方便，施工速度快而且简便。缺点在于一般的钢板桩刚度不够大，用于较深的基坑时支撑（或拉锚）工作量大，否则变形较大；打入和拔出时，由于振动，可能扰动周边和本体建筑的地基和上部结构，造成破坏。

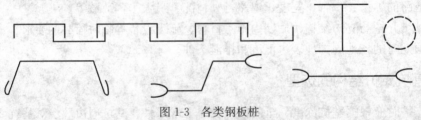

图 1-3　各类钢板桩

（1）槽钢钢板桩。槽钢钢板桩是一种较为简单的钢板桩围护墙，由槽钢正反扣搭接或并排组成。槽钢长度一般为6～8m，截面选型依据计算确定。打入地下后顶部接近地面处设一道拉锚或支撑。由于其截面抗弯能力弱，一般用于深度不超过4m的基坑。此类钢板桩只是相邻桩搭接，止水能力较弱，必要时可采取降水措施。

（2）热轧锁口钢板桩。热轧锁口钢板桩的常见形式有U形、H形、Z形、一字形和组合型，前两种桩型在建筑基坑中常用。H形钢板桩抗弯能力较强，是最为常用的桩型；U形钢板桩也称"拉尔森式钢板桩"，止水效果较好（图1-4）。

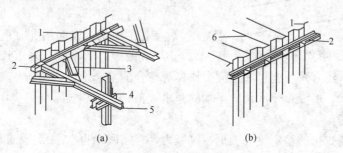

图1-4 钢板桩支护结构

（a）内撑方式；（b）锚拉方式

1—钢板桩；2—围檩；3—角撑；4—立柱与支撑；5—支撑；6—锚拉杆

3）地下连续墙

地下连续墙是通过在基坑侧壁位置形成具有一定埋置深度的壁式支护结构，常见的有现浇和预制两种形式。

（1）现浇地下连续墙。从地下连续墙的平面形状看，有时为了发挥拱效应，提高连续墙的水平抗力和刚度，将地下连续墙整体或转角处设计为圆筒形，其受力变为以受压为主，受弯为辅。

现浇地下连续墙采用原位连续成槽，浇筑形成钢筋混凝土围护墙。槽段形式主要是壁板式，有时也通过设置整浇肋柱提高连续墙的水平抗力和刚度。由于采用整浇的形式，故现浇地下连续墙具有挡土和隔水双重作用。现浇地下连续墙刚度大、整体性好、安全性高、支护结构变形较小、抗渗能力强，可作为地下结构的外墙，配合逆作法施工，缩短整个工程的工期并降低造价。

（2）预制地下连续墙。板件工厂化生产，施工速度快，板件质量好、平整美观，但是受吊装能力的限制，板件总长度不宜太大，故在基坑支护中较少采用。预制地下连续墙的成槽工艺与现浇的相同，成槽后插入预制板件，板件间以现浇的混凝土相连构成整体。

4）水泥土墙

水泥土墙是由水泥土桩相互搭接形成的格栅状、壁状等形式的重力式结构。水泥土桩可采用深层搅拌桩或高压旋喷桩。水泥土墙依靠其自身的重量和刚度保护基坑，一般不设支撑，特殊情况下经采取措施后亦可局部加设支撑。

水泥土加固体的渗透系数一般不大于$10^{-7}$cm/s，可具有较好的防渗功能，因此，这种墙体具有防渗和支护的双重作用。水泥土墙大多不设支撑，便于机械挖土；具备支挡和止水的双重功能，一般较为经济。缺点是适用的基坑深度不大；所需墙厚较大，要求基坑周边空间大；搅拌桩或旋喷桩施工可能引起周边建筑物不均匀沉降。

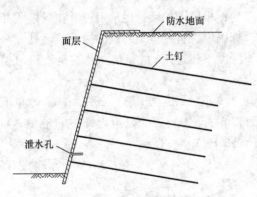

图 1-5　土钉墙结构剖面示意图

**5）土钉墙**

土钉墙支护技术是一种原位土体加固技术，是在分层分段挖土和施工的条件下，由原位土体、斜向土钉和喷射混凝土面层三者共同组成。它的受力特点是通过斜向土钉对基坑边坡土体的加固，增加边坡的抗滑力和抗滑力矩，达到稳定基坑边坡的作用（图 1-5）。

土钉的施工一般采用钻孔后内置钢筋，然后在孔中注浆，坡面用配有钢筋网的喷射混凝土形成的土钉墙；也有采用打入式钢管再向钢管内注浆的土钉；还有采用土钉和预应力锚杆等结合的复合土钉墙结构。利用水泥土桩组合式土钉墙支护技术，形成封闭周边地下水的截水帷幕，使该项技术能够应用在不降水的条件下进行土钉墙施工。

为增加土钉墙支护的稳定性和变形控制能力，在实践中也有采用土钉墙内适当布置预应力锚杆或锚索形成复合土钉墙结构，有时候也在墙前预先施工小桩形成复合土钉墙结构。为了止水，可在墙前设置封闭的止水帷幕，止水帷幕也有利于坑壁的稳定和变形控制。

**6）逆作拱墙**

当基坑平面形状适合时，可采用拱墙作为围护墙。拱墙有圆形闭合拱墙、椭圆形闭合拱墙和组合拱墙几种平面形式。拱墙结构主要承受压应力，结构材料多采用钢筋混凝土，充分发挥了混凝土材料的抗压性能。

**2. 支撑系统类型**

对于排桩、板墙式支护结构，当基坑深度较大时，为使围护墙受力合理和受力后变形控制在一定范围内，需沿围护墙竖向增设支撑点，以减小跨度。

在坑内对围护墙加设支撑，则称为内支撑。内支撑受力合理、安全可靠、易于控制围护墙的变形，但内支撑的设置给基坑内挖土和地下室结构的支模和浇筑带来一些不便，需通过换撑加以解决。

如在坑外对围护墙设拉支承，则称为拉锚，在土层中的拉锚称土锚（锚索、锚杆）。用拉锚拉结围护墙，对坑内施工无任何阻挡。位于软土地区土锚的变形较难控制，且土锚有一定的长度，在建筑物密集地区如超出红线尚需专门申请。

**1）内支撑**

支护结构的内支撑体系包括冠梁、腰梁（围檩）、支撑和立柱。冠梁和腰梁固定在围护墙上，将围护墙承受的侧压力传给支撑（纵、横两个方向）。主要支撑为受压构件，长度超过一定限度且稳定性不能满足时，需加设立柱，以减小稳定性不足的计算长度。立柱下端嵌固于其下的桩基础，上端与支撑通过专门设计的结点连接。内支撑按照材料分为钢支撑和钢筋混凝土支撑两类。

（1）钢支撑。钢支撑分为钢管支撑和型钢支撑两种常见形式。钢管的直径和壁厚，H形钢的型号，需通过计算确定。在纵、横向支撑的交叉部位，可用上下叠交固定；亦可用专门加工的"十"字定型接头，以便连接纵、横向支撑构件。前者纵、横向支撑不在一个平面上，整体刚度差；后者则在一个平面上，刚度大，受力性能好。

钢支撑的优点是安装和拆除方便、施工速度快，占用工期短，使围护墙因时间效应增加的变形减小；可以重复使用，便于专业化施工；可以施加并调整预应力，控制基坑围护墙变形。与钢筋混凝土支撑相比，钢支撑的缺点是刚度相对较弱，支撑间距较小。

（2）钢筋混凝土支撑

钢筋混凝土支撑一般在现场浇捣，截面形式可根据设计需求确定。支撑的竖向位置要与腰梁位置匹配，平面布置、截面尺寸、混凝土强度等级、配筋等要经计算确定。其优点是便于设计不同的支撑线形（直线、曲线或折线），可根据基坑平面形状，选择最优化的支撑布置；钢筋混凝土支撑整体刚度大，安全可靠，并可使围护墙变形小；可根据内力变化和变形要求，选择最优的截面和配筋。其缺点是支撑养护时间长，影响工期，不能重复利用且拆除费用高。平面尺寸大的基坑需在支撑交叉点处设立柱，最常用的立柱为四个角钢组成的格构式钢柱、圆钢管或型钢。从易于布置钢筋的角度看，格构式钢柱最为合理。

综合比较钢支撑和钢筋混凝土支撑，钢支撑更具有优势，因其易于实现标准化、工具化，通过建立钢支撑制作、装拆、使用、维修一体化的专业队伍提高工作效率。

2）锚杆

锚杆一端与围护墙连接，另一端锚固在墙后的稳定土层中。水、土压力作用于围护墙，其中的一部分通过围护墙作用于腰梁，依次传递给锚板、锚杯、锚杆自由段，最终由锚杆的锚固段传递到墙后稳定的土体。

锚杆经过多年的应用和发展，已经形成多种成熟的、产品级的锚杆形式。除了常见的钢绞线、钢筋锚杆外，尚有纤维—树脂类锚杆。

从成孔方式看，除常见的螺旋桩成孔、潜孔锤成孔、锚杆跟进一次性钻头外，也包括自钻式中空注浆锚杆和全套筒跟进锚杆。

从一个锚固体中的锚杆数量看，既有单根锚杆的形式，也有多根锚杆的形式。从锚杆体的受力形式看，除常见的拉力型锚杆外，还包括锚杆与锚固体隔离而将锚杆拉力通过端板作用于锚固体根部的压力型锚杆，需要注意的是压力型锚杆根部锚固体的局部承压能力应进行验算或试验。

锚杆在选型时，应根据基坑开挖深度、周边环境条件、工程地质和水文地质条件、工期等综合确定。

**3. 常用基坑支护结构形式的特点及其适用条件**

基坑支护是为满足地下结构的施工要求及保护基坑周边环境的安全，对基坑侧壁采取的支挡、加固与保护措施。为了在基坑支护工程中做到技术先进、经济合理，确保基坑边坡、基坑周边建筑物、道路和地下设施的安全，应综合场地工程地质与水文地质条件、地下室的要求、基坑开挖深度、降排水条件、周边环境和周边荷载、施工季节、支护结构使用期限等因素，因地制宜地选择合理的支护结构形式。

随着支护技术在安全、经济、工期等方面要求的提高和支护技术的不断发展，在实际工程中采用的支护结构形式也越来越多。基坑支护工程中常用的支护形式有：各种成桩工艺的悬臂护坡桩或地下连续墙、护坡桩或地下连续墙与锚杆组成的桩墙-锚杆结构、护坡桩或地下连续墙与钢筋混凝土或钢材支撑组成的桩墙-内支撑结构、环形内支撑桩墙结构、土钉与喷射混凝土组成的土钉墙、土钉墙与搅拌桩或旋喷桩组成的复合土钉墙、土钉墙与微型桩组成的复合土钉墙、搅拌桩或旋喷桩形成的水泥土重力挡墙、逆作拱墙、双排护坡桩、钢板桩支护、SMW 工法的搅拌桩支护、逆作或半逆作法施工的地下结构支护、各种支护结构基坑内软土加固、土体冻结法等。在实际工程中，已采用的单独或组合支护形式目前已不下十几种。

上述几种支护结构的基本形式具有各自的受力特点和适用条件，应根据具体工程情况合理选用。《建筑基坑支护技术规程》JGJ 120—2012 中对各种支护结构的选型作了明确的规定，提出了各种支护形式的适用条件，如表 1-3 所示。

**表 1-3　各类支护结构的适用条件**

| 结构类型 | | 适用条件 | | |
|---|---|---|---|---|
| | | 安全等级 | 基坑深度、环境条件、土类和地下水条件 | |
| 支挡式结构 | 锚拉式结构 | 一级二级三级 | 适用于较深的基坑 | （1）排桩适用于可采用降水或截水帷幕的基坑（2）地下连续墙宜同时用作主体地下结构外墙，也可同时用于截水（3）锚杆不宜用在软土层和高水位的碎石土、砂土层中（4）当邻近基坑有建筑物地下室、地下构筑物等，锚杆的有效锚固长度不足时，不应采用锚杆（5）当锚杆施工会造成基坑周边建（构）筑物的损害或违反城市地下空间规划等规定时，不应采用锚杆 |
| | 支撑式结构 | | 适用于较深的基坑 | |
| | 悬臂式结构 | | 适用于较浅的基坑 | |
| | 双排桩 | | 当锚拉式、支撑式和悬臂式结构部适用时，可考虑采用双排桩 | |
| | 支护结构与主体结构结合的逆作法 | | 适用于基坑周边环境条件和复杂的深基坑 | |
| 土钉墙 | 单一土钉墙 | 二级三级 | 适用于地下水位以上或降水的非软土基坑，且基坑深度不宜大于 12m | 当基坑潜在滑动面内有建筑物、重要地下管线，不宜采用土钉墙 |
| | 预应力锚杆复合土钉墙 | | 适用于地下水位以上或降水的非软土基坑，且基坑深度不宜大于 15m | |
| | 水泥土桩复合土钉墙 | | 用于非软土基坑时，基坑深度不宜大于 12m；用于淤泥质土基坑时，基坑深度不宜大于 6m；不宜用在高水位的碎石土、砂土层中 | |
| | 微型桩复合土钉墙 | | 适用于地下水位以上或降水的基坑，用于非软土基坑时，基坑深度不宜大于 12m；用于淤泥质土基坑时，基坑深度不宜大于 6m | |
| 重力式水泥土墙 | | 二级三级 | 适用于淤泥质土、淤泥基坑，且基坑深度不宜大于 7m | |
| 放坡 | | 三级 | （1）施工现场满足放坡条件；（2）放坡与上述支护结构形式结合 | |

注：1. 当基坑不同部位的周边环境条件、土层性状、基坑深度等不同时，可在不同部位分别采用不同的支护形式。
　　2. 支护结构可采用上、下部以不同结构类型组合的形式。

采用两种或两种以上支护结构形式时，其结合处应考虑相邻支护结构的相互影响，且应有可靠的过渡连接措施。支护结构上部采用土钉墙或放坡，下部采用支挡式结构时，上部土钉墙应符合相应的规定，支挡式结构应考虑上部土钉墙或放坡的作用；当坑底以下为软土时，可采用水泥土搅拌桩、高压喷射注浆等方法对坑底土体进行局部或整体加固。水泥土搅拌桩、高压喷射注浆加固体可采用格栅或实体形式。基坑开挖采用放坡或支护结构上部采用放坡时，应验算边坡的滑动稳定性，边坡的圆弧滑定安全系数（$K_s$）不应小于1.2。放坡坡面应设置防护层。

## 1.3 结构设计荷载与结构分析

### 1.3.1 结构的水平荷载

**1. 水平荷载**

计算作用在支护结构上的水平荷载时，应考虑下列因素：

（1）基坑内外土的自重（包括地下水）。

（2）基坑周边既有和在建的建（构）筑物荷载。

（3）基坑周边施工材料和设备荷载。

（4）基坑周边道路车辆荷载。

（5）冻胀、温度变化及其他因素产生的作用。

**2. 作用在支护结构上的土压力**

（1）支护结构外侧的主动土压力强度标准值、支护结构内侧的被动土压力强度标准值宜按下列公式计算（图1-6）。

① 对地下水位以上或水土合算的土层：

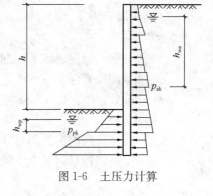

$$p_{ak} = \sigma_{ak}K_{a,i} - 2c_i\sqrt{K_{a,i}} \qquad (1\text{-}8)$$

$$K_{a,i} = \tan^2\left(45° - \frac{\varphi_i}{2}\right) \qquad (1\text{-}9)$$

$$p_{pk} = \sigma_{pk}K_{p,i} + 2c_i\sqrt{K_{p,i}} \qquad (1\text{-}10)$$

$$K_{p,i} = \tan^2\left(45° + \frac{\varphi_i}{2}\right) \qquad (1\text{-}11)$$

图1-6 土压力计算

式中 $p_{ak}$——支护结构外侧，第$i$层土中计算点的主动土压力强度标准值（kPa）；当$p_{ak}<$0时，应取$p_{ak}=0$；

$\sigma_{ak}$、$\sigma_{pk}$——分别为支护结构外侧、内侧计算点的土中竖向应力标准值（kPa），按式（1-14）和式（1-15）计算；

$K_{a,i}$、$K_{p,i}$——分别为第$i$层土的主动土压力系数、被动土压力系数；

$c_i$、$\varphi_i$——分别为第$i$层土的黏聚力（kPa）；内摩擦角（°）；

$p_{pk}$——支护结构内侧，第$i$层土中计算点的被动土压力强度标准值（kPa）。

② 对于水土分算的土层：

$$p_{ak} = (\sigma_{ak} - u_a)K_{a,i} - 2c_i\sqrt{K_{a,i}} + u_a \qquad (1\text{-}12)$$

$$p_{pk} = (\sigma_{pk} - u_p)K_{p,i} + 2c_i\sqrt{K_{p,i}} + u_p \qquad (1\text{-}13)$$

式中 $u_a$、$u_p$——分别为支护结构外侧、内侧计算点的水压力（kPa）；对静止地下水，按式

（1-23）和式（1-24）计算；当采用悬挂式截水帷幕时，应考虑地下水从帷幕底向基坑内的渗流对水压力的影响。

③ 需要严格限制支护结构的水平位移时，支护结构外侧的土压力宜取静止土压力。

（2）土中竖向应力标准值的计算：

$$\sigma_{ak} = \sigma_{ac} + \sum \Delta\sigma_{k,j} \tag{1-14}$$

$$\sigma_{pk} = \sigma_{pc} \tag{1-15}$$

式中　$\sigma_{ac}$——支护结构外侧计算点，由土的自重产生的竖向总应力（kPa）；

$\sigma_{pc}$——支护结构内侧计算点，由土的自重产生的竖向总应力（kPa）；

$\Delta\sigma_{k,j}$——支护结构外侧第 $j$ 个附加荷载作用下计算点的土中附加竖向应力标准值（kPa），应根据附加荷载类型，按式（1-16）～式（1-22）计算。

（3）均布附加荷载作用下的土中附加竖向应力标准值（图1-7）：

$$\Delta\sigma_k = q_0 \tag{1-16}$$

式中　$q_0$——均布附加荷载标准值（kPa）。

（4）局部附加荷载作用下的土中附加竖向应力标准值（图1-8）：

① 对条形基础下的附加荷载：

当 $d + a/\tan\theta \leqslant z_a \leqslant d + (3a + b)/\tan\theta$ 时：

$$\Delta\sigma_k = \frac{p_0 b}{b + 2a} \tag{1-17}$$

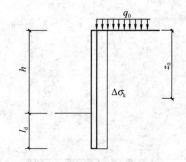

图 1-7　均布附加荷载作用下
的土中附加竖向应力计算

式中　$p_0$——基础底面附加压力标准值（kPa）；

$d$——基础埋置深度（m）；

$b$——基础宽度（m）；

$a$——支护结构外边缘至基础的水平距离（m）；

$\theta$——附加荷载的扩散角（°），宜取 $\theta = 45°$；

$z_a$——支护结构顶面至土中附加竖向应力计算点的竖向距离（m）。

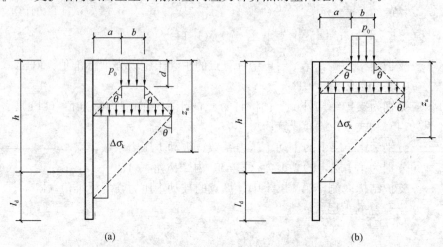

图 1-8　局部附加荷载作用下的土中附加竖向应力计算
（a）条形或矩形基础；（b）作用在地面的条形或矩形附加荷载

当 $z_a < d + a/\tan\theta$ 或 $z_a > d + (3a+b)/\tan\theta$ 时，取 $\Delta\sigma_k = 0$。

② 对矩形基础下的附加荷载：

当 $d + a/\tan\theta \leqslant z_a \leqslant d + (3a+b)/\tan\theta$ 时：

$$\Delta\sigma_k = \frac{p_0 bl}{(b+2a)(l+2a)} \qquad (1\text{-}18)$$

式中　$b$——与基坑边垂直方向上的基础尺寸（m）；

$l$——与基坑边平行方向上的基础尺寸（m）。

当 $z_a < d + a/\tan\theta$ 或 $z_a > d + (3a+b)/\tan\theta$ 时，取 $\Delta\sigma_k = 0$。

③ 对作用在地面的条形、矩形附加荷载，按式（1-18）计算土中附加竖向应力标准值 $\Delta\sigma_k$ 时，应取 $d=0$。

（5）当支护结构顶面低于地面，其上方采用放坡或土钉墙时，支护结构顶面以上的土体对支护结构的作用宜按库伦压力理论计算，也可将其视作附加荷载并按下列公式计算土中附加竖向应力标准值（图1-9）：

① 当 $a/\tan\theta \leqslant z_a \leqslant (a+b_1)/\tan\theta$ 时：

$$\Delta\sigma_k = \frac{\gamma h_1}{b_1}(z_a - a) + \frac{E_{ak1}(a+b_1-z_a)}{K_a b_1^2}$$
$$(1\text{-}19)$$

$$E_{ak1} = \frac{1}{2}\gamma h_1^2 K_a - 2ch_1\sqrt{K_a} + \frac{2c^2}{\gamma} \quad (1\text{-}20)$$

② 当 $z_a \geqslant (a+b_1)/\tan\theta$ 时：

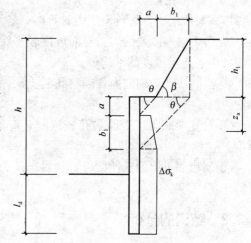

图1-9　支护结构顶部以上采用放坡或土钉墙时土中附加竖向应力计算

$$\Delta\sigma_k = \gamma h_1 \qquad (1\text{-}21)$$

③ $z_a < a/\tan\theta$ 时：

$$\Delta\sigma_k = 0 \qquad (1\text{-}22)$$

式中　$z_a$——支护结构顶面至土中附加竖向应力计算点的竖向距离（m）；

$a$——支护结构外边缘至放坡坡脚的水平距离（m）；

$b_1$——放坡坡脚的水平尺寸（m）；

$\theta$——扩散角（°），宜取 $\theta = 45°$；

$h_1$——地面至支护结构顶面的竖向距离（m）；

$\gamma$——支护结构顶面以上土的天然重度（kN/m³）；对多层土取各层土按厚度加权的平均值；

$c$——支护结构顶面以上土的黏聚力（kPa）；

$K_a$——支护结构顶面以上土的主动土压力系数；对多层土取各层土按厚度加权的平均值；

$E_{ak1}$——支护结构顶面以上土体的自重所产生的单位宽度主动土压力标准值（kN/m）。

（6）静止地下水的水压力计算：

$$u_a = \gamma_w h_{wa} \tag{1-23}$$

$$u_p = \gamma_w h_{wp} \tag{1-24}$$

式中　$\gamma_w$——地下水重度（kN/m³）；取 $\gamma_w = 10$kN/m³；

$\quad\quad h_{wa}$——基坑外侧地下水位至主动土压力强度计算点的垂直距离（m）；对承压水，地下水位取测压管水位；当有多个含水层时，应取计算点所在含水层的地下水位；

$\quad\quad h_{wp}$——基坑内侧地下水位至被动土压力强度计算点的垂直距离（m）；对承压水，地下水位取测压管水位。

（7）对成层土，进行土压力计算时，各土层计算厚度应符合下列规定：

① 当土层厚度较均匀、层面坡度较平缓时，宜取临近勘察孔的各土层厚度，或同一计算剖面内各土层厚度的平均值。

② 当同一计算剖面内各勘察孔的土层厚度分布不均匀时，应取最不利勘察孔的各土层厚度。

③ 对复杂地层且距勘察孔较远时，应通过综合分析土层变化趋势后确定土层的计算厚度。

④ 当相邻土层的土性接近，且对土压力的影响可以忽略不计或有利时，可归并为同一计算土层。

### 1.3.2　结构的分析

支护结构的破坏或失效有多种形式，任何一种控制条件不能满足都有可能造成支护结构的整体破坏或支护功能的丧失。支护结构方案制订时应全面考虑这些破坏因素，施工过程也要观察和监测各种不同的破坏迹象，一旦发现问题要及时采取有效措施，避免在某一个环节上处理不当而造成通盘失败。这些破坏和失效形式归纳起来主要包括：

**1. 支护结构构件的承载能力破坏**

（1）护坡桩或地下连续墙的受弯、受剪承载力。

（2）支撑和支撑立柱的承载能力。

（3）锚杆或土钉的抗拔承载力。

（4）腰梁或受力冠梁的受弯、受剪承载力。

（5）结构各连接件的受压、受剪承载力等。

**2. 支护结构的整体失稳破坏和土的隆起破坏**

根据不同的支护型特点，其整体失稳的破坏形式为：

（1）当板桩-锚杆结构滑动面向外延伸发展时，使其滑动面以外的锚杆锚固长度减小，或最危险滑动面出现在锚杆以外，造成滑动面内土体和支护结构一起滑移失稳。

（2）对于各种支护结构，由于支护结构下面土的承载力不够，产生沿支护结构底面的滑动面，土体向基坑滑动，基坑外土体下沉，基底隆起。

（3）重力式结构自身的抗倾覆或抗滑移能力不够，使重力式结构倾覆或向基坑内水平滑移。

（4）土钉墙的滑弧稳定能力不足，土钉拔出，导致边坡整体滑动；或滑动面发展到土钉以外，使土钉和土体一起滑移。

**3. 支护结构位移和地面沉降过大**

基坑周边地面沉降过大，特别是不均匀沉降会导致沉降影响范围内建筑物和道路的下沉、结构开裂、门窗变形，也会导致刚性地下管线接头处的断裂或损坏，严重时可使这些建筑物、地下管线失去使用功能而报废，而基坑周边地面一般为不均匀沉降。影响基坑周边地面沉降的因素主要有以下几点：

（1）由于支护结构水平位移连带着基坑周边土体的水平变形和垂直变形。

（2）在地下水位高于基坑面的场地上，由于施工降水或基坑开挖引起的地下水位下降，降水影响范围内土的有效应力增加，使土层产生固结变形而引起地面下沉。

（3）由于支护结构施工对土产生的扰动变形，如地下连续墙或护坡桩成槽成孔时的流砂、涌泥、塌孔，锚杆或土钉成孔时孔的压缩、塌孔等，特别是在砂土、软土和有地下水渗流时，沉降较为严重。

（4）地下水作用下土的渗透破坏。

地下水位高于基坑面或地层中有承压含水层的场地上，当有水的渗流时，应防止坑底和侧壁土的渗流破坏。土的渗流破坏的形式主要有流土、管涌破坏，以及基底下有承压含水层的地层条件下使较薄的上层隔水土层被顶破而产生的突涌破坏。是否会产生渗透破坏及发生哪种形式的破坏取决于土类、土的颗粒级配、密实度及渗流的水力坡度等因素，应分别按照流土、管涌和突涌的临界条件和计算方法进行验算。基坑降水或基坑侧壁采用截水帷幕后，能防止侧壁的渗透破坏，增加地下水的渗透路径长度和减小基底的渗流水力坡度，从而降低渗透破坏发生的可能性。基坑下采用旋喷桩、搅拌桩等方法进行封底加固能防止基底突涌。

**4. 悬臂式支挡结构的嵌固深度（$l_d$）**

悬臂式支挡结构的嵌固深度应符合式（1-25）的嵌固稳定性的要求（图1-10）：

$$\frac{E_{pk}a_{p1}}{E_{ak}a_{a1}} \geqslant K_e \qquad (1\text{-}25)$$

式中 $K_e$——嵌固稳定安全系数；安全等级为一级、二级、三级的悬臂式支挡结构，$K_e$分别不应小于1.25、1.2、1.15；

$E_{ak}$、$E_{pk}$——分别为基坑外侧主动土压力、基坑内侧被动土压力标准值（kN）；

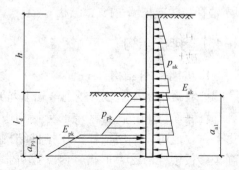

图1-10 悬臂式支挡结构嵌固稳定性验算

$a_{a1}$、$a_{p1}$——分别为基坑外侧主动土压力、基坑内侧被动土压力合力作用点至挡土构件底端的距离（m）。

**5. 单层锚杆和单层支撑的支挡式结构的嵌固深度（$l_d$）**

单层锚杆和单层支撑的支挡式结构的嵌固深度应符合式（1-26）嵌固稳定性的要求（图1-11）：

$$\frac{E_{pk}a_{p2}}{E_{ak}a_{a2}} \geqslant K_e \qquad (1\text{-}26)$$

式中 $K_e$——嵌固稳定安全系数；安全等级为一级、二级、三级的悬臂式支挡结构，$K_e$分别不应小于1.25、1.2、1.15；

$a_{a2}$、$a_{p2}$——分别为基坑外侧主动土压力、基坑内侧被动土压力合力作用点至支点的距离（m）。

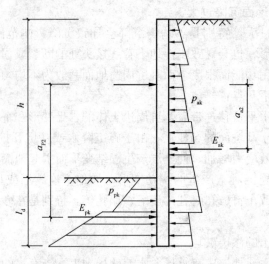

图 1-11　单层锚杆和单层支撑的支挡式结构的嵌固稳定性验算

# 1.4　排　　桩

排桩指沿基坑侧壁排列设置的支护桩基冠梁组成的支挡式结构部件或悬臂式支挡结构。若基坑深度不大，可以单独使用排桩结构，若基坑深度大或地质情况复杂，可以采用桩墙-锚杆结构或桩墙-内支撑结构。

## 1.4.1　排桩结构

### 1. 桩墙-锚杆结构

桩墙结构是在基坑开挖前，沿基坑边缘施工成排的桩或地下连续墙，并使其底端嵌入到基坑底面以下。随着基坑的分层向下开挖，在排桩表面设置支点，支点形式可以采用内支撑，也可以采用锚杆。在排桩结构侧壁上土压力的作用下，排桩结构的受力形式相当于梁板结构的受力形式，内支撑可根据具体结构形式进行结构设计计算，锚杆则单独进行承载力的设计计算。这种结构不设置支点时，为悬臂结构，但悬臂结构只适用于基坑深度较浅同时周边环境对支护结构水平位移要求不高的情况。实际工程中，常采用的排桩结构形式主要有：排桩-锚杆结构、排桩-内支撑结构、地下连续墙-锚杆结构、地下连续墙-内支撑结构等。20 世纪 80 年代以前，国内外也较流行钢板桩-锚杆结构、钢板桩-内支撑结构，但目前国内采用的较少。桩的类型包括各种工艺的钻孔桩、冲孔桩、挖孔桩或沉管桩等。当搅拌桩内插入型钢且按受力杆件进行设计计算时（SMW 工法），也可以纳入这种受力结构形式。

（1）桩墙-锚杆结构的特点：

桩墙-锚杆结构通常由桩或地下连续墙、腰梁、锚杆三部分组成受力体系。当采用地下连续墙时，锚杆可以直接锚固在地下连续墙的墙面上。采用护坡桩时，第一层锚杆也可以锚固在护坡桩的冠梁上。省去腰梁的桩墙-锚杆结构，受力体系由桩或地下连续墙、锚杆两部分组成。

常用的护坡桩包括钻孔灌注桩、挖孔桩、沉管灌注桩、冲孔桩等，由于护坡主要是承受弯矩，为保证具有足够的受弯能力，桩径一般在 600mm 以上。

通常采用的腰梁由两根槽钢或工字钢用钢板焊接或采用格构钢梁，也可以用钢筋混凝土腰梁，腰梁应和桩或地下连续墙连接牢固，以传递剪力。腰梁尺寸按受弯构件进行设计。

锚杆锚固在稳定土层可以获得足够的轴向抗拔力。锚杆主要包括成束的受拉钢绞线或钢筋、注浆水泥固结体和连接腰梁的锚头三个基本部分。钢绞线用专门的锚具连接，钢筋用对焊在钢筋端部的螺扣连接。

桩墙作为挡土部分承受基坑侧壁的土压力荷载，当基坑侧壁桩墙后边有地下水存在时，还要承受水压力。基坑周边有建筑物或施工荷载会使土压力增加，土压力计算中应予考虑。锚杆通过利用锚固在稳定土层上的锚固力为桩墙提供弹性支点。锚杆拉力通过腰梁及其连接件对桩墙提供约束。在这种受力模型下，桩墙为受弯构件，一般可作为杆件进行计算和设计。受弯构件按弯矩设计断面尺寸和配筋，要比承受竖向荷载的桩所用的配筋量大得多。锚杆为轴心受拉构件，从受力上沿锚杆长度分为自由段和锚固段，对锚杆承载力起作用的是锚固段。影响锚杆承载力大小的有三个控制条件：

① 锚固段锚固体与周围土体的摩阻力。

② 锚固体对钢筋或钢绞线的握裹力。

③ 钢筋或钢绞线的抗拉强度。

对于土层锚杆，握裹力一般大于钢筋或钢绞线与土之间的摩阻力，因此承载力主要由摩阻力和钢筋或钢绞线的强度控制，可由摩阻力条件确定了锚杆的承载力后，再根据承载力设计钢筋或钢绞线的截面。根据采用的不同材料，腰梁按钢结构或钢筋混凝土结构有关设计规范进行设计。

(2) 适用条件。

桩墙-锚杆结构适用范围很广，在大部分场地和地质条件下都能采用，尤其是基坑深度大、对水平变形的限制要求高、基坑周边场地狭窄的情况最能体现其优越性。桩墙-锚杆支护不适用的情况包括：

① 基坑周边无法或不允许施工锚杆。如周边有其他地下结构、桩基造成施工障碍。

② 特定地层条件下，锚杆锚固段无法避开软弱土层，即使锚杆很长，仍不能提供足够的锚固力，且增加造价和延长工期。

③ 锚杆施工困难，如砂卵石地层存在承压力的情况下，现有机具无法成孔和不能保证水泥浆灌注质量。

虽然桩墙-锚杆结构适用面较广，也易于保证基坑的安全，但是造价相对较高。在周边环境条件不复杂，能够采用其他更经济的支护结构的情况下，在综合安全、经济、工期等因素进行不同支护方案的比较后作出选择。

**2. 桩墙-内支撑结构**

(1) 桩墙-内支撑结构的特点。

桩墙-内支撑支护结构由桩或地下连续墙和基坑内的支撑结构两部分组成受力体系。桩或地下连续墙的受力特点和桩墙-锚杆支护结构是基本相同的。

常用的支撑结构按材料类型可分为钢筋混凝土支撑、钢管支撑、型钢支撑、钢筋混凝土和钢的组合支撑等形式；按支撑受力特点和平面结构形式可划分为简单对撑、水平斜撑、竖向斜撑、水平桁架式对撑、水平框架式对撑、环形支撑等形式，一般对于平面尺寸较大、形状不规则的基坑，常根据工程具体情况采用上述形式的组合形式。

与桩墙-锚杆结构同样，桩墙作为挡土结构承受基坑侧壁土压力和水压力，内支撑通过与桩墙的连接点给桩墙提供支撑力。严格地讲，桩墙和内支撑应看作一个整体受力结构承受侧向的土压力、结构自重等各项荷载。但由于结构整体是一个空间结构，土压力荷载又很复杂，计算起来相当困难。因此，工程上常采用简化受力结构的方法，将桩墙与内支撑分别进行计算，达到满足工程应用的目的。对于复杂内支撑结构，应对包括腰梁和冠梁在内的整体支撑系统进行计算。

（2）适用条件。

从支护结构自身技术可行性角度来讲，桩墙-内支撑结构适用范围极广，用其他支撑形式解决不了的问题，一般都能用桩墙-内支撑结构解决，也相对安全可靠。在无法采用锚杆的场合和锚杆承载力无法满足要求的软土地层也可采用桩墙-内支撑结构解决。但该结构形式存在以下一些缺点，其他支护结构形式能够使用时，不太愿意采用桩墙-内支撑结构，这些缺点如下：

① 由于支撑设在基坑内部，影响主体地下室施工，但地下室施工过程要逐层拆除，施工技术难度大。

② 一般支撑系统都要设置立柱，立柱要在基坑开挖前施工，并进入基坑面以下的持力土层。底板施工时立柱不能拆除，使底板在立柱处不能一次浇筑混凝土，给后期防水处理造成一定困难，并容易影响防水质量。

③ 基坑土方和支撑施工交叉作业，支撑做好后，影响支撑下部的土方开挖，难以设置出土运输坡道，有时只能人工挖土和垂直运输，明显影响挖土效率。

④ 当基坑面积较大时，一般支撑系统都较庞大，工程量大，造价也高，从经济上不具有优越性。但是当采用可重复使用的可拆装工具式支撑时，可解决此问题。工具式支撑一次性投资很高，目前在我国还不具备推广应用的客观条件。

## 1.4.2 排桩的设计

排桩的设计如下：

（1）沿周边均匀配置纵向钢筋的圆形截面钢筋混凝土支护桩，其正截面承载力应符合下列规定（图1-12）：

$$M \leqslant \frac{2}{3} f_c A r \frac{\sin^3 \pi \alpha}{\pi} + f_y A_s r_s \frac{\sin \pi \alpha + \sin \pi \alpha_t}{\pi}$$

$$\tag{1-27}$$

$$\alpha f_c A \left(1 - \frac{\sin 2\pi \alpha}{2\pi \alpha}\right) + (\alpha - \alpha_t) f_y A_s = 0 \quad (1-28)$$

$$\alpha_t = 1.25 - 2\alpha \quad (1-29)$$

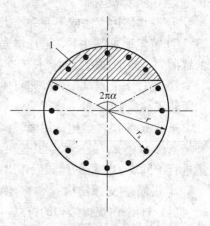

图1-12　沿周边均匀配置纵向
钢筋的圆形截面
1—混凝土受压区

式中　$M$——桩的弯矩设计值（kN·m），按式（1-2）
规定计算；

　　$f_c$——混凝土轴心抗压强度设计值（kN/m$^2$），当混凝土强度等级超过 C50 时，$f_c$ 应以 $\alpha_1 f_c$ 代替；当混凝土强度等级为 C50 时，取 $\alpha_1 = 1.0$；当混凝土强度等级为 C80 时，取 $\alpha_1 = 0.94$，其间按线性内插法确定；

$A$——支护桩截面面积（$m^2$）；

$r$——支护桩的半径（m）；

$\alpha$——对应于受压区混凝土截面面积的圆心角（rad）与 $2\pi$ 的比值；

$f_y$——纵向钢筋的抗拉强度设计值（$m^2$）；

$A_s$——全部纵向钢筋的截面面积（$m^2$）；

$r_s$——纵向钢筋重心所在圆周的半径（m）；

$\alpha_t$——纵向受拉钢筋截面面积与全部纵向钢筋截面面积的比值，当 $\alpha > 0.625$ 时，取 $\alpha_t = 0$。

（2）沿受拉区和受压区周边局部均匀配置纵向钢筋的圆形截面支护桩，其正截面受弯承载力应符合下列规定（图 1-13）：

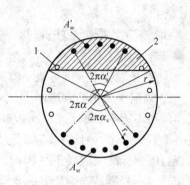

图 1-13  沿受拉区和受压区周边局部均匀配置纵向钢筋的圆形截面
1—构造钢筋；2—混凝土受压区

$$M \leqslant \frac{2}{3} f_c Ar \frac{\sin^3 \pi\alpha}{\pi} + f_y A_{sr} r_s \frac{\sin\pi\alpha_s}{\pi\alpha_s} + f_y A'_{sr} r_s \frac{\sin\pi\alpha'_s}{\pi\alpha'_s} \tag{1-30}$$

$$\alpha f_c A \left(1 - \frac{\sin 2\pi\alpha}{2\pi\alpha}\right) + f_y (A'_{sr} - A_{sr}) = 0 \tag{1-31}$$

$$\cos\pi\alpha \geqslant 1 - \left(1 + \frac{r_s}{r}\cos\pi\alpha_s\right)\xi_b \tag{1-32}$$

$$\alpha \geqslant \frac{1}{3.5} \tag{1-33}$$

式中  $\alpha$——对应于混凝土受压区截面面积的圆心角（rad）与 $2\pi$ 的比值；

$\alpha_s$——对应于受拉钢筋的圆心角（rad）与 $2\pi$ 的比值；$\alpha_s$ 宜取 $1/6 \sim 1/3$，通常可取 0.25；

$\alpha'_s$——对应于受压钢筋的圆心角（rad）与 $2\pi$ 的比值，宜取 $\alpha'_s \leqslant 0.5\alpha$；

$A_{sr}$、$A'_{sr}$——分别为沿周边均匀配置在圆心角 $2\pi\alpha_s$、$2\pi\alpha'_s$ 内的纵向受拉、受压钢筋的截面面积（$m^2$）；

$\xi_b$——矩形截面的相对界限受压区高度，应按现行国家标准《混凝土结构设计规范（2015 年版）》GB 50010—2010 的规定取值。

（3）圆形截面支护桩的斜截面承载力，可用截面宽度为 $1.76r$ 和截面有效高度为 $1.6r$ 的矩形截面代替圆形截面后，按现行国家标准《混凝土结构设计规范（2015 年版）》GB 50010—2010 对矩形截面斜截面承载力的规定进行计算，计算所得的箍筋截面面积应作为支护桩圆形箍筋的截面面积。$r$ 为圆形截面半径。

（4）矩形截面支护桩的正截面受弯承载力和斜截面受剪承载力，应按现行国家标准《混凝土结构设计规范（2015 年版）》GB 50010—2010 的有关规定进行计算，但弯矩设计值和剪力设计值应按式（1-2）和式（1-3）计算。

### 1.4.3 排桩构造

（1）排桩的桩型与成桩工艺应符合下列要求：

① 应根据土层的性质、地下水条件及基坑周边环境要求等选择混凝土灌注桩、型钢桩、钢管桩、钢板桩、型钢水泥土搅拌桩等桩型。

② 当支护桩施工影响范围内存在对地基变形敏感、结构性能差的建筑物或地下管线时，不应采用挤土效应严重、易塌孔、易缩径或有较大振动的桩型和施工工艺。

③ 采用挖孔桩且成孔需要降水时，降水引起的地层变形应满足周边建筑物和地下管线的要求，否则应采取截水措施。

（2）采用混凝土灌注桩时，悬臂式排桩、支护桩的桩径宜大于或等于 600mm；锚拉式排桩或支撑式排桩、支护桩的桩径宜大于或等于 400mm；排桩的中心距不宜大于桩直径的 2.0 倍。

（3）采用混凝土灌注桩时，支护桩的桩身混凝土强度等级、钢筋配置和混凝土保护层厚度应符合下列规定：

① 桩身混凝土强度等级不宜低于 C25。

② 纵向受力钢筋宜选用 HRB400、HRB500 钢筋，单桩的纵向受力钢筋不宜少于 8 根，其净间距不应小于 60mm；支护桩顶部设置钢筋混凝土构造冠梁时，纵向钢筋伸入冠梁的长度宜取冠梁厚度；冠梁按结构受力构件设置时，桩身纵向受力钢筋伸入冠梁的锚固长度应符合现行国家标准《混凝土结构设计规范（2015 年版）》GB 50010—2010 对钢筋锚固的有关规定；当不能满足锚固长度的要求时，其钢筋末端可采取机械锚固措施。

③ 箍筋可采用螺旋式箍筋；箍筋直径不应小于纵向受力钢筋最大直径的 1/4，且不应小于 6mm；箍筋间距宜取 100～200mm，且不应大于 400mm 及桩的直径。

④ 沿桩身配置的加强箍筋应满足钢筋笼起吊的安装要求，宜选用 HPB300、HRB400 钢筋，其间距宜取 1000～2000mm。

⑤ 纵向受力钢筋的保护层厚度不应小于 35mm；采用水下灌注混凝土工艺时，不应小于 50mm。

⑥ 当采用沿截面周边非均匀配置纵向钢筋时，受压区的纵向钢筋根数不应少于 5 根；当施工方法不能保证钢筋的方向时，不应采用沿截面周边非均匀配置纵向钢筋的形式。

⑦ 当沿桩身分段配置纵向受力主筋时，纵向受力钢筋的搭接应符合现行国家标准《混凝土结构设计规范（2015 年版）》GB 50010—2010 的相关规定。

（4）支护桩顶部应设置混凝土冠梁。冠梁的宽度不宜小于桩径，高度不宜小于桩径的 60％。冠梁钢筋应符合现行国家标准《混凝土结构设计规范（2015 年版）》GB 50010—2010 对梁的构造配筋要求。冠梁用作支撑或锚杆的传力构件或按空间结构设计时，尚应按受力构件进行截面设计。

（5）在有主体建筑地下管线的部位，冠梁宜低于地下管线。

（6）排桩桩间土应采取防护措施。桩间土防护措施宜采用内置钢筋网或钢丝网的喷射混凝土面层。喷射混凝土面层的厚度不宜小于 50mm，混凝土强度等级不宜低于 C20，混凝土面层内配置的钢筋网的纵横向间距不宜大于 200mm。钢筋网或钢丝网宜采用横向拉筋与两侧桩体连接，拉筋直径不宜小于 12mm，拉筋锚固在桩内的长度不宜小于 100mm。钢筋网宜采用桩间土内打入直径不小于 12mm 的钢筋钉固定，钢筋钉打入桩间土中的长度不宜小于排桩净间距的 1.5 倍且不应小于 500mm。

（7）采用降水的基坑，在有可能出现渗水的部位应设置泄水管，泄水管应采取防止土颗粒流失的反滤措施。

（8）排桩采用素混凝土桩与钢筋混凝土桩间隔布置的钻孔咬合桩形式，支护桩的桩径可取 800～1500mm，相邻桩咬合长度不宜小于 200mm。素混凝土桩应采用塑性混凝土或强度等级不低于 C15 的超缓凝混凝土，其初凝时间宜控制在 40～70h 之间，坍落度宜取 12～14mm。

## 1.4.4 排桩施工与检测

（1）当排柱桩位邻近的既有建筑物、地下管线、地下构筑物对地基变形敏感时，应根据其位置、类型、材料特性、使用状况等相应采取下列控制地基变形的防护措施：

① 宜采取间隔成桩的施工顺序；对混凝土灌注桩，应在混凝土终凝后，再进行相邻桩的成孔施工。

② 对松散或稍密的砂土、稍密的粉土、软土等易坍塌或流动的软弱土层，对钻孔灌注桩宜采取改善泥浆性能等措施，对人工挖孔桩宜采取减小每节挖孔和护壁的长度、加固孔壁等措施。

③ 支护桩成孔过程中出现流砂、涌泥、塌孔、缩径等异常情况时，应暂停成孔并及时采取有针对性的措施进行处理，防止继续塌孔。

④ 当成孔过程中遇到不明障碍物时，应查明其性质，且在不会危害既有建筑物、地下管线、地下构筑物的情况下方可继续施工。

（2）对混凝土灌注桩，其纵向受力钢筋的接头不宜设置在内力较大处。同一连接区段内，纵向受力钢筋的连接方式和连接接头面积百分率应符合现行国家标准《混凝土结构设计规范（2015 年版）》GB 50010—2010 对梁类构件的规定。

（3）混凝土灌注桩采用分段配置不同数量的纵向钢筋时，钢筋笼制作和安放时应采取控制非通长钢筋竖向定位的措施。

（4）混凝土灌注桩采用沿桩截面周边非均匀配置纵向受力钢筋时，应按设计的钢筋配置方向进行安装，其偏转角不得大于 10°。

（5）混凝土灌注桩设有预埋件时，应根据预埋件用途和受力特点的要求，控制其安装位置及方向。

（6）钻孔咬合桩的施工可采用液压钢套管全长护壁、机械冲抓成孔工艺，其施工应符合下列要求：

① 桩顶应设置导墙，导墙宽度宜取 3～4m，导墙厚度宜取 0.3～0.5m。

② 相邻咬合桩应按先施工素混凝土桩、后施工钢筋混凝土柱的顺序进行；钢筋混凝土桩应在素混凝土桩初凝前，通过成孔时切割部分素混凝土桩身形成与素混凝土柱的互相咬合，但应避免过早进行切割。

③ 钻机就位及吊设第一节钢套管时，应采用两个测斜仪贴附在套管外壁并用经纬仪复核套管垂直度，其垂直度允许偏差应为 0.3%；液压套管应正反扭动加压下切；抓斗在套管内取土时，套管底部应始终位于抓土面下方，且抓土面与套管底的距离应大于 1.0m。

④ 孔内虚土和沉渣应清除干净，并用抓斗夯实孔底；灌注混凝土时，套管应随混凝土

浇筑逐段提拔；套管应垂直提拔，阻力过大时应转动套管同时缓慢提拔。

（7）除有特殊要求外，排桩的施工偏差应符合下列规定：

① 桩位的允许偏差应为 50mm。

② 桩垂直度的允许偏差应为 0.5%。

③ 预埋件位置的允许偏差应为 20mm。

（8）冠梁施工时，应将桩顶浮浆、低强度混凝土及破碎部分清除。冠梁混凝土浇筑采用土模时，土面应修理整平。

（9）采用混凝土灌注桩时，其质量检测应符合下列规定：

① 应采用低应变动测法检测桩身完整性，检测桩数不宜少于总桩数的 20%，且不得少于 5 根。

② 当根据低应变动测法判定的桩身完整性为Ⅲ类或Ⅳ类时，应采用钻芯法进行验证，并应扩大低应变动测法检测的数量。

## 1.5　地下连续墙

地下连续墙是指分槽段用专用机械成槽、浇筑钢筋混凝土所形成的连续地下墙体，亦可称为现浇地下连续墙。

### 1.5.1　地下连续墙的设计

（1）地下连续墙的正截面受弯承载力、斜截面受剪承载力应按国家现行规范《混凝土结构设计规范（2015 年版）》GB 50010—2010 的有关规定进行计算，但弯矩、剪力设计值按式（1-2）和式（1-3）确定。

（2）地下连续墙的墙体厚度宜根据成槽机的规格，选取 600mm、800mm、1000mm 或 1200mm。

（3）一字形槽段长度宜取 4~6m。当成槽施工可能对周边环境产生不利影响或槽壁稳定性较差时，应取较小的槽段长度。必要时，宜采用搅拌桩对槽壁进行加固。

（4）地下连续墙的转角处或有特殊要求时，单元槽段的平面形状可采用 L 形、T 形等。

（5）地下连续墙的混凝土设计强度等级宜取 C30~C40。地下连续墙用于截水时，墙体混凝土抗渗等级不宜小于 P6。当地下连续墙同时作为主体地下结构构件时，墙体混凝土抗渗等级应满足现行国家标准《地下工程防水技术规范》GB 50108—2008 等相关标准的要求。

（6）地下连续墙的纵向受力钢筋应沿墙身两侧均匀配置，可按内力大小沿墙体纵向分段配置，但通长配置的纵向钢筋不应小于总数的 50%；纵向受力钢筋宜选用 HRB400、HRB500 钢筋，直径不宜小于 16m，净间距不宜小于 75m。水平钢筋及构造钢筋宜选用 HPB300 或 HRB400 钢筋，直径不宜小于 12mm，水平钢筋间距宜取 200~400mm。冠梁按构造设置时，纵向钢筋伸入冠梁的长度宜取冠梁厚度。冠梁按结构受力构件设置时，墙身纵向受力钢筋伸入冠梁的锚固长度应符合现行国家标准《混凝土结构设计规范（2015 年版）》GB 50010—2010 对钢筋锚固的有关规定。当不能满足锚固长度的要求时，其钢筋末端可采用机械锚固措施。

（7）地下连续墙纵向受力钢筋的保护层厚度，在基坑内侧不宜小于 50mm，在基坑外侧不宜小于 70mm。

（8）钢筋笼端部与槽段接头之间、钢筋笼端部与相邻墙段混凝土面之间的间隙不应大于 150mm，纵向钢筋下端 500mm 长度范围内宜按 1∶10 的斜度向内收口。

（9）地下连续墙的槽段接头应按下列原则选用：

① 地下连续墙宜采用圆形锁口管接头、波纹管接头、楔形接头、工字形钢接头或混凝土预制接头等柔性接头。

② 当地下连续墙作为主体地下结构外墙，且需要形成整体墙体时，宜采用刚性接头；刚性接头可采用一字形或十字形穿孔钢板接头、钢筋承插式接头等；当采取地下连续墙顶设置通长冠梁、墙壁内侧槽段接缝位置设置结构壁柱、基础底板与地下连续墙刚性连接等措施时，也可采用柔性接头。

（10）地下连续墙墙顶应设置混凝土冠梁。冠梁宽度不宜小于墙厚，高度不宜小于墙厚的 0.6 倍。冠梁钢筋应符合现行国家标准《混凝土结构设计规范（2015 年版）》GB 50010—2010 对梁的构造配筋要求。冠梁用作支撑或锚杆的传力构件或按空间结构设计时，尚应按受力构件进行截面设计。

## 1.5.2 地下连续墙施工与检测

（1）地下连续墙的施工应根据地质条件的适应性等因素选择成槽设备。成槽施工前应进行成槽试验，并应通过试验确定施工工艺及施工参数。

（2）当地下连续墙邻近的既有建筑物、地下管线、地下构筑物对地基变形敏感时，地下连续墙的施工应采取有效措施控制槽壁变形。

（3）成槽施工前，应沿地下连续墙两侧设置导墙，导墙宜采用混凝土结构，且混凝土强度等级不宜低于 C20。导墙底面不宜设置在新近填土上，且埋深不宜小于 1.5m。导墙的强度和稳定性应满足成槽设备和顶拔接头管施工的要求。

（4）成槽前，应根据地质条件进行护壁泥浆材料的试配及室内性能试验，泥浆配比应按试验确定。泥浆拌制后应贮放 24h。待泥浆材料充分水化后方可使用。成槽时，泥浆的供应及处理设备应满足泥浆使用量的要求，泥浆的性能应符合相关技术指标的要求。

（5）单元槽段宜采用间隔一个或多个槽段的跳幅施工顺序。每个单元槽段，挖槽分段不宜超过 3 个。成槽时，护壁泥浆液面应高于导墙底面 500mm。

（6）槽段接头应满足混凝土浇筑压力对其强度和刚度的要求。安放槽段接头时，应紧贴槽段垂直缓慢沉放至槽底。遇到阻碍时，槽段接头应在清除障碍后入槽。混凝土浇灌过程中应采取防止混凝土产生绕流的措施。

（7）地下连续墙有防渗要求时，应在吊放钢筋笼前，对槽段接头和相邻墙段混凝土面用刷槽器等方法进行清刷，清刷后的槽段接头和混凝土面不得夹泥。

（8）钢筋笼制作时，纵向受力钢筋的接头不宜设置在受力较大处。同一连接区段内，纵向受力钢筋的连接方式和连接接头面积百分率应符合现行国家标准《混凝土结构设计规范（2015 年版）》GB 50010—2010 对板类构件的规定。

（9）钢筋笼应设置定位垫块，垫块在垂直方向上的间距宜取 3～5m，在水平方向上宜每层设置 2～3 块。

（10）单元槽段的钢筋笼宜整体装配和沉放。需要分段装配时，宜采用焊接或机械连接，钢筋接头的位置宜选在受力较小处，并应符合现行国家标准《混凝土结构设计规范（2015年版）》GB 50010—2010 对钢筋连接的有关规定。

（11）钢筋笼应根据吊装的要求，设置纵横向起吊桁架；桁架主筋宜采用 HRB400 级钢筋，钢筋直径不宜小于 20mm，且应满足吊装和沉放过程中钢筋笼的整体性及钢筋笼骨架不产生塑性变形的要求。钢筋连接点出现位移、松动或开焊时，钢筋笼不得入槽，应重新制作或修整完好。

（12）地下连续墙应采用导管法浇筑混凝土。导管拼接时，其接缝应密闭。混凝土浇筑时，导管内应预先设置隔水栓。

（13）槽段长度不大于 6m 时，混凝土宜采用两根导管同时浇筑；槽段长度大于 6m 时，混凝土宜采用三根导管同时浇筑。每根导管分担的浇筑面积应基本均等。钢筋笼就位后应及时浇筑混凝土。混凝土浇筑过程中，导管埋入混凝土面的深度宜在 2.0～4.0m 之间，浇筑液面的上升速度不宜小于 3m/h。混凝土浇筑面宜高于地下连续墙设计顶面 500mm。

（14）地下连续墙的质量检测应符合下列规定：

① 应进行槽壁垂直度检测，检测数量不得小于同条件下总槽段数的 20%，且不应少于10 幅；当地下连续墙作为主体地下结构构件时，应对每个槽段进行槽壁垂直度检测。

② 应进行槽底沉渣厚度检测。当地下连续墙作为主体地下结构构件时，应对每个槽段进行槽底沉渣厚度检测。

③ 应采用声波透射法对墙体混凝土质量进行检测，检测墙段数量不宜少于同条件下总墙段数的 20%，且不得少于 3 幅，每个检测墙段的预埋超声波管数不应少于 4 个，且宜布置在墙身截面的四边中点处。

④ 当根据声波透射法判定的墙身质量不合格时，应采用钻芯法进行验证。

# 1.6　水泥土墙

水泥土墙重力式结构是在基坑侧壁形成一个具有相当厚度和重量的刚性实体结构，以其重量抵抗基坑侧壁土压力，满足该结构的抗滑移和抗倾覆要求。这类结构一般采用水泥土搅拌桩，有时也采用旋喷桩，使桩体相互搭接形成块状、壁状或格栅状等形状的重力结构。块状是将纵横两个方向相邻的搅拌桩全部重叠搭接形成完整的块体；壁状是将相邻桩体部分重叠搭接形成壁状的加固形式；格栅状是将纵横两个方向的相邻桩体相互搭接形成格栅形状（图 1-14）。

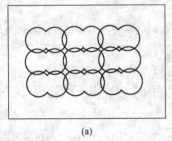 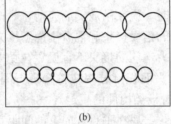 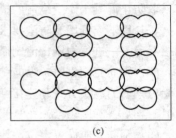

(a)　　　　　　　　　(b)　　　　　　　　　(c)

图 1-14　水泥土墙的类型
(a) 块状；(b) 壁状；(c) 格栅状

　　重力式围护结构是利用水泥材料为固化剂，经过特殊的拌和机械（如深层搅拌机或高压旋喷机等）在地基中就地将原状土和水混（粉体、浆液）强制机械拌和或高压力切削拌和，经过土和水泥固化剂或掺和料产生一系列物理化学反应，形成具有一定强度、整体性的、水稳性的加固土圆柱体。施工时，将圆柱体相互搭接，连续成桩，形成具有一定强度和整体结构性的水泥土实体墙或格栅状墙，主要利用其重力维持基坑边坡的稳定，保证地下室的施工及周边环境的安全。水泥土用搅拌桩和旋喷桩作为支护结构承受弯矩与剪力的能力有限，墙体内不宜产生拉应力，如插入型钢或钢筋可改善墙体受拉特性。

　　重力式水泥土墙具主要有以下特点：

　　（1）充分利用了加固后原地基土的作用。

　　（2）搅拌或旋喷时无侧向挤出、振动小、噪声小和无污染，对周围建筑物及地下管道影响小。

　　（3）可灵活地采用壁状、格栅状和块状等结构形式。

　　（4）与钢筋混凝土桩相比，可节省钢材并降低成本。

　　（5）不需要内支撑或锚杆，便于地下室的施工。

　　（6）可同时起到止水和挡墙的双重作用。

　　重力式水泥土墙的适用条件：

　　① 水泥土墙适用于加固淤泥、淤泥质土和含水量高及强度低的黏土、粉质土、粉土。在这些土层中因锚杆或土钉的锚固力低，难以满足抗拔力要求或造价过高，可采用水泥土墙。对泥炭土及有机质土，因固结体强度低，应慎重采用。

　　② 因水泥土墙作为重力式结构，墙体一般较宽，必须具有较宽敞的周边施工场地。

　　③ 对于软土地层的基坑支护，一般适用于深度不应大于 6m 的基坑。

　　④ 因水泥土墙同时能起到截水作用，可用于地下水位以下的基坑支护。

## 1.6.1　水泥土墙稳定性计算

### 1. 滑移稳定性验算

$$\frac{E_{pk}+(G-u_mB)\tan\varphi+cB}{E_{ak}}\geqslant K_{s_1} \tag{1-34}$$

式中　$K_{s_1}$——抗滑移安全系数，其值不应小于 1.2；

　$E_{ak}$、$E_{pk}$——分别为水泥土墙上的主动土压力标准值、被动土压力标准值（kN/m）；

　　　$G$——水泥土墙的自重（kN/m）；

　　　$\varphi$——水泥土墙底面下土层的内摩擦角（°）；

　　　$B$——水泥土墙的底面宽度（m）；

　　$u_m$——水泥土墙底面上的水压力；水泥土墙底位于含水层时，可取 $u_m=\gamma_w(h_{wa}+h_{wp})/2$，在地下水位以下时，取 $u_m=0$；

　　$h_{wa}$——基坑外侧水泥土墙底处的压力水头（m）；

　　$h_{wp}$——基坑内侧水泥土墙底处的压力水头（m）；

　　　$c$——水泥土墙底面下土层的黏聚力（kPa）。

### 2. 倾覆稳定性验算

$$\frac{E_{pk}a_p+(G-u_mB)a_G}{E_{ak}a_a}\geqslant K_{ov} \tag{1-35}$$

式中 $K_{ov}$——抗倾覆安全系数，其值不应小于1.3；

$\quad\quad a_a$——水泥土墙外侧主动土压力合力作用点至墙趾的竖向距离（m）；

$\quad\quad a_p$——水泥土墙内侧被动土压力合力作用点至墙趾的竖向距离（m）；

$\quad\quad a_G$——水泥土墙自重与墙底水压力合力作用点至墙趾的水平距离（m）。

**3. 圆弧滑动稳定性验算（图1-15）**

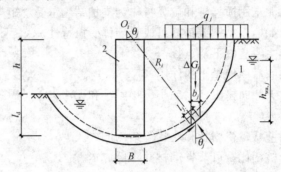

图1-15 圆弧滑动稳定性验算

$$\min\{K_{s,1}, K_{s,2}, \cdots, K_{s,i}, \cdots\} \geqslant K_s \tag{1-36}$$

$$K_{s,i} = \frac{\sum[c_j l_j + (q_j b_j + \Delta G_j)\cos\theta_j - u_j l_j]\tan\varphi_j}{\sum(q_j b_j + \Delta G_j)\sin\theta_j} \tag{1-37}$$

式中 $K_s$——圆弧滑动稳定安全系数，其值不应小于1.3；

$\quad\quad K_{s,i}$——第 $i$ 个圆弧滑动体的抗滑力矩与滑动力矩的比值，抗滑力矩与滑动力矩之比的最小值宜通过搜索不同圆心及半径的所有潜在滑动圆弧确定；

$\quad c_j$、$\varphi_j$——分别为第 $j$ 土条滑弧面处土的黏聚力（kPa），内摩擦角（°）；

$\quad\quad b_j$——第 $j$ 土条的宽度（m）；

$\quad\quad \theta_j$——第 $j$ 土条滑裂面中点处的法线与垂直面的夹角（°）；

$\quad\quad l_j$——第 $j$ 土条滑弧长度（m），取 $l_j = b_j/\cos\theta_j$；

$\quad\quad q_j$——第 $j$ 土条上的附加分布荷载标准值（kPa）；

$\quad\quad \Delta G_j$——第 $j$ 土条的自重（kN），按天然重度计算；分条时，水泥土墙可按土体考虑；

$\quad\quad u_j$——第 $j$ 土条滑弧面上的孔隙水压力（kPa）；地下水位以下的砂土、碎石土、砂质粉土，当地下水是静止的或渗流水力梯度可忽略不计时，在基坑外侧，可取 $u_j = \gamma_w h_{wa,j}$，在基坑内侧，可取 $u_j = \gamma_w h_{wp,j}$；滑弧面在地下水位以上或对地下水位以下的黏性土，取 $u_j = 0$；

$\quad\quad \gamma_w$——地下水重度（kN/m³）；

$\quad\quad h_{wa,j}$——基坑外侧第 $j$ 土条滑弧面中点的压力水头（m）；

$\quad\quad h_{wp,j}$——基坑内侧第 $j$ 土条滑弧面中点的压力水头（m）。

## 1.6.2 正截面承载力计算

重力式水泥土墙的正截面应符合下列规定：

（1）拉应力：

$$\frac{6M_i}{B^2} - \gamma_{cs}z \leqslant 0.15f_{cs} \tag{1-38}$$

（2）压应力：

$$\gamma_0\gamma_F\gamma_{cs}z + \frac{6M_i}{B^2} \leqslant f_{cs} \tag{1-39}$$

（3）剪应力：

$$\frac{E_{aki} - \mu G_i - E_{pki}}{B} \leqslant \frac{1}{6}f_{cs} \tag{1-40}$$

式中　$M_i$——水泥土墙验算截面的弯矩设计值（kN·m/m）；

$B$——验算截面处水泥土墙的宽度（m）；

$\gamma_{cs}$——水泥土墙的重度（kN/m³）；

$z$——验算截面至水泥土墙顶的垂直距离（m）；

$f_{cs}$——水泥土开挖龄期时的轴心抗压强度设计值（kPa），应根据现场试验或工程经验确定；

$\gamma_F$——荷载综合分项系数；

$E_{aki}$、$E_{pki}$——分别为验算截面以上的主动土压力标准值、被动土压力标准值（kN/m）；验算截面在坑底以上时，取 $E_{pki}=0$；

$G_i$——验算截面以上的墙体自重（kN/m）；

$\mu$——墙体材料的抗剪断系数，取 0.4～0.5。

重力式水泥土墙的正截面应力验算应包括下列部位：

（1）基坑面以下主动、被动土压力强度相等处。

（2）基坑底面处。

（3）水泥土墙的截面突变处。

当地下水位高于坑底时，应进行地下水渗透稳定性验算。

## 1.6.3　水泥土墙构造要求

（1）重力式水泥土墙宜采用水泥土搅拌桩相互搭接成格栅状的结构形式，也可采用水泥土搅拌桩相互搭接成实体的结构形式。搅拌桩的施工工艺宜采用喷浆搅拌法。

（2）重力式水泥土墙的嵌固深度，对淤泥质土，不宜小于 $1.2h$，对淤泥，不宜小于 $1.3h$；重力式水泥土墙的宽度，对淤泥质土，不宜小于 $0.7h$，对淤泥，不宜小于 $0.8h$。$h$ 为基坑深度。

（3）重力式水泥土墙采用格栅形式时，格栅的面积置换率对淤泥质土，不宜小于 0.7；对淤泥，不宜小于 0.8；对一般黏性土、砂土，不宜小于 0.6。格栅内侧的长宽比不宜大于 2。每个格栅内的土体面积应符合式（1-41）要求：

$$A \leqslant \delta\frac{cu}{\gamma_m} \tag{1-41}$$

式中　$A$——格栅内的土体面积（m²）；

$\delta$——计算系数；黏性土，取 0.5；砂土、粉土，取 0.7；

$c$——格栅内土的黏聚力（kPa）；

$u$——计算周长（m）；

$\gamma_m$——格栅内土的天然重度（kN/m³）；多层土，取水泥土墙深度范围内各层土按厚度加权的平均天然重度。

（4）水泥土搅拌桩的搭接宽度不宜小于 150mm。

（5）当水泥土墙兼作截水帷幕时，应符合截水的要求。

（6）水泥土墙体的 28d 无侧限抗压强度不宜小于 0.8MPa。当需要增强墙体的抗拉性能时，可在水泥土桩内插入杆筋。杆筋可采用钢筋、钢管或毛竹。杆筋的插入深度宜大于基坑的深度。杆筋应锚入面板内。

（7）水泥土墙顶面宜设置混凝土连接面板，面板厚度不宜小于 150m，混凝土强度等级不宜低于 C15。

### 1.6.4　水泥土墙施工与检测

（1）水泥土墙应采取切割搭接法施工，应在前桩水泥土尚未固化时进行后序搭接桩施工。施工开始和结束的头尾搭接处，应采取加强措施，消除搭接沟缝。

（2）深层搅拌水泥土墙施工前，应进行成桩工艺及水泥渗入量或水泥浆的配合比试验，以确定相应的水泥掺入比或水泥浆水灰比，浆喷深层搅拌的水泥掺入量宜为被加固土重度的 15％～18％；粉喷深层搅拌的水泥掺入量宜为被加固土重度的 13％～16％。

（3）高压喷射注浆施工前，应通过试喷试验，确定不同土层旋喷固结体的最小直径、高压喷射施工技术参数等。高压喷射水泥水灰比宜为 1.0～1.5。

（4）深层搅拌桩和高压喷射桩水泥土墙的桩位偏差不应大于 50mm，垂直度偏差不宜大于 0.5％。

（5）当设置插筋时，桩身插筋应在桩顶搅拌完成后及时进行。插筋材料、插入长度和出露长度等均应按计算和构造要求确定。

（6）高压喷射注浆应按试喷确定的技术参数施工，切割搭接宽度应符合下列规定：

① 旋喷固结体不宜小于 150mm。

② 摆喷固结体不宜小于 150mm。

③ 定喷固结体不宜小于 200mm。

（7）水泥土桩应在施工后一周内进行开挖检查或采用钻孔取芯等手段检查成桩质量，若不符合设计要求应及时调整施工工艺。

（8）水泥土墙应在设计开挖龄期采用钻芯法检测墙身完整性，钻芯数量不宜少于总桩数的 2％，且不应少于 5 根；并应根据设计要求取样进行单轴抗压强度试验。

（9）重力式水泥土墙的质量检测应符合下列要求：

① 应采用开挖方法检测水泥土搅拌桩的直径、搭接宽度、位置偏差。

② 应采用钻芯法检测水泥土搅拌桩的单轴抗压强度、完整性、深度、单轴抗压强度试验的芯样直径不应小于 80mm。检测桩数不应少于总桩数的 1％，且不应少于 6 根。

# 1.7　土　钉　墙

土钉墙支护技术是一种原位土体加固技术，是在分层分段挖土和施工的条件下，由原位土体、在基坑侧面土中斜向设置的土钉与喷射混凝土面层三者组成共同工作的土钉墙，其受力特点是通过斜向土钉对基坑边坡土体的加固，增加边坡的抗滑力和抗滑力矩，达到稳定基坑边坡的作用。土钉的施工一般采用钻孔中内置钢筋后，然后孔中注浆的土钉，坡面用配有钢筋网的喷射混凝土形成土钉墙；也有采用打入式钢管再向钢管内注浆的土钉；还有采用土钉和预应力锚杆等结合的复合土钉墙结构。利用水泥土桩组合式土钉墙支护技术，形成封闭周边地下水的截水帷幕，使该项技术能够应用在不降水的条件下，进行土钉的施工（图1-16）。

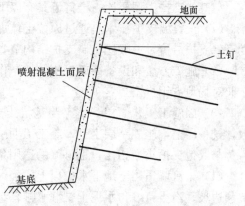

图 1-16　土钉墙结构剖面示意图

土钉主要分为钻孔注浆土钉与打入式土钉两类。钻孔注浆土钉为最常用的土钉类型，施工简单快速，先在土中钻孔，一般钻孔直径为 $100\sim120mm$，采用 $\phi16\sim32mm$ 的 II、III 级钢筋置入孔内，为使土钉钢筋处于孔的中心位置，有足够的浆体保护层，需沿钉长每隔 $2\sim3m$ 设对中支架。然后采用强度等级不低于 M10 的水泥浆或水泥砂浆沿全长注浆。水泥浆水灰比一般为 0.5 左右，水泥砂浆配合比一般为 $1：1\sim1：2$，水灰比为 $0.38\sim0.45$。注浆方式常用常压注浆。

打入式土钉一般采用钢管等材料打入土中形成，可用人力或振动冲击钻、液压锤等机具打入，打入钉的优点是不需要预先钻孔，施工速度快。打入式土钉一般长度受到限制，不易用于密实砂卵石和胶结土中。打入钢管一般采用周围带孔的闭口钢管，可在打入后管内高压注浆，增强土钉与土的黏结力，提高土钉的抗拔能力。这种土钉特别适合于成孔困难的砂层和较软土层。

土钉长度一般为开挖深度的 $0.5\sim1.2$ 倍，间距为 $1\sim2m$，与水平夹角一般为 $5°\sim20°$。面墙一般由直径为 $6\sim10mm$、间距为 $150\sim300mm$ 的钢筋网，强度等级不低于 C20、面层厚度一般为 $80\sim100mm$ 的喷射混凝土形成。为保证土钉与面层的有效连接，采用螺栓连接或钢筋焊接连接，也可采用承压垫板连接，如图1-17所示。

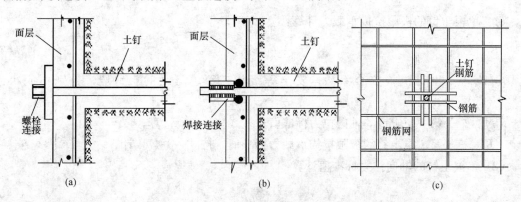

图 1-17　土钉螺栓连接或钢筋焊接连接示意图
（a）螺栓连接；（b）钢筋焊接连接；（c）承压垫板连接

土钉墙墙面应设泄水孔，排除土体内积水，消除面层后水压力对坡面的作用和减小地下水对降低土体强度的影响，坡面应设排水沟和积水井，以排泄地面雨水和坡面渗漏水。

与其他支护类型相比，土钉墙具有以下特点：

（1）土钉墙支护技术是通过原位土体加固、充分利用原位土体的自稳能力，因而能大幅度降低支护造价，一般比桩墙支护结构节省很多费用，具有显著的经济效益。

（2）施工方法和设备简单，土钉的制作与成孔不需复杂的技术和大型机具，土钉施工的作业对场地占用少。

（3）因施工工艺简单，施工与基坑土方工程同步进行，交叉作业。根据土钉设置的层数，挖一层土，施工一层土钉，施工工期一般较短。

与其他支护类型相比，土钉墙的适用条件：

（1）土钉墙适用于地下水位以上或经人工降水后的人工填土、黏性土和弱胶结砂土的基坑和边坡，当土钉墙与水泥土桩截水帷幕组合时，也可用于存在地下水的条件下。

（2）土钉墙一般宜用于深度不大于 12m 的基坑，当土钉墙与水泥土桩、微型桩组合使用时，深度可适当增加。

（3）土钉墙不能用于淤泥、淤泥质土等无法提供足够锚固力的饱和软弱土层。

（4）当基坑旁边有地下管线或建筑物基础时，阻碍土钉成孔，或遇密实卵石层无法成孔，不能采用土钉墙。

（5）不宜用于含水丰富的粉细砂层，容易造成塌孔的情况。

（6）不宜用于邻近有对沉降变形敏感的建筑物的情况，以免造成周边建筑物的损坏。当局部采用预应力土钉（锚杆）时，能使相应部位的水平变形略有减少。

土钉墙的研究在我国起步较晚，相应科研工作大大落后于工程实践。目前，土钉墙的设计在理论上尚无一套完整严格的分析计算体系，但在工程实践上，技术人员根据支护结构的通常受力分析方法给出了一些实用的计算经验公式，并经大部分工程实践证明是可行的。根据这些经验公式及进一步分析，土钉墙的计算主要包括局部稳定性及整体稳定性验算，这两种验算是目前在土钉墙设计中的主要计算方法。

## 1.7.1 土钉承载力计算

（1）单根土钉的极限抗拔承载力计算：

$$\frac{R_{k,j}}{N_{k,j}} \geqslant K_t \qquad (1-42)$$

式中　　$K_t$——土钉抗拔安全系数；安全等级为二级、三级的土钉墙，分别不应小于 1.6、1.4；

　　　　$N_{k,j}$——第 $j$ 层土钉的轴向拉力标准值，按式（1-43）计算；

　　　　$R_{k,j}$——第 $j$ 层土钉的极限抗拔承载力标准值，按式（1-47）计算。

（2）单根土钉的轴向拉力标准值计算：

$$N_{k,j} = \frac{1}{\cos\alpha_j}\zeta\eta_i p_{ak,j} s_{x,j} s_{z,j} \qquad (1-43)$$

式中　　$\alpha_j$——第 $j$ 层土钉的倾角；

　　　　$\zeta$——墙面倾斜时的主动土压力折减系数，按式（1-44）计算；

　　　　$\eta_i$——第 $j$ 层土钉轴向拉力调整系数，按式（1-45）计算；

$p_{ak,j}$——第 $j$ 层土钉处的主动土压力强度标准值，按式（1-8）计算；

$s_{x,j}$——土钉的水平间距（m）；

$s_{z,j}$——土钉的垂直间距（m）。

（3）坡面倾斜时的主动土压力折减系数计算：

$$\zeta = \tan\frac{\beta - \varphi_m}{2}\left[\frac{1}{\tan\frac{\beta + \varphi_m}{2}} - \frac{1}{\tan\beta}\right]/\tan\left(45° - \frac{\varphi_m}{2}\right) \tag{1-44}$$

式中　$\beta$——土钉墙坡面与水平面的夹角（°）；

$\varphi_m$——基坑底面以上各土层按厚度加权的等效内摩擦角平均值（°）。

（4）土钉轴向拉力调整系数计算：

$$\eta_i = \eta_a - (\eta_a - \eta_b)\frac{z_j}{h} \tag{1-45}$$

$$\eta_a = \frac{\sum(h - \eta_b z_j)\Delta E_{aj}}{\sum(h - z_j)\Delta E_{aj}} \tag{1-46}$$

式中　$z_j$——第 $j$ 层土钉至基坑顶面的垂直距离（m）；

$h$——基坑深度（m）；

$\Delta E_{aj}$——作用在以 $s_{x,j}$、$s_{z,j}$ 为边长的面积内的主动土压力标准值（kN）；

$\eta_a$——计算系数；

$\eta_b$——经验系数，可取 $0.6\sim1.0$。

（5）单根土钉的极限抗拔承载力计算：

单根土钉的极限抗拔承载力应通过抗拔试验确定，也可以按式（1-47）估算，但应通过土钉抗拔试验进行验证（图 1-18）。

$$R_{k,j} = \pi d_j \sum q_{sk,i} l_i \tag{1-47}$$

式中　$d_j$——第 $j$ 层土钉的锚固体直径（m），对成孔注浆土钉，按成孔直径计算，对打入钢管土钉，按钢筋管直径计算；

$q_{sk,i}$——第 $j$ 层土钉与第 $i$ 层的极限粘结强度标准值（kPa）；

$l_i$——第 $j$ 层土钉滑动面以外的部分在第 $i$ 层中的长度（m），直线滑动面与水平的夹角取 $\frac{\beta + \varphi_m}{2}$。

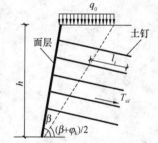

图 1-18　单根土钉抗拉承载力计算示意图

通过上面的计算，土钉极限抗拔承载力标准值大于 $f_{yk}A_s$ 时（$f_{yk}$ 是土钉杆体的抗拉强度标准值，单位为 kPa），应取 $R_{k,j} = f_{yk}A_s$。

（6）土钉杆体的受拉承载力计算：

$$N_j \leqslant f_y A_s \tag{1-48}$$

式中　$N_j$——第 $j$ 层土钉的轴向拉力设计值（kN）；

$f_y$——土钉杆体的抗拉强度设计值（kPa）；

$A_s$——土钉杆体的截面面积（m²）。

## 1.7.2　土钉稳定性验算

土钉稳定性验算的方法及要求：

（1）整体滑动稳定性可采用圆弧滑动条分法进行验算。

（2）采用圆弧滑动条分法时，其整体滑动稳定性应符合下列规定（图1-19）：

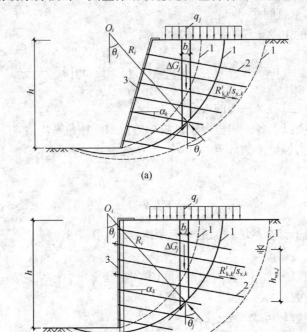

图 1-19 土钉墙整体滑动稳定性验算

（a）土钉墙在地下水位以上；（b）水泥土桩或微型桩复合土钉墙

1—滑动面；2—土钉或锚杆；3—喷射混凝土面层；4—水泥土桩或微型桩

$$\min\{K_{s,1}, K_{s,2}\cdots, K_{s,i}, \cdots\} \geqslant K_s \tag{1-49}$$

$$K_{s,i} = \frac{\sum[c_j l_j + (q_j b_j + \Delta G_j)\cos\theta_j \tan\varphi_j] + \sum R'_{k,k}[\cos(\theta_k + \alpha_k) + \varphi_v]/s_{x,k}}{\sum(q_j b_j + \Delta G_j)\sin\theta_j} \tag{1-50}$$

式中　$K_s$——圆弧滑动稳定安全系数；安全等级为二级、三级的土钉墙，分别取
1.3、1.25；

$K_{s,i}$——第 $i$ 个圆弧滑动体的抗滑力矩与滑动力矩的比值，抗滑力矩与滑动力矩之比
的最小值宜通过搜索不同圆心及半径的所有潜在滑动圆弧确定；

$c_j$、$\varphi_j$——分别为第 $j$ 土条滑弧面处土的黏聚力（kPa）、内摩擦角（°）；

$b_j$——第 $j$ 土条的宽度（m）；

$\theta_j$——第 $j$ 土条滑裂面中点处的法线与垂直面的夹角（°）；

$l_j$——第 $j$ 土条滑裂弧长（m），取 $l_j = b_j/\cos\theta_j$；

$q_j$——第 $j$ 土条上的附加分布荷载标准值（kPa）；

$\Delta G_j$——第 $j$ 土条的自重（kN），按天然重度计算；

$R'_{k,k}$——第 $k$ 层土钉或锚杆在滑动面以外的锚固段的极限抗拔承载力标准值与杆体受
拉承载力标准值的较小值；

$\alpha_k$——第 $k$ 层土钉或锚杆的倾角（°）；

$\theta_k$——滑弧面在第 $k$ 层土钉或锚杆处的法线与垂直面的夹角（°）；

$\varphi_v$——计算系数；可取 $\varphi_v = 0.5\sin(\theta_k + \alpha_k)\tan\varphi$；

$\varphi$——第 $k$ 层土钉或锚杆与滑弧交点处土的内摩擦角（°）。

当基坑面以下存在软弱下卧土层时，整体稳定性验算滑动面中应包括由圆弧与软弱土层层面组成的复合滑动面。微型桩、水泥土桩复合土钉墙，滑弧穿过其嵌固段的土条可适当考虑桩的抗滑作用。

### 1.7.3 构造要求

（1）土钉墙、预应力锚杆复合土钉墙的坡比不宜大于 1：0.2；当基坑较深、土的抗剪强度较低时，宜取较小坡比。对砂土、碎石土、松散填土，确定土钉墙坡度时，应考虑开挖时坡面的局部自稳能力。微型桩、水泥土桩复合土钉墙，应采用微型桩、水泥土桩与土钉墙面层贴合的垂直墙面。

（2）土钉墙宜采用洛阳铲成孔的钢筋土钉，对易塌孔的松散或稍密的砂土、稍密的粉土、填土，或易缩径的软土宜采用打入式钢管土钉。对洛阳铲成孔或钢管土钉打入困难的土层，宜采用机械成孔的钢筋土钉。

（3）土钉水平间距和竖向间距宜为 1～2m；当基坑较深、土的抗剪强度较低时，土钉间距应取小值。土钉的倾角为 5°～20°。土钉长度应按各层土钉受力均匀、各土钉拉力与相应土钉极限承载力比值相近的原则确定。

（4）成孔注浆型钢筋土钉的构造应符合下列要求：

① 成孔直径宜取 70～120mm。

② 土钉钢筋宜选用 HRB400、HRB500 钢筋，钢筋直径宜取 16～32mm。

③ 应沿土钉全长设置对中定位支架，其间距宜取 1.5～2.5m，土钉钢筋保护层厚度不宜小于 20mm。

④ 土钉孔注浆材料可采用水泥浆或水泥砂浆，其强度不宜低于 20MPa。

（5）钢管土钉的构造应符合下列要求：

① 钢管的外径不宜小于 48mm，壁厚不宜小于 3mm；钢管的注浆孔应设置在钢管末端 $l/2 \sim 2l/3$ 范围内；每个注浆截面的注浆孔宜取 2 个，且应对称布置，注浆孔的孔径宜取 5～8mm，注浆孔外应设置保护倒刺。

② 钢管的连接采用焊接时，接头强度不应低于钢管强度；钢管焊接可采用数量不少于 3 根、直径不小于 16mm 的钢筋沿截面均匀分布拼焊；双面焊接时，钢筋长度不应小于钢管直径的 2 倍。$l$ 为例管土钉的总长度。

（6）土钉墙高度不大于 12m 时，喷射混凝土面层的构造应符合下列要求：

① 喷射混凝土面层厚度宜取 80～100mm。

② 喷射混凝土设计强度等级不宜低于 C20。

③ 喷射混凝土面层中应配置钢筋网和通长的加强钢筋，钢筋网宜采用 HPB300 级钢筋，钢筋的直径宜取 6～10mm，钢筋的间距宜取 150～250mm；钢筋网间的搭接长度应大于 300mm；加强钢筋的直径宜取 14～20mm；当充分利用土钉杆的抗拉强度时，加强钢筋的截面面积不应小于土钉杆体截面面积的 1/2。

（7）土钉与加强钢筋宜采用焊接连接，其连接应满足承受土钉拉力的要求；当在土钉拉力作用下喷射混凝土面层的局部受冲切承载力不足时，应采用设置承压钢板等加强措施。

（8）当土钉墙后存在滞水时，应在含水层部位的墙面设置泄水孔或采取其他疏水措施。

（9）采用预应力锚杆复合土钉墙时，预应力锚杆应符合下列要求：

① 宜采用钢绞线锚杆。

② 用于减小地面变形时，锚杆宜布置在土钉墙的较上部位；用于增强面层抵抗土压力的作用时，锚杆应布置在土压力较大及墙背土层较软弱的部位。

③ 锚杆的拉力设计值不应大于土钉墙墙面的局部受压承载力。

④ 预应力锚杆应设置自由段，自由段长度应超过土钉墙坡体的潜在滑动面。

⑤ 锚杆与喷射混凝土面层之间应设置腰梁连接，腰梁可采于槽钢腰梁或混凝土腰梁，腰梁与喷射混凝土面层应紧密接触，腰梁规格应根据锚杆拉力设计值确定。

（10）采用微型桩垂直复合土钉墙时，微型桩应符合下列要求：

① 应根据微型桩施工工艺对土层特性和基坑周边环境条件的适用性选用微型钢管桩、型钢桩或灌注桩等桩型。

② 采用微型桩时，宜同时采用预应力锚杆。

③ 微型桩的直径、规格应根据对复合墙面的强度要求确定；采用成孔后插入微型钢管桩、型钢桩的工艺时，成孔的直径宜取 130～300mm，钢管的直径宜取 48～250mm，工字钢，型号宜取 I10～I22，孔内应灌注水泥浆或水泥砂浆并充填密实；采用微型混凝土灌注桩时，其直径宜取 200～300mm。

④ 微型柱的间距应满足土钉墙施工时桩间土的稳定性要求。

⑤ 微型桩伸入坑底的长度宜大于柱径的 5 倍，且不应小于 1m。

⑥ 微型桩应与喷射混凝土面层贴合。

（11）采用水泥土桩复合土钉墙时，水泥土桩应符合下列要求：

① 应根据水泥土桩施工工艺对土层特性和基坑周边环境条件的适用性选用搅拌桩、旋喷桩等桩型。

② 水泥土桩伸入坑底的长度宜大于桩径的 2 倍，且不应小于 1m。

③ 水泥土桩应与喷射混凝土面层贴合。

④ 柱身 28d 无侧限抗压强度不宜小于 1MPa。

⑤ 水泥土桩用作截水帷幕时，应符合相应规范的要求。

## 1.7.4 施工与检测

（1）土钉墙应按土钉层数分层设置土钉、喷射混凝土面层、开挖基坑。

（2）当有地下水时，对易产生流砂或塌孔的砂土、粉土、碎石土等土层，应通过试验确定土钉施工工艺及其参数。

（3）钢筋土钉的成孔应符合下列要求：

① 土钉成孔范围内存在地下管线等设施时，应在查明其位置并避开后，再进行成孔作业。

② 应根据土层的性状选用洛阳铲、螺旋钻、冲击钻、地质钻等成孔方法，采用的成孔方法应能保证孔壁的稳定性、减小对孔壁的扰动。

③ 当成孔遇不明障碍物时，应停止成孔作业，在查明障碍物的情况并采取针对性措施后方可继续成孔。

④ 对易塌孔的松散土层宜采用机械成孔工艺；成孔困难时，可采取注入水泥浆等方法进行护臂。

（4）钢筋土钉杆体的制作安装应符合下列要求：

① 钢筋使用前，应调直并清除污锈。

② 当钢筋需要连接时，宜采用搭接焊、帮条焊连接；焊接应采用双面焊，双面焊的搭接长度或帮条长度不应小于主筋直径的 5 倍，焊缝高度不应小于主筋直径的 0.3 倍。

③ 对中支架的截面尺寸应符合对土钉杆体保护层厚度的要求，对中支架可选用直径 6～8mm 的钢筋焊制。

④ 土钉成孔后应及时插入土钉杆体，遇塌孔、缩径时，应在处理后再插入土钉杆体。

（5）钢筋土钉的注浆应符合下列要求：

① 注浆材料可选用水泥浆或水泥砂浆：水泥浆的水灰比宜取 0.5～0.55；水泥砂浆的水灰比宜取 0.4～0.45，同时，灰砂比宜取 0.5～1.0，拌和用砂宜选用中粗砂，按重量计的含泥量不得大于 3%。

② 水泥浆或水泥砂浆应拌和均匀，一次拌和的水泥浆或水泥砂浆应在初凝前使用。

③ 注浆前应将孔内残留的虚土清除干净。

④ 注浆应采用将注浆管插至孔底，由孔底注浆的方式，且注浆管端部至孔底的距离不宜大于 200mm；注浆及拔管时，注浆管出浆口应始终埋入注浆液面内，应在新鲜浆液从孔口溢出后停止注浆；注浆后，当浆液液面下降时，应进行补浆。

（6）打入式钢管土钉的施工应符合下列要求：

① 钢管端部应制成尖锥状；钢管顶部宜设置防止施打变形的加强构造。

② 注浆材料应采用水泥浆；水泥浆的水灰比宜取 0.5～0.6。

③ 注浆压力不宜小于 0.6MPa；应在注浆至钢管周围出现返浆后停止注浆；当不出现返浆时，可采用间歇注浆的方法。

（7）喷射混凝土面层时的施工应符合下列要求：

① 细骨料宜选用中粗秒，含泥量应小于 3%。

② 粗骨料宜选用粒径不大于 20mm 的级配砾石。

③ 水泥与砂石的重量比宜取 1∶4～1∶4.5，砂率宜取 45%～55%，水灰比宜取 0.4～0.45。

④ 使用速凝剂等外加剂时，应通过试验确定外加剂量掺量。

⑤ 喷射作业应分段依次进行，同一分段内应自下而上均匀喷射，一次喷射厚度宜为 30～80mm。

⑥ 喷射作业时，喷头应与土钉墙面保持垂直，其距离宜为 0.6～1.0m。

⑦ 喷射混凝土终凝 2h 后应及时喷水养护。

⑧ 钢筋与坡面的间隙应大于 20mm。

⑨ 钢筋网可采用绑扎固定；钢筋连接宜采用搭接焊，焊缝长度不应小于钢筋直径的 10 倍。

⑩ 采用双层钢筋网时，第二层钢筋网应在第一层钢筋网喷射混凝土覆盖后铺设。

(8) 土钉墙的施工偏差应符合下列要求：

① 土钉位置的允许偏差应为 100mm。

② 土钉倾角的允许偏差应为 3°。

③ 土钉杆体长度不应小于设计长度。

④ 钢筋网间距的允许偏差应为 ±30mm。

⑤ 微型桩桩位的允许偏差应为 50m。

⑥ 微型桩垂直度的允许偏差应为 0.5%。

(9) 土钉墙的质量检测应符合下列规定：

① 应对土钉的抗拔承载力进行检测，土钉检测数量不宜少于土钉总数的 1%，且同一土层中的土钉检测数量不应少于 3 根；对安全等级为二级、三级的土钉墙，抗拔承载力检测值分别不应小于土钉轴向拉力标准值的 1.3 倍、1.2 倍；检测土钉应采用随机抽样的方法选取；检测试验应在注浆固结体强度达到 10MPa 或达到设计强度的 70% 后进行；当检测的土钉不合格时，应扩大检测数量。

② 应进行土钉墙面层喷射混凝土的现场试块强度试验，每 500m² 喷射混凝土面积的试验数量不应少于一组，每组试块不应少于 3 个。

③ 应对土钉墙的喷射混凝土面层厚度进行检测，每 500m² 喷射混凝土面积的检测数量不应少于一组，每组的检测点不应少于 3 个；全部检测点的面层厚度平均值不应小于厚度设计值，最小厚度不应小于厚度设计值的 80%。

④ 复合土钉墙中的预应力锚杆，应进行抗拔承载力检测。

⑤ 复合土钉墙中的水泥土搅拌桩或旋喷桩用作截水帷幕时，应进行质量检测。

# 1.8　内　支　撑

内支撑是设置在基坑内的由钢筋混凝土或钢构件组成的用以支撑挡土构件的结构部件。按材料分可以有钢支撑、钢筋混凝土支撑、钢和钢筋混凝土组合支撑，简单条件的支撑有时也采用木支撑。钢支撑的截面形式有钢管、工字钢、槽钢及以上钢材的组合。其特点是：安装、拆除、施工方便，可周转使用，支撑中可加预应力，可调整轴力而有效控制基坑变形；施工工艺要求较高。如节点和支撑结构处理不当，支撑安装不及时或不准确，会造成支撑失稳；钢支撑价格高，必须多次重复利用才能降低成本。钢筋混凝土支撑一般在现场浇筑，截面形式可根据设计要求确定。其特点是：混凝土刚度大、变形小、可靠性强、施工方便；但支撑浇筑和养护时间长，拆除困难，支撑杆件材料不能回收。对基坑平面形状比较复杂的基坑，宜采用现浇混凝土结构支撑。

## 1.8.1　内支撑的布置

### 1. 平面布置

内支撑可做成水平式、斜撑式和复合式，复合式即为水平式和斜撑式结构相结合的形式。一般情况下优先采用平面支撑体系。平面支撑体系布置应符合下列要求：

(1) 水平支撑可以用对撑、对撑桁架、斜角撑、斜撑桁架以及边桥架和八字撑等形式组成的平面结构体系。

（2）支撑轴线的平面位置应避开主体工程地下结构的柱网轴线。

（3）相邻支撑之间的水平距离不宜小于4m，当采用机器挖土时，不宜小于8m。

（4）沿腰梁长度方向水平支撑点的间距：对于钢腰梁不宜大于4m，对于混凝土腰梁不宜大于9m。

（5）基坑平面形状有向内凸出的阳角时，应在阳角的两个方向上设置支撑点（图1-20）。

钢支撑平面布置可用下列方式：

（1）宜优先采用相互正交、均匀布置的平面对撑或对撑桁架体系。

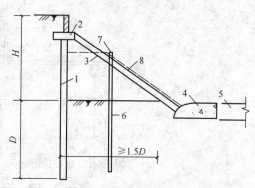

图1-20　竖向斜撑体系
1—桩墙；2—桩墙顶梁；3—斜撑；4—斜撑基础；
5—基础压杆；6—立柱；7—系杆；8—土堤

（2）对长条形基坑可采用单向布置的对撑体系，在基坑四角设置水平角撑。

（3）当相邻支撑之间的水平距离较大时，应在支撑端部设置八字撑，八字撑宜左右对称，长度不宜大于9m，与腰梁之间的夹角宜为60°。

钢筋混凝土支撑可以按下列方式布置：

（1）平面形状比较复杂的基坑可采用边桁架、对撑或角撑组成的平面支撑体系。

（2）在支撑平面中需要留出较大作业空间时，可采用边桁架和对撑桁架和斜撑桁架组成的平面支撑体系，对规则的方形基坑可采用斜撑桁架组成的平面支撑体系或内环形的平面支撑体系（图1-21）。

**2. 竖向布置**

1）平面支撑体系的竖向布置应符合的规定

（1）水平支撑的层数应根据基坑深度、工程地质条件、施工条件和要求，并通过支护结构的计算确定。

（2）上、下层水平支撑轴线宜布置在同一竖向平面内，当采用机械下坑挖土及运输时，支撑竖向间距不宜小于4m。

（3）各层水平支撑标高，不得妨碍主体工程地下结构底板和楼板构件的施工。

（4）一般尽量利用桩墙顶部的冠梁作第一道水平支撑的腰梁。

（5）立柱应布置在纵横向支撑的交点处或桁架式支撑的节点位置上，并应避开主体结构梁、柱及承重墙的位置。立柱的间距一般不宜超过15m。

（6）立柱下端应支承在较好的土层上，开挖面以下的埋入长度应满足支撑结构对立柱承载力和变形的要求。

2）斜撑体系的竖向布置应符合的规定：

（1）竖向斜撑体系通常应由斜撑、腰梁和斜撑基础等构件组成，当斜撑长度大于15m时，宜在斜撑中部设置立柱。

（2）斜撑宜采用型钢或组合型钢截面。

（3）斜撑与基坑面之间的夹角一般不宜大于35°，在地下水位较高的软土地区不宜大于26°。

（4）斜撑与腰梁、斜撑与斜撑基础以及腰梁与支护结构之间的连接应满足斜撑水平分力

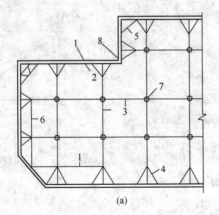

(a)

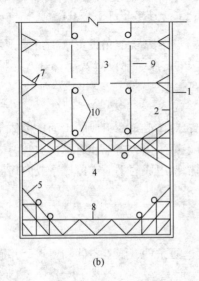

(b)

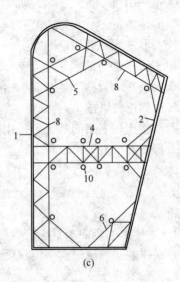

(c)

图 1-21　水平支撑体系

（a）水平支撑体系 1；（b）水平支撑体系 2；（c）水平支撑体系 3

（a）：1—桩墙；2—腰梁；3—对撑；4—八字撑；5—角撑；6—系杆；7—立柱；8—阳角

（b）、（c）：1—围护墙；2—腰梁；3—对撑；4—桁架式对撑；5—桁架式斜撑；6—角撑；

7—八字撑；8—边桁架；9—系杆；10—立柱

和垂直分力的受力要求。

## 1.8.2　结构设计原则

（1）内支撑结构选型应符合下列原则：

① 宜采用受力明确、连接可靠、施工方便的结构形式。

② 宜采用对称平衡性、整体性强的结构形式。

③ 应与主体地下结构的结构形式、施工顺序协调，应便于主体结构施工。

④ 应利于基坑土方开挖和运输。

⑤ 需要时，可考虑内支撑结构作为施工平台。

（2）内支撑结构应综合考虑基坑平面形状及尺寸、开挖深度、周边环境条件、主体结构形式等因素，选用有立柱或无立柱的下列内支撑形式：

① 水平对撑或斜撑，可采用单杆、桁架、八字形支撑。

② 正交或斜交的平面杆系支撑。

③ 环形杆或环形板系支撑。

④ 竖向斜撑。

（3）内支撑结构分析应符合下列原则：

① 水平对撑与水平斜撑，应按偏心受压件进行计算，支的轴向压力应取支撑间距内挡土构件的支点力之和，腰梁或冠梁应按以支撑为支座的多跨连续梁计算，计算跨度可取相邻支点的中心距。

② 矩形基坑的正交平面杆系支撑，可分解为纵横两个方向的结构单元，并分别按偏心受压构件进行计算。

③ 平面杆系支撑、环形杆系支撑，可按平面杆系结构采用平面有限元法进行计算；计算时应考虑基坑不同方向上的荷载不均匀性；建立的计算模型中，约束支座的设置应与支护结构实际位移状态相符，内支撑结构边界向基坑外位移处应设置弹性约束支座，向基坑内位移处不应设置支座，与边界平行方向应根据支护结构实际位移状态设置支座。

④ 内支撑结构应进行竖向荷载作用下的结构分析；设有立柱时，在竖向荷载作用下内支撑结构宜按空间框架计算，当作用在内支撑结构上的竖向荷载较小时，内支撑结构的水平构件可按连续梁计算，计算跨度可取相邻立柱的中心距。

⑤ 竖向斜撑应按偏心受压杆件进行计算。

（4）内支撑结构分析时，应同时考虑下列作业：

① 由挡土构件传至内支撑结构的水平荷载。

② 支撑结构自重；当支撑作为施工平台时，尚应考虑施工荷载。

③ 当温度改变引起的支撑结构内力不可忽略不计时，应考虑温度应力。

④ 当支撑立柱下沉或隆起量较大时，应考虑支撑立柱与挡土构件之间差异沉降产生的作用。

（5）混凝土支撑构件及其连接的受压、受弯、受剪承载力计算应合现行国家标准《混凝土结构设计规范（2015 年版）》GB 50010—2010 的规定，钢支撑结构构件及其连接的受压、受弯、受剪承载力及各类稳定性计算应符合现行国家标准《钢结构设计标准（附条文说明[另册]）》GB 50017—2017 的规定。支撑的承载力计算应考虑施工偏心误差的影响，偏心距取值不宜小于支撑计算长度的 1/1000，且对混凝土支撑不宜小于 20mm，对钢支撑不宜小于 40mm。

（6）支撑构件的受压计算长度应按下列规定确定：

① 水平支撑在竖向平面内的受压计算长度：不设置立柱时，应取支撑的实际长度；设置立柱时，应取相邻立柱的中心间距。

② 水平支撑在水平平面内的受压计算长度：对于无水平支杆件交汇的支撑，应取支撑的实际长度；对有水平支撑杆件交汇的支撑，应取与支撑相交的相邻水平支撑杆件的中心距离；当水平支撑杆件的交汇点不在同一水平面内时，水平平面内的受压计算长度宜取与支撑相交的相邻水平支撑杆件中心间距的 1.5 倍。

（7）立柱的受压承载力可按下列规定计算：

① 在竖向荷载作用下，内支撑结构按框架计算时，立柱应按偏心受压构件计算；内支撑结构的水平构件按连续梁计算时，立柱应按轴心受压构件计算。

② 立柱的受压计算长度应按下列规定确定：

a. 单层支撑的立柱、多层支撑底层立柱的受压计算长度应取底层支撑至基坑底面的净高度与立柱直径或边长的 5 倍之和。

b. 相邻两层水平支撑间的立柱受压计算长度应取此两层水平支撑的中心间距。

③ 立柱的基础应满足抗压和抗拔的要求。

(8) 内支撑的平面布置应符合下列规定：

① 内支撑的布置应满足主体结构的施工要求，宜避开地下主体结构的墙、柱。

② 相邻支撑的水平间距应满足土方开挖的施工要求；采用机械挖土时，应满足挖土机械作业的空间要求，且不宜小于 4m。

③ 基坑形状有阳角时，阳角处的支撑应在两边同时设置。

④ 当采用环形支撑时，环梁宜采用圆形、椭圆形等封闭曲线形式，并应按使环梁弯矩、剪力最小的原则布置辐射支撑；环形支撑宜采用与腰梁或冠梁相切的布置形式。

⑤ 水平支撑与挡土构件之间应设置连接腰梁；当支撑设置在挡土构件顶部时，水平支撑应与冠梁连接；在腰梁或冠梁上支撑点的间距，对钢腰梁不宜大于 4m，对混凝土梁不宜大于 9m。

⑥ 当需要采用较大水平间距的支撑时，宜根据支撑冠梁、腰梁的受力和承载力要求，在支撑端部两侧设置八字斜撑杆与冠梁、腰梁连接，八字斜撑杆宜在主撑两侧对称布置，且斜撑杆的长度不宜大于 9m，斜撑杆与冠梁、腰梁之间的夹角宜取 45°～60°。

⑦ 当设置支撑立柱时，临时立柱应该避开主体结构的梁、柱及承重墙；对纵横双向交叉的支撑结构，立柱宜设置在支撑的交汇点处；对用作主体结构柱的立柱，立柱在基坑支护阶段的负荷不得超过主体结构的设计要求；立柱与支撑端部及立柱之间的间距应根据支撑构件的稳定要求和竖向荷载的大小确定，且对混凝土支撑不宜大于 15m，对钢支撑不宜大于 20m。

(9) 支撑的竖向布置应符合下列规定：

① 支撑与挡土构件连接处不应出现拉力。

② 支撑应避开主体地下结构底板和楼板的位置，并应满足主体地下结构施工对墙、柱钢筋连接长度的要求；当支撑下方的主体结构楼板在支撑拆除前施工时，支撑底面与下方主体结构楼板间的净距不宜小于 700mm。

③ 支撑至坑底的净高不宜小于 3m。

④ 采用多层水平支撑时，各层水平支撑宜布置在同一竖向平面内，层间净高不宜小于 3m。

(10) 混凝土支撑的构造应符合下列规定：

① 混凝土的强度等级不应低于 C25。

② 支撑构件的截面高度不宜小于其竖向平面内计算长度的 1/20；腰梁的截面高度（水平尺寸）不宜小于其水平方向计算跨度的 1/10，截面宽度（竖向尺寸）不应小于支撑的截面高度。

③ 支撑构件的纵向钢筋直径不宜小于 16mm，沿截面周边的间距不宜大于 200mm；箍

筋的直径不宜小于 8mm，间距不宜大于 250mm。

（11）钢支撑的构造应符合下列规定：

① 钢支撑构件可采用钢管、型钢及其组合截面。

② 钢支撑受压杆件的长细比不应大于 150，受拉杆件长细比不应大于 200。

③ 钢支撑连接宜采用螺栓连接，必要时可采用焊接连接。

④ 当水平支撑与腰梁斜交时，腰梁上应设置牛腿或采用其他能够承受剪力的连接措施。

⑤ 采用竖向斜撑时，腰梁和支撑基础上应设置牛腿或采用其他能够承受剪力的连接措施；腰梁与挡土构件之间应采用能够承受剪力的连接措施；斜撑基础应满足竖向承载力和水平承载力要求。

（12）立柱的构造应符合下列规定：

① 立柱可采用钢格构、钢管、型钢或钢管混凝土等形式。

② 当采用灌注桩作为立柱基础时，钢立柱锚入桩内的长度不宜小于立柱长边或直径的 4 倍。

③ 立柱长细比不宜大于 25。

④ 立柱与水平支撑的连接可采用铰接。

⑤ 立柱穿过主体结构底板的部位，应有有效的止水措施。

## 1.8.3 水平支撑系统设计

**1. 水平力作用下的水平支撑设计**

1）简单情况

$$K_B = \frac{2aEA}{l \cdot s} \tag{1-51}$$

式中   $K_B$——内支撑的压缩弹簧系数（$kN/m^2$）；

    $a$——与支撑松弛有关的折减系数，一般取 0.5~1.0；混凝土支撑与钢支撑施加预压力时取 1.0；

    $E$——材料的弹性模量（$kN/m^2$）；

    $A$——支撑构件的截面面积（$m^2$）；

    $l$——支撑的计算长度（m）；

    $s$——支撑的水平间距（m）。

2）复杂情况

对于较为复杂的支撑体系可简化处理如下：在水平支撑的围檩上施加水平向单位分布荷载 $P=1kN/m$，求得围檩上各结点的平均位移（与围檩方向垂直的位移），则弹性支座的刚度为：

$$K_m = p/\delta \tag{1-52}$$

求得支撑的压缩弹簧系数或平均压缩弹簧系数后，将其作为弹性支点法中支点的水平刚度系数，从而可以计算各弹性支点的支反力的大小。

求得弹性支座的反力后，将该水平力作用在平面杆系结构之上，采用有限元方法计算得到各支撑杆件的内力和变形，也可采用简化分析方法，如支撑轴向力，按围护墙沿围檩长度方向的水平反力乘以支撑中心距计算，混凝土围檩则可按多跨连续梁计算，计算跨度取相邻支撑点的中心距。钢围檩的内力和变形宜按简支梁计算，计算跨度取相邻水平支撑的中心距。

3）构造要求

（1）围檩与支撑采用钢筋混凝土时，构件节点宜采用整浇刚接。

（2）采用钢围檩时，安装前应在围护墙上设置竖向牛腿。

（3）钢围檩与围护墙间的安装间隙应采用 C30 细石混凝土填实。

（4）钢支撑构件与围檩斜交时，宜在围檩上设置水平向牛腿。

（5）支撑与围檩体系中的主撑构件长细比不宜大于 75；联系构件的长细比不宜大于 120。

**2. 竖向力作用下的水平支撑计算方法**

支撑承受的竖向荷载，一般只考虑结构自重荷载和支撑顶面的施工活荷载，施工活荷载通常情况下取 4kPa，主要是指作为施工期间支撑施工人员的通道，以及主体地下结构施工时可能用作混凝土输送管道的支架，不包括支撑上堆放施工材料和运行施工机械等情况。

竖向力作用下，支撑的内力和变形可近似按单跨或多跨梁进行分析，其计算跨度取相邻立柱或边柱与边支座的中心距。

此外，基坑开挖施工过程中，基坑由于土体的大量卸荷会引起基坑回弹隆起，立柱也可能随之发生隆起而引起立柱间隆沉量的差异，从而使支撑产生次应力。因此，在进行竖向力作用下的水平支撑计算时，应适当考虑立柱差异沉降的因素予以适当的增强。

## 1.8.4  竖向支撑结构的设计

竖向支撑结构一方面用以承受混凝土支撑或者钢支撑杆件的自重等荷载；另一方面减小水平向支撑的计算长度，提高其水平承载能力，所以竖向支撑系统是基坑施工期间的关键构件。

基坑竖向支撑系统通常采用钢立柱插入立柱桩桩基的形式。钢立柱需要承受较大的荷载，同时要求断面不应过大，因此构件必须具备足够的强度和刚度。根据支撑荷载的大小，立柱一般可采用格构式钢柱、H 形钢柱或钢管柱。同时，钢立柱必须具备一个具有相应承载能力的基础，常采用灌注桩，也可采用钢管桩。有条件的情况下，基坑围护结构立柱桩最好利用主体结构工程桩，在无法利用工程桩的部位应加设临时桩基础。

**1. 立柱设计**

立柱除了承受本身自重及其负担范围内的水平支撑结构的自重外，还要承担水平支撑压弯失稳时产生的荷载。

竖向支撑钢立柱可以采用角钢格构柱、H 形钢柱或钢管混凝土立柱。角钢格构柱构造简单、便于加工且承载能力较大，应用最为广泛。角钢格构柱常采用 4 根角钢拼接而成的缀板式格构柱。依据所承受的荷载大小，可选择 L120mm×12mm、L140mm×14mm、L160mm×16mm 和 L180mm×18mm 等规格，材质常采用 Q235B 或 Q345B。

**2. 钢立柱的计算要点**

（1）钢立柱的可能破坏形式：强度破坏、整体失稳破坏和局部失稳等几种。一般情况下，钢立柱的竖向承载能力主要由整体稳定性控制，在柱身局部位置有截面削弱时需进行竖向承载的抗压强度验算。

（2）角钢格构柱和钢管立柱插入立柱桩的深度计算：

$$l \geqslant K \cdot \frac{N - Af_c}{L\sigma} \tag{1-53}$$

式中 $l$——插入立柱桩的长度（mm）；

$K$——安全系数，取 $2.0 \sim 2.5$；

$f_c$——混凝土的轴心抗压强度设计值（N/mm²）；

$A$——钢立柱的截面面积（mm²）；

$L$——中间支承柱断面的周长（mm）；

$\sigma$——粘结设计强度，如无试验数据可近似取混凝土的抗拉设计强度值（N/mm²）。

## 1.8.5 立柱桩设计

### 1. 立柱桩的结构形式

立柱桩是钢立柱的基础，除具备较高的承载能力外，尚需要与钢立柱具有可靠的连接锚固。钢管桩造价较高、构造复杂、施工难度大，工程中常采用灌注桩作为钢立柱的基础，将钢立柱承担的竖向荷载传递给地基。

### 2. 立柱桩的设计要点

立柱桩以桩侧摩阻力和桩端阻力来承受钢立柱传递下来的支撑结构自重荷载与其他活荷载，承载机理与工程桩相同，可按照现行《建筑桩基技术规范》JGJ 94—2008 或工程所在地区的地方标准进行设计计算。

钢立柱插入基础桩需要确保在插入范围内，灌注桩的钢筋笼内径大于钢立柱的外径或对角线长度。若遇钢筋笼内径小于钢立柱外径或对角线长度的情况，可以将插入范围以下的一定长度的桩扩径，保证钢立柱的垂直度易于进行调整。

## 1.8.6 内支撑结构施工与检测

（1）内支撑结构的施工与拆除顺序，应与设计工况一致，必须遵循先支撑后开挖的原则。

（2）混凝土腰梁施工前应将排桩、地下连续墙等挡土构件的连接表面清理干净，混凝土腰梁应与挡土构件紧密接触，不得留有缝隙。

（3）钢腰梁与排桩、地下连续墙等挡土构件间隙的宽度宜小于 100mm，并应在钢腰梁安装定位后，用强度等级不低于 C30 的细石混凝土填充密实或采用其他可靠连接措施。

（4）对预加轴向压力的钢支撑，施加预压力时应符合下要求：

① 对支撑施加压力的千斤顶应有可靠、准确的计量装置。

② 千斤顶压力的合力点应与支撑轴线重合，千斤顶应在支撑轴线两侧对称、等距放置，且应同步施加压力。

③ 千斤顶的压力应分级施加，施加每级压力后应保持压力稳定 10min 后方可施加下一级压力；预压力加至设计规定值后，应在压力稳定 10min 后，方可按设计预压力值进行锁定。

④ 支撑施加压力过程中，当出现焊点开裂、局部压曲等异常情况时应卸除压力，在对

支撑的薄弱处进行加固后，方可继续施加压力。

⑤ 当监测的支撑压力出现损失时，应再次施加预压力。

（5）对钢支撑，当夏期施工产生较大温度应力时，应及时对支撑采取降温措施。当冬期施工降温产生的收缩使支撑端头出现空隙时，应及时用铁楔将空隙楔紧或采用其他可靠连接措施。

（6）支撑拆除应在替换支撑的结构构件达到换撑要求的承载力后进行。当主体结构底板和楼板分块浇筑或设置后浇带时，应在分块部位或后浇带处设置可靠的传力构件。支撑的拆除应根据支撑材料、形式、尺寸等具体情况采用人工、机械和爆破等方法。

（7）立柱的施工应符合下列要求：

① 立柱桩混凝土的浇筑面宜高于设计桩柱顶 500mm。

② 采用钢立柱时，立柱周围的空隙应用碎石回填密实，并宜辅以注浆措施。

③ 立柱的定位和垂直度宜采用专门措施进行控制，对格构柱、H 形钢柱，尚应同时控制转向偏差。

（8）内支撑的施工偏差应符合下列要求：

① 内支撑标高的允许偏差应为 30mm。

② 内支撑水平位置的允许偏差应为 30mm。

③ 临时立柱平面位置的允许偏差应为 50mm，垂直度的允许偏差应为 1/150。

# 1.9 锚 杆

锚杆由杆体（钢绞线、预应力螺纹钢筋、普通钢筋或钢管）、注浆固结体、锚具、套管所组成的一端与支护结构构件连接，另一端锚固在稳定岩土体内的受拉杆件。杆体采用钢绞线时，亦可称为锚索。锚杆受荷后，杆体总是处于受拉状态。根据锚杆受荷时，固定段内的灌浆体处于受拉或者受压状态，将锚杆划分为拉力型和压力型。

锚杆的种类较多，有一般灌浆锚杆、扩孔灌浆锚杆、压力灌浆锚杆、预应力锚杆、重复灌浆锚杆、二次高压灌浆锚杆等多种，最常见的是前 4 种。

（1）一般灌浆锚杆：用水泥砂浆（或水泥浆）灌入孔中，将拉杆锚固于地层内部，拉杆所承受的拉力通过锚固段传给周围地层中。

（2）扩孔灌浆锚杆：一般土层锚杆的直径为 90～130mm，若用特制的内部扩孔钻头扩大锚固段的钻孔直径，一般可将直径扩大 3～5 倍，或用炸药爆扩法扩大钻孔端头，均可提高锚杆的抗拔力。这种扩孔锚杆主要用于松软土层中。扩孔灌浆锚杆主要是利用扩孔部分的侧压力来抵抗拉力。

（3）压力灌浆锚杆：它与一般灌浆锚杆不同的是灌浆时施加一定的压力，在压力下，水泥砂浆渗入孔壁四周的裂缝中，并在压力下固结，从而使锚杆具有较大的抗拔力。压力灌浆锚杆主要利用锚杆周围的摩擦阻力来抵抗拉拔力。

（4）预应力锚杆：先对锚固段用快凝水泥砂浆进行一次压力灌浆，然后将锚杆与挡土结构相连接，施加预应力并锚固，最后在非锚固段进行不加压力的二次灌浆。这种锚杆往往用于穿过松软地层而锚固在稳定土层中，并使穿过的地层和砂浆都预加压力，在土压力的作用下，可以减少挡土结构的位移。

锚杆按使用时间又可分为永久性和临时性两类。锚杆根据支护深度和土质条件可设置一层或多层。当土质较好时，可采用单层锚杆；当基坑深度较大、土质较差时，单层锚杆不能完全保证挡土结构的稳定，需要设置多层锚杆。锚杆通常会和排桩支护结合起来使用。

### 1.9.1　锚杆设计的基本原则

（1）锚杆腰梁可采用型钢组合梁或混凝土梁。锚杆腰梁应按受弯构件设计。锚杆腰梁的正截面、斜截面承载力，对混凝土腰梁应符合现行国家标准《混凝土结构设计规范（2015年版）》GB 50010—2010 中的规定；型钢组合腰梁应符合现行国家标准《钢结构设计标准（附条文说明［另册]）》GB 50017—2017 中的规定。当锚杆锚固在混凝土冠梁上时，冠梁应按受弯构件设计。

（2）锚杆腰梁应根据实际约束条件按连续梁或简支梁计算。计算腰梁内力时，腰梁的荷载应取结构分析时得出的支点力设计值。

（3）型钢组合腰梁可选用双槽钢或双工字钢，槽钢之间或工字钢之间应用缀板焊接为整体构件，焊缝连接应采用贴角焊。双槽钢或双工字钢之间的净间距应满足锚杆杆体平直穿过的要求。

（4）采用型钢组合腰梁时，腰梁应满足在锚杆集中荷载作用下的局部受压稳定与受扭稳定的构造要求。当需要增加局部受压和受扭稳定性时，可在型钢翼缘端口处配置加劲肋板。

混凝土腰梁、冠梁宜采用斜面与锚杆轴线垂直的梯形截面；腰梁、冠梁的混凝土强度等级不宜低于 C25。采用梯形截面时，截面的上边水平尺寸不宜小于 250mm。

（5）采用楔形钢垫块时，楔形钢垫块与挡土构件、腰梁的连接应满足受压稳定性和锚杆垂直分力作用下的受剪承载力要求。采用楔形现浇混凝土垫块时，混凝土垫块应满足抗压强度和锚杆于垂直分力作用下的受剪承载力要求，且其强度等级不宜低于 C25。

（6）锚杆的应用应符合下列规定：

① 锚拉结构宜采用钢绞线锚杆；承载力要求较低时，也可采用钢筋锚杆；当环境保护不允许在支护结构使用功能完成后锚杆杆体滞留在地层内时，应采用可拆芯钢绞线锚杆。

② 在易塌孔的松散或稍密的砂土、碎石土、粉土、填土层，高液性指数的饱和黏性土层，高水压力的各类土层中，钢绞线锚杆、钢筋锚杆宜采用套管护壁成孔工艺。

③ 锚杆注浆宜采用二次压力注浆工艺。

④ 锚杆锚固段不宜设置在淤泥、淤泥质土、泥炭、泥炭质土及松散填土层内。

⑤ 在复杂地质条件下，应通过现场试验确定锚杆的适用性。

### 1.9.2　锚杆的设计计算

（1）锚杆的极限抗拔承载力应符合式（1-54）要求。

$$\frac{R_k}{N_k} \geqslant K_t \tag{1-54}$$

式中　$K_t$——锚杆的抗拔安全系数；安全等级为一级、二级、三级的支护结构，取值分别不小于 1.8、1.6、1.4；

　　　$N_k$——锚杆的轴向拉力标准值（kN），可按式（1-55）计算；

$R_k$——锚杆的极限抗拔承载力标准值（kN），可按式（1-56）计算。

（2）锚杆的轴向拉力标准值应符合式（1-55）要求。

$$N_k \geqslant \frac{F_h s}{b_a \cos\alpha} \tag{1-55}$$

式中　$N_k$——锚杆轴向拉力标准值（kN）；

　　　$F_h$——挡土构件计算宽度内的弹性支点水平反力（kN）；

　　　$s$——锚杆水平间距（m）；

　　　$b_a$——挡土结构计算宽度（m）；

　　　$\alpha$——锚杆倾角（°）。

（3）锚杆的极限抗拔承载力应符合式（1-56）要求。

锚杆极限抗拔承载力应通过抗拔试验确定，也可按式（1-56）估算，但应通过现行的规范规定的抗拔试验进行验证。

$$R_k \geqslant \pi d \sum q_{sk,i} l_i \tag{1-56}$$

式中　$d$——锚杆的锚固体直径（m）；

　　　$l_i$——锚杆的锚固段在第 $i$ 土层中的长度（m）；

　　　$q_{sk,i}$——锚固体与第 $i$ 土层的极限粘结强度标准值（kPa）。

（4）锚杆杆体的受拉承载力应符合式（1-57）要求。

$$N \geqslant f_{py} A_p \tag{1-57}$$

式中　$N$——锚杆的轴向拉力设计值（kN）；

　　　$f_{py}$——预应力筋的抗拉强度设计值（kPa）；当锚杆杆体采用普通钢筋时，取普通钢筋的抗拉强度设计值；

　　　$A_p$——预应力筋的截面面积（m²）。

（5）锚杆的非锚固段长度应按式（1-58）确定，且不应小于 5.0m（图 1-22）。

$$l_f \geqslant \frac{(a_1 + a_2 - d \cdot \tan\alpha)\sin\left(45° - \frac{\varphi_m}{2}\right)}{\sin\left(45° + \frac{\varphi_m}{2} + \alpha\right)} + \frac{d}{\cos\alpha} + 1.5 \tag{1-58}$$

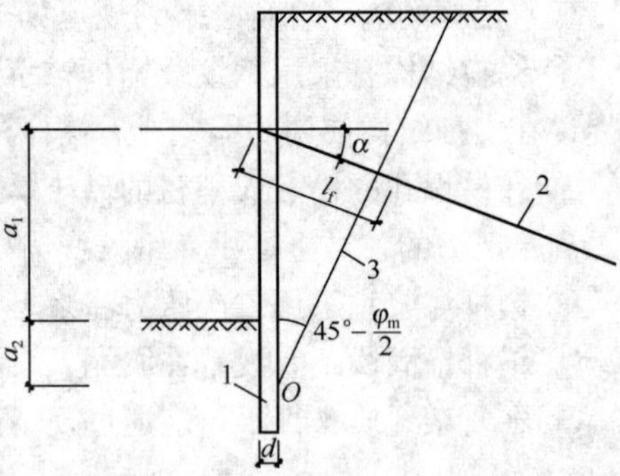

式中　$l_f$——锚杆的非锚固段长度（m）；

　　　$\alpha$——锚杆的倾角（°）；

　　　$a_1$——锚杆的锚头中点至基坑底面的距离（m）；

图 1-22　理论直线滑动面
1—挡土构件；2—锚杆；3—理论直线滑动面

　　　$a_2$——基坑底面至基坑外侧主动土压力强度与基坑内侧被动土压力强度等值点 $O$ 的距离（m）；对成层土，当存在多个等值点时，应按其中最深的等值点计算；

　　　$d$——挡土构件的水平尺寸（m）；

　　　$\varphi_m$——$O$ 点以上各土层按厚度加权的等效内摩擦角（°）。

### 1.9.3 锚杆的构造要求

**1. 锚杆的布置应符合的要求**

(1) 铺杆的水平间距不宜小于 1.5m，对多层锚杆，其竖向间距不宜小于 2.0m；当锚杆的间距小于 1.5m 时，应根据群锚效应对锚杆抗拔承载力进行折减或改变相邻锚杆的倾角。

(2) 锚杆锚固段的上覆土层厚度不宜小于 40m。

(3) 锚杆倾角宜取 15°～25°，不应大于 45°，不应小于 10°；锚杆的锚固段宜设置在强度较高的土层内。

(4) 当锚杆上方存在天然地基的建筑物或地下构筑物时，宜避开易塌孔、变形的土层。

**2. 钢绞线锚杆、钢筋锚杆的构造应符合的规定**

(1) 锚杆成孔直径宜取 100～150mm。

(2) 锚杆自由段的长度不应小于 5m，且应穿过潜在滑动面并进入稳定土层不小于 1.5m；钢绞线、钢筋杆体在自由段应设置隔离套管。

(3) 土层中的锚杆锚固段长度不宜小于 6m。

(4) 锚杆杆体的外露长度应满足腰梁、台座尺寸及张拉锁定的要求。

(5) 钢筋锚杆的杆体宜选用预应力螺纹钢筋，HRB400、HRB500 螺纹钢筋。

(6) 应沿锚杆杆体全长设置定位支架，定位支架应能使相邻定位支架中点处锚杆杆体的注浆固结体保护层厚度不小于 10mm，定位支架的间距宜根据锚杆杆体的组装刚度确定，对自由段宜取 1.5～2.0m；对锚固段宜取 1.0～1.5m；定位支架应能使各根钢绞线相互分离。

(7) 锚杆注浆应采用水泥浆或水泥砂浆，注浆固结体强度不宜低于 20MPa。

### 1.9.4 锚杆的施工与检测

(1) 当锚杆穿过的地层附近存在既有地下管线、地下构筑物时，应在调查或探明其位置、尺寸、走向、类型、使用状况等情况后再进行锚杆施工。

(2) 锚杆的成孔应符合下列规定：

① 应根据土层性状和地下水条件选择套管护壁、干成孔或泥浆护壁成孔工艺，成孔工艺应满足孔壁稳定性要求。

② 对松散和稍密的砂土、粉土、碎石土、填土、有机质土、高液性指数的饱和黏性土宜采用套管护壁成孔工艺。

③ 在地下水位以下时，不宜采用干成孔工艺。

④ 在高塑性指数的饱和黏性土层成孔时，不宜采用泥浆护壁成孔工艺。

⑤ 当成孔过程中遇不明障碍物时，在查明其性质前不得钻进。

(3) 钢绞线锚杆和钢筋锚杆杆体的制作安装应符合下列规定：

① 钢绞线锚杆杆体绑扎时，钢绞线应平行，间距均匀；杆体插入孔内时，应避免钢绞线在孔内弯曲或扭转。

② 当锚杆杆体选用 HRB400、HRB500 钢筋时，其连接宜采用机械连接、双面搭接焊、双面帮条焊；采用双面焊时，焊缝长度不应小于杆体钢筋直径的 5 倍。

③ 杆体制作和安放时应除锈、除油污、避免杆体弯曲。

④ 采用套管护壁工艺成孔时，应在拔出套管前将杆体插入孔内；采用非套管护壁成孔

时，杆体应匀速推送至孔内。

⑤ 成孔后应及时插入杆体及注浆。

（4）钢绞线锚杆和钢筋锚杆的注浆应符合下列规定：

① 注浆液采用水泥浆时，水灰比宜取 0.5～0.55；采用水泥砂浆时，水灰比宜取 0.4～0.45，灰砂比宜取 0.5～1.0，拌和用砂宜选用中粗砂。

② 水泥浆或水泥砂浆内可掺入提高注浆固结体早期强度或微膨胀的外加剂，其掺入量宜按室内试验确定。

③ 注浆管端部至孔底的距离不宜大于 200mm；注浆及拔管过程中，注浆管口应始终埋入注浆液面内，应在水泥浆液从孔口溢出后停止注浆；注浆后浆液面下降时，应进行孔口补浆。

④ 采用二次压力注浆工艺时，注浆管应在锚杆末端 $l_a/4～l_a/3$（$l_a$ 为锚杆的锚固长度）范围内设置注浆孔，孔间距宜取 500～800mm，每个注浆截面的注浆孔宜取 2 个；二次压力注浆液宜采用水灰比为 0.5～0.55 的水泥浆；二次注浆管应固定在杆体上，注浆管的出浆口应有逆止构造；二次压力注浆应在水泥浆初凝后、终凝前进行，终止注浆的压力不应小于 15MPa。

⑤ 采用二次压力分段劈裂注浆工艺时，注浆宜在固结体强度达到 5MPa 后进行，注浆管的出浆孔宜沿锚固段全长设置，注浆应由内向外分段依次进行。

⑥ 基坑采用截水帷幕时，地下水位以下的锚杆注浆应采取孔口封堵措施。

⑦ 寒冷地区在冬期施工时，应对注浆液采取保温措施，浆液温度应保持在 5℃ 以上。

（5）锚杆的施工偏差应符合下列要求：

① 钻孔孔位的允许偏差应为 50mm。

② 钻孔倾角的允许偏差应为 3°。

③ 杆体长度不应小于设计长度。

④ 自由段的套管长度允许偏差应为 ±50mm。

（6）预应力锚杆的张拉锁定应符合下列要求：

① 当锚杆固结体的强度达到 15MPa 或设计强度的 75% 后，方可进行锚杆的张拉锁定。

② 拉力型钢绞线锚杆宜采用钢绞线束整体张拉锁定的方法。

③ 锚杆锁定前，应进行锚杆预张拉；锚杆张拉应平缓加载，加载速率不宜大于 $0.1N_k/$min；在张拉值下的锚杆位移和压力表压力应能保持稳定，当锚头位移不稳定时，应判定此根锚杆不合格。

④ 锁定时的锚杆拉力应考虑锁定过程的预应力损失量；预应力损失量宜通过对锁定前、后锚杆拉力的测试确定；缺少测试数据时，锁定时的锚杆拉力可取锁定值的 1.1～1.15 倍。

⑤ 锚杆锁定应考虑相邻锚杆张拉锁定引起的预应力损失，当锚杆预应力损失严重时，应进行再次锁定；锚杆出现锚头松弛、脱落、锚具失效等情况时，应及时进行修复并对其进行再次锁定。

⑥ 当锚杆需要再次张拉锁定时，锚具外杆体长度和完好程度应满足张拉要求。

（7）锚杆抗拔承载力的检测应符合下列规定：

① 检测数量不应少于锚杆总数的 5%，且同一土层中的锚杆检测数量不应少于 3 根。

② 检测试验应在锚固段注浆固结体强度达到 15MPa 或达到设计强度的 75% 后进行。

③ 检测锚杆应采用随机抽样的方法选取。

④ 锚杆的抗拔承载力检测值应按表 1-4 确定。

⑤ 当检测的锚杆不合格时，应扩大检测数量。

表 1-4　锚杆的抗拔承载力检测值

| 支护结构的安全等级 | 抗拔承载力检测值与轴向拉力标准值的比值 |
| --- | --- |
| 一级 | ≥1.4 |
| 二级 | ≥1.3 |
| 三级 | ≥1.2 |

# 1.10　地下水控制

## 1.10.1　概述

在地下工程施工过程中，常因流砂、坑壁坍塌而引起工程事故，造成周围地下管线和建筑物不同程度的损坏；有时坑底下会遇到承压含水层，若不减压，就会导致基底破坏，同时伴随着隆胀流砂和坑底土的流失现象。采用降水或排水技术可以防范这类工程事故的发生。因此，控制地下水水位已成为目前市政工程开挖施工的一项重要配套措施。

工程降水技术中，井点降水技术已有百余年的发展史。人们在地下工程活动中，最早是开挖一些简单的集水坑道，继而出现了滤水井，采用水泵把井内的水抽出；后因工程实践发展的需要，出现了真空泵井点，即轻型井点；到了 20 世纪 30 年代又出现了电渗井点；再后来，由于降水深度的不断增加，又先后出现了多级井点、喷射井点和深井井点。

饱和土体是由液态水和固态土体颗粒两部分组成。由于土体颗粒和水分子之间存在静电引力作用，土层中的水呈结合水和自由水两种存在形式。结合水是在分子引力作用下被吸附在土粒表面，这种引力可高达几千至上万个大气压，这类水无法在重力作用下自由运动，其中的强结合水通常只有在加热成蒸汽时才能和土粒分开。自由水包括重力水和毛细水，重力水可以在自身重力作用下自由运动。

井点降水一般是降低土体中重力水形成的水面高程。

降水可用于增加开挖基坑边坡和坑底的稳定性，防范流砂现象和增加地基的抗剪强度。在地下水位以下进行地下工程施工时，常常会因地下水而造成涌水、流砂以及基坑边坡失稳等现象，给施工带来困难，从而影响工程的进度和质量。因此，地下工程施工过程中，需要排除土体中的地下水，以稳定土体，保证安全施工（表 1-5）。

表 1-5　常见的不良水文地质现象

| 名称 | 概念 | 危害 |
| --- | --- | --- |
| 流砂 | 若采取的降水措施不合理时，当基坑开挖到地下水位以下时，有时坑底土会成流动状态，随地下水涌入基坑，这种现象称为流砂现象 | 发生流砂现象时，基底土完全丧失承载力，土边挖边冒，施工条件恶化，严重时会造成塌方。如果附近有建筑物，就会因地基被掏空而使建筑物下沉，倾斜甚至倒塌 |

| 名称 | 概念 | 危害 |
|------|------|------|
| 管涌 | 地基土在具有一定渗流速度的条件下，其细小颗粒被水带出，土中空隙逐渐增大，慢慢形成一种能穿越地基的细管状渗流通道，从而掏空地基或坝体 | 使地基土骨架破坏、孔道扩大、土被淘空、引起周边建筑物沉降，甚至造成坑壁失稳等事故 |
| 突涌 | 当坑底下有承压含水层存在时，开挖基坑减少了含水层上覆不透水层的厚度，当它减少到一定程度时，承压水的水头压力大于覆土重量，承压水顶裂或冲毁基坑底板，造成突涌 | 卸掉水压，引起周边建筑物沉降；坑壁失根，造成失稳；坑底积水积砂，地基土扰动 |

地下水控制的设计和施工应满足支护结构设计要求，应根据场地及周边工程地质条件、水文地质条件和环境条件并结合基础支护和基础施工方案进行分析、确定。地下水控制方法可分为集水明排、降水、截水和回灌等形式，它们可以单独或组合使用，可按表1-6选用。

表1-6　地下水控制方法适用条件

| 方法名称 | | 土类 | 渗透系数（m/d） | 降水深度（m） | 水文地质特征 |
|------|------|------|------|------|------|
| 集水明排 | | | 7＜20.0 | ＜5 | |
| 降水 | 真空井点 | 填土、粉土、黏性土、砂土 | 0.1～20.0 | 单级＜6 多级＜20 | 上层滞水或水量不大的潜水 |
| | 喷射井点 | | 0.1～20.0 | ＜20 | |
| | 管井 | 粉土、砂土、碎石土、可溶岩、破碎带 | 1.0～200.0 | ＞5 | 含水丰富的潜水、承压水、裂隙水 |
| 截水 | | 黏性土、粉土、砂土、碎石土、岩溶岩 | 不限 | 不限 | |
| 回灌 | | 填土、粉土、砂土、碎石土 | 1.0～200.0 | 不限 | |

当因降水而危及基坑及周边环境安全时，宜采用截水或回灌方法。截水后，基坑中的水量或水压较大，宜采用基坑内降水。当基坑底为隔水层且层底有承压水作用时，应进行坑底突涌验算。必要时，可采取水平封底隔渗或钻孔减压措施保证坑底土层稳定。

## 1.10.2　集水明排、截水与回灌

### 1. 集水明排

对坑底汇水、基坑周边地表汇水及降水井抽出的地下水，可采用明沟排水；对坑底渗出的地下水，可采用盲沟排水；当地下室底板与支护结构之间不能设置明沟时，也可采用盲沟排水。

基坑排水沟和集水井可按下列规定布置：

（1）排水沟的截面面积应根据设计流量确定，排水沟的设计流量应符合式（1-59）：

$$Q \leqslant \frac{V}{1.5}$$

（1-59）

式中 $Q$——排水沟的设计流量（$m^3/d$）；

$\quad\quad V$——排水沟的排水能力（$m^3/d$）。

（2）明沟和盲沟的坡度不宜小于 0.3%。采用明沟排水时，沟底应采取防渗措施。采用盲沟排除坑底渗出的地下水时，其构造、填充料及其密实度应满足主体结构的要求。

（3）沿排水沟宜每隔 30～50m 设置一口集水井；集水井的净截面尺寸应根据排水流量确定。集水井应采取防渗措施。

（4）基坑坡面渗水宜采用渗水部位插入导水管排出。导水管的间距、直径及长度应根据渗水量及渗水土层的特性确定。

（5）采用管道排水时，排水管道的直径应根据排水量确定。排水管的坡度不宜小于0.5%。排水管道材料可选用钢管、PVC 管。排水管道上宜设置清淤孔，清淤孔的间距不宜大于 10m。

（6）基坑排水设施与市政管网连接口之间应设置沉淀池。明沟、集水井、沉淀池使用时，应排水畅通并应随时清理淤积物。

**2. 截水**

基坑截水应根据工程地质条件、水文地质条件及施工条件等，选用水泥土搅拌桩帷幕、高压旋喷或摆喷注浆帷幕、地下连续墙或咬合式排桩。支护结构采用排桩时，可采用高压旋喷或摆喷注浆与排桩相互咬合的组合帷幕。对碎石土、杂填土、泥炭质土、泥炭、pH 值较低的土或地下水流速较大时，水泥土搅拌桩帷幕、高压喷射注浆帷幕宜通过试验确定其适用性或外加剂品种及掺量。

采用基坑截水方法时，其主要要求是：

（1）当坑底以下存在连续分布、埋深较浅的隔水层时，应采用落底式帷幕。落底式帷幕进入下卧隔水层的深度应满足式（1-60）要求，且不宜小于 1.5m。

$$l \geqslant 0.2\Delta h - 0.5b \tag{1-60}$$

式中 $l$——帷幕进入隔水层的深度（m）；

$\quad\quad \Delta h$——基坑内外的水头差值（m）；

$\quad\quad b$——帷幕的厚度（m）。

（2）截水帷幕在平面布置上应沿基坑周边闭合，当采用沿基坑周边非闭合的平面布置形式时，应对地下水沿帷幕两端绕流引起的渗流破坏和地下水位下降进行分析。

（3）采用水泥土搅拌桩帷幕时，搅拌桩的直径宜取 450～800mm，搅拌桩的搭接宽度应符合下列规定：

① 单排搅拌桩帷幕的搭接宽度：当搅拌深度不大于 10m 时，帷幕的搭接宽度不应小于150mm；当搅拌深度为 10～15m 时，帷幕的搭接宽度不应小于 200mm；当搅拌深度大于15m 时，帷幕的搭接宽度不应小于 250mm。

② 对地下水位较高、渗透性较强的土层，宜采用双排搅拌桩截水帷幕。搅拌桩帷幕的搭接宽度：当搅拌深度不大于 10m 时，帷幕的搭接宽度不应小于 100mm；当搅拌深度为10～15m 时，帷幕的搭接宽度不应小于 150mm；当搅拌深度大于 15m 时，帷幕的搭接宽度不应小于 200mm。

（4）搅拌桩水泥浆液的水灰比宜取 0.6～0.8。搅拌桩的水泥掺量宜取土的天然质量的 15%～20%。

(5) 搅拌桩的施工偏差应符合下列要求：

① 桩位的允许偏差应为 50mm。

② 垂直度的允许偏差应为 1%。

(6) 采用高压旋喷、摆喷注浆帷幕时，注浆固结体的有效半径宜通过试验确定；缺少试验时，可根据土的类别及其密实程度、高压喷射注浆工艺，按工程经验采用。摆喷注浆的喷射方向与摆喷点连线的夹角宜取 10°～25°，摆动的角度宜取 20°～30°。水泥土固结体的搭接宽度：当注浆孔深度不大于 10m 时，搭接宽度不应小于 150mm；当注浆孔深度为 10～20m 时，搭接宽度不应小于 250mm；当注浆孔深度为 20～30m 时，搭接宽度不应小于 350mm。对地下水位较高、渗透性较强的地层，可采用双排高压喷射注浆帷幕。

(7) 高压喷射注浆水泥浆液的水灰比宜取 0.9～1.1，水泥掺量宜取土的天然质量的25%～40%。

(8) 高压喷射注浆帷幕的施工应符合下列要求：

① 采用与排桩咬合的高压喷射注浆帷幕时，应先进行排桩施工，后进行高压喷射注浆施工。

② 高压喷射注浆的施工作业顺序应采用隔孔分序方式，相邻孔喷射注浆的间隔时间不宜小于 24h。

③ 喷射注浆时，应由下而上均匀喷射，停止喷射的位置宜高于帷幕设计顶面 1m。

④ 可采用复喷工艺增大固结体的半径，提高固结体的强度。

⑤ 喷射注浆时，当孔口的返浆量大于注浆量的 20% 时，可采用提高喷射压力等措施。

⑥ 当因浆液渗漏而出现孔口不返浆的情况时，应将注浆管停置在不返浆处持续喷射注浆，并宜同时采用从孔口填入中粗砂、注浆液掺入速凝剂等措施，直至孔口出现返浆。

⑦ 喷射注浆后，当浆液析水、液面下降时，应进行补浆。

⑧ 当喷射注浆因故中途停喷后，继续注浆时应与停喷前的注浆体搭接，其搭接长度不应小于 500mm。

⑨ 当注浆孔邻近既有建筑物时，宜采用速凝浆液进行喷射注浆。

(9) 高压喷射注浆的施工偏差应符合下列要求：

① 孔位的允许偏差应为 50mm。

② 注浆孔垂直度的允许偏差为 1%。

(10) 截水帷幕的质量检测应符合下列规定：

① 与排桩咬合的高压喷射注浆、水泥土搅拌桩帷幕，与土钉墙面层贴合的水泥土搅拌桩帷幕，应在基坑开挖前或开挖时，检测水泥土固结体的尺寸、搭接宽度；检测点应按随机方法选取或选取施工中出现异常、开挖中出现漏水的部位；对设置在支护结构外侧单独的截水帷幕，其质量可通过开挖后的截水效果进行判断。

② 对施工质量有怀疑时，可在搅拌桩、高压喷射注浆液固结后，采用钻芯法检测帷幕固结体的单轴抗压强度、连续性及深度；检测点的数量不应少于 3 处。

**3. 回灌**

当基坑开挖降水使基坑周边土层的地下水位下降并影响邻近建筑物、地下管线等的沉降时，可采取地下水回灌措施。回灌的要求如下：

(1) 回灌可采用井点、砂井、砂沟等。

（2）回灌井与降水井的距离不宜小于 6m。

（3）回灌井的间距应根据降水井的间距和被保护物的平面位置确定。

（4）回灌井宜进入稳定水面下 1m，且位于渗透性较大的土层中，过滤器的长度应大于降水井过滤器的长度。

（5）回灌水量可通过水位观测孔中的水位变化进行控制和调节，不宜超过原水位的标高。回灌水箱高度可根据灌入水量配置。

（6）回灌砂井的灌砂量应取井孔体积的 95%，填料宜采用含泥量不大于 3%，不均匀系数在 3～5 之间的纯净中粗砂。

（7）回灌井与降水井应协调控制，回灌水宜采用清水。

## 1.10.3　降水

**1. 降水井的主要类别及适用条件**

人工降低地下水位常用井点降水的方法。井点降水法是在基坑的内部或其周围埋设深于坑底标高的井点或管井，以总管连接所有井点或管井进行集中抽水（或每个井管单独抽水），达到降低地下水位的目的。

目前，常用的降水井点一般有：轻型井点、喷射开点、管井井点、真空井点、电渗井点和深井井点等。工程实践中，可按施工位置上的土体的渗透系数、待降水位深度、设备条件以及工程特点选用。

1）轻型井点

轻型井点系统由井点管、连接管、集水总管及抽水设备等组成。轻型井点是沿基坑的四周或一侧将直径较细的井点管沉入深于坑底的含水层内，井点管上部与总管连接，通过总管并利用抽水设备因真空作用将地下水从井点管内不断抽出，以使原有的地下水位降低到开挖面标准以下。

轻型井点降水系统包括井点管、连接总管和抽水设备。井点管一般采用直径为 50mm 的钢管，管长为 5～7m。井点管的下端装有滤管，滤管管壁上分布有直径为 12～18mm 的透水孔，透水孔呈梅花形分布。滤管管壁外侧包有两层滤网，内层为细滤网，外层为粗滤网。滤网为铜、不锈钢或尼龙丝布。连接总管为钢管、胶管或透明塑料管。井点管与连接总管之间，常装有阀门，以便于检修。抽水设备常由一台真空泵、两台离心泵和一台气水分离器组成。

一般认为，轻型井点法适用于渗透系数为 0.1～80m/d 的土层，对土层中含有大量的细砂和粉砂层特别有效。具有可以防止流砂现象和增加土坡稳定，且便于施工的特点。

轻型井点分为机械真空泵和水射泵井点两种。这两种轻型井点的主要差别是产生真空的原理不同。使用轻型井点（图 1-23）进行降水施工时，应注意以下问题：

（1）井点系统全部安装完毕后，需进行试抽，以检查有无漏气现象。开始抽水后一般不要停抽。时抽时止，滤网易堵塞，也易抽出土颗

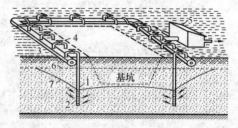

图 1-23　轻型井点示意图
1—井点管；2—滤管；3—总管；4—弯联箍管；
5—水泵房；6—原地下水位线；7—降低后地下水位线

粒，使水浑浊，并造成降水区域附近地区建筑物由于土颗粒流失而沉陷开裂。

（2）降水系统的真空度是判断井点系统是否正常工作的一项重要标准。如真空度不够，通常是由于管路漏气造成的，应及时修复。

（3）应注意检查井点管淤塞情况。具体检查时可通过听管内水流声、手扶管壁感觉振动，夏、冬季用手摸管的冷热、湿干等简便方法进行检查。当井点管淤塞太多，严重影响降水效果时，应用高压水逐个反复冲洗或拔出重新埋设。

（4）地下工程施工、土方回填完成后，才可拆除井点系统。井点管拔出后所留下的孔洞应用砂或土填实，若地基有防渗要求时，应用黏土进行填实。

2）喷射井点

工程实践中，常用的喷射井点可分为喷水井点和喷气井点两种，喷射井点设备主要由喷射点、高压水泵（或高压气泵）和管路系统组成（图1-24）。喷水井点以压力水为工作源，喷气井点以压缩空气为工作源。当基坑开挖较深，降水深度要求大于6m，而且场地狭窄，不允许布置多级轻型井点时，宜采用喷射井点降水。其一层降水深度可达10～20m，适用于渗透系数为3～50m/d的砂性土层。

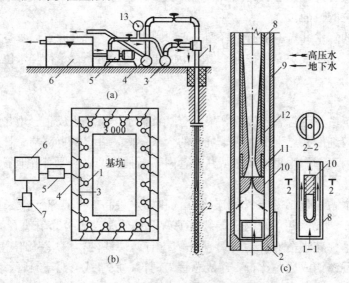

图1-24 喷射井点设备布置

（a）喷射井点简图；（b）喷射井点平面图；（c）喷射扬水器简图

1—喷射井管；2—滤管；3—进水总管；4—排水总管；5—高压水泵；6—集水池；7—水泵；

8—内管；9—外管；10—喷嘴；11—混合室；12—扩散管；13—压力表

喷射井点的构造应符合下列要求：

（1）井管宜采用金属管，管壁上渗水孔宜按梅花状布置，渗水孔的直径宜取12～18mm，渗水孔的孔隙率应大于15%，渗水段的长度应大于1.0m，管壁外应根据土层的粒径设置滤网；喷射器混合室的直径可取14mm；喷嘴的直径可取6.5mm。

（2）井的成孔直径宜取400～600mm，井孔应比滤管底部深1m以上。

（3）孔壁与井管之间的滤料宜采用中粗砂，滤料上方应使用黏土封堵，封堵至地面的厚度应大于1m。

（4）工作水泵可采用多级泵，水泵压力宜大于2MPa。

3）管井井点

实际使用时，管井井点降水系统由井管和抽水设备组成（图1-25）。井管由井壁管和过滤器两部分组成。井壁管分为铸铁管、混凝土管、塑料管等。抽水设备为根据不同降水深度要求所选用的水泵。将水位降深要求在7m以内时，可用离心式水泵；若水位降深大于7m，可采用不同扬程和流量的深井潜水泵或深井泵。

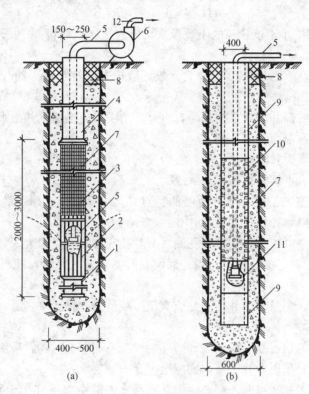

图1-25　管井井点示意图

（a）钢管管井；（b）混凝土管管井

1—沉砂管；2—钢筋焊接骨架；3—滤网；4—管身；5—吸水管；6—离心泵；

7—小砾石过滤层；8—黏土封口；9—混凝土实壁管；10—过滤网；11—潜水泵；12—出水管

管井井点适用于轻型井点不易解决的含水层水量大、降水深的场合，当土粒较粗、渗透系数很大，而透水层厚度也大时，一般用井点系统或喷射井点不能奏效，此时采用深井点较为适宜。其优点是降水深度大、范围也大，因此可布置在基坑施工范围以外，使其排水时降落曲线达到基坑之下。

管井的构造应符合下列要求：

（1）管井的滤管可采用无砂混凝土滤管、钢筋笼、钢管或铸铁管。

（2）滤管内径应按满足单井设计流量要求而配置的水泵规格确定，宜大于水泵外径50mm，滤管的外径不宜小于200m，管井成孔的直径应满足填充滤料的要求。

（3）井管与孔壁之间填充的滤料宜选用磨圆度好的硬质岩石成分的圆砾，不宜采用棱角形石渣料、风化料或其他黏质岩石成分的砾石。滤料规格宜满足下列要求：

① 砂土含水层：

$$D_{50} = 6d_{50} - 8d_{50} \tag{1-61}$$

式中　$D_{50}$——小于该粒径的填料质量占总填粒质量 50％所应的填料粒径（mm）；

　　　$d_{50}$——含水层中小于该粒径的土颗粒质量占总土颗粒质量 50％所对应的土颗粒粒径（mm）。

② $d_{20}$ 小于 2mm 的碎石土含水层：

$$D_{50} = 6d_{20} - 8d_{20} \tag{1-62}$$

式中　$d_{20}$——含水层中小于该粒径的土颗粒质量占总土颗粒质量 20％所对应的土颗粒粒径（mm）。

③ 对 $d_{20}$ 大于或等于 2mm 的碎石土含水层，宜填充粒径为 10～20mm 的滤料。

④ 滤料的不均匀系数应小于 2。

（4）采用深井泵或深井潜水泵抽水时，水泵的出水量应根据单井出水能力确定，水泵的出水量应大于单井出水能力的 1.2 倍。

（5）井管的底部应设置沉砂段，井管沉砂段的长度不宜小于 3m。

管井的施工应符合下列要求：

（1）管井的成孔施工工艺应适合地层的特点，对不易塌孔、缩颈的地层宜采用清水钻进；钻孔深度宜大于降水井设计深度的 0.3～0.5m。

（2）采用泥浆护壁时，应在钻进到孔底后清除孔底沉渣并立即置入井管、注入清水，当泥浆比重不大于 1.05 时，方可投入滤料；遇塌孔时不得置入井管，滤料填充体积不应小于计算量的 95％。

（3）填充滤料后，应及时洗井，洗井应直至过滤器及滤料滤水畅通，并应抽水检验井的滤水效果。

当基坑降水引起的地层变形对基坑周边环境产生不利影响时，宜采用回灌方法减少地层的变形量。回灌方法宜采用管井回灌，回灌应符合下列要求：

（1）回灌井应布置在降水井外侧，回灌井与降水井的距离不宜小于 6m；回灌井的间距应根据回灌水量的要求和降水井的间距确定。

（2）回灌井宜进入稳定水面不小于 1m，回灌井过滤器应置于渗透性强的土层中，且宜在透水层全长设置过滤器。

（3）回灌水量应根据水位观测孔中的水位变化进行控制和调节，回灌后的地下水位不应高于降水前的水位。采用回灌水箱时，箱内水位应根据回灌水量的要求确定。

（4）回灌用水应采用清水，宜用降水井抽水进行回灌；回灌水质应符合环境保护的要求。

4）真空井点

真空井点是人工降低地下水位的一种方法。它是沿基坑四周或一侧将直径较细的井管沉入深于基底的含水层内，井管上部与总管连接，通过总管并利用抽水设备将地下水从井管内不断抽出，使原有地下水位降低到基底以下。根据工程地质特性和平面尺寸，真空井点及主要设备布置成环形。井点系统由井点管、集水总管及抽水设备等组成。当基坑、基槽宽小于 6m 时，且降水深度不超过 5m 时，真空井点宜采用单排布置；当基坑宽度大于 6m 或土质不良，则宜采用双排井点；当基坑面积较大时，宜采用环形井点。

真空井点降水一般适用于粉细砂、粉土、粉质黏土等渗透系数较小（0.1～20m/d）的弱含水层中，降水深度单层小于 6m，双层小于 12m。采用真空井点降水，其井点间距小，能有效地拦截地下水流入基坑内，尽可能地减少残留滞水层厚度，对保持边坡和桩间土的稳定较有利，因此降水效果较好。

真空井点降水止水法与其他井点降水法相比，具有以下特点：

(1) 群孔排水的同时产生了止水帷幕的效应。真空井点降水主机产生的强真空传递到各吸水井孔，实现群孔同时排水，每一个吸水井孔对其周围 5m 以内产生负压效应，由于井孔埋设间距一般为 1.5～2.0m。因此，同时排水的群孔负压效应相互搭接构成了真空效应很强的地下真空连续墙，真空连续墙能够十分有效地阻挡基坑外地下水从基坑侧壁侵入，起到止水帷幕的作用。

(2) 真空井点降水改变了土体的物理性质，增加了边坡的稳定性。当基坑开挖到地下水位时，土体中的地下水渗流形成的动水力会对土体边坡的稳定构成威胁。真空井点降水原理为地下水在真空井点主机产生的真空力的作用下将地下水沿井管提升，基坑内的地下水渗流方向则朝下，动水力方向与重力一致，这种渗流方向增加了土体颗粒压力，提高了土体的密实度，出现了良好的渗流固结效果，有利于边坡稳定。在井点周围的土被大气压力所稳定，真空井点群井构成沿边坡走向的真空连续墙，阻止侧向渗流趋向基坑，消除了边坡的渗流侧压力，这就增加了土层特别是软土的有效应力和抗剪强度。

(3) 真空井点降水可以避免流砂、软土的软弱流变现象和土体的潜蚀或管涌现象。软土和粉土、粉砂土层在动水力的作用下易发生压力传递现象，出现软土滑动及砂土的流砂现象，造成严重的工程事故。真空井点降水止水方法在基坑开挖前就已将开挖土层的自由水排出，致使软土出现滑动和砂土层流砂的动水力很小。

(4) 真空井点降水带来显著的经济效益、环境效益。地下水位降低后，土内水分已被排除，增加了边坡的稳定性，边坡可改陡，减少挖土量，同时可省去大量支撑材料，提高工效和降低施工费。真空井点设备抽吸的清水可成为施工场地的生产用水水源，外排的清水不会污染城市地下管网。

基坑内的土体始终处于含水量较低的状态下，创造了良好的工作环境，可以大规模地进行机械化施工、大型土方施工，机械在抽干了水的条件下作业，更能发挥其机械性能。

综上所述，使用真空井点降水止水方法，具有良好的降水效果，明显的止水帷幕和稳定边坡的作用，大大缩短了工期及可以保障周围施工环境安全等综合效应。

真空井点的构造应符合下列要求：

(1) 井管宜采用金属管，管壁上渗水孔宜按梅花状布置，渗水孔的直径宜取 12～18mm，渗水孔的孔隙率应大于 15%，渗水段的长度应大于 1.0m，管壁外应根据土层的粒径设置滤网。

(2) 真空井管的直径应根据单井设计流量确定，井管的直径宜取 38～110mm，井的成孔直径应满足填充滤料的要求，且不宜大于 300mm。

(3) 孔壁与井管之间的滤料宜采用中粗砂，滤料上方应使用黏土封堵，封堵至地面的厚度应大于 1m。

真空井点和喷射井点的施工应符合下列要求：

(1) 真空井点和喷射井点的成孔工艺可选用清水或泥浆钻进、高压水套管冲击工艺（钻孔法、冲孔法或射水法），对不易塌孔、缩颈的地层也可选用长螺旋钻机成孔；成孔深度宜大于降水井设计深度的 0.5~1.0m；

（2）钻进到设计深度后，应注水冲洗钻孔、稀释孔内泥浆；滤料填充应密实均匀，滤料宜采用粒径为 0.4~0.6mm 的纯净中粗砂。

（3）成井后应及时洗孔，并应抽水检验井的滤水效果；抽水系统不应漏水、漏气。

（4）抽水时的真空度应保持在 55kPa 以上，且抽水不应间断。

**2. 降水井的设计计算**

降水设计涉及的问题很广，应综合考虑降水场地所处地区的气象条件、地质与地形条件、土与地下水的条件、基坑开挖尺寸、地表水径流和施工的要求，同时要求具有井点设备和一些施工经验，以便对设计有较仔细的考虑；对于地层条件复杂或重要工程，则宜进行一些现场的测试以核对设计计算的参数。

1）渗透系数的确定

渗透系数是降水设计计算中非常重要的参数。由于地质成因的不同，土层常具有不均匀性。一般勘查报告常提供渗透系数的室内试验数据，无法完全反映现场的实际情况。对于重要工程，应通过现场抽水试验等方法来确定具体工程的渗透系数。土层的渗透系数参考值见表 1-7。

表 1-7　土层的渗透系数参考值（m/d）

| 名称 | 渗透系数 | 名称 | 渗透系数 | 名称 | 渗透系数 | 名称 | 渗透系数 |
|---|---|---|---|---|---|---|---|
| 黏土 | <0.005 | 黄土 | 0.2~0.5 | 中砂 | 5.0~20.0 | 圆砾 | 50~100 |
| 粉质黏土 | 0.005~0.1 | 粉砂 | 0.5~1.0 | 均质中砂 | 35~50 | 卵石 | 100~500 |
| 黏质粉土 | 0.1~0.5 | 细砂 | 1.0~5.0 | 粗砂 | 20~50 | 无充填物的卵石 | 500~1000 |

2）影响半径（R）

影响半径与土层性质和渗透系数有关。确定井的影响半径的最佳方法是现场试验。在资料整理时，可根据抽水试验资料，绘制 s-lgr 曲线，即可得到影响半径（表 1-8）。也可通过抽水试验，并利用有关计算公式反求影响半径值。

表 1-8　影响半径经验值

| 土的种类 | 粉细砂 | 细砂 | 中砂 | 粗砂 | 极细砂 | 小砾石 | 中砾石 | 大砾石 |
|---|---|---|---|---|---|---|---|---|
| 粒径（mm） | 0.05~0.1 | 0.1~0.25 | 0.25~0.5 | 0.5~1.0 | 1.0~2.0 | 2.0~3.0 | 3.5~5.0 | 5.0~10.0 |
| 所占重量（%） | <70 | >70 | >50 | >50 | >50 | — | — | — |
| R（m） | 25~50 | 50~100 | 100~200 | 200~400 | 400~500 | 500~600 | 600~1500 | 1500~3000 |

（1）潜水含水层：

$$R = 2s_w\sqrt{kH} \tag{1-63}$$

式中　$R$——影响半径（m）；

　　$s_w$——井水位降深（m）；当井水位降深小于 10m 时，取 $s_w=10$m；

　　$k$——含水层的渗透系数（m/d）；

　　$H$——潜水含水层厚度（m）。

（2）承压水含水层：

$$R = 10s_w\sqrt{k} \tag{1-64}$$

3）降水井深度计算方法

降水井的深度可根据基底深度、降水深度、含水层的埋藏深度、地下水类型、降水井的设备条件以及降水期间的地下水位动态等因素按式（1-65）确定：

$$H_w = H_{w1} + H_{w2} + H_{w3} + H_{w4} + H_{w5} + H_{w6} \tag{1-65}$$

式中　$H_w$——降水点深度（m）；

　　　$H_{w1}$——基底深度（m）；

　　　$H_{w2}$——降水水位距离基坑底要求的深度（m）；

　　　$H_{w3}$——可按 $i \times r_0$ 计算，$i$ 为水利坡度，在降水井分布范围内宜为 $1/10 \sim 1/15$，$r_0$ 为降水井分布范围的等效半径或降水井排间距的 $1/2$（m）；$r_0$ 可按式（1-66）或式（1-67）计算；

　　　$H_{w4}$——降水期间的地下水位变幅（m）；

　　　$H_{w5}$——降水井过滤器的工作长度（m）；

　　　$H_{w6}$——沉砂管的长度（m），宜为 $1 \sim 3$m。

当基坑为圆形时，等效半径应取为基坑周边布置的降水井所围成的圆的半径，当基坑为非圆形时，等效半径可按下列规定计算：

（1）矩形基坑的等效半径可按式（1-66）计算：

$$r_0 = 0.29(a+b) \tag{1-66}$$

式中　$a$、$b$——分别为基坑的长、短边与降水井距基础距离之和（m）。

（2）不规则块状基坑的等效半径可按式（1-67）计算：

$$r_0 = \sqrt{A/\pi} \tag{1-67}$$

式中　$A$——基坑周边降水井所围的面积（m²）。

4）降水井设计计算方法

降水井宜在基坑外缘采用封闭式布置，井间距宜大于 15 倍井管直径，真空井点降水的井间距宜取 $0.8 \sim 2.0$m，喷射井点降水的井间距宜取 $1.5 \sim 3.0$m。当真空井点、喷射井点的井口至设计降水水位的深度大于 6m 时，可采用多级井点降水，多级井点上下级的高差宜取 $4 \sim 5$m。井间距在地下水补给方向应适当加密；当基坑面积较大、开挖较深时，也可在基坑内设置降水井。

降水井的深度应根据设计降水深度、含水层的埋藏分布和降水井的出水能力确定。设计降水深度在基坑范围内不宜小于基坑底面以下 0.5m。

降水井的数量 $n$ 可按式（1-68）计算：

$$n = 1.1 \frac{Q}{q} \tag{1-68}$$

式中　$Q$——基坑降水总涌水量（m³/d）；

　　　$q$——单井设计流量（m³/d）；

　　　$n$——降水井数量。

均质含水层潜水完整井基坑涌水量可按式（1-69）计算（图 1-26）：

$$Q = \pi k \frac{(2H - s_d)s_d}{\ln\left(1 + \dfrac{R}{r_0}\right)} \tag{1-69}$$

式中　$Q$——基坑降水总涌水量（m³/d）；

　　　$k$——渗透系数（m/d）；

　　　$H$——潜水含水层厚度（m）；

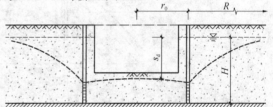

图 1-26　均质含水层潜水完整井基坑涌水量计算简图

$s_d$——基坑水位降深（m）；

$R$——降水的影响半径（m）；

$r_0$——基坑的等效半径（m）。

均质含水层潜水非完整井基坑涌水量可按式（1-70）计算（图 1-27）：

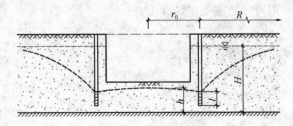

图 1-27 均质含水层潜水非完整井基坑涌水量计算简图

$$Q = \pi k \frac{H^2 - h^2}{\ln\left(1 + \dfrac{R}{r_0}\right) + \dfrac{h_m - l}{l}\ln\left(1 + 0.2\dfrac{h_m}{r_0}\right)} \qquad (1\text{-}70)$$

$$h_m = \frac{H + h}{2} \qquad (1\text{-}71)$$

式中　$h$——降水后基坑内的水位高度（m）；

　　　$l$——过滤器进水部分的长度（m）。

均质含水层承压水完整井基坑涌水量可按式（1-72）计算（图 1-28）：

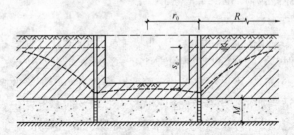

图 1-28 均质含水层承压完整井基坑涌水量计算简图

$$Q = 2\pi k \frac{M s_d}{\ln\left(1 + \dfrac{R}{r_0}\right)} \qquad (1\text{-}72)$$

式中　$M$——承压水含水层厚度（m）。

均质含水层承压非完整井基坑涌水量可按式（1-73）计算（图 1-29）：

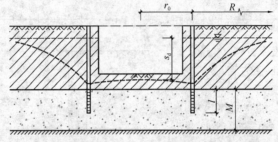

图 1-29 均质含水层承压非完整井基坑涌水量计算简图

$$Q = 2\pi k \frac{M s_d}{\ln\left(1 + \frac{R}{r_0}\right) + \frac{M-l}{l}\ln\left(1 + 0.2\frac{M}{r_0}\right)} \tag{1-73}$$

均质含水层承压-潜水非完整井基坑涌水量可按式（1-74）计算（图 1-30）：

$$Q = \pi k \frac{(2H_0 - M)M - h^2}{\ln\left(1 + \frac{R}{r_0}\right)} \tag{1-74}$$

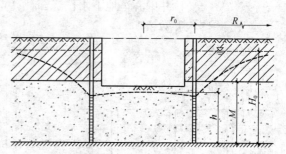

图 1-30　均质含水层承压-潜水非完整井基坑涌水量计算简图

式中　$H_0$——承压水含水层的初始水头（m）。

5）单井出水量的计算

（1）真空井点出水能力可按 36～60m³/d 确定。

（2）喷射井点设计出水量可按表 1-9 确定。

表 1-9　喷射井点设计出水量

| 型号 | 外管直径（mm） | 喷射管 | | 工作水压力（MPa） | 工作水流量（m³/d） | 设计单井出水流量（m³/d） | 适合含水层渗透系数（m/d） |
| | | 喷嘴直径（mm） | 混合室直径（mm） | | | | |
|---|---|---|---|---|---|---|---|
| 1.5 型并列式 | 38 | 7 | 14 | 0.6～0.8 | 112.8～163.2 | 100.8～138.2 | 0.1～5.0 |
| 2.5 型圆心式 | 68 | 7 | 14 | 0.6～0.8 | 110.4～148.8 | 103.2～138.2 | 0.1～5.0 |
| 4.0 型圆心式 | 100 | 10 | 20 | 0.6～0.8 | 230.4 | 259.2～388.8 | 5.0～10.0 |
| 6.0 型圆心式 | 162 | 19 | 40 | 0.6～0.8 | 720 | 600～720 | 10.0～20.0 |

（3）管井的单井出水能力可按式（1-75）计算：

$$q_0 = 120\pi r_s l \sqrt[3]{k} \tag{1-75}$$

式中　$q_0$——单井的出水能力（m³/d）；

　　　$r_s$——过滤器的半径（m）；

　　　$l$——过滤器进水部分的长度（m）；

　　　$k$——含水层的渗透系数（m/d）。

6）降水水位计算

（1）当含水层为粉土、砂土或碎石土时，潜水完整井的地下水位降深可按式（1-76）计算（图 1-31），计算点与降水井的关系如图 1-32 所示。

$$s_i = H - \sqrt{H^2 - \sum_{j=1}^{n} \frac{q_j}{\pi k}\ln\frac{R}{r_{ij}}} \tag{1-76}$$

式中　$s_i$——基坑内任一点的地下水位降深（m）；基坑内各点中最小的地下水位降深可取各个相邻降水井连线上地下水位降深的最小值，当各降水井的间距和降深相同时，可取任一相邻降水井连线中点的地下水位降深；

　　　$H$——潜水含水层厚度（m）；

　　　$q_j$——按干扰井群计算的第 $j$ 口降水井的单井流量（m³/d）；

$k$——含水层的渗透系数（m/d）；

$R$——影响半径（m）；

$r_{ij}$——第 $j$ 口井中心至地下水位降深计算点的距离（m）；当 $r_{ij}>R$ 时，取 $r_{ij}=R$；

$n$——降水井数量。

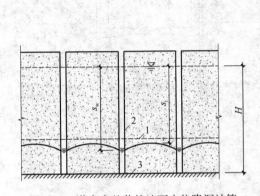

图 1-31　潜水完整井的地下水位降深计算

1—基坑面；2—降水井；

3—潜水含水层底板

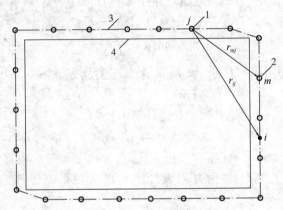

图 1-32　计算点与降水井的关系

1—第 $j$ 口井；2—第 $m$ 口井；

3—降水井所围面积的边线；4—基坑边线

对潜水完整井，按干扰井群计算的第 $j$ 个降水井的单井流量可通过求解下列 $n$ 维线性方程组计算：

$$s_{\mathrm{w},m}=H-\sqrt{H^2-\sum_{j=1}^{n}\frac{q_j}{\pi k}\ln\frac{R}{r_{jm}}}\ (m=1,2,\cdots,n) \tag{1-77}$$

式中　$s_{\mathrm{w},m}$——第 $m$ 口井的井水位设计降深（m）；

　　$r_{jm}$——第 $j$ 口井中心至第 $m$ 口井中心的距离（m）；当 $j=m$ 时，应取降水井的半径 $r_{\mathrm{w}}$；当 $r_{jm}>R$ 时，应取 $r_{jm}=R$。

当含水层为粉土、砂土或碎石土，各降水井所围的平面形状近似圆形或正方形且各降水井的间距、降深相同时，潜水完整井的地下水位降深也按式（1-78）和式（1-79）计算：

$$s_i=H-\sqrt{H^2-\frac{q}{\pi k}\sum_{j=1}^{n}\ln\frac{R}{2r_0\sin\frac{(2j-1)\pi}{2n}}} \tag{1-78}$$

$$q=\frac{\pi k(2H-s_{\mathrm{w}})s_{\mathrm{w}}}{\ln\dfrac{R}{r_{\mathrm{w}}}+\displaystyle\sum_{j=1}^{n-1}\ln\dfrac{R}{2r_0\sin\dfrac{j\pi}{n}}} \tag{1-79}$$

式中　$q$——按干扰井群计算的降水井单井流量（m³/d）；

　　$r_0$——井群的等效半径（m）；井群的等效半径应按各降水井所围多边形与等效圆的周长相等确定，取 $r_0=u/(2\pi)$；当 $r_0>R/[2\sin(2j-1)\pi/2n]$ 时，式（1-79）中应取 $r_0=R/[2\sin(2j-1)\pi/2n]$；当 $r_0>R/[2\sin(j\pi/n)]$ 时，式（1-79）中应取 $r_0=R/[2\sin(j\pi/n)]$；

　　$j$——第 $j$ 口降水井；

$s_w$——井水位的设计降深（m）；

$r_w$——降水井的半径（m）；

$u$——各降水井所围多边形的周长（m）。

（2）当含水层为粉土、砂土或碎石土时，承压完整井的地下水位降深可按式（1-80）计算（图1-33）：

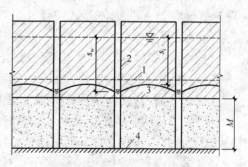

图 1-33 承压水完整井的地下水位降深计算
1—基坑；2—降水井；3—承压水含水层顶板；
4—承压水含水层底板

$$s_i = \sum_{j=1}^{n} \frac{q_j}{2\pi Mk} \ln \frac{R}{r_{ij}} \qquad (1\text{-}80)$$

对承压完整井，按干扰井群计算的第 $j$ 个降水井的单井流量可通过求解式（1-81） $n$ 维线性方程组计算：

$$s_{w,m} = \sum_{j=1}^{n} \frac{q_j}{2\pi Mk} \ln \frac{R}{r_{jm}} (m = 1, 2, \cdots, n)$$

$$(1\text{-}81)$$

当含水层为粉土、砂土或碎石土，各降水井所围的平面形状近似圆形或正方形且各降水井的间距、降深相同时，承压完整井的地下水位降深也按式（1-82）和式（1-83）计算：

$$s_i = \frac{q}{2\pi Mk} \sum_{j=1}^{n} \ln \frac{R}{2r_0 \sin \frac{(2j-1)\pi}{2n}} \qquad (1\text{-}82)$$

$$q = \frac{2\pi Mks_w}{\ln \frac{R}{r_w} + \sum_{j=1}^{n-1} \ln \frac{R}{2r_0 \sin \frac{j\pi}{n}}} \qquad (1\text{-}83)$$

式中 $r_0$——井群的等效半径（m）；井群的等效半径应按各降水井所围多边形与等效圆的周长相等确定，取 $r_0 = u/(2\pi)$；当 $r_0 > R/[2\sin(2j-1)\pi/2n]$ 时，式（1-83）中应取 $r_0 = R/[2\sin(2j-1)\pi/2n]$；当 $r_0 > R/[2\sin(j\pi/n)]$ 时，式（1-83）中应取 $r_0 = R/[2\sin(j\pi/n)]$。

## 1.11 基坑开挖与检测

### 1.11.1 基坑开挖

（1）基坑开挖应符合下列规定：

① 当支护结构构件强度达到开挖阶段的设计强度时，方可下挖基坑；对采用预应力锚杆的支护结构，应在锚杆施加预加力后，方可下挖基坑；对土钉墙，应在土钉、喷射混凝土面层的养护时间大于 2d 后，方可下挖基坑。

② 应按支护结构设计规定的施工顺序和开挖深度分层开挖。

③ 锚杆、土钉的施工作业面与锚杆、土钉的高差不宜大于 500mm。

④ 开挖时，挖土机械不得碰撞或损害锚杆、腰梁、土钉墙面、内支撑及其连接件等构

件，不得损害已施工的基础桩。

⑤ 当基坑采用降水时，应在降水后开挖地下水位以下的土方。

⑥ 当开挖揭露的实际土层性状或地下水情况与设计依据的勘察资料明显不符，或出现异常现象、不明物体时，应停止开挖，在采取相应的处理措施后方可持续开挖并进行分析。

⑦ 挖至坑底时，应避免扰动基底持力土层的原状结构。

（2）软土基坑开挖除应符合上面的规定外，还应符合下列规定：

① 应按分层、分段、对称、均衡、适时的原则开挖。

② 当主体结构采用桩基础，且基础桩已施工完成时，应根据开挖面下软土的性状，限制每层开挖厚度，不得造成基础桩偏位。

③ 对采用内支撑的支护结构，宜采用局部开槽方法浇筑混凝土支撑或安装钢支撑；开挖到支撑作业面后，应及时进行支撑的施工。

④ 对重力式水泥土墙，沿水泥土墙方向应分区段开挖，每一开挖区段的长度不宜大于 40m。

（3）当基坑开挖面上方的锚杆、土钉、支撑未达到设计要求时，严禁向下超挖土方。

（4）采用锚杆或支撑的支护结构，在未达到设计规定的拆除条件时，严禁拆除锚杆或支撑。

（5）基坑周边施工材料、设施或车辆荷载严禁超过设计要求的地面荷载限值。

（6）基坑开挖和支护结构使用期内，应按下列要求对基坑进行维护：

① 雨期施工时，应在坑顶、坑底采取有效的截排水措施；对地势低洼的基坑，应考虑周边汇水区域地面径流向基坑汇水的影响；排水沟、集水井应采取防渗措施。

② 基坑周边地面宜做硬化或防渗处理。

③ 基坑周边的施工用水应有排放措施，不得渗入土体内。

④ 当坑体渗水、积水或有渗流时，应及时进行疏导、排泄、截断水源。

⑤ 开挖至坑底后，应及时进行混凝土垫层和主体地下结构施工。

⑥ 主体地下结构施工时，结构外墙与基坑侧壁之间应及时回填。

（7）支护结构或基坑周边环境出现险情时，应立即停止开挖，并应根据危险产生的原因和可能进一步发展的破坏形式，采取控制或加固措施。危险消除后，方可继续开挖。必要时，应对危险部位采取基坑回填、地面卸土、临时支撑等应急措施。当危险由地下水管渗漏、坑体渗水造成时，应及时采取截断渗漏水源、疏排渗水等措施。

## 1.11.2 基坑检测

基坑支护设计应根据支护结构类型和地下水控制方法，按表 1-10 选择基坑监测项目，并应根据支护结构的具体形式、基坑周边环境的重要性及地质条件的复杂性确定监测点部位及数量。选用的监测项目及其监测部位应能够反映支护结构的安全状态和基坑周边环境受影响的程度。

安全等级为一级、二级的支护结构，在基坑开挖过程与支护结构使用期间，必须进行支护结构的水平位移监测和基坑开挖影响范围内建（构）筑物、地面的沉降监测。

（1）支挡式结构顶部水平位移监测点的间距不宜大于 20m，土钉墙、重力式挡墙顶部水平位移监测点的间距不宜大于15m，且基坑各边的监测点不应少于3个。基坑周边有建筑物的部位、基坑各边中部及地质条件较差的部位应设置监测点。

表 1-10　基坑监测项目选择

| 监测项目 | 支护结构的安全等级 | | |
| --- | --- | --- | --- |
| | 一级 | 二级 | 三级 |
| 支护结构顶部水平位移 | 应测 | 应测 | 应测 |
| 基坑周边建（构）筑物、地下管线、道路沉降 | 应测 | 应测 | 应测 |
| 坑边地面沉降 | 应测 | 应测 | 宜测 |
| 支护结构深部水平位移 | 应测 | 应测 | 选测 |
| 锚杆拉力 | 应测 | 应测 | 选测 |
| 支撑轴力 | 应测 | 应测 | 选测 |
| 挡土构件内力 | 应测 | 宜测 | 选测 |
| 支撑立柱沉降 | 应测 | 宜测 | 选测 |
| 挡土构件、水泥土墙沉降 | 应测 | 宜测 | 选测 |
| 地下水位 | 应测 | 应测 | 选测 |
| 土压力 | 宜测 | 选测 | 选测 |
| 孔隙水压力 | 宜测 | 选测 | 选测 |

（2）基坑周边建筑物沉降监测点应设置在建筑物的结构墙、柱上，并应分别沿平行、垂直于坑边的方向上布设。在建筑物邻基坑一侧，平行于坑边方向上的测点间距不宜大于15m。垂直于坑边方向上的测点，宜设置在柱、隔墙与结构缝部位。垂直于坑边方向上的布点范围应能反映建筑物基础的沉降差。必要时，可在建筑物内部布设测点。

（3）地下管线沉降监测，当采用测量地面沉降的间接方法时，其测点应布设在管线正上方。当管线上方为刚性路面时，宜将测点设置于刚性路面下。对直埋的刚性管线，应在管线节点、竖井及其两侧等易破裂处设置测点。测点水平间距不宜大于20m。

（4）道路沉降监测点的间距不宜大于30m，且每条道路的监测点不应少于3个。必要时，沿道路宽度方向可布设多个测点。

（5）对坑边地面沉降、支护结构深部水平位移、锚杆拉力、支撑轴力、立柱沉降、挡土构件沉降、水泥土墙沉降、挡土构件内力、地下水位、土压力、孔隙水压力进行监测时，监测点应布设在邻近建筑物、基坑各边中部及地质条件较差的部位，监测点或监测面不宜少于3个。

（6）坑边地面沉降监测点应设置在支护结构外侧的土层表面或柔性地面上。与支护结构的水平距离宜在基坑深度的0.2倍范围以内。有条件时，宜沿坑边垂直方向在基坑深度的1～2倍范围内设置多个测点，每个监测面的测点不宜少于5个。

（7）采用测斜管监测支护结构深部水平位移时，现浇混凝土挡土构件，测斜管应设置在挡土构件内，测斜管深度不应小于挡土构件的深度；对土钉墙、重力式挡墙，测斜管应设置在紧邻支护结构的土体内，测斜管深度不宜小于基坑深度的1.5倍。测斜管顶部应设置水平位移监测点。

（8）锚杆拉力监测宜采用测量锚杆杆体总拉力的锚头压力传感器。多层锚杆支挡式结构，宜在同一剖面的每层锚杆上设置测点。

（9）支撑轴力监测点宜设置在主要支撑构件、受力复杂和影响支撑结构整体稳定性的支撑构件上。对多层支撑支挡式结构，宜在同一剖面的每层支撑上设置测点。

（10）挡土构件内力监测点应设置在最大弯矩截面处的纵向受拉钢筋上。当挡土构件采用沿竖向分段配置钢筋时，应在钢筋截面面积减小且弯矩较大部位的纵向受拉钢筋上设置测点。

（11）支撑立柱沉降监测点宜设置在基坑中部、支撑交汇处及地质条件较差的立柱上。

（12）当挡土构件下部为软弱持力土层，或采用大倾角锚杆时，宜在挡土构件顶部设置沉降监测点。

（13）当监测地下水位下降对基坑周边建筑物、道路、地面等沉降的影响时，地下水位监测点应设置在降水井或截水帷幕外侧且宜尽量靠近被保护对象。基坑内地下水位的监测点可设置在基坑内或相邻降水井之间。当有回灌井时，地下水位监测点应设置在回灌井外侧。水位观测管的滤管应设置在所测含水层内。

（14）各类水平位移观测、沉降观测的基准点应设置在变形影响范围外，且基准点数量不应少于两个。

（15）基坑各监测项目采用的监测仪器的精度、分辨率及测量精度应能反映监测对象的实际状况。

（16）各监测项目应在基坑开挖前或测点安装后测得稳定的初始值，且次数不应少于两次。

（17）支护结构顶部水平位移的监测频次应符合下列要求：

① 基坑向下开挖期间，监测不应少于每天一次，直至开挖停止后连续三天的监测数值稳定。

② 当地面、支护结构或周边建筑物出现裂缝、沉降，遇到降雨、降雪、气温骤变，基坑出现异常的渗水或漏水，坑外地面荷载增加等各种环境条件变化或异常情况时，应立即进行连续监测，直至连续三天的监测数值稳定。

③ 当位移速率大于前次监测的位移速率时，则应进行连续监测。

④ 在监测数值稳定期间，应根据水平位移稳定值的大小及工程实际情况定期进行监测。

（18）支护结构顶部水平位移之外的其他监测项目，除应根据支护结构施工和基坑开挖情况进行定期监测外，尚应在出现下列情况时进行监测，直至连续三天的监测数值稳定：

① 当地面、支护结构或周边建筑物出现裂缝、沉降，遇到降雨、降雪、气温骤变，基坑出现异常的渗水或漏水，坑外地面荷载增加等各种环境条件变化或异常情况时，应立即进行连续监测，直至连续三天的监测数值稳定。

② 当位移速率大于前次监测的位移速率时，则应进行连续监测。

③ 锚杆、土钉或挡土构件施工时，或降水井抽水等引起地下水位下降时，应进行相邻建筑物、地下管线、道路的沉降观测。

（19）在支护结构施工、基坑开挖期间以及支护结构使用期内，应对支护结构和周边环境的状况随时进行巡查，现场巡查时应检查有无下列现象及其发展情况：

① 基坑外地面和道路开裂、沉陷。

② 基坑周边建（构）筑物、围墙开裂、倾斜。

③ 基坑周边水管漏水、破裂，燃气管漏气。

④ 挡土构件表面开裂。

⑤ 锚杆锚头松动，锚具夹片滑动，腰梁及支座变形，连接破损等。

⑥ 支撑构件变形、开裂。

⑦ 土钉墙土钉滑脱，土钉墙面层开裂和错动。

⑧ 基坑侧壁和截水帷幕渗水、漏水、流砂等。

⑨ 降水井抽水异常，基坑排水不通畅。

（20）基坑监测数据、现场巡查结果应及时整理和反馈。当出现下列危险征兆时应立即报警：

① 支护结构位移达到设计规定的位移限制。

② 支护结构位移速率增长且不收敛。

③ 支护结构构件的内力超过其设计值。

④ 基坑周边建（构）筑物、道路、地面的沉降达到设计规定的沉降、倾斜限值；基坑周边建（构）筑物、道路、地面开裂。

⑤ 支护结构构件出现影响整体结构安全性的损坏。

⑥ 基坑出现局部坍塌。

⑦ 开挖面出现隆起现象。

⑧ 基坑出现流土、管涌现象。

# 1.12　常见基坑支护结构实用设计

近年来，国内基坑支护结构发生多起人身伤亡及危及相邻建（构）筑物使用或安全的事故。有些工程虽未发生伤亡事故，但基坑坍塌，造成坑内建（构）筑物受损，延误工期等事故多有发生。因此，要求基坑支护结构设计和施工单位，精心设计、精心施工，采取可靠措施，保证基坑相邻建（构）筑物正常使用和安全，保证基坑内建（构）筑物和坑内的施工人员安全，使基坑内施工正常有序进行。

常见基坑支护结构设计与施工形式有：

（1）悬臂排桩支护结构。

当基坑不深，地面超载小，且无相邻建（构）筑物时采用这种支护形式。靠桩自身刚度和嵌入土中深度来抵抗基坑侧墙土压力，防止土体坍塌。桩埋入基坑底面以下深度和桩直径由土质情况、基坑深度等通过计算确定。

（2）排桩加锚杆支护结构。

当基坑较深、土质较差，尚有相邻建（构）筑物，地面超载较大时采用此种支护结构。靠自身刚度和锚杆间接向基坑侧墙土体施加预应力，来抵抗土体侧墙土压力。此时锚杆的锚固体深入滑裂面以外的稳定土层中，因此该种支护结构水平变形相对要小。桩直径、间距、锚杆竖向排数及水平间距等需要根据土质情况、基坑深度、地面超载情况计算确定。排桩可采用混凝土桩或 H 形钢桩。

（3）土钉墙支护结构。

当基坑较深，土质好，地面超载小，采用这种支护结构。土钉墙是土体原位加筋技术，对土体进行加固，形成复合墙体，有效提高了土体的整体刚度，土体的抗拉、抗剪强度，土体的稳定性及承受地面超载能力。土钉墙的上钉密度和长度，根据土质情况、基坑深度及地面荷载情况等计算确定。

（4）地下连续墙支护结构。

根据地下结构使用情况、地下水情况，采用混凝土连续墙和水泥土连续墙作为支护结构。靠自身刚度来抵抗土体侧墙压力，当基坑较深时，采用锚杆和内支撑保证其稳定及减少墙的厚度。

支护结构与挡土墙的区别是：支护结构的作用是保持基坑侧墙土体的稳定，结构要插入土中一定深度，有时还要在支护结构中加以水平支撑（锚杆），来维持结构、土体的稳定；而挡土墙是靠其自重力、其与土体的摩擦保护结构及土体的稳定。挡土墙自身刚度要比支护结构刚度大很多。从施工上看，支护结构是先施工支护结构后在基坑内侧挖土；挡土墙是先施工挡土墙后在墙后填土。

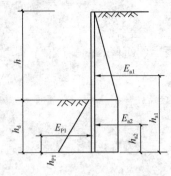

图 1-34 悬臂排桩计算示意图

支护结构设计内容：

（1）支护结构的承载力、稳定性、变形的计算。

（2）基坑内外土体稳定性计算。

（3）基坑降水或止水帷幕设计及围护墙抗渗设计。

【例 1.1】设计一悬臂排桩支护结构。基坑周围土为砾砂土，重度为 20kN/m³，内摩擦角 $\varphi = 30°$，黏聚力 $C=0$，基坑开挖深度为 4.5m，排桩间距为 1m，桩径 $\phi600$。无地面超载，基坑支护安全等级二级，$\gamma_0 = 1.0$，如图 1-34 所示。

（1）排桩在基坑底面以下嵌固深度计算。

$$E_{a1} = \gamma h K_a \frac{h}{2} = \frac{1}{2} \times 20 \times 4.5^2 \times \tan^2\left(45° - \frac{30°}{2}\right) = 67.4 \,(\text{kN/m})$$

$$h_{a1} = \frac{h}{3} + h_d = \frac{4.5}{3} + h_d = 1.5 + h_d$$

$$E_{a2} = \gamma h K_a h_d = 20 \times 4.5 \times 0.333 h_d = 30 h_d$$

$$h_{a2} = \frac{1}{2} h_d$$

$$E_{p1} = \gamma h_d K_p \cdot \frac{h_d}{2} = \frac{1}{2} \times 20 \times h_d^2 \times \tan^2\left(45° + \frac{30°}{2}\right)$$

代入公式：$\Sigma E_{pj} \times h_{pj} - 1.2\gamma_0 \Sigma E_{ai} \cdot h_{ai} \geqslant 0$

$$30 h_d^2 \times \frac{1}{3} h_d - 1.2 \times 1.0 \times \left[67.4 \times (1.5 + h_d) + 30 h_d \times \frac{1}{2} h_d\right] \geqslant 0$$

$$h_d^3 - 1.8 h_d^2 - 0.12 h_d - 12.1 = 0 \,,\; h_d = 3.1 \,(\text{m})$$

（2）排桩最大弯矩。

① 最大弯矩截面就是剪力为零点的截面，设剪力为零点距基坑地面为 $h_1$，则：

$$V_Z = E_{a1} + \gamma h K_a h_1 - \gamma h_1 K_p \cdot \frac{h_1}{2} = 67.4 + 20 \times 4.5 \times 0.333 h_1 - \frac{1}{2} \times 20 \times 3 h_1^2 = 0$$

$$h_1 = 2.08 \,(\text{m})$$

② 最大弯矩：

$$M_{max} = E_{a1}\left(\frac{1}{3}h + h_1\right) + \gamma h K_a \times \frac{h_1}{2} \times h_1 - \gamma h_1 K_p \times \frac{h_1}{2} \times \frac{h_1}{3}$$

$$= 67.4 \times \left(\frac{1}{3} \times 4.5 + 2.08\right) + 20 \times 4.5 \times 0.333 \times \frac{1}{2} \times 2.08^2 - 20$$

$$\times 2.08 \times 3 \times \frac{1}{6} \times 2.08^2 = 216.1 \,(\text{kN} \cdot \text{m})$$

（3）排柱变形及配筋计算从略。

【例 1.2】设计单支点排桩支护结构，基坑周围土重度 $\gamma = 19\text{kN/m}^3$，土的液性指数 $I_1 = 0.5$，内摩擦角 $\varphi = 30°$，黏聚力 $C = 0$，锚杆距基抗顶面为 1.0m，排桩间距为 1.0m，锚杆水平间距为 2.0m，锚杆与水平夹角为 $15°$，锚杆施工时采用二次压力注浆，基坑底面深度 $h = 8\text{m}$。无底面超载，基坑支护安全等级为二级，$\gamma_o = 1.0$，计算示意图如图 1-35 所示，锚杆的极限黏结强度标准值见表 1-11。

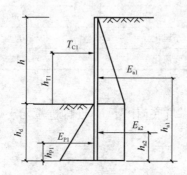

图 1-35　计算示意图

表 1-11　锚杆的极限粘结强度标准值

| 土的名称 | 土的状态 | $q_{sik}$（kPa） | |
|---|---|---|---|
| | | 一次常压注浆 | 二次压力注浆 |
| 填土 | | 16～30 | 30～45 |
| 淤泥质土 | | 16～20 | 20～30 |
| 黏性土 | $I_l > 1$ | 18～30 | 25～45 |
| | $0.75 < I_l < 1$ | 30～40 | 45～60 |
| | $0.5 < I_l \leqslant 0.75$ | 40～53 | 60～70 |
| | $0.25 < I_l \leqslant 0.5$ | 53～65 | 70～85 |
| | $0 < I_l \leqslant 0.25$ | 65～73 | 85～100 |
| | $I_l \leqslant 0$ | 73～90 | 100～130 |
| 粉土 | $e > 0.9$ | 22～44 | 40～60 |
| | $0.75 < e \leqslant 0.9$ | 44～64 | 60～90 |
| | $e \leqslant 0.75$ | 64～100 | 80～130 |
| 粉细砂 | 稍密 | 22～42 | 40～70 |
| | 中密 | 42～63 | 75～110 |
| | 密实 | 63～85 | 90～130 |
| 中砂 | 稍密 | 54～74 | 70～100 |
| | 中密 | 90～120 | 100～130 |
| | 密实 | 72～94 | 130～170 |

| 土的名称 | 土的状态 | $q_{sik}$ （kPa） | |
|---|---|---|---|
| | | 一次常压注浆 | 二次压力注浆 |
| 粗砂 | 稍密 | 80～130 | 100～140 |
| | 中密 | 130～170 | 170～220 |
| | 密实 | 170～220 | 220～250 |
| 砾砂 | 中密、密实 | 190～260 | 240～290 |
| 风化岩 | 全风化 | 80～100 | 120～150 |
| | 强风化 | 150～200 | 200～260 |

（1）排桩内力计算。

① 排柱支点反力 $T_{cl}$ 。设基坑底面以下 $h_1$ 处排桩承受土压力应力为零，近似认为该点弯矩为零。因此有：

$$\gamma h K_a = \gamma h_1 K_p$$

$$h_1 = \frac{K_a}{K_p} h = \frac{\tan^2\left(45° - \frac{30°}{2}\right)}{\tan\left(45° + \frac{30°}{2}\right)} \times 8 = 0.89(\text{m})$$

基坑外侧的土压力产生的弯矩为：

$$\sum E_{ai} h_{ai} = \gamma h K_a \times \frac{h}{2} \times \left(\frac{h}{3} + h_1\right) + \gamma h K_a \times h_1 \times \frac{h_1}{2}$$

$$= 19 \times 8 \times 0.333 \times \frac{8}{2} \times \left(\frac{8}{3} + 0.89\right) + 19 \times 8 \times 0.333 \times \frac{1}{2} \times 0.89^2$$

$$= 740.1(\text{kN})$$

基坑内侧的土压力产生的弯矩为：

$$\sum E_{pj} h_{pj} = \gamma h_1 K_p \times \frac{h_1}{2} \times \frac{h_1}{3} = 19 \times 0.89 \times 3 \times \frac{0.89^2}{6} = 6.7(\text{kN})$$

由于锚杆距离基坑顶面上 1.0m，则

$$h_{Tl} = h - 1 = 8 - 1 = 7(\text{m}),\text{即} h_{cl} = h_1 = 0.89(\text{m})$$

以上面的各值代入支反力公式：$T_{c_1} = \dfrac{\sum E_{ai} h_{ai} - \sum E_{pj} h_{pj}}{h_{cl} + h_{Tl}} = \dfrac{740.1 - 6.7}{0.89 + 7} = 93(\text{kN/m})$

② 求排桩在基坑底面以下嵌固深度 $h_d$。

基坑内的土压力：$\sum E_{pj} = \gamma h_d K_P \times \dfrac{h_d}{2}$ ，$h_{pj} = \dfrac{1}{3} h_d$

基坑内侧的土压力产生的弯矩为：$\sum E_{pj} h_{pj} = \dfrac{1}{6} \gamma h_d^3 K_p = \dfrac{1}{6} \times 19 \times 3 \times h_d^3 = 9.5 h_d^3$

基坑外侧基底面以上的土压力：$E_{a1} = \gamma h K_a \times \dfrac{h}{2} = 19 \times 8 \times 0.333 \times \dfrac{8}{2} = 202.46(\text{kPa})$

其中：$h_{a1} = \dfrac{h}{3} + h_d = \dfrac{8}{3} + h_d$

基坑外侧基底面以下的土压力：$E_{a2} = \gamma h K_a \times h_d = 19 \times 8 \times 0.333 h_d = 50.6 h_d$

其中：$h_{a2} = \frac{1}{2}h_d$

基坑外侧的土压力产生的总弯矩为：$\sum E_{ai}h_{ai} = 202.46 \times \left(\frac{8}{3} + h_d\right) + 50.6h_d \times \frac{h_d}{2} =$

$25.3h_d^2 + 202.46h_d + 539.9$

代入公式：$\sum E_{pj}h_{pj} + T_{c1}(h_{T1} + h_d) - 1.2\gamma_0 \sum E_{ai}h_{ai} \geqslant 0$

整理：$9.5h_d^3 - 30.4h_d^2 - 150h_d + 3.12 \geqslant 0$

解之：$h_d = 5.88(\text{m})$，取 6m，即排桩的嵌固深度为 6m。

③ 求支点处弯矩、最大剪力。

$$M_T = \gamma \times 1 \times K_a \times 1 \times \frac{1}{2} \times \frac{1}{3} = \frac{19}{6}K_a = 1.05(\text{kN} \cdot \text{m})$$

$$V_T = T_{c1} - \gamma \times 1 \times K_a \times 1 \times \frac{1}{2} = 93 - 19 \times 0.333 \times \frac{1}{2} = 89.8(\text{kN})$$

④ 求排桩土压力为零点截面以上最大弯矩。

设土压力为零点的截面，基坑顶面向下深度为 $h_0$ m，则：

$$V = T_{c1} - \gamma h_0 K_a h_0 \times \frac{1}{2} = 93 - 19 \times \frac{1}{2} \times 0.333h_0^2 = 0$$

解出：$h_0 = 5.42(\text{m})$

最大弯矩：$M_{1max} = \gamma h_0 K_a \times h_0 \times \frac{1}{2} \times \frac{h_0}{3} - T_{c1}(h_0 - 1)$

$$= 19 \times 5.42 \times 0.333 \times 5.42 \times \frac{1}{6} \times 5.42 - 93 \times (5.42 - 1)$$

$$= 243.2(\text{kN} \cdot \text{m})$$

⑤ 求排桩土压应力为零点截面以下最大弯矩。

土压力为零点的剪力：$V_u = T_{c1} - \gamma h K_a \times h \times \frac{1}{2} - \gamma h K_a \times h_1 + \gamma h_1 K_p \times h_1 \times \frac{1}{2}$

$$= 93 - 19 \times 8 \times 0.333 \times 8 \times \frac{1}{2} - 19 \times 8 \times 0.333$$

$$\times 0.89 + 19 \times 0.89 \times 3 \times 0.89 \times \frac{1}{2}$$

$$= 131.9(\text{kN})$$

设土压力为零点以下的排桩剪力为零的位置 $h_2$。

$$V_0 = V_u - \gamma h_2 K_p \times h_2 \times \frac{1}{2} = 131.9 - 19 \times h_2^2 \times \frac{3}{2} = 0$$

解出：$h_2 = 2.15(\text{m})$

$$M_{2max} = V_u h_2 - \gamma h_2 K_p \times \frac{h_2}{2} \times \frac{h_2}{3}$$

$$= 131.9 \times 2.15 - \frac{19}{6} \times 3 \times 2.15^3$$

$$= 189.2(\text{kN} \cdot \text{m})$$

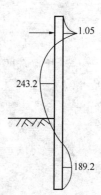

图 1-36 排桩
的弯矩图

排桩的弯矩图见图 1-36，桩配筋计算从略。

（2）锚杆计算。

① 求锚杆轴力 $N_u$ 设计值。

锚杆间距为2m，锚杆与水平面夹角为15°，锚杆拉力设计值：

$$T_d = 1.25 \times T_{cl} \times 2 = 1.25 \times 93 \times 2 = 232.5 (kN)$$

$$N_u = \frac{T_d}{\cos\theta} = \frac{232.5}{\cos 15°} = 240.7 (kN)$$

② 求锚杆杆体截面体积。

假设锚杆采用HRB400绞钢筋，则 $f_y = 360 N/mm^2$

$$A_s = \frac{T_d}{\cos\theta f_y} = \frac{240.7 \times 10^3}{360} = 668.61 (mm^2)$$

选用直径为32mm的HRB400级钢筋，实际钢筋面积为：

$$A_s = 803.8 (mm^2)$$

③ 求锚杆锚固体长度 $L_m$。

锚杆锚固体直径 d 为 $\phi 100$，用高压注入水泥浆，$q_{sik}$ 根据表 1-11 取为 60kPa。

$N_u = \frac{\pi d}{\gamma_s} \sum q_{sik} l_{mi}$，$\gamma_s$ 为杆轴力受拉抗力分项系数,可取 1.3,则：

$$240.7 = \frac{3.14 \times 0.1}{1.3} \times 60 l_{mi}$$

$$l_{mi} = 16.6 (m)，取 17m。$$

④ 求锚杆全长 $L$。

$$l_f = \frac{(h-1+h_1-d\tan 15°)\sin\left(45° - \frac{30°}{2}\right)}{\sin(45° + 30°/2 + 15°)} + \frac{d}{\cos 15°} + 1.5$$

$$= \frac{(7.89 - 0.032\tan 15°)\sin\left(45° - \frac{30°}{2}\right)}{\sin(45° + 30°/2 + 15°)} + \frac{0.032}{\cos 15°} + 1.5 = 5.61 (m)，取 l_f = 5.7m$$

$$L = l_f + l_m = 5.7 + 17 = 22.7 (m)，实际取 23m。$$

（3）钢腰梁计算。

按五跨连续梁计算：

$M_{支max} = -0.281 \times N_u \times l = -0.281 \times 240.7 \times 2 = -135.3 (kN \cdot m)$

$M_{中max} = -0.24 N_u \times l = 0.24 \times 240.7 \times 2 = 115.5 (kN \cdot m)$

$V_{max} = -1.281 N_u = -1.281 \times 240.7 = 308.3 (kN)$

最后腰梁选两根槽钢（3号钢）2[32。

【例1.3】某工程基坑深 $h = 12m$，基坑周围黏土为可塑状态，液性指数 $I_1 = 0.25$，摩擦角 $\varphi = 30°$，黏聚力 $C = 30kPa$，土重度 $\gamma = 20kN/m^3$，基坑顶部底面超载 $q = 20kPa$。基坑支护安全等级为二级，$\gamma_0 = 1.0$。由于无相邻建筑，基坑支护采用土钉墙结构。

（1）土钉墙水平荷载标准值 $P$。

$$P = \frac{C}{\gamma h} = \frac{30}{20 \times 12} = 0.125 (kN/m^2)$$

土体自重产生对土钉墙侧向压应力为：

$$P_1 = \gamma h \left(1 - \frac{2C}{\gamma h} \cdot \frac{1}{\sqrt{K_a}}\right) K_a = 20 \times 12 \times \left(1 - \frac{2 \times 30}{20 \times 12} \times \frac{1}{\sqrt{0.333}}\right) \times 0.333 = 45.3 (kN/m^2)$$

$$p_q = qK_a = 20 \times 0.333 = 6.66(\text{kN/m}^2),$$
$$P = P_1 + P_q = 45.3 + 6.66 = 52(\text{kN/m}^2)。$$

（2）土钉最大拉力标准值 $N$。

土钉墙与基坑底面垂直，$\xi = 1$，土钉与水平面夹角为 $15°$，土钉垂直、水平间距均为 1.5m。

$$N = \frac{\xi}{\cos\beta} \cdot P \cdot s_x \cdot s_z = \frac{1}{\cos 15°} \times 52 \times 1.5 \times 1.5 = 120.6(\text{kN})$$

土钉墙上部 $\frac{h}{4} = 3\text{m}$ 的范围内设两道土钉，第一道土钉距基坑顶点为 1.0m，第二道土钉距基坑顶面为 2.5m，其拉力分别为：

$$N_1 = \frac{N \cdot 1}{3} = \frac{120.6 \times 1}{3} = 40.2(\text{kN})$$

$$N_2 = \frac{N \cdot 2.5}{3} = \frac{120.6 \times 2.5}{3} = 100.5(\text{kN})$$

（3）土钉锚固体直径。

$d_u = 100\text{mm}$，由黏性土 $I_l = 0.25$，$q_{sk} = 70\text{kPa}$，$\gamma_0 = 1.0$，$\gamma_s = 1.3$ 代入以下公式

$$1.25\gamma_0 N \leqslant \frac{\pi}{\gamma_s} d_u q_{sk} l_m$$

$$1.25 \times 1.0 \times 120.6 \leqslant \frac{3.14}{1.3} \times 0.1 \times 70 l_m$$

$$l_m = 8.9(\text{m})$$

同理求出第一、第二道土钉的锚固体长 3m、7.5m。

（4）求土钉钢筋直径 $d$。

土钉采用 HRB400 级钢筋，$f_y = 360\text{MPa}$

$$1.25\gamma_0 N \leqslant \frac{\pi}{4} d^2 f_y$$

$$1.25 \times 1.0 \times 120.6 \times 10^3 \leqslant \frac{3.14}{4} d^2 \times 360 \quad d = 23.1(\text{mm})$$

实际选用 $\phi 25$（$A_s = 491\text{mm}^2$）。

同理求出第一、第二道土钉钢筋直径 $d = 14.6\text{mm}$ 和 23.1mm，实际分别取 $\phi 16$ 和 $\phi 25$。

（5）求各层土钉全长（图 1-37）。

先求第三道土钉长

$$l_{f3} = \frac{h_3 \sin\left(45° - \frac{30°}{2}\right)}{\sin\left(45° + \frac{30°}{2} + 15°\right)} = \frac{8 \times 0.5}{0.97} = 4.12(\text{m})$$

$$L = l_{f3} + l_m = 4.12 + 8.9 = 13.02(\text{m})$$

取 $L = 13\text{m}$。

同理求出其他各层土钉全长（表 1-12）。

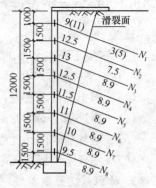

图 1-37　土钉计算简图

表 1-12　土钉参数一览表

| 土钉序号 | 距基坑底面高度（m） | 土钉拉力（kN） | 土钉全长（m） | 锚固体长（m） | $L_f$ |
|---|---|---|---|---|---|
| $N_1$ | 11 | 40.2 | 9.0 (11) | 3.0 (5.0) | 5.67 |
| $N_2$ | 9.5 | 100.5 | 12.5 | 7.5 | 4.89 |
| $N_3$ | 8.0 | 120.6 | 13 | 8.9 | 4.12 |
| $N_4$ | 6.5 | 120.6 | 12.5 | 8.9 | 3.35 |
| $N_5$ | 5.0 | 120.6 | 11.5 | 8.9 | 2.58 |
| $N_6$ | 3.5 | 120.6 | 11 | 8.9 | 1.8 |
| $N_7$ | 2.0 | 120.6 | 10 | 8.9 | 1.03 |
| $N_8$ | 0.5 | 120.6 | 9.5 | 8.9 | 0.26 |

（6）抗滑移计算。

土钉锚固段平均长度水平投影 $b$ 为：

$$b = \frac{(5 + 7.5 + 6 \times 8.9) \times \cos15°}{8} = 7.96(\text{m})，取 8\text{m}。$$

$$K_H = \frac{(\gamma hb + bq)s_x \tan\varphi}{\sum N_i} = \frac{(20 \times 8 \times 12 + 8 \times 20) \times 1.5 \times \tan30°}{40.2 + 100.5 + 6 \times 120.6} = 2.08 > 1.2，所以安全。$$

（7）抗倾覆计算。

$$K_Q = \frac{(\gamma hb + bq)s_x \dfrac{b}{2}}{\sum N_i h_i}$$

$$= \frac{(20 \times 12 \times 8 + 8 \times 20) \times 1.5 \times \dfrac{8}{2}}{40.2 \times 11 + 100.5 \times 9.5 + 120.6 \times (8 + 6.5 + 5 + 3.5 + 2 + 0.5)}$$

$$= 2.79 > 1.3，所以安全。$$

# 1.13　工程基坑支护设计方案设计

## 1.13.1　基坑支护设计方案

**1. 设计依据**

（1）现场平面图及基础施工剖面图。

（2）地下管线汇签单。

（3）《岩土工程勘察报告》。

（4）《建筑基坑支护技术规程》JGJ 120—2012。

（5）《地基基础设计规程》GB 50007—2011。

（6）《锚杆施工技术规范》CECS 147：2003。

**2. 计算基坑开挖深度**

根据工程施工设计图、地质报告，设计计算基坑开挖最大深度为：本工程±0.000 相当于绝对标高 121.70m，基础顶板标高为 −11.1m，东方路侧自然地面平均标高为 121.2m，学院大街侧平均高程为121.70m，计算基坑最大开挖深度：层高＋边承台高度－填挖平衡深度为11.1m＋1.6m－0.5m＝12.2m；设计计算基坑开挖最大深度为12.5m，家乐福超市侧基坑开挖最大深度为15.0m，局部为18.0m。

**3. 设计原则**

（1）满足基坑安全使用功能的要求。

（2）可操作性强，切实能指导施工。

（3）确保周边环境（地下管线、周边建筑物）的安全。

（4）施工速度快，节约工期，降低造价。

**4. 基坑支护设计方案**

根据设计图纸、地质报告，综合分析周边环境，为降低工程成本，缩短工程施工工期，本工程设计方案采用H型钢（400mm×200mm×8mm×13mm）钢板桩排桩＋锚杆支护形式。本工程施工设计部分采用钢板桩可缩短工期，采用加筋水泥土地锚施工技术可缩短锚杆张拉时间，节约工期。

主要施工材料技术参数如下：

（1）钢板桩为：H型钢H400mm×200mm×8mm×13mm板桩，长为18m。

（2）锚杆：为专利技术加筋水泥土地锚，锚杆直径为200mm，长度分别为13.5m、20m、22.0m锚杆体钢绞线强度为1860级，直径为15.20mm，水泥浆水灰比为0.65。

1）家乐福超市侧基坑深15.0m

靠近家乐福超市侧支护长度178m为直线长边，距临楼位置11.5m，家乐福超市有一层地下室，其基础为桩基础，桩顶标高为－6.0m，桩长为9.0m。基坑支护采用D600mm混凝土灌注桩＋锚杆支护形式，桩水平间距为900mm，桩顶标高为自然地面平齐，桩长为22.0m。桩顶设置500mm×800mm混凝土冠梁；锚杆为D200mm的加筋水泥土地锚，锚杆设置三道，第一道位置－4.0m，锚杆间距为900mm（一桩一锚），锚杆长度为20.0m，设计拉力为240kN；第二道位置为－8.0m，锚杆间距为900mm（一桩一锚），锚杆长度为20.0m，设计拉力为300kN；第三道位置为－12.0m，锚杆间距为900mm（一桩一锚），锚杆长度为22.0m，设计拉力为320kN。家乐福超市侧15.0m基坑支护方案如图1-38所示。

2）家乐福超市侧基坑深18.0m

靠近家乐福超市侧支护长度66m为直线长边，距临楼位置11.5m，家乐福超市有一层地下室，其基础为桩基础，桩顶标高为－6.0m，桩长为9.0m。基坑支护采用D800mm混凝土灌注桩＋锚杆支护形式，桩水平间距为1100mm，桩顶标高为自然地面平齐，桩长为26.0m。桩顶设置500mm×1000mm混凝土冠梁；锚杆为D200mm的加筋水泥土地锚，锚杆设置五道，第一道位置为－4.0m，锚杆间距为1100mm（一桩一锚），锚杆长度为20.0m，设计拉力为240kN；第二道位置为－7.0m，锚杆间距为1100mm（一桩一锚），锚杆长度为22.0m，设计拉力为320kN；第三道位置为－10.0m，锚杆间距为1100mm（一桩一锚），锚杆长度为22.0m，设计拉力为320kN；第四道位置－13.0m，锚杆间距为1100mm（一桩一锚），锚杆长度为22.0m，设计拉力为320kN；第五道位置为－16.0m，锚杆间距为1100mm（一桩一锚），锚杆长度为22.0m，设计拉力为320kN。家乐福超市侧18.0m基坑支护方案如图1-39所示。

3）学院大街地铁1号线1号出入口，排风亭，消防入口侧

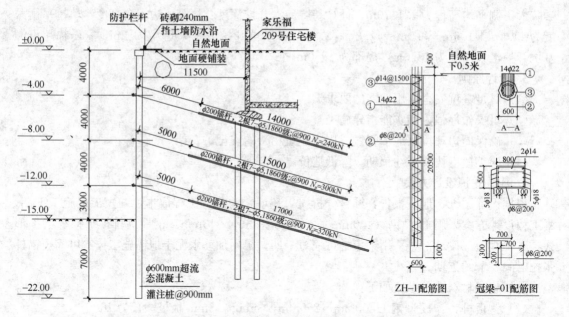

图 1-38　家乐福超市侧 15.0m 基坑支护方案

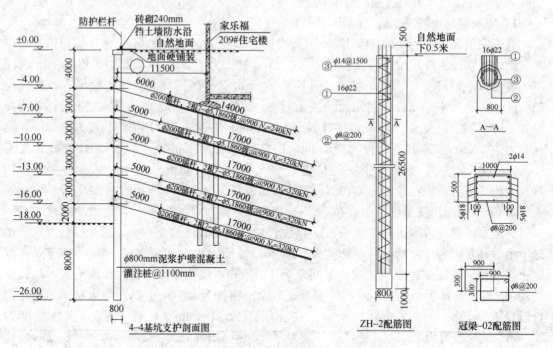

图 1-39　家乐福超市侧 18.0m 基坑支护方案

学院大街地铁 1 号线 1 号出入口，排风亭，消防入口侧：地铁 1 号线的 1 号出入口、排风亭、1 号消防入口、2 号消防入口距基坑开挖边线最小距离为 13.0m。地铁 1 号线的 1 号出入口、排风亭、1 号消防入口、2 号消防入口支护桩长 15.0m。

基坑支护采用 H400mm×200mm×8mm×13mm 大 H 型钢＋锚杆＋土钉综合支护体系，

桩间距为 500mm，桩顶标高与自然地面平齐，桩长为 18.0m。土钉设置四层，水平间距为 1.0m，竖向间距为 2.0m，土钉的直径为 200mm，长为 13000mm，第五层为锚杆为 D200mm 的加筋水泥土地锚，位置为 −10.5m，锚杆间距为 1000mm（两桩一锚），锚杆长度为 20.0m，设计拉力 280kN。学院大街侧基坑支护方案如图 1-40 所示。

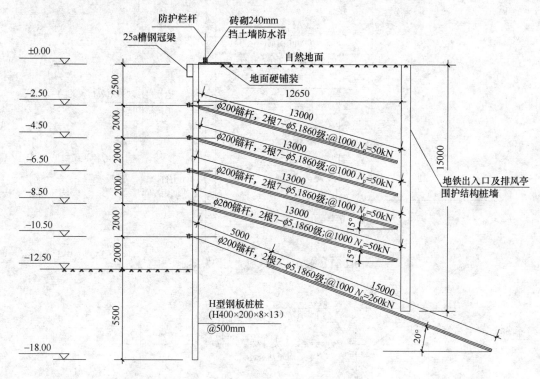

图 1-40  学院大街侧基坑支护方案

4）东方大街地铁 1 号线 2 号出入口位置

东方大街地铁 1 号线 2 号出入口位置距基坑边最小距离为 7.0m，此部位利用地铁 1 号线 2 号出入口支护桩作维护结构，内放坡。内放坡坡度为 45°（1∶1 放坡）坡面挂网 $\phi6.5@200mm$ 钢筋网片，喷射混凝土厚度不小于 80mm。东方大街侧基期坑支护方案如图 1-41 所示。

5）其他位置

其他位置基坑周边影响范围内无建筑物及底线管线基坑支护采用 H 型钢 H400mm×200mm×8mm×13mm 桩＋锚杆支护形式，桩水平间距为 700mm，桩顶标高为自然地面平齐，桩长为 18.0m。锚杆为 D200mm 的加筋水泥土地锚，锚杆设置三道，第一道位置为 −3.0m，锚杆间距为 1400mm（两桩一锚），锚杆长度为 20.0m，设计拉力为 240kN；第二道位置为 −6.5m，锚杆间距为 1400mm（两桩一锚），锚杆长度为 22.0m，设计拉力为 340kN；第三道位置为 −10.0m，锚杆间距为 1400mm（两桩一锚），锚杆长度为 22.0m，设计拉力为 340kN。其他位置基坑支护方案如图 1-42 所示。

6）基坑上防水、安全维护技术措施方案

基坑上防水技术措施，在基坑周边 5m 范围内做地面硬铺装，钢板桩部位，在基坑边 1.0m 范围内砌筑高 300mm，宽 240mm 的砖砌防水沿；混凝土灌注桩部位砖砌挡土墙高出

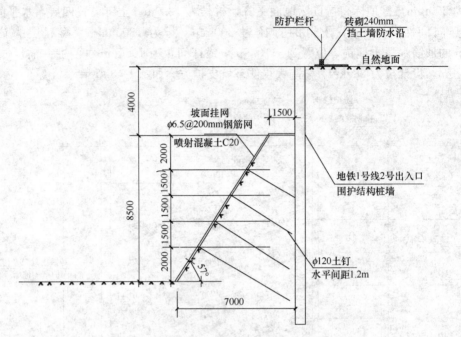

图 1-41  东方大街侧基坑支护方案

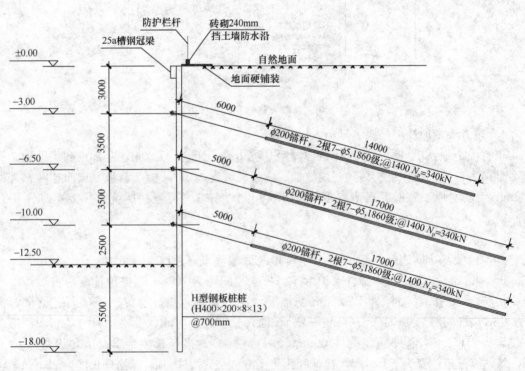

图 1-42  其他位置的基坑支护方案

自然地面 300mm 作为防水沿，防止自然地面雨水或施工用水流入或渗入基坑内，在基坑周边做高为 1.8m 的防护栏杆，设置警示灯和警示牌，做好安全防护工作。基坑防水方案如图 1-43 所示。

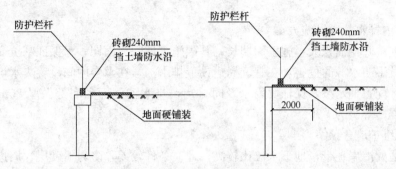

图 1-43　基坑防水方案

7) 基坑侧壁防治流砂技术措施方案

为保证基坑侧壁安全、防止流砂，在钢板桩中间插入厚 25mm 的木挡板，如图 1-44 所示。

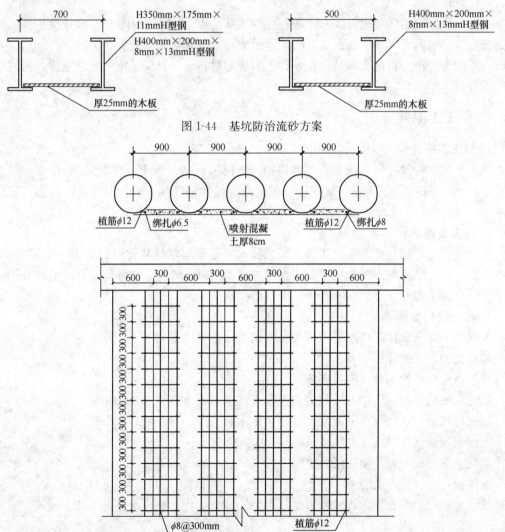

图 1-44　基坑防治流砂方案

图 1-45　桩间土的处理方案

混凝土桩位置桩间挂网喷射混凝土，喷射混凝土厚度不小于 80mm，如图 1-45 所示。

8）基坑内排水技术措施方案

本工程基坑开挖面积大，施工周期长，基础施工期间在雨期，为保证基坑安全，保证基坑不受雨水及不明水源的危害，在基坑周边设置排水沟，在承台中间设置集水坑，排水沟与集水坑相连，配备抽水泵，保证坑内水及时排出，排水沟侧面和底部做厚 80mm 的级配碎石混凝土，强度等级为 C20。

9）基坑维护应急预案

本工程地处沿岸地带，地下水位比较高，地质条件较差，多为粉砂层，周边地下排水管线渗漏情况不明，为防止突发事件发生，应做好应急技术措施。

（1）聘请专业队伍做好基坑监测，加强基坑安全预警工作。

（2）设专职安全员巡查，查找并确定危险源，分析不利因素。监督管理是否按设计施工，强化管理。

（3）一旦发现基坑周边管线有渗漏，立即在基坑边 2.0m 范围内做渗水井或在基坑侧壁做倒流管，将水倒流入基坑底或基坑内，降低坑外水对基坑安全威胁。

（4）配备产车、钩机等机械设备、砂土灌袋等材料，一旦发生重大安全危险，可立即采取回填等技术措施。

## 1.13.2 施工部署

### 1. 施工工序流程

帷幕桩施工位置探沟开挖及清除障碍物——钢板桩（混凝土）施工——-3.3m 以上土方开挖——一层锚杆施工——一层锚杆以下土方开挖及锚杆施工——桩间插板施工（桩间喷锚施工）。

### 2. 人力资源部署

我们将充分发挥我公司专业队伍齐全、技术力量雄厚的优势，保证干出一个信誉工程、满意工程。公司已将该工程基坑支护列为重点施工项目，同时为加强该工程的监督管理、监督施工，配备了职能完整、功能齐全的项目组织机构。

### 3. 物资、设备部署

根据施工要求，保证按期完工，我公司拟投入主要设备如下：

锚杆机四台（锚杆施工）；

高频液压打桩机两台（钢板桩施工）；

长螺旋钻机一台（D600mm 超流态混凝土桩施工）；

旋挖钻机一台（D800mm 混凝土灌注桩施工）；

电焊机四台（腰梁施工）；

混凝土喷射机一台（喷射混凝土施工）；

全站仪一台（施工监测）；

其他辅助设备可根据工程实际需要增设。

## 1.13.3 施工准备

**1. 施工测量放线**

根据施工设计书，确定基坑开挖边线，确保本工程基础施工、基坑开挖边线按基坑开槽图放线定位帷幕桩施工轴线，再根据帷幕桩设计图定位桩点。

**2. 施工用水、施工用电、场地平整**

进入现场后首先确定水源、电源位置，施工用电应有一台 315kW 变压器可以保证桩顺利施工，施工用电不足配备发电机现场发电。

进入现场以后，进行场地平整，作好三通一平工作，由建设单位将水电引入施工现场，施工单位负责接引。

**3. 帷幕桩位置挖探沟**

根据现场管线会签单确定地下管线位置，核实管线迁移情况。因地处老城区，为保证施工顺利进行，施工前沿帷幕桩施工方向挖长 2.0m、宽 1.5m 深的探沟，探施工范围内有无不明管线。

**4. 场内障碍物清除，钩机配合**

在支护桩施工前，首先确定支护桩的位置，放好支护桩施工位置，在支护桩范围内清除地下混凝土障碍物。清除障碍后再回填黏土并夯实，从而保证施工顺利进行。

## 1.13.4 基坑支护施工方案

**1. 钢板桩施工技术质量保证措施**

（1）场地平整，清除障碍物。

进入施工现场，首先配备钩机将场地平整，在施工 2m 范围内清除地下及地上障碍物。

（2）放线定位。

按设计要求，由总承包单位与护壁桩单位共同确定基坑开挖边线，按水平间距为 0.7m、0.5m 定点放线。施工时确保点位准确。

（3）H 型钢板桩施工。

施工准备工作完成以后，机械液压振动打拔桩机进入现场，按预先定好的桩位将 H 形钢板桩振动压入，保证 H 型钢板桩的垂直度。

打桩时，严格控制支护桩打入的垂直度，垂直度的控制在 H 型钢板桩就位后，调整支护桩的垂直度，控制方向为前后、左右，支护桩控制首先司机应服从随机人员手势调整支护桩的垂直度；确定垂直后先慢慢将支护桩压入，待压入一段后再次调整垂直度，待进入自然地面下 4～5m 后可加快打入速度。

排桩水平位置的控制，采用双向控制，施工前在支护桩位置撒灰线，然后每间隔 10m 左右打 1 根支护桩，在支护桩上挂线，确保支护桩前后位移不超过 5cm。

一层土方开挖、填加挡板冠梁安装施工完成后，首先将土方开挖至 -4.0m 位置，为保证基坑整体稳定性，防止出现流砂现象，在砂层位置 H 型钢板桩间加入厚 25mm 的木板，如出现流砂现象可在挡板后填加砂袋，依次开挖加挡板直至设计标高。

打钢板桩时，提供不小于宽 6.0m 的作业面，保证宽 6.0m 的车行通道，拔桩高频振动确保周围土体密实，避免拔桩对周边环境造成影响。拔出的桩不留存现场，立即装车运走，避免影响后续工作施工。

**2. 质量控制措施**

(1) 原材料具有出厂合格证。

(2) 钢板桩的质量检验标准应符合表 1-13 规定。

表 1-13　钢板桩施工质量检测标准（mm）

| 项目 | 序号 | 检查项目 | 允许偏差或允许值 | 检查方法 |
|------|------|----------|------------------|----------|
| 主控方法 | 1 | 钢板桩间距 | ±50 | 用尺量 |
| | 2 | 长度 | ±100 | 用尺量 |
| 一般项目 | 1 | 钢板桩材质检验 | — | 抽样送检 |
| | 2 | 垂直度 | .L% | 用尺量 |

**3. 锚杆施工技术质量保证措施**

按设计要求分别在 −3.0m 和 −6.5m、10.0m 位置施工锚杆。锚杆直径为 200mm，水平间距为 0.9m、1.0m、1.1m、1.4m。

1）施工工艺

锚头制作──→钢绞线下料──→锚杆体制作──→钻机就位准备──→钻进注浆锚杆体跟进──→反循环注浆退出钻杆──→腰梁安装──→锁定张拉

2）施工技术措施

(1) 锚头制作。

锚头采用钢板焊接制作，锚头长为 350mm，直径为 200mm 的锚杆，锚头叶片展开直径不小于 150mm。

(2) 钢绞线下料。

根据施工设计书和设计图纸下料，钢绞线长度：

$$L = L_0 + 1.0\text{m} - 0.35\text{m}$$

式中　$L$——钢绞线下料长度；

　　　$L_0$——施工设计长度。

施工时，钢绞线外漏 1.0m。下料长度如表 1-14 所示。

表 1-14　下料长度表（m）

| 锚杆设计长度 | 13.0 | 20.0 | 22 |
|------|------|------|------|
| 锚杆下料长度 | 13.65 | 20.65 | 22.65 |

(3) 锚杆体制作、组装。

待锚头制作、钢绞线下料完成后，钢绞线穿过锚盘，锚头用冷挤压对锚盘进行固定，锚杆体制作、组装完成。

(4) 钻机就位，施工准备。

① 施工作业前，根据设计要求和土层条件，定出孔位，做出标记。

② 作业面场地要平坦、坚实，有排水沟，场地宽度大于 4m。

③ 钻机就位后，应保持平稳，导杆或立轴与钻杆倾角一致，并在同一轴线上，锚杆倾角应为 15°。

④ 钻进用的钻具，采用地质部门使用的普通岩芯钻探的钻头和管材系列。为了配合跟管钻进，应配备足够数量的长度为 0.5～1.0m 的短套管。

（5）钻进注浆锚杆体跟进。

锚杆的施工应采取钻进、注浆、搅拌锚杆体跟进一次完成的方法。送浆泵的压力应为 1.5MPa；注浆材料选用 P•O32.5R 水泥，水灰比为 0.7 水泥浆液应搅拌均匀，并在出凝前注浆完毕。为加快施工速度，加入早强减水剂（HSM），掺量为水泥用量 2%，使强度 3 天达到 70%。

施工时，使锚杆体跟进，并保证钢绞线不缠绕在钻杆上，防止反循环。退出钻杆时带出钢绞线，边退出钻杆边注浆，直至水泥浆从孔口溢出，退出钻杆，锚杆施工完成。

（6）腰梁安装。

施工锚杆时现场制作腰梁，采用 2 根 I20 工字钢钢焊接为一体，如图 1-46 所示。

（7）锁定张拉。

锚头台座的承压面应平整，并与锚杆轴线方向垂直；锚杆张拉前应对张拉设备进行标定；锚杆张拉时应有序进行，张拉顺序应考虑临近锚杆的相互影响，所以在混凝土桩侧应从一端开始隔根张拉后返回重新再隔根张拉。

锚杆正式张拉前，应取 0.1～0.2 轴向拉力设计值 $N_t$ 对锚杆预张拉 1～2 次，使杆体完全平直，各部位接触紧密。

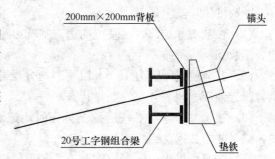

图 1-46 锚杆施工节点图

锚杆张拉至设计值 $1.0N_t$ 保持 2min，然后卸荷至锁定设计值 $0.8N_t$，张拉荷载和位移观测时间见表 1-15。

表 1-15 锚杆张拉荷载分级和位移观测时间

| 设计长度 | 张拉荷载设计值<br>（kN） | 张拉荷载锁定值<br>（kN） | 荷载分级 | 位移观测时间<br>（min） | 荷载加速率<br>（kN/min） |
|---|---|---|---|---|---|
| 13.0m | 100 | 60 | $0.1～0.2N_t$ | 2 | 不大于 100 |
| | | | $0.8N_t$ | 2 | 不大于 100 |
| | | | $1.1N_t$ | 2 | 不大于 50 |
| 20.0m | 280 | 180 | $0.1～0.2N_t$ | 2 | 不大于 100 |
| | | | $0.8N_t$ | 2 | 不大于 100 |
| | | | $1.1N_t$ | 2 | 不大于 50 |
| 22.0m | 320 | 240 | $0.1～0.2N_t$ | 2 | 不大于 100 |
| | | | $0.8N_t$ | 2 | 不大于 100 |
| | | | $1.1N_t$ | 2 | 不大于 50 |

**4. 混凝土冠梁施工技术措施**

混凝土冠梁为 500mm×800mm、500mm×1000mm 混凝土连梁，混凝土强度等级同护壁桩强度等级同为 C30，施工时，先根据设计图纸开挖宽 1.4m 深 1.0m 的沟槽，破除桩头；

支挡木模板，绑扎钢筋浇注。

混凝土冠梁施工技术质量保证措施如下：

（1）钻孔桩顶设置钢筋混凝土冠梁，将超流态桩连接为整体。其截面尺寸为：500mm×800mm。冠梁施工安排在钻孔桩完成，开挖第一层基坑后分段组织施工。冠梁采用组合钢模板，现场绑扎钢筋，商品混凝土运至现场浇筑，插入式振捣器捣固密实，洒水养护。

（2）凿毛处理桩芯顶面混凝土，清除桩顶浮碴及杂物，对桩顶锚固钢筋进行除锈处理并校正。处理后，桩芯混凝土顶面标高不超过设计桩顶标高。按设计要求和构造要求绑扎冠梁钢筋。注意，要预留足够的主筋长度与下节冠梁主筋进行搭接。侧模采用组合钢模板，支撑体系采用 120mm×150mm 方木、φ48 钢管。模板在安装前要涂隔离剂，以利脱模。冠梁混凝土一次浇筑完成。冠梁洒水养护的时间不少于 14d。

**5. 监测施工方案**

护壁桩施工监测如下：

（1）在基坑开挖前，在基坑周边、基坑边建筑物角点设置相应观测点，记录相应未开挖的观测数据。

（2）各监测点间距为 15m，以便观测分层开挖支护桩顶部的水平位移与沉降和倾斜量测，附近地面、地表开裂的变化状态。

（3）在土方开挖到第一层挖土标高时，记录观测数值，确保准确无误，并画出观测曲线，记录变幅数据。

（4）在开挖过程中，基坑侧壁最大水平位移与当时基坑开挖深度比不大于 0.2%，且累计最大位移不超过设计位移。

（5）基础及地下室施工到回填完成护壁桩监测期间，可由有专业资质的监测单独完成，直至到回填完成；在施工过程中若发现异常，应及时通知监理、设计和建设单位有关人员。基坑开挖完成后，当连续观测一周后，基坑无变形，可隔天观测，或制订观测时间表定期进行观测。

（6）施工时，采用信息化管理，对每项施工步骤必须按照设计要求及规程进行，发现问题及时处理，如遇渗漏水地面沉降量过大，采用坑内堵、坑外截及采用地锚桩和及时回填土方等补救措施。施工中，严格遵守浅开挖、勤加固支护、步步为营的原则。

**6. 季节性施工技术措施**

本工程施工期间为雨期施工，应做好防雨、防水维护措施。

（1）基坑上防水：

基坑四周按设计要求 5.0m 范围内硬铺装，并在基坑开挖边做 300mm 高防水沿。

（2）基坑内防水：

基坑开挖后，因基坑面积较大，可在基坑底周边设置排水沟，排水沟与集水坑相连。集水坑距基坑边距离不小于 10m，根据承台范围确定。现场配备抽水泵备用，可随时将集水坑内水及时排出。

# 2 模 板 工 程

模板工程是由面板、支架和连接件三部分系统组成的体系，简称为"模板"。模板工程对施工成本的影响显著，一般工业与民用建筑中，平均 1.0m³ 混凝土需用模板 7.4m²，模板工程占钢筋混凝土工程总价的 20%～30%，占劳动量的 30%～40%，占工期的 50% 左右。在混凝土结构施工中选用合理的模板形式、模板结构及施工方法，对加速混凝土工程施工和降低造价有显著效果（图 2-1）。

图 2-1　模板工程
(a) 模板工程 1；(b) 模板工程 2；(c) 模板工程 3；(d) 模板工程 4

模板工程是施工中的临时性结构物，它对钢筋混凝土工程的施工质量有着重要的影响。模板工程的基本要求如下：

（1）模板是使混凝土构件按几何尺寸成型的模型板，施工中要求能保证结构和构件的形状、位置、尺寸的准确。

（2）具有足够的强度、刚度和稳定性，能够可靠地承受新浇混凝土的自重、侧压力以及施工过程中所产生的荷载。

（3）装拆方便，能多次周转使用，便于钢筋的绑扎与安装、混凝土的浇筑与养护等工艺要求。

（4）接缝严密不漏浆。

（5）所用材料受潮后不易变形。

（6）就地取材，用料经济，降低成本。

# 2.1 模板的分类

模板按照材料不同可以分为钢模板、木模板、钢木模板、竹模板、塑料模板、玻璃钢模板、铝合金模板等；模板按照施工部位不同可以分为基础模板、柱模板、梁模板、板模板、剪力墙模板、楼梯模板、壳模板、烟囱模板等；模板按其形式不同可以分为整体式模板、定型模板、工具式模板、滑升模板、胎膜等；模板按照施工工艺不同可以分为大模板、滑升模板（简称滑膜）、爬升模板、液压自爬模板、飞模、模壳、隧道模等；模板按照支模方式不同可以分为整体式模板、拼装模板、独立模板；模板按照周转次数不同可以分为一次性模板、重复使用模板等。

模板结构随着建筑新结构、新技术、新工艺的不断出现而发展，发展的方向是：构造向定型发展；材料向多种形式发展；功能向多功能发展。近年来，结构施工体系中采用了大模板和滑膜两种现浇工业化体系的新型模板，有力地推动了高层建筑的发展。

## 2.1.1 材料分类

### 1. 钢定型模板

钢定型模板由边框、面板、横肋组成，面板为 2.3～2.5mm 的钢板，模板类型主要有平面模板、阴角模板、阳角模板和连接模板，连接件主要有 U 形卡、钩头螺栓、对拉螺栓和扣件等。钢定型模板一次性投资大，需多次周转使用才有经济效益，工人操作劳动强度大，回收及修整的难度大，较少使用（图 2-2）。

### 2. 木模板

木模板的主要规格有 915mm×1830mm、1220mm×2440mm、1250mm×2500mm；主

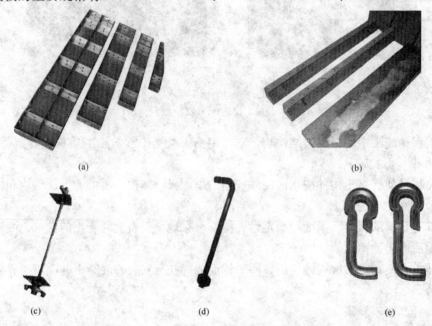

(a)      (b)

(c)      (d)      (e)

图 2-2 钢定型模板

（a）钢定型模板；（b）阴角模板；（c）对拉螺栓；（d）钩头螺栓；（e）U 形卡

要厚度有 9mm、12mm、15mm、18mm、21mm、24mm 等；材质主要有桉木、杨木、桦木、硬木、松木、混合木等；合成胶主要有酚醛胶、三聚氰胺胶、尿胶。

**3. 钢木定型模板**

面板由钢板改为复塑竹胶合板、纤维板等，自重比钢模轻 1/3，用钢量减少 1/2，是一种针对钢模板投资大、工人劳动强度大的改良模板（图 2-3）。

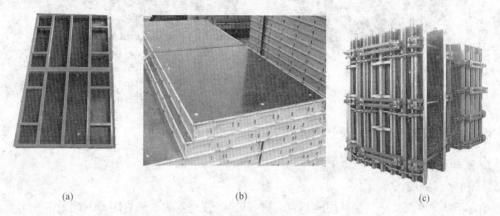

(a)          (b)          (c)

图 2-3　钢木定型模板

(a) 钢框木模板；(b) 钢框复塑竹胶合模板；(c) 钢框木定型模板组合的大模板

**4. 竹模板**

竹模板是目前广泛使用的一种模板，分为单面覆塑和双面覆塑两种，规格为 1220～2440mm，厚度为 10～12mm。竹胶合模板组织严密、坚硬强韧，板面平整光滑，可钻可锯、耐低温高温，可用于施工现浇清水混凝土专用模板（图 2-4）。

(a)          (b)

图 2-4　竹模板

(a) 竹胶合板模板铺设楼面模板；(b) 酚醛树脂胶合板模板

**5. 塑料模板**

塑料模板具有板面平整光滑、耐水性好、可塑性强，加工制作简单，可以回收反复使用等优点，施工应用整个过程中无环境污染，是一种绿色施工的生态模板（图 2-5）。

**6. 玻璃钢模板**

玻璃钢模板具有良好的力学性能，接缝少，施工方便，不需要复杂的外部支撑体系，周转使用次数多等特点，用在清水混凝土圆柱施工中具有很大的优越性。

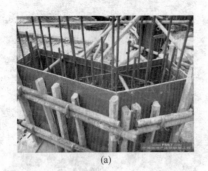

图 2-5　塑料模板

（a）转角施工位置；（b）整张塑料模板

## 2.1.2　按照施工部位分类

### 1. 基础模板

1）独立基础模板

独立基础的模板支撑一般利用地基或基槽（坑），若地基土质较好时，基础最下一个台阶可以不设模板而进行原槽浇筑，也称土模。设置基础模板时，要保证上下模板不发生相对位移。

安装模板前，应先核对基础垫层标高，然后弹出基础的中心线和边线，将模板中心线对准基础中心线，然后校正模板上口标高。浇筑混凝土时要注意模板受荷作用后的情况，如有模板位移、支撑松动、地基下沉等现象，应及时采取措施（图 2-6）。

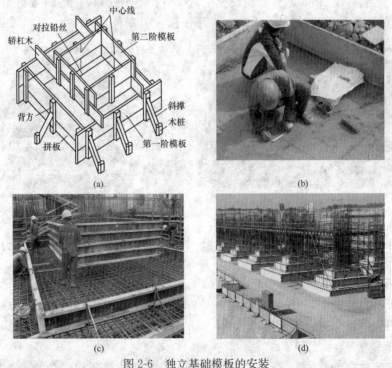

图 2-6　独立基础模板的安装

（a）阶形独立基础模板；（b）弹出基础中线；（c）安装基础模板；（d）高质量的柱下独立基础

2）杯口基础模板

杯口基础中杯芯模板两侧要钉上轿杠木，轿杠木固定在上阶模板上，杯芯模不设底模板，以利于杯口底部混凝土的振捣（图 2-7）。

3）条形基础模板

先核对垫层标高，在垫层上弹出基础边线，将模板对准基础边线垂直竖立，模板上口拉通线，校正调平无误后用斜撑及平撑将模板钉牢；有地梁的条形基础，上部可用工具式梁卡固定，也可用钢管吊架或轿杠木固定。台阶型基础要保证上下模板不发生相对位移。土质良好时，阶型基础的最下一阶可采用原槽浇筑（图 2-8）。

图 2-7　杯形基础模板

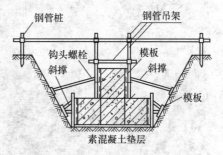

图 2-8　条形基础模板

**2. 柱模板**

柱的特点是截面尺寸小而高度大，因此柱模的关键要解决垂直度、施工时的侧向稳定、混凝土浇筑时的侧压力问题，同时方便混凝土浇筑、垃圾清理和钢筋绑扎等（图 2-9）。

柱模板安装前，先在基础面（楼面）弹出柱轴线及边线，同一柱列则先弹两端柱，再拉通线弹中间柱的轴线及边线。按照边线先把底盘固定好，然后再对准边线安装柱模板。

柱模板是由两块相对的拼板夹在两块相对的外拼板之内组成，为防止混凝土浇筑时模板发生鼓胀变形，柱箍应根据柱模断面大小经计算确定，下部的间距应小些，往上可逐渐增大间距，但一般不超过 1.0m。柱截面尺寸较大时，应考虑在柱模内设置对拉螺栓；柱箍可以是木制的、钢制的或钢木的。

柱模板须在底部留设清理孔，沿高度每 2m 开有混凝土浇筑孔和振捣孔。当柱高大于等于 4m 时，柱模应四面支撑；当柱高大于等于 6m 时，不宜单根柱支撑，宜几根柱同时支撑组成构架。对于通排柱模板，应先装两端柱模板，校正固定后，再在柱模板上口拉通线校正中间各柱模板。

**3. 梁模板**

梁的特点是跨度大而宽度小，且梁底一般是架空的。因此，新浇的混凝土对梁模板既有侧压力，又有竖向混凝土自重及施工垂直荷载。

梁模板主要由底模、侧模、夹木及支架系统组成（图 2-10）。梁模板应在复核梁底标高、校正轴线位置无误后进行安装。梁底板下用顶撑（琵琶撑）支设，顶撑间距视梁的断面大小而定，一般为 0.8～1.2m，顶撑之间应设水平拉杆和剪刀撑，使之互相拉撑成为一整体，当梁底距地面高度大于 6m 时，应搭设排架或满堂脚手架支撑；为确保顶撑支设的坚实，应在夯实的地面上设置垫板和楔子。

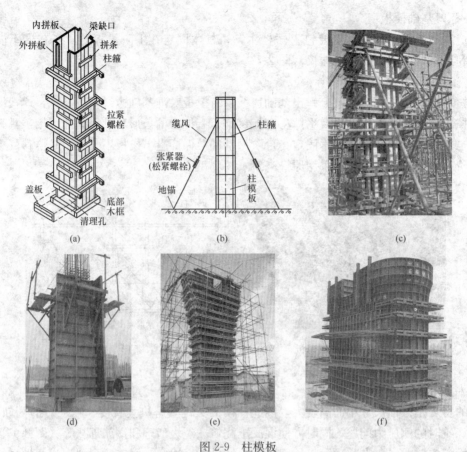

图 2-9　柱模板

（a）柱模板；（b）独立柱模板的校正；（c）独立柱模板的支撑
（d）可调截面钢柱模板；（e）桥墩定型钢模板；（f）桥墩定型钢模板

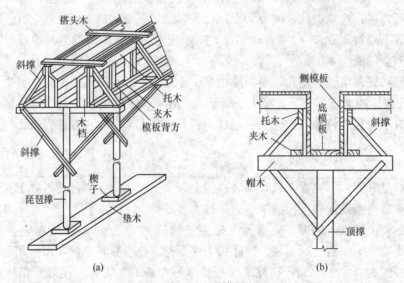

图 2-10　梁模板

（a）梁模板支撑构件；（b）梁模板支撑示意图

梁侧模下方应设置夹木，将梁侧模与底模板夹紧，并钉牢在顶撑上。梁侧模上口设置托木，托木的固定可上拉（上口对拉）或下撑（撑于顶撑上），梁高度大于等于 700mm 时，应在梁中部另加斜撑或对拉螺栓固定。当梁的跨度大于等于 4m 时，梁模板的跨中要起拱，起拱高度为梁跨度的 1‰～3‰。

安装梁模板时，在楼地面上先铺垫板；然后在柱模板缺口处钉衬口档，将底模搁置在衬口档上；在底模下面立顶撑，先立靠近墙或柱的，再立梁模板中间部分的，顶撑底打入木楔，以调整标高；放置侧模，在侧模底部外侧钉夹木，上部用斜撑和水平拉杆固定。有主次梁模板时，要待主梁模板安装并校正后才能进行次梁模板的安装。梁模板安装后再拉中线检查、复合各梁模板中心线位置是否正确（图 2-11）。

(a)　　　　　　　　　　　(b)

图 2-11　梁模板

（a）梁底模板及支架；（b）预应力大梁的钢管排架支模

### 4. 板模板

板模板一般面积大而厚度不大，板模板及支撑系统要保证能承受混凝土自重和施工荷载，保证板不变形、不下垂（图 2-12）。

底层地面应夯实，底层和楼层立柱应垫通长脚手板，多层支架时，上下层支柱应在同一

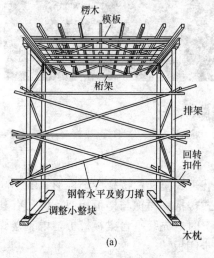

楞木　模板

桁架

排架

回转扣件

钢管水平及剪刀撑

调整小整块

木枕

(a)

(b)

图 2-12　板模板

（a）板模板的支撑；（b）用定型钢模板支设楼板模板

竖向中心线上。模板铺设方向从四周或墙、梁连接处向中央铺设。

为方便拆模，当采用木模板时，宜在两端及接头处钉牢，中间尽量不钉或少钉。阳台、挑檐模板必须撑牢拉紧，防止向外倾覆，确保安全。

楼板跨度大于4m时，模板的跨中要起拱，起拱高度为板跨度的1‰～3‰。

肋形楼盖模板一般应先支梁、墙模板，然后将桁架或搁栅按设计要求支设在梁侧模逼长的横档（托木）上，调平固定后再铺设楼板模板（图2-13）。

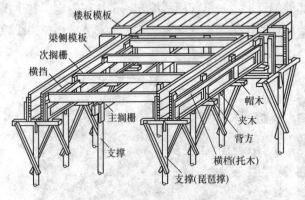

图2-13 肋形楼盖的模板支撑

### 5. 剪力墙模板

根据边线先立一侧模板并临时支撑固定，待墙体钢筋绑扎完后，再立另一侧模板。墙体模板的对拉螺栓要设置内撑式套管（防水混凝土除外），一是确保对拉螺栓的重复使用，二是控制墙体的厚度。

预留门窗洞口的模板应有锥度，安装牢固，既不变形，又易于拆除。两端柱模板，校正固定后，再在柱模板上口拉通线校正中间各柱模板。

墙体模板高度较大时，应留出一侧模板分段支设，不能分段支设时，应在浇筑的一侧留设门子板，留设方法同柱模板，门子板的水平间距一般为2.5m。为预留墙体洞口而设在模板内的内套模板要设置排气孔（图2-14）。

(a)                                    (b)

图2-14 墙模板
（a）墙体模板安装；（b）剪力墙模板安装

### 6. 楼梯模板

楼梯按施工方法的不同，可分为整体式楼梯和装配式楼梯；按梯段结构形式的不同，可分为梁式楼梯、板式楼梯、折板悬挑式楼梯和螺旋式楼梯。楼梯与楼板相似，但又有其支设倾斜、踏步的特点。施工前，应根据设计放样；施工时，先装平台梁板模板，再装楼梯斜梁和楼梯板底模板，然后装楼梯外帮侧板，最后装踏步侧板。

楼梯模板的梯步高度要一致，尤其要注意每层楼梯最上一步和最下一步的高度，防止由于粉面层厚度不同而形成梯步高度差异（图2-15）。

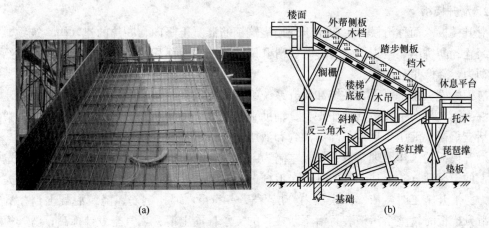

(a)                    (b)

图 2-15  楼梯模板

（a）板式楼梯的底模板；（b）楼梯模板的支撑

## 2.1.3  按照施工工艺分类

### 1. 大模板

大模板是一种大尺寸的工具式模板，常用于剪力墙、筒体、桥墩的施工。由于一面墙用一块大模板，装拆均需起重机械吊装，故机械化程度高，可以减少用工量和缩短施工的工期。

大模板由面板、次肋、主肋、支撑桁架及稳定装置组成。面板要求平整、刚度好；板面必须喷涂脱模剂以利于脱模。两块相对的大模板通过对销螺栓和顶部卡具固定；大模板存放时应打开支撑架，将板面后倾一定角度，防止倾倒伤人（图 2-16）。

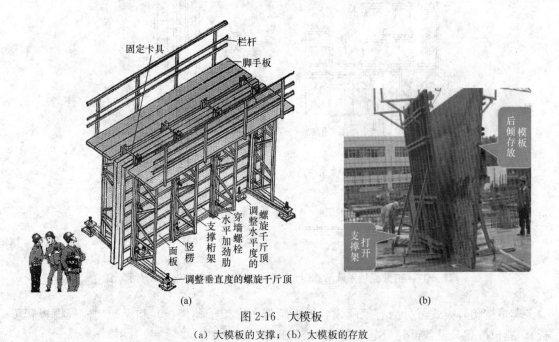

(a)                    (b)

图 2-16  大模板

（a）大模板的支撑；（b）大模板的存放

**2. 滑升模板**

滑升模板（简称滑模）主要用于现场浇筑钢筋混凝土竖向、高耸的建（构）筑物，如烟囱、筒仓、高桥墩、电视塔、竖井等。滑升模板施工占地面积小、速度快、可大量节约模板和劳动力，降低工程成本。

滑模由模板系统、平台系统和滑升系统组成。模板系统包括模板、围圈和提升架，用于成型混凝土。平台系统包括操作平台、辅助平台、内外吊脚手架，是施工操作场所；滑升系统包括支承杆、液压千斤顶、高压油管和液压控制台，是滑升动力装置。

滑升模板的工作原理是滑升模板（高为 1.5～1.8m）通过围圈与提升架相连，固定在提升架上的千斤顶（35～120kN）通过支承杆（φ25 钢筋～φ48 钢管）承受全部荷载并提供滑升动力。滑升施工时，依次在模板内分层（30～45cm）绑扎钢筋、浇筑混凝土，并滑升模板。滑升模板时，整个滑模装置沿不断接长的支承杆向上滑升，直至设计标高；滑升模板的混凝土出模强度已能承受自重和上部新浇筑混凝土的重量，保证出模混凝土不致塌落变形（图 2-17）。

**3. 爬升模板**

爬升模板（简称爬模）是一种适用于现浇钢筋混凝土竖向、高耸建（构）筑物施工的模板工艺，其工艺优于液压滑模。

爬升模板的工作原理是以建筑物的钢筋混凝土墙体为支承主体，通过附着于已浇筑完成的钢筋混凝土墙体上的爬升支架或大模板，利用连接爬升支架与模板的爬升设备，使一方固定，另一方相对运动，交替向上爬升，以完成模板的爬升、下降、就位和校正等工作（图 2-18）。

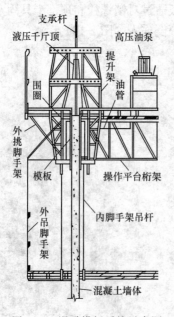

图 2-17 滑升模板系统示意图

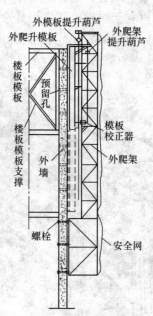

图 2-18 爬升模板系统示意图

爬模按爬升方式可分为有架爬模（模板爬架子、架子爬模板）和无架爬模（模板爬模板）。爬模按爬升设备可分为电动爬模和液压爬模（图 2-19）。

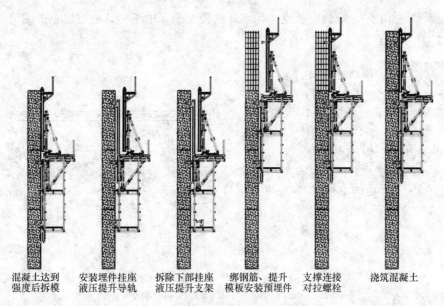

| 混凝土达到<br>强度后拆模 | 安装埋件挂座<br>液压提升导轨 | 拆除下部挂座<br>液压提升支架 | 绑钢筋、提升<br>模板安装预埋件 | 支撑连接<br>对拉螺栓 | 浇筑混凝土 |

图 2-19　爬模的爬升工艺流程图

#### 4. 液压自爬模板

液压自爬模板自带液压顶升系统，可使模板架体与导轨间形成互爬，从而使液压自爬模稳步向上爬升，液压自爬模在施工过程中无需其他起重设备，操作方便，爬升速度快，安全系数高。液压自爬模板是高耸建筑物施工时的首选模板体系（图 2-20）。

图 2-20　爬模示意图

#### 5. 飞模（台模、桌模）

飞模（其外形如桌，亦称台模、桌模）是一种大型工具式模板，适用于大进深、大柱网、大开间的钢筋混凝土楼盖施工，尤其适用于现浇板柱结构（无梁楼盖）的施工。其施工要求：用起重设备从已浇筑混凝土的楼板下吊运飞出至上层重复使用，故称飞模。

飞模分为有支腿飞模和无支腿飞模两类，国内常用有支腿飞模，设有伸缩式或折叠式支腿。

飞模有钢管组合式飞模、门式架飞模、跨越式桁架飞模。飞模要求一次组装、重复使用，简化模板支拆工序，节约模板支拆用工。飞模在施工中不再落地，以免造成施工场地紧张（图 2-21）。

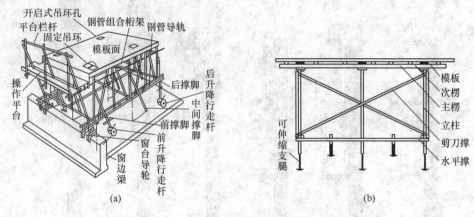

图 2-21　飞模

（a）跨越式飞模示意图；（b）钢管组合式飞模

### 6. 模壳

模壳是用于钢筋混凝土密肋楼板的一种工具式模板。密肋楼板由薄板与间距较小的密肋组成，模板的拼装难度大，且不经济。采用塑料或玻璃钢按密肋楼板的规格尺寸加工成需要的模壳，则具有一次成型、多次周转的便利（图 2-22）。

图 2-22　模壳

（a）采用模壳的密肋楼板；（b）模壳成品堆场；

（c）密肋楼板模壳安装；（d）密肋楼板浇筑混凝土前

### 7. 隧道模

隧道模是同时浇筑竖向结构和水平结构的大型工具式模板，它能将各开间沿水平方向逐段整体浇筑，结构的整体性、抗震性好，施工速度快。隧道模有全隧道模和半隧道模两种。

全隧道模又称为隧道衬砌台车，因其自重大，推移时需铺设轨道，目前使用逐渐变少。半隧道模由两个半隧道模组成，在两个半隧道模之间增加一块插板，可以组合成各种开间需要的宽度（图 2-23）。

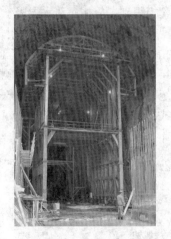

图 2-23　隧道模

## 2.1.4　按周转次数分类

### 1. 永久性模板

永久性模板又称一次消耗模板，即在现浇混凝土结构浇筑后不再拆除，有的模板与现浇结构叠合成共同受力构件。永久性模板分为压型钢板和配筋的混凝土薄板两种，多用于现浇钢筋混凝土楼（屋）面板。永久性模板简化了现浇结构的支模工艺，改善了劳动条件，节约了拆模用工，加快了工程进度，提高了工程质量。

### 2. 一次性模板

一次性模板即与永久模板相对的作为混凝土结构施工临时支设的模板。

# 2.2　模板支撑体系的种类

模板支撑体系是指除模板本身构造外，用于保持支模要求的形状、尺寸，同时起到分布、承受、传递模板工程荷载作用的杆（构、配）件和支撑架体系。

20 世纪初，英国首先应用连接件与钢管组成的钢管支撑架——逐步发展成扣件式钢管支撑架。该支撑体系的特点是加工简单、拆装灵活、搬运方便、通用性强。20 世纪 50 年代，美国研制成功门型支架（门式脚手架）；20 世纪 60 年代，在欧洲、日本等国家和地区得到很好发展，得到广泛应用。

回顾多年来建筑工程技术的发展，我国模板及支撑行业取得了重大技术进步。在 20 世纪 70 年代初期，砖混结构是我国建筑结构的主要形式，建筑施工用的模板主要以木制模板为主。到 20 世纪 80 年代，建筑结构的体系不断多元化，钢筋混凝土结构日益成为建筑结构的主要形式，低效的木模板很难适应市场的需要，加之木模板造成了大量的木材资源的浪费，因此国家提出了"以钢代木"的政策方针，开始研发使用组合钢模板。组合钢模板的使用大大改善了模板施工技术，提高了模板工程的施工质量，节约了大量木材，产生了良好的社会效应和经济效应。20 世纪 90 年代以来，伴随着我国经济的飞速发展，高层建筑、超高层建筑和大型公共建筑的修建需求日益增大，特别是近年来奥运会、世博会、亚运会等大型活动的举办，高速铁路、高速公路、铁路和城市交通等大规模基础设施建设，现浇混凝土结构的迅猛增长，加之清水混凝土施工技术要求，建筑模板从传统的木模板向多种材质模板发展，由单一的组合钢模板、全钢大模板发展到钢框木（竹）胶合板模板、铝框木（竹）胶合板模板、全铝模板、塑料模板等各种品种的建筑施工用模板，并发展了大坝模板、桥梁模板、隧道模板等，各种型式的爬模得到了应用，清水混凝土模板技术极大地提高了工程质量。

在模板支撑体系发展的同时，也推出了一些相应的规范，如 20 世纪 60 年代，推广应用扣件式钢管支撑架《建筑施工扣件式钢管脚手架安全技术规范》JGJ 130—2011，20 世纪 70 年代末，引进门式钢管架《建筑施工门式钢管脚手架安全技术规范》JGJ 128—2010，20 世纪 80 年代中期，学习英国 SGB 公司的钢管架基础上试制成功碗扣式脚手架《建筑施工碗扣式钢管脚手架安全技术规范》JGJ 166—2016。这些相应规范的推出对规范使用模板及支撑体系提供了施工安全的保障。

### 2.2.1 支撑架设置位置和作用分类

**1. 支撑架设置分类**

按支撑架设置的位置和作用划分为侧支撑架、垂直支撑架、斜支撑架、挑支撑架和混合支撑架。

（1）侧支撑架——设于立模板（墙模、柱模、梁侧模）的外侧，为控制结构构件设计截面和抵抗侧力（水平力包括混凝土的侧压力和可能出现的风荷载）作用的模板支撑架，将其受到的侧力作用传递给其边侧的支撑物（楼、地面、沟槽边壁等）或经托梁件传递给竖向支撑承受。

（2）垂直支撑架——设于梁板及其他水平模板之下，为控制结构设计截面和抵竖向荷载作用的模板支撑架，将其承受的荷载作用传递给楼、地面或基础承受。

（3）斜支撑架和挑支撑架——设于水平构件底模之下的斜支撑架和挑支撑架，将其承受的荷载作用斜向传递给建筑结构（柱、墙、板和梁）承受。

（4）混合支撑架——由两种或两种以上的支撑架（侧支撑架、底支撑架和斜支撑架、挑支撑架）构成。

**2. 支撑架材料分类**

按支撑架的材料可划分为竹木支撑架、金属支撑架。竹木支撑架采用竹竿、木杆作支撑架；金属支撑架又可分为铝合金支撑架、钢支撑架。按支撑架高度可划分为一般支撑架（模板支撑高度为 4m）和高支撑架（模板支撑高度大于等于 4m）。

**3. 支撑架结构构造分类**

按支撑架的结构构造划分为柱式支撑架、脚手架式支撑架、钢结构支撑架、混合结构支撑架。

（1）柱式支撑架由独立支柱（方木支柱、可调钢管支柱、劲性钢管柱、格构柱和定型支柱等）承载，以水平拉结杆件和斜支杆件确保其整体刚度和抗失稳能力的支撑架。

（2）脚手架式支撑架采用各种脚手架搭设的支撑架，按脚手架结构进行设计计算，取 $\gamma_0 = 0.9$，同时采用 $\gamma_m'$ 系数调低其抗力设计值；梁板模板高支撑架还应考虑搭设高度降低系数，以确保设计安全度达到相当于采用系数法设计时安全系数 $k > 1.5$（强度验算）的要求。

（3）钢结构支撑架采用型钢结构，按普通钢结构或薄壁型钢结构规范设计的支撑架，设计时取结构重要性系数（按二级或一级进行设计）。

（4）混合结构支撑架采用上述两种或两种以上结构形式的支撑架。

### 2.2.2 支撑架采用的脚手架分类

模板支撑体系按支撑架采用的脚手架种类可分为扣件式承重支撑架、碗扣式承重支撑架、门式承重支撑架。

**1. 扣件式承重支撑架**

扣件式承重支撑架由扣件式钢管脚手架构成的承重支撑架,由钢管和扣件组成。它具有以下特点:

承载力大。当脚手架的几何尺寸及构造符合相关规定要求时,一般情况下,脚手架的单根立杆的承载力可达 15～35kN。

安装拆除方便、灵活。由于钢管长度易于调整,扣件连接简便,因而可适用于各种平面、立面的建筑物和构筑物的脚手架搭设。

经济节约。与其他钢管脚手架相比,加工简单,一次性投资费用低;如果对脚手架精心设计,注意提高钢管的周转使用率,则可大大降低材料的用量。

1)扣件式承重支撑架的应用范围

扣件式承重支撑架在工程上积累了较为丰富的使用经验,是目前国内应用最为普遍的一种钢管脚手架。根据扣件式承重支撑架的特点,其适用范围如下:

(1)工业与民用建筑,特别是多、高层房屋建筑的施工用脚手架。

(2)高耸构筑物,如井架、烟囱、水塔等施工脚手架。

(3)模板支撑架。

(4)上料平台、满堂脚手架。

(5)栈桥、码头、高架公路等工程用脚手架。

(6)其他,如临时建筑的骨架等。

2)单排扣件式承重支撑架适用条件

单排扣件式承重支撑架的横向水平杆支撑在建筑物的外墙上,外墙需要具有一定的刚度和承载力。因为单排扣件式承重支撑架的整体刚度较差,承载能力较低,故在下列条件下不应使用:

(1)墙体厚度小于或等于 180mm。

(2)空斗砖墙、加气块墙体等轻质墙体。

(3)砌筑砂浆强度等级小于或等于 M1.0 的砖墙。

(4)建筑物高度超过 24m。

3)承重支撑架搭设高度限制

根据使用经验及经济合理性,单立杆扣件式钢管脚手架的搭设高度不宜超过 50m。50m以上的高大脚手架,通常采用以下两种做法:

(1)脚手架的下部采用双立杆,上部采用单立杆。其中,单立杆部分的高度不应超过 35m。

(2)脚手架的下部立杆间距减半,立杆间距较大的上部高度应在 35m 以下。

**2. 碗扣式承重支撑架**

碗扣式承重支撑架由碗扣式钢管脚手架构成的承重支撑架。

1)双排外脚手架

根据使用要求,碗扣式承重支撑架包括以下几种构造形式:

(1)重型架。

重型架取较小的立杆纵距(0.90m 或 1.20m)用于承重作业或作为高层外脚手架的底

部架。对于高层脚手架，为了提高其承载力和搭设高度，采取上、下分段且每段立杆纵距不等的组架方式，下段立杆纵距取 0.90m 或 1.20m，上段则取 1.80m 或 2.40m，即每隔一根立杆取消一根，用 1.80m（HG-180）或 2.40m（HG-240）的横杆取代 0.90m（HG-90）或 1.20m（HG-120）横杆。

（2）普通架。

普通架是最常用的一种碗扣式钢管脚手架，构造尺寸为 1.50m（立杆纵距）×1.20m（立杆横距）×1.80m（横杆步距）（以下表示同）或 1.80m×1.20m×1.80m，可作为砖墙、模板工程等结构施工脚手架。

（3）轻型架。

轻型架主要用于装修、维护等作业要求的脚手架，构架尺寸为 2.40m×1.20m×1.80m。

（4）窄脚手架。

窄脚手架构造形式为立杆横距取 0.90m，即有 0.90m×0.90m×1.80m、1.20m×0.90m×1.80m、1.50m×0.90m×1.80m、1.80m×0.90m×1.80m、2.40m×0.90m×1.80m 等五种构造尺寸。

（5）宽脚手架。

宽脚手架构造形式为立杆横距取 1.50m，即有 0.90m×1.50m×1.80m、1.20m×1.50m×1.80m、1.50m×1.50m×1.80m、1.80m×1.50m×1.80m、2.40m×1.50m×1.80m 等五种构造尺寸。

2）单排外脚手架

使用单排横杆可以搭设单排碗扣式承重支撑架。单排碗扣式承重支撑架最易进行曲线布置，横杆转角在 0°~30°之间任意设置（即两纵横杆之间的夹角为 150°~180°），特别适用于烟囱、水塔等圆形建筑。

**3. 门式承重支撑架**

门式承重支撑架由门式钢管脚手架构成的承重支撑架。以门架、交叉支架、连接棒、挂扣式脚手板、锁臂、底座等组成基本结构，再以水平加固杆、剪刀撑、扫地杆加固，并采用连墙件与建筑物主体结构相连的一种定型化钢管脚手架，又称门式脚手架。门式承重支撑架的特点：

（1）多种用途：厅堂、桥梁、高架桥、隧道灯模板内用作支顶或用作飞模支撑主架；作为高层建筑的内外排栅脚手架；用于机电安装、船体修造及其他装修工程的活动工作平台；利用门式脚手架配上简易屋架，便可构成临时工地宿舍、仓库或工棚；用于搭设临时的观礼台和看台。

（2）装拆方便：普通工人徒手插、套、挂就可以任意进行六种搭设；单件最大重量不超过 20kg，因此提升、装拆和运输极其方便。装拆只需徒手进行，大大提高了工效，门式脚手架装拆时间比扣件钢管架快 1/2 时间，比竹木脚手架快 2/3 时间。

（3）安全可靠：整体性能好，门式承重支撑架配有脚踏板、平行架、扣墙管、水平和交叉拉杆管等纵横锁位装置；承受作用力合理，由立管直接垂直承受压力，各性能指标满足施工需要；防火性能好，所有主架和配件均为钢制品。

（4）价廉实用：根据用户和国内外资料反映，门式承重支撑架若保养好，可重复使用30 次以上，竹木脚手架是不能比拟的；门式承重支撑架使用单位面积重量比扣件式钢管架低 50%，每次拆耗成本是钢管的 1/2，是竹木脚手架的 1/3，工效和效益是显著的，且建筑物越高效益越好。

## 2.2.3 《建筑施工模板安全技术规范》JGJ 162—2008 对模板支架的规定

### 1. 一般规定

（1）模板安装前必须做好下列安全技术准备工作：

① 应审查模板结构设计与施工说明书中的荷载、计算方法、节点构造和安全措施，设计审批手续应齐全。

② 应进行全面的安全技术交底，操作班组应熟悉设计与施工说明书，并应做好模板安装作业的分工准备。采用爬模、飞模、隧道模等特殊模板施工时，所有参加作业人员必须经过专门技术培训，考核合格后方可上岗。

③ 应对模板和配件进行挑选、检测，不合格者应剔除，并应运至工地指定地点堆放。

④ 备齐操作所需的一切安全防护设施和器具。

（2）模板构造与安装应符合下列规定：

① 模板安装应按设计与施工说明书顺序进行拼装。木杆、钢管、门架等支架立柱不得混搭。

② 竖向模板和支架立柱支承部分安装在基土上时，应加设垫板，垫板应有足够的强度和支承面积，且应中心承载。基土应坚实，并应有排水措施。对湿陷性黄土应有防水措施；对特别重要的结构工程可采用混凝土、打桩等措施防止支架柱下沉。对冻胀性土应有防冻融措施。

③ 当满堂或共享空间模板支架立柱高度超过 8m 时，若地基土达不到承载要求，无法防止立柱下沉，则应先施工地面下的工程，再分层回填夯实基土，浇筑地面混凝土垫层，达到强度后方可支模。

④ 模板及其支架在安装过程中，必须设置有效防倾覆的临时固定设施。

⑤ 现浇钢筋混凝土梁、板，当跨度大于 4m 时，模板应起拱；当设计无具体要求时，起拱高度宜为全跨长度的 1/1000～3/1000。

⑥ 当层间高度大于 5m 时，应选用桁架支模或钢管立柱支模。当层间高度小于或等于 5m 时，可采用木立柱支模。

（3）现浇多层或高层房屋和构筑物，安装上层模板及其支架应符合下列规定：

① 下层楼板应具有承受上层施工荷载的承载能力，否则应加设支撑支架。

② 上层支架立柱应对准下层支架立柱，并应在立柱底铺设垫板。

③ 当采用悬臂吊模板、桁架支模方法时，其支撑结构的承载能力和刚度必须符合设计构造要求。

（4）拼装高度为 2m 以上的竖向模板，不得站在下层模板上拼装上层模板。安装过程中应设置临时固定设施。

（5）当承重焊接钢筋骨架和模板一起安装时，应符合下列规定：

① 梁的侧模、底模必须固定在承重焊接钢筋骨架的节点上。

② 安装钢筋模板组合体时，吊索应按模板设计的吊点位置绑扎。

（6）当支架立柱成一定角度倾斜或其支架立柱的顶表面倾斜时，应采取可靠的措施确保支点稳定，支撑底部必须有防滑移的可靠措施。

（7）对梁和板安装二次支撑前，其上不得有施工荷载，支撑的位置必须正确。安装后所传给支撑或连接件的荷载不应超过其允许值。

（8）支撑梁、板的支架立柱构造与安装应符合下列规定：

① 梁和板的立柱，其纵横向间距应相等或成倍数。

② 木立柱底部应设垫木，顶部应设支撑头。钢管立杆底部应设垫木和底座，顶部应设可调支托，U形支托与楞梁两侧间如有间隙，必须顶紧，其螺杆伸出钢管顶部不得大于200mm，螺杆外径与立柱钢管内径的间隙不得大于3mm，安装时应保证上下同心。

③ 在立柱底距地面200mm处，沿纵横水平方向按纵下横上的程序设扫地杆。可调支托底部的立柱顶端应沿纵横向设置一道水平拉杆。扫地杆与顶部水平拉杆之间的间距，在满足模板设计所确定的水平拉杆步距要求条件下，进行平均分配。确定步距后，在每一步距处纵横向应各设一道水平拉杆。当层高在8～20m时，在最顶步距两水平拉杆中间应加设一道水平拉杆；当层高大于20m时，在最顶步距两水平拉杆中间应分别增加一道水平拉杆。所有水平拉杆的端部均应与四周建筑物顶紧顶牢。无处可顶时，应在水平拉杆端部和中部沿竖向设置连续式剪刀撑。

④ 木立柱的扫地杆、水平拉杆、剪刀撑应采用40mm×50mm木条或25mm×80mm的木板条与木立柱钉牢。钢管立柱的扫地杆、水平拉杆、剪刀撑应采用48mm×3.5mm钢管，用扣件与钢管立柱扣牢。木扫地杆、水平拉杆、剪刀撑应采用搭接，并应采用铁钉钉牢。钢管扫地杆、水平拉杆应采用对接，剪刀撑应采用搭接，搭接长度不得小于500mm，并应采用2个旋转扣件分别在离杆端不小于100mm处进行固定（图2-24）。

（9）当模板安装高度超过3.0m时，必须搭设脚手架，除操作人员外，脚手架下不得站其他人。

（10）吊运模板时，必须符合下列规定：

① 作业前应检查绳索、卡具、模板上的吊环，必须完整有效，在升降过程中应设专人指挥，统一信号，密切配合。

② 吊运大块或整体模板时，竖向吊运不应少于2个吊点，水平吊运不应少于4个吊点。吊运必须使用卡环连接，并应稳起稳落，待模板就位连接牢固后，方可摘除卡环。

③ 吊运散装模板时，必须码放整齐，待捆绑牢固后方可起吊。

④ 严禁起重机在架空输电线路下面工作。

⑤ 遇五级及以上大风时，应停止一切吊运作业。

（11）木料应堆放在下风向，离火源不得小于30m，且料场四周应设置灭火器材。

**2. 支架立柱构造与安装**

（1）梁式或桁架式支架的构造与安装应符合下列规定：

① 采用伸缩式桁架时，其搭接长度不得小于500mm，上下弦连接销钉规格、数量应按设计规定，并应采用不少于2个U形卡或钢销钉销紧，2个U形卡距或销距不得小于400mm。

② 安装的梁式或桁架式支架的间距设置应与模板设计图一致。

③ 支承梁式或桁架式支架的建筑结构应具有足够强度，否则，应另设立柱支撑。

④ 若桁架采用多榀成组排放，在下弦折角处必须加设水平撑。

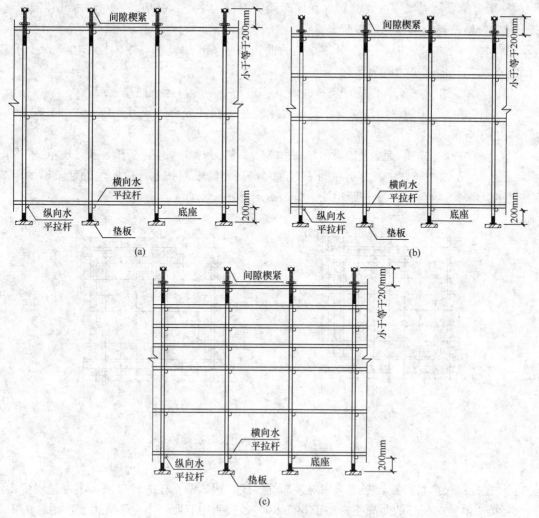

图 2-24　扫地杆的设置图示

(a) 层高＜8m；(b) 8m≤层高≤20m；(c) 层高＞20m

(2) 工具式立柱支撑的构造与安装应符合下列规定：

① 工具式钢管立柱支撑的间距应符合支撑设计的规定。

② 立柱不得接长使用。

③ 所有夹具、螺栓、销子和其他配件应处在闭合或拧紧的位置。

(3) 木立柱支撑的构造与安装应符合下列规定：

① 木立柱宜选用整料，当不能满足要求时，立柱的接头不宜超过 1 个，并应采取对接夹板接头方式。立柱底部可采用垫木垫高，但不得采用单码砖垫高，垫高高度不得超过 300mm。

② 木立柱底部与垫木之间应设置硬木对角楔木调整标高，并应用铁钉将其固定在垫木上。

③ 木立柱间距、扫地杆、水平拉杆、剪刀撑的设置应符合相应规范的要求，严禁使用板皮替代规定的拉杆。

④ 所有单立柱支撑应在底部垫木和顶部梁底模板的中心，并应与底部垫木和顶部梁底模板紧密接触，且不得承受偏心荷载。

⑤ 当仅为单排立柱时，应在单排立柱的两边每隔3m加设斜支撑，且每边不得少于2根，斜支撑与地面的夹角应为60°。

（4）当采用扣件式钢管作立柱支撑时，其构造与安装应符合下列规定：

① 钢管规格、间距、扣件应符合设计要求。每根立柱底部应设置底座及垫板，垫板厚度不得小于50mm。

② 钢管支架立柱间距、扫地杆、水平拉杆、剪刀撑的设置应符合相应规范的要求（图2-25、图2-26）。当立柱底部不在同一高度时，高处的纵向扫地杆应向低处延长不少于2跨，高低差不得大于1m，立杆距边坡上方边缘不得小于0.5m。

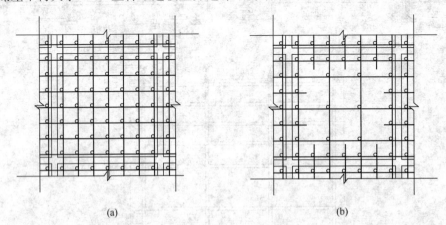

图 2-25　板的支架立柱间距
（a）板立柱间距＝梁立柱间距；（b）板立柱间距＝2×梁立柱间距

③ 立柱接长严禁搭接，必须采用对接扣件连接，相邻两立柱的对接接头不得在同步内，且对接接头沿竖向错开的距离不宜小于500mm，各接头中心距主节点不宜大于步距的1/3。

④ 严禁将上段的钢管立柱与下段钢管立柱错开固定在水平拉杆上。

⑤ 满堂模板和共享空间模板支架立柱，在外侧周圈应设由下至上的竖向连续式剪刀撑；中间在纵横向应每隔10m左右设由下至上的连续式剪刀撑。剪刀撑杆件的底端应与地面顶紧，夹角宜为45°～60°。当建筑层高在8～20m时，除应满足上述规定外，还应在纵横向相邻的两竖向连续式剪刀撑之间增加之字斜撑，在有水平剪刀撑的部位，应在每个剪刀撑中间处增加一道水平剪刀撑。当建筑层高超过20m时，在满足以上规定的基础上，应将所有之字斜撑全部改为连续式剪刀撑。

⑥ 当支架立柱高度超过5m时，应在立柱周圈外侧和中间有结构柱的部位，按水平间距6～9m、竖向间距2～3m与建筑结构设置一个固结点。

（5）当采用标准门架作支撑时，其构造与安装应符合下列规定：

① 门架的跨距和间距应按设计规定布置，间距宜小于1.2m；支撑架底部垫木上应设固定底座或可调底座，其高度应按其支撑的高度确定。

② 门架支撑可沿梁轴线垂直和平行布置。当垂直布置时，在两门架间的两侧应设置交叉支撑；当平行布置时，在两门架间的两侧也应设置交叉支撑，交叉支撑应与立杆上的锁销

锁牢，上下门架的组装连接必须设置连接棒及锁臂。

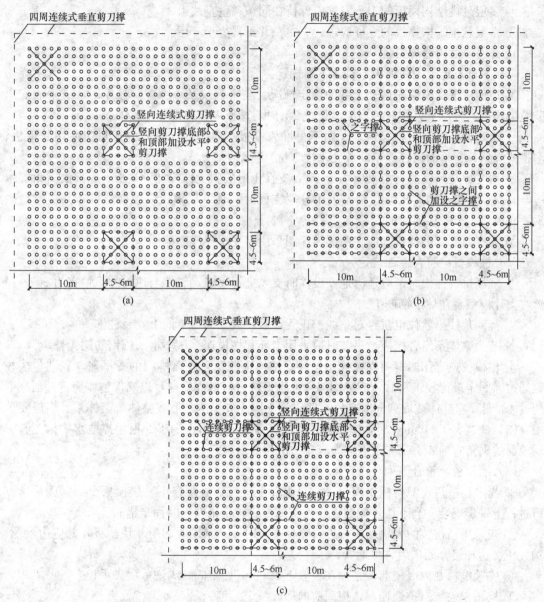

图 2-26 剪刀撑的布置

（a）一般情况下的剪刀撑布置；（b）支撑高度在 8～20m 情况下剪刀撑设置；
（c）支撑高度在 20m 以上情况下剪刀撑设置

③ 当门架支撑宽度为 4 跨及以上或 5 个间距及以上时，应在周边底层、顶层、中间每 5 列、5 排在每门架立杆根部设 48mm×3.5mm 通长水平加固杆，并应采用扣件与门架立杆扣牢。

④ 当门架支撑高度超过 8m 时，剪刀撑不应大于 4 个间距，并应采用扣件与门架立杆扣牢。

⑤ 顶部操作层应采用挂扣式脚手板满铺。

（6）悬挑结构立柱支撑的安装应符合下列要求：

① 多层悬挑结构模板的上下立柱应保持在同一条垂直线上。

② 多层悬挑结构模板的立柱应连续支撑，并不得少于3层。

**3. 普通模板构造与安装**

（1）基础及地下工程模板应符合下列规定：

① 地面以下支模应先检查土壁的稳定情况。当有裂纹及塌方危险迹象时，应采取安全防范措施后，方可下人作业。当深度超过2m时，操作人员应设梯上下。

② 距基槽（坑）上口边缘1m内不得堆放模板。向基槽（坑）内运料应使用起重机、溜槽或绳索；运下的模板严禁立放在基槽（坑）土壁上。

③ 斜支撑与侧模的夹角不应小于45°，支在土壁的斜支撑应加设垫板，底部的对角楔木应与斜支撑连牢。高大长脖基础若采用分层支模时，其下层模板应经就位校正并支撑稳固后，方可进行上一层模板的安装。

④ 在有斜支撑的位置，应在两侧模板间采用水平撑连成整体。

（2）柱模板应符合下列规定：

① 现场拼装柱模时，应适时地安设临时支撑进行固定，斜撑与地面的倾角宜为60°，严禁将大片模板系在柱子钢筋上。

② 待四片柱模就位组拼经对角线校正无误后，应立即自下而上安装柱箍。

③ 若为整体预组合柱模，吊装时应采用卡环和柱模连接，不得采用钢筋钩代替。

④ 柱模校正（用四根斜支撑或用连接在柱模顶四角带花篮螺栓的揽风绳，底端与楼板钢筋拉环固定进行校正）后，应采用斜撑或水平撑进行四周支撑，以确保整体稳定。当高度超过4m时，应群体或成列同时支模，并应将支撑连成一体，形成整体框架体系。当需要单根支模，柱宽大于500mm时，应每边在同一标高上设置不得少于2根斜撑或水平撑。斜撑与地面的夹角宜为45°～60°，下端尚应有防滑移的措施。

（3）墙模板应符合下列要求：

① 当采用散拼定型模板支模时，应自下而上进行，必须在下一层模板全部紧固后，方可进行上一层安装。当下层不能独立安设支撑件时，应采取临时固定措施。

② 当采用预拼装的大块墙模板进行支模安装时，严禁同时起吊2块模板，并应边就位、边校正、边连接，固定后方可摘钩。

③ 安装电梯井内墙模前，必须在板底下200mm处牢固地满铺一层脚手板。

④ 模板未安装对拉螺栓前，板面应向后倾一定角度。

⑤ 当钢楞长度需接长时，接头处应增加相同数量和不小于原规格的钢楞，其搭接长度不得小于墙模板宽或高的15%～20%。

⑥ 拼接时的U形卡应正反交替安装，间距不得大于300mm；2块模板对接接缝处的U形卡应满装。

⑦ 对拉螺栓与墙模板应垂直，松紧应一致，墙厚尺寸应正确。

⑧ 墙模板内外支撑必须坚固、可靠，应确保模板的整体稳定。当墙模板外面无法设置支撑时，应在里面设置能承受拉力和压力的支撑。多排并列且间距不大的墙模板，当其与支撑互成一体时，应采取措施，防止灌筑混凝土时引起临近模板变形。

（4）独立梁和整体楼盖梁结构模板应符合下列规定：

① 安装独立梁模板时应设安全操作平台，并严禁操作人员站在独立梁底模或柱模支架上操作及上下通行。

② 底模与横楞应拉结好，横楞与支架、立柱应连接牢固。

③ 安装梁侧模时，应边安装边与底模连接，当侧模高度多于2块时，应采取临时固定措施。

④ 起拱应在侧模内外楞连固前进行。

⑤ 单片预组合梁模，钢楞与板面的拉结应按设计规定制作，并应按设计吊点试吊无误后，方可正式吊运安装，侧模与支架支撑稳定后方准摘钩。

（5）楼板或平台板模板应符合下列规定：

① 当预组合模板采用桁架支模时，桁架与支点的连接应固定牢靠，桁架支承应采用平直通长的型钢或木方。

② 当预组合模板块较大时，应加钢楞后方可吊运。当组合模板为错缝拼配时，板下横楞应均匀布置，并应在模板端穿插销。

③ 单块模就位安装，必须待支架搭设稳固、板下横楞与支架连接牢固后进行。

④ U形卡应按设计规定安装。

（6）其他结构模板应符合下列规定：

① 安装圈梁、阳台、雨篷及挑檐等模板时，其支撑应独立设置，不得支搭在施工脚手架上。

② 安装悬挑结构模板时，应搭设脚手架或悬挑工作台，并应设置防护栏杆和安全网。作业处的下方不得有人通行或停留。

③ 烟囱、水塔及其他高大构筑物的模板，应编制专项施工设计和安全技术措施，并应详细地向操作人员进行交底后方可安装。

④ 在危险部位进行作业时，操作人员应系好安全带。

**4. 爬升模板构造与安装**

（1）爬升模板安装时，应统一指挥，设置警戒区与通信设施，做好原始记录，并应符合下列规定：

① 检查工程结构上预埋螺栓孔的直径和位置，并应符合图纸要求。

② 爬升模板的安装顺序应为底座、立柱、爬升设备、大模板、模板外侧吊脚手。

（2）施工过程中爬升大模板及支架时，应符合下列规定：

① 爬升前，应检查爬升设备的位置、牢固程度、吊钩及连接杆件等，确认无误后，拆除相邻大模板及脚手架间的连接杆件，使各个爬升模板单元彻底分开。

② 爬升时，应先收紧千斤钢丝绳，吊住大模板或支架，然后拆卸穿墙螺栓，并检查确保无任何连接，卡环和安全钩无问题，调整好大模板或支架的重心，保持垂直，开始爬升。爬升时，作业人员应站在固定件上，不得站在爬升件上爬升，爬升过程中应防止晃动与扭转。

③ 每个单元的爬升不宜中途交接班，不得隔夜再继续爬升。每单元爬升完毕应及时固定。

④ 大模板爬升时，新浇混凝土的强度不应低于 $1.2N/mm^2$。支架爬升时的附墙架穿墙螺栓受力处的新浇混凝土强度应达到 $10N/mm^2$ 以上。

⑤ 爬升设备每次使用前均应检查，液压设备应由专人操作。

（3）爬升组合安装好的爬升模板、金属件应涂刷防锈漆，板面应涂刷脱模剂。

（4）爬模的外附脚手架或悬挂脚手架应满铺脚手板，脚手架外侧应设防护栏杆和安全网。爬架底部也应满铺脚手板和设置安全网。

（5）每步脚手架间应设置爬梯，作业人员应由爬梯上下，进入爬架应在爬架内上下，严禁爬模板、脚手架和爬架外侧。

（6）脚手架上不应堆放材料，脚手架上的垃圾应及时清除。如需临时堆放少量材料或机具，必须及时取走，且不得超过设计荷载的规定。

（7）所有螺栓孔均应安装螺栓，螺栓应采用 $50\sim60$N·m 的扭矩紧固。

**5. 飞模构造与安装**

（1）飞模起吊时，应在吊离地面 0.5m 后停下，待飞模完全平衡后再起吊。吊装应使用安全卡环，不得使用吊钩。

（2）飞模就位后，应立即在外侧设置防护栏，其高度不得小于 1.2m，外侧应另加设安全网，同时应设置楼层护栏，并应准确、牢固地搭设出模操作平台。

（3）当飞模在不同楼层转运时，上下层的信号人员应分工明确、统一指挥、统一信号，并应采用步话机联络。

（4）当飞模转运采用地滚轮推出时，前滚轮应高出后滚轮 $10\sim20$mm，应将飞模重心标画在旁侧，严禁外侧吊点在未挂钩前将飞模向外倾斜。

（5）飞模外推时，必须用多根安全绳一端牢固拴在飞模两侧，另一端围绕在飞模两侧建筑物的可靠部位上，并应设专人掌握；缓慢推出飞模，并松放安全绳，飞模外端吊点的钢丝绳应逐渐收紧，待内外端吊钩挂牢后再转运起吊。

（6）在飞模上操作的挂钩作业人员应穿防滑鞋，且应系好安全带，并应挂在上层的预埋铁环上。

（7）吊运时，飞模上不得站人和存放自由物料，操作电动平衡吊具的作业人员应站在楼面上，并不得斜拉歪吊。

（8）飞模出模时，下层应设安全网，且飞模每运转一次后应检查各部位的损坏情况，同时应对所有的连接螺栓重新进行紧固。

**6. 隧道模构造与安装**

（1）组装好的半隧道模应按模板编号顺序吊装就位，并应将 2 个半隧道模顶板边缘的角钢用连接板和螺栓进行连接。

（2）合模后应采用千斤顶升降模板的底沿，按导墙上所确定的水准点调整到设计标高，并应采用斜支撑和垂直支撑调整模板的水平度和垂直度，再将连接螺栓拧紧。

（3）支卸平台构架的支设，必须符合下列规定：

① 支卸平台的设计应便于支卸平台吊装就位，平台的受力应合理。

② 平台桁架中立柱下面的垫板，必须落在楼板边缘以内 400mm，并应在楼层下相应位置加设临时垂直支撑。

③ 支卸平台台面的顶面，必须和混凝土楼面齐平，并应紧贴楼面边缘。相邻支卸平台间的空隙不得过大，支卸平台外周边应设安全护栏和安全网。

（4）山墙作业平台应符合下列规定：

① 隧道模拆除吊离后，应将特制 U 形卡承托对准山墙的上排对拉螺栓孔，从外向内插入，并用螺帽紧固。U 形卡承托的间距不得大于 1.5m。

② 将作业平台吊至已埋设的 U 形卡位置就位，并将平台每根垂直杆件上的 φ30 水平杆件落入 U 形卡内，平台下部靠墙的垂直支撑用穿墙螺栓紧固。

③ 每个山墙作业平台的长度不应超过 7.5m，且不应小于 2.5m，并应在端头分别增加外挑 1.5m 的三角平台。作业平台周边应设安全护栏和安全网。

### 2.2.4 《混凝土结构工程施工规范》GB 50666—2011 对模板支架的规定

（1）混凝土水平构件的模板支架安装应符合下列规定：

① 模板支架安装在地基土上时应满足下列要求：

a. 地基土应夯实，压实系数不应小于 0.93。

b. 模板支架下，基础沉降变形量不应大于 3mm。

c. 应有排水措施，并应在支架立柱下设置垫板。

d. 对湿陷性黄土基层，应有防水措施。

e. 对冻胀性基层，应有防冻胀措施。

f. 对于支架在软土地基上的模板支架，可堆载预压后调整模板面安装高度。

② 模板的连接和支架应牢固，转折角度应准确。

③ 梁、板后浇带处的模板及支架宜与其两侧的模板及支架分开支设。

（2）混凝土竖向构件的模板支架系统安装中，模板及支架安装应有临时稳固措施，位于高空的模板安装应有可靠的防风抗倾覆措施。

（3）采用扣件式钢管脚手架材料搭设高大模板支架时，应符合下列规定：

① 模板支架搭设应完整，立杆上每步的双向水平杆不得缺少并应与立杆扣接。

② 架体中设计的垂直剪刀撑和水平层剪刀撑应与支架同步搭设，支架架体应与周边的混凝土结构做刚性连接。

③ 对大尺寸混凝土构件下的支架，其立杆顶部宜插入可调托座，形成轴心受压传递荷载，可调托座距顶部水平杆的高度不大于 650mm，插入深度不小于 150mm。

④ 立杆的纵、横向间距应满足设计要求，立杆上的上、下层水平杆间距（立杆步距）不应大于 1.8m，顶层立杆步距适当减小并不应大于 1.5m；支架立杆的搭设垂直偏差不宜大于 3/1000，且不应大于 50mm。

⑤ 垂直剪刀撑宜设置在架体四周及中间区域的主梁轴线下，宜按每 4.5～6m 网格设置；水平剪刀撑宜不大于 4 个立柱步距设置，支架顶层应设置水平剪刀撑，水平剪刀撑宜按每 4.5～6m 网格设置。

⑥ 在立柱底距地面 200mm 处，应沿纵横水平方向按纵下横上的次序设置扫地杆。

⑦ 应由考核合格的专业架子工搭设。

（4）现浇多层、高层建筑楼板的模板支架体系应符合下列要求：

① 上、下楼层模板支架的立柱宜上下对齐。

② 后浇带等处的模板及其支架应制订专门的安装固定措施，并应在模板安装方案中明确其细部构造。

③ 模板及其支架拆除前应对操作人员进行安全技术交底。

④ 底模及其支架拆除时的混凝土强度应符合设计要求；当设计无具体要求时，同条件养护试件的混凝土立方体抗压强度值应符合相应规定。

⑤ 连续支模的底层支架拆除时间，应根据连续支模的楼层间荷载分配情况以及混凝土强度的增长情况确定。

（5）采用碗扣式、盘扣式或盘销架式钢管架作模板支架时，支架搭设应符合下列规定：

① 碗扣式钢管架、盘扣式钢管架或盘销式钢管架的水平杆与立柱的扣接应牢靠，不应滑落。

② 立杆上的上、下层水平杆间距不应大于 18m。

③ 插入立杆顶端可调托座伸出顶层水平杆的悬臂长度不应大于 650mm，螺杆插入钢管的长度不应小于 150mm，其直径应满足与钢管内径的间隙不大于 6mm 的要求。架体最顶层的水平杆步距应比标准步距缩小一个节点间距。

④ 立柱间应设置专用斜杆或扣件钢管斜杆，用来加强模板支架。

## 2.3　现浇混凝土结构模板设计

现浇混凝土结构施工用的模板是保证混凝土结构按设计要求浇筑混凝土成形的一种临时模型结构。它要承受混凝土结构施工过程中的水平荷载和垂直荷载，必须有足够的承载能力和刚度。

模板工程占钢筋混凝土工程总价的 20%～30%，占劳动量的 30%～40%，占工期的 50%左右，因此，模板设计是否经济合理，对节约材料、降低工程造价关系重大。所以模板结构像其他结构设计一样，必须进行设计计算。仅凭不成熟的经验来确定模板结构的断面尺寸及结构构造，是不安全的，也可能是不经济的。

### 2.3.1　模板结构设计的原则与计算依据

**1. 模板结构的三要素**

模板结构的种类很多，按其所用的材料不同分为木模板、钢模板、钢木（竹）模板、铝合金模板、塑料模板、玻璃钢模板以及其他材料的模板等。按其使用功能不同可分为定型组合模板、专用工具式模板（如大模板、飞模、滑模、爬模等）以及永久性模板。各类模板结构所使用的材料不同，功能也各异，但其模板结构均由三部分组成。

① 模板面板：现浇混凝土直接接触的承力板，没有模板面板，现浇混凝土结构则不能浇筑成形。

② 支撑结构：支撑现浇混凝土产生的各种荷载和模板面板荷载以及施工荷载的结构，保证模板结构牢固的组合，达到不变形、不破坏。

③ 连接件：将模板面板和支撑结构连接成整体的部件，使模板结构组合成整体。

**2. 模板结构设计的原则**

模板结构设计要求贯彻实用性、安全性、经济性的原则。

（1）实用性。

即要保证混凝土结构工程的质量。所以，模板的接缝要严密，不漏浆；保证混凝土结构和构件各部分形状、尺寸和相互位置的正确；构造要简单，装拆要方便，并便于钢筋绑扎和安装以及混凝土浇筑和养护工艺要求。

(2) 安全性。

模板结构必须具有足够的承载能力和刚度，保证在施工过程中，在各类荷载作用下不破坏、不倒塌，变形在容许范围之内，结构牢固稳定，同时要确保工人操作安全。

(3) 经济性。

要结合工程结构的具体情况和施工单位的具体条件，进行技术经济比较，因地制宜，就地取材，择优选用模板方案。在确保工期、质量的前提下，尽量减少模板一次性投入，加快模板周转，减少模板支拆用工，减轻模板结构自重，并为后续装修施工创造条件，做到既节约模板费用，又实现文明施工。

**3. 模板结构设计计算的依据**

模板结构设计计算的主要依据是：拟建工程的设计图纸、施工组织设计中主要施工方法与进度计划、施工单位现有的技术物质条件以及有关的设计施工规范。

(1) 建筑工程设计图纸。

因为混凝土结构构件的位置、形状、尺寸是按照建筑物的使用要求和受力情况确定的，因此，模板工程的设计必须根据构件各部分的位置、形状、尺寸及其相互关系，合理地选用模板和支架，同时还要根据建筑装修设计的要求（如有无吊顶、是否抹灰等），选择清水模板还是一般模板。例如，对无吊顶又不抹灰的现浇顶板，就必须选用清水模板，模板面拼缝平整度要求严格；反之，则可以采用对平整度一般要求的模板，如小钢模等。对现浇墙、柱、梁等均要考虑是否抹灰来选择相应的模板材料，明确组合方法，规定制作及安装要求（包括起拱、收分等），这样，才能保证混凝土构件外形尺寸的准确以及结构的强度、刚度、稳定性和施工安全。

根据混凝土结构构件的相互关系，考虑绑钢筋、浇筑混凝土的操作条件，确定模板安装的程序和操作平台的设计。例如，为了保证钢筋绑扎顺利进行，大跨度、高断面、钢筋密的大梁模板安装程序就不能一次连续完成，而必须先支底模，再绑扎钢筋，然后再支梁的侧模。

(2) 施工组织设计。

施工组织设计是具体指导施工的技术经济文件。它全面地对拟建工程进行了合理的部署，明确规定了拟采取的施工方法（包括分层分段流水作业），是模板设计的主要依据。同时，模板设计又是工程施工组织设计的组成部分，必须根据施工总体部署，确定模板的选型、配置数量和周转程序。

(3) 施工单位现有的技术物质条件。

在进行模板设计时，要对多种可行性方案进行比较选择，而施工单位现有的技术物质条件，是方案选择的重要依据。只有这样，才能做到尽量发挥现有模板的作用，就地取材制作，减少外加工，节约投资。采用新型模板也要根据资金条件，通过试验论证，由小到大逐步推广。

(4) 有关的设计、施工规范。

模板属于临时性结构，在进行模板设计时应遵守我国现行的有关设计、施工规范的有关规定执行。其强度、稳定性应符合有关规定的要求，构造除应遵照执行有关规定外，还要考虑施工的特殊要求。

根据《建筑结构可靠度设计统一标准》GB 50068—2001 的要求，我国制定了新的《建筑结构荷载规范》GB 50009—2012、《钢结构设计标准（附条文说明［另册］）》GB 50017—2017、《冷弯薄壁型钢结构技术规范》GB 50018—2002、《混凝土结构设计规范（2015 年版）》GB 50010—2010、《砌体结构设计规范》GB 50003—2011、《木结构设计结构》GB 50005—2017、《混凝土结构工程施工质量验收规范》GB 50204—2015，新的设计规范均按极限状态设计，以取代以前的按容许应力设计。

模板设计时的极限状态分为两类：

① 承载能力极限状态。这种极限状态对应结构或结构构件达到最大承载能力或不适于继续承载的变形。当结构或结构构件出现下列状态之一时，即认为超过了承载能力极限状态：整个结构或结构的一部分作为刚体失去平衡（如倾覆等）；结构构件或连接件因材料强度被超过而破坏（包括疲劳破坏），或因过度的塑性变形而不适于继续承载；结构转变为机动体系；结构或结构构件丧失稳定（如压屈等）。

② 正常使用极限状态。这种极限状态对应结构或结构构件达到正常使用或耐久性能的某项规定限值。当结构或结构构件出现下列状态之一时，则认为超过了正常使用极限状态：影响正常使用或外观的变形；影响正常使用或耐久性能的局部破坏（包括裂缝）；影响正常使用的振动；影响正常使用的其他特定状态。

钢模板、钢支架结构、钢连接件的设计应符合《钢结构设计标准（附条文说明［另册］）》GB 50017—2017 的规定；采用冷弯薄壁型钢应符合《冷弯薄壁型钢结构技术规范》GB 50018—2002 的规定。木模板、木支架结构、木连接件的设计应符合《木结构设计规范》GB 50005—2017 的规定。各类模板、支架结构、连接件的设计应符合《混凝土结构工程施工规范》GB 50666—2011 中关于模板设计的规定。

## 2.3.2　模板材料及其性能

### 1. 模板材料选用的原则

混凝土结构施工用的模板材料种类很多，较常用的是木材和钢材两种。为了保证所浇筑混凝土结构的施工质量（包括结构形状与尺寸正确、混凝土表面平整等）与施工安全，所选用的模板材料应具有下列特性：

（1）材料应有足够的强度，以保证模板结构有足够的承载能力。

（2）材料应有足够的弹性模量，以保证模板结构的刚度。在使用时，变形在允许范围内。

（3）模板接触混凝土的表面，必须平整光滑。

（4）尽量选用轻质材料，并且能够经受多次周转而不损坏。

### 2. 钢材

（1）为保证模板结构的承载能力，防止在一定条件下出现脆性破坏，应根据模板体系的重要性、荷载特征、连接方法等不同情况，选用适合的钢材型号和钢材性能，且宜采用 Q235 钢和 Q345 钢。对于模板的支架材料宜优先选用钢材。

（2）模板的钢材质量应符合下列规定：

① 钢材应符合现行国家标准《碳素结构钢》GB/T 700—2006 和《低合金高强度结构钢》GB/T 1591—2008 的规定。

② 钢管应符合现行国家标准《直缝电焊钢管》GB/T 13793—2016 中规定的 Q 235 普通钢管的要求，并应符合现行国家标准《碳素结构钢》GB/T 700—2006 中 Q 235A 级钢的规定。不得使用有严重锈蚀、弯曲、压扁及裂纹的钢管。

③ 钢铸件应符合现行国家标准《一般工程用铸造碳钢件》GB/T 11352—2009 中规定的 ZG 200—420、ZG 230—450、ZG 270—500 和 ZG 310—570 号钢的要求。

④ 钢管扣件应符合现行国家标准《钢管脚手架扣件》GB 15831—2006 的规定。

⑤ 连接用的焊条应符合现行国家标准《非合金钢及细晶粒钢焊条》GB/T 5117—2012 或《热强钢焊条》GB/T 5118—2012 中的规定。

⑥ 下列情况的模板承重结构和构件不应采用 Q 235 沸腾钢：工作温度低于 −20℃ 承受静力荷载的受弯及受拉的承重结构或构件；工作温度等于或低于 −30℃ 的所有承重结构或构件；承重结构采用的钢材应具有抗拉强度、伸长率、屈服强度和硫、磷含量的合格保证，对焊接结构尚应具有碳含量的合格保证。焊接的承重结构以及重要的非焊接承重结构采用的钢材还应具有冷弯试验的合格保证。

（3）承重结构采用的钢材应具有抗拉强度、伸长率、屈服强度和硫、磷含量的合格保证，对焊接结构尚应具有碳含量的合格保证。焊接的承重结构以及重要的非焊接承重结构采用的钢材还应具有冷弯试验的合格保证。

（4）当结构工作温度不高于 −20℃ 时，对 Q 235 钢和 Q 345 钢应具有 0℃ 冲击韧性的合格保证；对 Q 390 钢和 Q 420 钢应具有 −20℃ 冲击韧性的合格保证。

**3. 冷弯薄壁型钢**

（1）用于承重模板结构的冷弯薄壁型钢的带钢或钢板，应采用符合现行国家标准《碳素结构钢》GB/T 700—2006 规定的 Q 235 钢和《低合金高强度结构钢》GB/T 1591—2008 规定的 Q 345 钢。

（2）用于承重模板结构的冷弯薄壁型钢的带钢或钢板，应具有抗拉强度、伸长率、屈服强度、冷弯试验和硫、磷含量的合格保证；对焊接结构尚应具有碳含量的合格保证。

（3）焊接采用的材料应符合下列规定：

① 手工焊接用的焊条，应符合现行国家标准《非合金钢及细晶粒钢焊条》GB/T 5117—2012 或《热强钢焊条》GB/T 5118—2012 的规定。

② 选择的焊条型号应与主体结构金属力学性能相适应。

③ 当 Q 235 钢和 Q 345 钢相焊接时，宜采用与 Q 235 钢相适应的焊条。

（4）连接件（连接材料）应符合下列规定：

① 普通螺栓除应符合该规范的规定外，其机械性能还应符合现行国家标准《紧固件机械性能　螺栓、螺钉和螺柱》GB/T 3098.1—2010 的规定。

② 连接薄钢板或其他金属板采用的自攻螺钉应符合现行国家标准《六角法兰面自钻自攻螺钉》GB/T 15856.4—2002 的规定。

（5）在冷弯薄壁型钢模板结构设计图中和材料订货文件中，应注明所采用钢材的牌号和质量等级、供货条件及连接材料的型号（或钢材的牌号）。必要时尚应注明对钢材所要求的机械性能和化学成分的附加保证项目。

**4. 木材**

（1）模板结构或构件的树种应根据各地区实际情况选择质量好的材料，不得使用有腐朽、霉变、虫蛀、折裂、枯节的木材。

（2）模板结构设计应根据受力种类或用途按表 2-1 的要求选用相应的木材材质等级。木材材质标准应符合现行国家标准《木结构设计规范》GB 50005—2017 的规定。

（3）用于模板体系的原木、方木和板材可采用目测法分级。选材应符合现行国家标准《木结构设计规范》GB 50005—2017 的规定，不得利用商品材的等级标准替代。

（4）用于模板结构或构件的木材，主要承重构件应选用针叶材；重要的木制连接件应采用细密、直纹、无节和无其他缺陷的耐腐蚀的硬质阔叶材。

表 2-1　模板结构或构件的木材材质等级

| 项次 | 主要用途 | 材质等级 |
|---|---|---|
| 1 | 受拉或拉弯构件 | Ⅰa |
| 2 | 受弯或压弯构件 | Ⅱa |
| 3 | 受压构件 | Ⅲa |

（5）当采用不常用树种木材作模板体系中的主梁、次梁、支架立柱等承重结构或构件时，可按现行国家标准《木结构设计规范》GB 50005—2017 的要求进行设计。对速生林材应进行防腐、防虫处理。

（6）在建筑施工模板工程中使用进口木材时，应遵守下列规定：

① 选择天然缺陷和干燥缺陷少、耐腐朽性较好的树种木材。

② 每根木材上应有经过认可的认证标识，认证等级应附有说明，并应符合商检规定；进口的热带木材，还应附有无活虫、虫孔的证书。

③ 进口木材应有中文标识，并应按国别、等级、规格分批堆放，不得混淆，储存期间应防止木材霉变、腐朽和虫蛀。

④ 对首次采用的树种，必须先进行试验，达到要求后方可使用。

（7）当需要对模板结构或构件木材的强度进行测试验证时，应按现行国家标准《木结构设计规范》GB 50005—2017 的检验标准进行。

（8）施工现场制作的木构件，其木材含水率应符合下列规定：

① 制作的原木、方木结构，不应大于 25%。

② 板材和规格材，不应大于 20%。

③ 受拉构件的连接板，不应大于 18%。

④ 连接件，不应大于 15%。

**5. 铝合金材**

（1）建筑模板结构或构件，应采用纯铝加入锰、镁等合金元素构成的铝合金型材，并应符合现行国家规范的要求。

（2）铝合金型材的机械性能检验结果应符合表 2-2 的规定。

（3）铝合金型材的横向、高向机械性能应符合表 2-3 的规定。

**6. 竹、木胶合模板板材**

（1）竹、木胶合模板板材表面应平整光滑，具有防水、耐磨、耐酸碱的保护膜，并有保温性能好、易脱模和可以两面使用等特点。板材厚度不应小于 12mm，并应符合国家现行标准《混凝土模板用胶合板》GB/T 17656—2018 的规定。

（2）各层板的原材含水率不应大于 15%，且同一胶合模板各层原材间的含水率差别不应大于 5%。

表 2-2 铝合金型材的机械性能

| 牌号 | 材料状态 | 壁厚（mm） | 抗拉极限强度（N/mm²） | 屈服强度（N/mm²） | 伸长率（%） |
|---|---|---|---|---|---|
| LD2 | CZ | 所有尺寸 | ≥180 | — | ≥14 |
| | CS | | ≥280 | ≥210 | ≥12 |
| LY11 | CZ | ≤10.0 | ≥360 | ≥220 | ≥12 |
| | CS | 10.1～20.0 | ≥380 | ≥230 | ≥12 |
| LY12 | CZ | <5.0 | ≥400 | ≥300 | ≥10 |
| | | 5.1～10.0 | ≥420 | ≥300 | ≥10 |
| | | 10.1～20.0 | ≥430 | ≥310 | ≥10 |
| LC4 | CS | ≤10.0 | ≥510 | ≥440 | ≥6 |
| | | 10.1～20.0 | ≥540 | ≥450 | ≥6 |

注：材料状态代号名称是 CZ—淬火（自然时效）；CS—淬火（人工时效）。

表 2-3 铝合金型材的横向、高向机械性能

| 牌号 | 材料状态 | 取样部位 | 抗拉极限强度（N/mm²） | 屈服强度（N/mm²） | 伸长率（%） |
|---|---|---|---|---|---|
| LY12 | CZ | 横向 | ≥400 | ≥290 | ≥6 |
| | | 高向 | ≥350 | ≥290 | ≥4 |
| LC4 | CS | 横向 | ≥500 | — | ≥4 |
| | | 高向 | ≥480 | — | ≥3 |

注：材料状态代号名称是 CZ—淬火（自然时效）；CS—淬火（人工时效）。

（3）胶合模板应采用耐水胶，其胶合强度不应低于木材或竹材顺纹抗剪和横纹抗拉的强度，并应符合环境保护的要求。

（4）进场的胶合模板除应具有出厂质量合格证外，还应保证外观及尺寸合格。

（5）常用木胶合模板的厚度宜为 12mm、15mm、18mm，其技术性能应符合下列规定：

① 不浸泡、不蒸煮时剪切强度：1.4～1.8N/mm²。

② 室温水浸泡剪切强度：1.2～1.8N/mm²。

③ 沸水煮 24h 剪切强度：1.2～1.8N/mm²。

④ 含水率：5%～13%。

⑤ 密度：450～880kg/m³。

⑥ 弹性模量：$4.5×10^3～11.5×10^3$ N/mm²。

（6）常用复合纤维模板的厚度宜为 12mm、15mm、18mm，其技术性能应符合下列规定：

① 静曲强度：横向为 28.22～32.3N/mm²；纵向为 52.62～67.21N/mm²。

② 垂直表面抗拉强度>1.8N/mm²。

③ 72h 吸水率<5%。

④ 72h 吸水膨胀率<4%。

⑤ 耐酸碱腐蚀性：在1‰氢氧化钠溶液中浸泡24h，无软化及腐蚀现象。

⑥ 耐水汽性能：在水蒸气中喷蒸24h，表面无软化及明显膨胀。

⑦ 弹性模量＞$6.0×10^3 N/mm^2$。

### 2.3.3 荷载计算

**1. 荷载标准值**

（1）永久荷载标准值应符合下列规定：

① 模板及其支架自重标准值（$G_{1k}$）应根据模板的设计图纸进行计算确定。肋形或无梁楼板模板自重标准值见表2-4。

表2-4　楼板模板自重标准值（kN/m³）

| 模板构建的名称 | 木模板 | 定型组合钢模板 |
| --- | --- | --- |
| 平板的模板及小梁 | 0.30 | 0.50 |
| 楼板模板（其中包括梁的模板） | 0.50 | 0.75 |
| 楼板模板及其支架（楼层高度为4m以下） | 0.75 | 1.10 |

② 新浇筑混凝土自重标准值（$G_{2k}$），对普通混凝土可采用24kN/m³。

③ 钢筋自重标准值（$G_{3k}$）应根据工程设计图确定。对一般梁板结构每立方米钢筋混凝土的钢筋自重标准值：楼板可取1.1kN；梁可取1.5kN。

④ 当采用内部振捣器时，新浇筑的混凝土作用于模板的最大侧压力标准值（$G_{4k}$），可按式（2-1）计算，并取其中的较小值：

$$F = 0.22\gamma_c t_0 \beta_1 \beta_2 V^{1/2} \tag{2-1}$$

$$F = \gamma_c H \tag{2-2}$$

式中　$F$——新浇筑混凝土对模板的最大侧压力（kN/m²）；

$\gamma_c$——混凝土的重力密度（kN/m³）；

$V$——混凝土的浇筑速度（m/h）；

$t_0$——新浇混凝土的初凝时间（h），可按试验确定。当缺乏试验资料时，可采用$t_0 = 200/(T+15)$（$T$为混凝土的温度℃）；

$\beta_1$——外加剂影响修正系数，不掺外加剂时取1.0，掺入具有缓凝作用的外加剂时取1.2；

$\beta_2$——混凝土坍落度影响修正系数，当坍落度小于30mm时，取0.85；坍落度为50～90mm时，取1.00；坍落度为110～150mm时，取1.15；

$H$——混凝土侧压力计算位置处至新浇筑混凝土顶面的总高度（m），混凝土侧压力的计算分布图形如图2-27所示，图中$h=F/\gamma_c$，$h$为有效压力高度（m）。

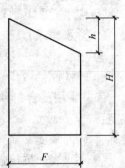

图2-27　混凝土侧压力的计算分布图形

（2）可变荷载标准值应符合下列规定：

① 施工人员及设备荷载标准值（$Q_{1k}$），当计算模板和直接支承模板的小梁时，均布活荷载可取2.5kN/m²，再用集中荷载2.5kN进行验算，比较两者所得的弯矩值取最大值；当计算直接支

承小梁的主梁时，均布活荷载标准值可取 $1.5\text{kN/m}^2$；当计算支架立柱及其他支承结构构件时，均布活荷载标准值可取 $1.0\text{kN/m}^2$。

对大型浇筑设备，如上料平台、混凝土输送泵等按实际情况计算；若采用布料机上料进行浇筑混凝土时，可变荷载标准值取 $4.0\text{kN/m}^2$；混凝土堆积高度超过 100mm 以上者按实际高度计算；模板单块宽度小于 150mm 时，集中荷载可分布于相邻的两块板面上。

② 振捣混凝土时产生的荷载标准值（$Q_{2k}$）：水平面模板可采用 $2.0\text{kN/m}^2$，垂直面模板可采用 $4.0\text{kN/m}^2$（作用范围在新浇筑混凝土侧压力的有效压头高度之内）。

③ 倾倒混凝土时，对垂直面模板产生的水平荷载标准值（$Q_{3k}$）见表 2-5。

表 2-5　倾倒混凝土时产生的水平荷载标准值（$\text{kN/m}^2$）

| 向模板内供料方法 | 水平荷载 |
|---|---|
| 沟槽、串筒或导管 | 2 |
| 容量小于 $0.2\text{m}^3$ 的运输器具 | 2 |
| 容量为 $0.2\sim0.8\text{m}^3$ 的运输器具 | 4 |
| 容量大于 $0.8\text{m}^3$ 的运输器具 | 6 |

注：作用范围在有效压头高度以内。

（3）风荷载标准值应按现行国家标准《建筑结构荷载规范》GB 50009—2012 中的规范计算，其中基本风压值应采用该规范中 $n=10$ 年的规定，并取风振系数 $\beta_z=1$。

**2. 荷载设计值**

（1）计算模板及支架结构或构件的强度、稳定性和连接强度时，应采用荷载设计值（荷载标准值乘以荷载分项系数）。

（2）计算正常使用极限状态的变形时，应采用荷载标准值。

（3）荷载分项系数见表 2-6。

（4）钢面板及支架作用荷载设计值可乘以系数 0.95 进行折减。当采用冷弯薄壁型钢时，其荷载设计值不应折减。

表 2-6　荷载分项系数

| 荷载类别 | 分项系数 $\gamma_i$ |
|---|---|
| 模板及支架自重（$G_{1k}$） | 永久荷载的分项系数： |
| 新浇筑混凝土自重（$G_{2k}$） | ① 当其效应对结构不利时：由可变荷载效应控制的组合，应取 1.2；由永久荷载效应控制的组合，应取 1.3 |
| 钢筋自重（$G_{3k}$） | ② 当其效应对结构有利时：一般情况应取 1.0；对结构 |
| 新浇筑混凝土对模板侧面的压力（$G_{4k}$） | 的倾覆、滑移验算，应取 0.9 |
| 施工人员及施工设备荷载（$Q_{1k}$） | 可变荷载的分项系数： |
| 振捣混凝土时产生的荷载（$Q_{2k}$） | ① 一般情况下应取 1.4； |
| 倾倒混凝土时产生的荷载（$Q_{3k}$） | ② 对标准值大于 $4.0\text{kN/m}^2$，活荷载应取 1.3 |
| 风荷载（$w_k$） | 1.4 |

**3. 荷载组合**

（1）按极限状态设计时，其荷载组合必须符合下列规定：

对于承载能力极限状态，应按荷载效应的基本组合采用，并应采用式（2-3）进行模板设计：

$$r_0 S \leqslant R \tag{2-3}$$

式中　$\gamma_0$——结构重要性系数，其值采用0.9；

　　　$S$——荷载效应组合的设计值；

　　　$R$——结构构件抗力的设计值，应按各有关建筑结构设计规范的规定确定。

对于基本组合，荷载效应组合的设计值 $S$ 应从下列组合值中取最不利值确定。

① 由可变荷载效应控制的组合：

$$S = \gamma_G \sum_{i=1}^{n} G_{ik} + \gamma_{Q1} Q_{1k} \tag{2-4}$$

$$S = \gamma_G \sum_{i=1}^{n} G_{ik} + 0.9 \sum_{i=1}^{n} \gamma_{Qi} Q_{ik} \tag{2-5}$$

式中　$\gamma_G$——永久荷载分项系数，采用表 2-6 中的数值；

　　　$\gamma_{Qi}$——第 $i$ 个可变荷载的分项系数，其中 $r_{Q1}$ 为可变荷载 $Q_1$ 的分项系数，应采用表 2-6中数值；

　　　$G_{ik}$——按永久荷载标准值 $G_k$ 计算的荷载效应值；

　　　$Q_{ik}$——按可变荷载标准值计算的荷载效应值，其中 $Q_{1k}$ 为诸可变荷载效应中起控制作用者。

② 由永久荷载效应控制的组合：

$$S = \gamma_G G_{ik} + \sum_{i=1}^{n} \gamma_{Qi} \psi_{ci} Q_{ik} \tag{2-6}$$

式中　$\psi_{ci}$——可变荷载 $Q_i$ 的组合值系数，其组合值系数可为0.7。

基本组合中的设计值仅适用于荷载与荷载效应为线性的情况。当对 $Q_{1k}$ 无明显判断时，依次以各可变荷载效应为 $Q_{1k}$，选其中最不利的荷载效应组合；当考虑以竖向的永久荷载效应控制的组合时，参与组合的可变荷载仅限于竖向荷载。

（2）按正常使用极限状态设计时，其荷载组合必须符合下列规定：

对于正常使用极限状态应采用标准组合，并应按式（2-7）进行设计：

$$S \leqslant C \tag{2-7}$$

式中　$C$——结构或结构构件达到正常使用要求的规定限值，应符合规范中有关变形值的规定。

对于标准组合，荷载效应组合设计值 $S$ 应按式（2-8）采用：

$$S = \sum_{i=1}^{n} G_{ik} \tag{2-8}$$

（3）参与计算模板及其支架荷载效应组合的各项荷载的标准值组合应符合表 2-7 的规定。

（4）爬模结构的设计荷载值及其组合应符合下列规定：

侧向荷载：新浇混凝土侧向荷载和风荷载。当为工作状态时，按六级风计算；非工作状态偶遇最大风力时，应采用临时固结措施。

表 2-7 模板及其支架荷载效应组合的各项荷载

| 编号 | 项目 | 参与组合的荷载类别 | |
|---|---|---|---|
| | | 计算承载能力 | 验算挠度 |
| 1 | 平板和薄壳的模板及支架 | $G_{1k}+G_{2k}+G_{3k}+Q_{1k}$ | $G_{1k}+G_{2k}+G_{3k}$ |
| 2 | 梁和拱模板的底板及支架 | $G_{1k}+G_{2k}+G_{3k}+Q_{2k}$ | $G_{1k}+G_{2k}+G_{3k}$ |
| 3 | 梁、拱、柱(边长不大于 300mm)、墙(厚度不大于 100mm)的侧面模板 | $G_{4k}+Q_{2k}$ | $G_{4k}$ |
| 4 | 大体积结构、柱(边长大于 300mm)、墙(厚度大于 100mm)的侧面模板 | $G_{4k}+Q_{3k}$ | $G_{4k}$ |

注:验算挠度应采用荷载标准值;计算承载能力应采用荷载设计值。

竖向荷载:模板结构自重、机具、设备按实际计算,施工人员按 1.0kN/m² 采用,以上各荷载仅供选择爬升设备、计算支撑架和附墙架时用。

混凝土对模板的上托力:当模板的倾角<45°时,取 3~5kN/m²;模板的倾角≥45°时,取 5~12kN/m²。新浇混凝土与模板的粘结力:取 0.5kN/m² 采用,但确定混凝土与模板间摩擦力时,两者间的摩擦系数为 0.4~0.5。模板结构与滑轨的摩擦力:滚轮与轨道间的摩擦系数取 0.05,滑块与轨道间的摩擦系数取 0.15~0.5。

计算支撑架的荷载组合:当处于工作状态时,应为竖向荷载加向墙面风荷载;处于非工作状态时,仅考虑风荷载。计算附墙架的荷载组合:当处于工作状态时,应为竖向荷载加背墙面风荷载;处于非工作状态时,仅考虑风荷载。

(5)液压滑动模板结构的荷载设计值及其组合应符合下列规定:

① 模板结构设计荷载类别应按表 2-8 取值。

② 计算滑模结构构件的荷载设计值组合见表 2-9。

表 2-8 液压滑动模板荷载类别

| 编号 | 设计荷载名称 | 荷载种类 | 分项系数 | 备注 |
|---|---|---|---|---|
| (1) | 模板结构自重 | 恒荷载 | 1.2 | 按工程设计图计算确定其值 |
| (2) | 操作平台上施工荷载(人员、工具和堆料):<br>设计平台铺架及拎条 2.5kN/m²<br>设计平台桁架 1.5kN/m²<br>设计围圈及提升架 1.0kN/m²<br>计算支撑杆数量 1.0kN/m² | 活荷载 | 1.4 | 平台上放置手推车、吊罐、液压控制柜、电气焊设备、垂直运输、井架等特殊设备应按实计算荷载值 |
| (3) | 振捣混凝土侧压力:<br>沿周长方向每米取集中荷载 5~6kN | 恒荷载 | 1.2 | 按浇灌高度为 800mm 左右考虑的侧压力分布情况,集中荷载的合力作用点为混凝土浇灌高度的 2/5 处 |
| (4) | 模板与混凝土的摩阻力<br>钢模板取 1.5~3.0kN/m² | 活荷载 | 1.4 | — |
| (5) | 倾倒混凝土时模板承受的冲击力,按作用与模板侧面的水平集中荷载为 2.0kN | 活荷载 | 1.4 | 按用溜槽、串筒或 0.2m³ 的运输工具向模板内倾倒时考虑 |

| 编号 | 设计荷载名称 | 荷载种类 | 分项系数 | 备注 |
|------|------------|---------|---------|------|
| (6) | 操作平台上垂直运输荷载及制动时的刹车力：<br>平台上垂直运输的额定附加荷载（包括起重量及柔性滑道的张紧力）均应按实计算；垂直运输设备刹车制动力按下式计算；<br>$$W = \left(\frac{A}{g} + 1\right)Q - kQ$$ | 活荷载 | 1.4 | $W$——刹车时产生的荷载（N）；<br>$A$——刹车时的制动减速度（m/s²）；<br>$g$——重力加速度为 9.8m/s²；<br>$Q$——料灌总重（N）；<br>$k$——动荷载系数，在 2～3 之间取用 |
| (7) | 风荷载 | 活荷载 | 1.4 | 按《建筑结构荷载规范》GB 50009—2012的规定采用，其中风压基本值按 $n=10$ 年采用，其抗倾倒系数不应小于 1.15 |

表 2-9　计算滑模结构构件的荷载设计值组合

| 结构计算项目 | 荷载组合 | |
|------------|---------|---------|
| | 计算承载能力 | 验算挠度 |
| 支撑杆计算 | (1)+(2)+(4)取两式中较大值<br>(1)+(2)+(6) | — |
| 模板面计算 | (3)+(5) | (3) |
| 围圈计算 | (1)+(3)+(5) | (1)+(3)+(4) |
| 提升架计算 | (1)+(2)+(3)+(4)+(5)+(6) | (1)+(2)+(3)+(4)+(6) |
| 操作平台结构计算 | (1)+(2)+(6) | (1)+(2)+(6) |

注：1. 风荷载设计值参与活荷载设计值组合时，其组合后的效应值应乘以 0.9 的组合系数；

　　2. 计算承载能力时应取荷载设计值；验算挠度时应取荷载标准值。

**4. 变形值规定**

（1）当验算模板及其支架的刚度时，其最大变形值不得超过下列容许值：

① 对结构表面外露的模板，为模板构件计算跨度的 1/400。

② 对结构表面隐蔽的模板，为模板构件计算跨度的 1/250。

③ 支架的压缩变形或弹性挠度，为相应的结构计算跨度的 1/1000。

（2）组合钢模板结构或其构配件的最大变形值不得超过表 2-10 的规定。

表 2-10　组合钢模板结构及其构配件的容许变形值 （mm）

| 部件名称 | 容许变形值 |
|---------|-----------|
| 钢模板的面板 | $\leqslant 1.5$ |
| 单块钢模板 | $\leqslant 1.5$ |
| 钢楞 | $L/500$ 或 $\leqslant 3.0$ |
| 柱箍 | $B/500$ 或 $\leqslant 3.0$ |
| 桁架、钢模板结构体系 | $L/1000$ |
| 支承系统累计 | $\leqslant 4.0$ |

注：$L$ 为计算跨度，$B$ 为柱宽。

（3）液压滑模装置的部件，其最大变形值不得超过下列容许值：

① 在使用荷载下，两个提升架之间围圈的垂直与水平方向的变形值均不得大于其计算跨度的 1/500。

② 在使用荷载下，提升架立柱的侧向水平变形值不得大于 2mm。

③ 支承杆的弯曲度不得大于 $L/500$。

（4）爬模及其部件的最大变形值不得超过下列容许值：

① 爬模应采用大模板。

② 爬架立柱的安装变形值不得大于爬架立柱高度的 1/1000。

③ 爬模结构的主梁，根据重要程度的不同，其最大变形值不得超过计算跨度的 1/500～1/800。

④ 支点间轨道变形值不得大于 2mm。

## 2.3.4 结构计算规定

**1. 一般规定**

（1）模板及其支架的设计应根据工程结构形式、荷载大小、地基土类别、施工设备和材料等条件进行。

（2）模板及其支架的设计应符合下列规定：

① 应具有足够的承载能力、刚度和稳定性，能可靠地承受新浇混凝土的自重、侧压力和施工过程中所产生的荷载及风荷载。

② 构造应简单，装拆方便，便于钢筋的绑扎、安装和混凝土的浇筑、养护等要求。

③ 混凝土梁的施工应采用从跨中向两端对称进行分层浇筑，每层厚度不得大于 400mm。

④ 当验算模板及其支架在自重和风荷载作用下的抗倾覆稳定性时，应符合相应材质结构设计规范的规定。

（3）模板设计应包括下列内容：

① 根据混凝土的施工工艺和季节性施工措施，确定其构造和所承受的荷载。

② 绘制配板设计图、支撑设计布置图、细部构造和异型模板大样图。

③ 按模板承受荷载的最不利组合对模板进行验算。

④ 制订模板安装及拆除的程序和方法。

⑤ 编制模板及配件的规格、数量汇总表和周转使用计划。

⑥ 编制模板施工安全、防火技术措施及设计、施工说明书。

（4）模板中的钢构件设计应符合现行国家标准《钢结构设计标准（附条文说明［另册]）》GB 50017—2017 和《冷弯薄壁型钢结构技术规范》GB 50018—2002 的规定，其截面塑性发展系数应取 1.0。组合钢模板、大模板、滑升模板等的设计尚应符合国家现行标准《组合钢模板技术规范》GB 50214—2013 的相应规定。

（5）模板中的木构件设计应符合现行国家标准《木结构设计标准》GB 50005—2017 的规定，其中受压立杆应满足计算要求，且其梢径不得小于 80mm。

（6）模板结构构件的长细比应符合下列规定：

① 受压构件长细比：支架立柱及桁架不应大于 150；拉条、缀条、斜撑等连系构件不应

大于 200。

② 受拉构件长细比：钢杆件不应大于 350；木杆件不应大于 250。

（7）用扣件式钢管脚手架作支架立柱时，应符合下列规定：

① 连接扣件和钢管立杆底座应符合现行国家标准《钢管脚手架扣件》GB 15831—2006 的规定。

② 承重的支架柱，其荷载应直接作用于立杆的轴线上，严禁承受偏心荷载，并应按单立杆轴心受压计算；钢管的初始弯曲率不得大于 1/1000，其壁厚应按实际检查结果计算。

③ 当露天支架立柱为群柱架时，高宽比不应大于 5.0；当高宽比大于 5.0 时，必须加设抛撑或缆风绳，保证宽度方向的稳定。

（8）用门式钢管脚手架作支架立柱时，应符合下列规定：

① 几种门架混合使用时，必须取支承力最小的门架作为设计依据。

② 荷载宜直接作用在门架两边立杆的轴线上，必要时可设横梁将荷载传于两立杆顶端，且应按单榀门架进行承力计算。

③ 门架结构在相邻两榀之间应设工具式交叉支撑，使用的交叉支撑线刚度必须满足式（2-9）要求：

$$\frac{I_b}{L_b} \geqslant 0.03\frac{I}{h_0} \tag{2-9}$$

式中　$I_b$——剪刀撑的截面惯性矩（mm⁴）；

$L_b$——剪刀撑的压曲长度（mm）：

$I$——门架的截面惯性矩（mm⁴）；

$h_0$——门架的立杆高度（mm）。

④ 当门架使用可调支座时，调节螺杆伸出长度不得大于 150mm。

⑤ 当露天门架支架立柱为群柱架时，高宽比不应大于 5.0；当高宽比大于 5.0 时，必须使用缆风绳，保证宽度方向的稳定。

（9）用碗扣式钢管脚手架作支架柱时，应符合下列规定：

① 支架立柱可根据荷载情况组成双立柱梯形支柱和四立柱格构形支柱，重荷载时应组成群柱架，支架立柱间应设工具式交叉支撑，且荷载应直接作用于立杆的轴线上，并应按单立杆轴心受压进行计算。

② 当露天支柱架为群柱架时，高宽比不应大于 5.0；当高宽比大于 5.0 时，必须加设缆风绳或将下部群柱架扩大，保证宽度方向的稳定。

（10）遇有下列情况时，水平支承梁的设计应采取防倾倒措施，不得取消或改动销紧装置的作用。

① 水平支承如倾斜或由倾斜的托板支承以及偏心荷载情况存在时。

② 梁由多杆件组成。

③ 当梁的高宽比大于 2.5 时，水平支承梁的底面严禁支承在 50mm 宽的单托板面上。

④ 水平支承梁的高宽比大于 2.5 时，应避免承受集中荷载。

（11）爬模设计：当采用卷扬机和钢丝绳牵拉时，其支承架和锚固装置的设计能力应为总牵引力的 3～5 倍。

（12）烟囱、水塔和其他高大构筑物的模板工程，应根据其特点进行专项设计，制订专项施工安全措施。

**2. 现浇混凝土模板的计算**

（1）面板可按简支跨计算，应验算跨中和悬臂端的最不利抗弯强度和挠度，并应符合下列规定：

① 钢模板抗弯强度应按式（2-10）计算：

$$\sigma = \frac{M_{\max}}{W_n} \leqslant f \tag{2-10}$$

式中　$M_{\max}$——最不利弯矩设计值（kN·m），取均布荷载与集中荷载分别作用时计算结果的最大值；

　　　$W_n$——净截面抵抗矩（mm³）；

　　　$f$——钢材的抗弯强度设计值（N/mm²）；

②木面板抗弯强度应按式（2-11）计算：

$$\sigma_m = \frac{M_{\max}}{W_m} \leqslant f_m \tag{2-11}$$

式中　$W_m$——木板毛截面抵抗矩（mm³）；

　　　$f_m$——木材抗弯强度计算值（N/mm²）。

组合钢模板的力学性能见表 2-11 和表 2-12。

③ 胶合板面板抗弯强度应按式（2-12）计算：

$$\sigma_j = \frac{M_{\max}}{W_j} \leqslant f_{jm} \tag{2-12}$$

式中　$W_j$——胶合板毛截面抵抗矩（mm³）；

　　　$f_{jm}$——胶合板的抗弯强度设计值（N/mm²）。

**表 2-11　组合钢模板 2.3mm 厚面板力学性能**

| 模板宽度<br>（mm） | 截面面积<br>（mm²） | 中性轴位置<br>$y_0$（mm） | $x$轴截面<br>惯性矩<br>$I_x$（cm⁴） | 截面最小<br>抵抗矩<br>$W_x$（cm³） | 截面简图 |
|---|---|---|---|---|---|
| 300 | 1080(978) | 11.1(10.0) | 27.91(26.39) | 6.36(5.86) | |
| 250 | 965(863) | 12.3(11.1) | 26.62(25.38) | 6.23(5.78) | |
| 200 | 702(639) | 10.6(9.5) | 17.63(16.62) | 3.97(3.65) | |
| 150 | 587(524) | 12.5(11.3) | 16.40(15.64) | 3.86(3.58) | |
| 100 | 472(409) | 15.3(14.2) | 14.54(14.11) | 3.66(3.46) | |

注：1. 括号内数据为净截面；
　　2. 表中各种宽度的模板，其长度规格有：1.5m、1.2m、0.9m、0.75m、0.6m 和 0.45m；高度全为 55mm。

**表 2-12　组合钢模板 2.5mm 厚面板力学性能**

| 模板宽度 (mm) | 截面积 (mm²) | 中性轴位置 $y_0$ (mm) | $x$ 轴截面惯性矩 $I_x$ (cm⁴) | 截面最小抵抗矩 $W_x$ (cm³) | 截面简图 |
|---|---|---|---|---|---|
| 300 | 114.4(104) | 10.7(9.6) | 28.59(26.97) | 6.45(5.94) | |
| 250 | 101.9(91.5) | 11.9(10.7) | 27.33(25.98) | 6.34(5.86) | |
| 200 | 76.3(69.4) | 10.7(9.6) | 19.06(17.98) | 4.3(3.96) | |
| 150 | 63.8(56.9) | 12.6(11.4) | 17.71(16.91) | 4.18(3.88) | |
| 100 | 51.3(44.4) | 15.3(14.3) | 15.72(15.25) | 3.96(3.75) | |

注：1. 括号内数据为净截面；

　　2. 表中各种宽度的模板，其长度规格有：1.5m、1.2m、0.9m、0.75m、0.6m 和 0.45m；高度全为 55mm。

（2）挠度（$\nu$）应按式（2-13）或式（2-14）进行验算：

$$\nu = \frac{5 q_g L^4}{384 E I_x} \leqslant [\nu] \tag{2-13}$$

或

$$\nu = \frac{5 q_g L^4}{384 E I_x} + \frac{P L^3}{48 E I_x} \leqslant [\nu] \tag{2-14}$$

式中　$q_g$——恒荷载均布线荷载标准值（kN·m）；

　　　$P$——集中荷载标准值（kN）；

　　　$E$——弹性模量（N/mm²）；

　　　$I_x$——截面惯性矩（mm⁴）；

　　　$L$——面板计算跨度（m）；

　　　$[\nu]$——容许挠度（mm）。

（3）支承楞梁计算时，次楞一般为两跨以上的连续楞梁。当跨度不等时，应按不等跨连续楞梁或悬臂楞梁设计；主楞可根据实际情况按连续梁、简支梁或悬臂梁设计；同时次、主楞梁均应进行最不利抗弯强度与挠度计算，并应符合下列规定：

① 次、主楞梁抗弯强度计算。

次、主钢楞梁抗弯强度应按式（2-15）计算：

$$\sigma = \frac{M_{max}}{W} \leqslant f \tag{2-15}$$

式中 $M_{max}$——最不利弯矩设计值（kN·m），应从均布荷载产生的弯矩设计值、均布荷载与集中荷载产生的弯矩设计值和悬臂端产生的弯矩设计值三者中选取计算结果较大者；

$W$——截面抵抗矩（mm³）；

$f$——钢材抗弯强度设计值（N/mm²）。

次、主木楞梁抗弯强度应按式（2-16）计算：

$$\sigma = \frac{M_{max}}{W} \leqslant f_m \tag{2-16}$$

式中 $f_m$——木材抗弯强度设计值（N/mm²）。

各种型钢钢楞和木楞力学性能见表 2-13。

表 2-13　各种型钢钢楞和木楞力学性能表

| 规格 | (mm) | 截面积 $A$ (mm²) | 重量 (N/m) | 截面惯性矩 $I_x$ (cm⁴) | 截面最小抵抗矩 $W_x$ (cm³) |
|---|---|---|---|---|---|
| 扁钢 | $-70 \times 5$ | 350 | 27.5 | 14.29 | 4.08 |
| 角钢 | $L75 \times 25 \times 3$ | 291 | 22.8 | 17.17 | 3.76 |
| | $L80 \times 35 \times 3.0$ | 330 | 25.9 | 22.49 | 4.17 |
| 钢管 | $\phi 48 \times 3.0$ | 424 | 33.3 | 10.78 | 4.49 |
| | $\phi 48 \times 3.5$ | 489 | 38.4 | 12.19 | 5.08 |
| | $\phi 51 \times 3.5$ | 522 | 41.0 | 14.81 | 5.81 |
| 矩形钢管 | $\square 60 \times 40 \times 2.5$ | 457 | 35.9 | 21.88 | 7.29 |
| | $\square 80 \times 40 \times 2.0$ | 452 | 35.5 | 37.13 | 9.28 |
| | $\square 100 \times 50 \times 3.0$ | 864 | 67.8 | 112.12 | 22.42 |
| 薄壁冷弯槽钢 | $[80 \times 40 \times 3.0$ | 450 | 35.3 | 43.92 | 10.98 |
| | $[100 \times 50 \times 20 \times 3.0$ | 570 | 44.7 | 88.52 | 12.20 |
| 内卷边槽钢 | $[80 \times 40 \times 15 \times 3.0$ | 508 | 39.9 | 48.92 | 12.23 |
| | $[100 \times 50 \times 20 \times 3.0$ | 658 | 51.6 | 100.28 | 20.06 |
| 槽钢 | $[80 \times 43 \times 5.0$ | 1024 | 80.4 | 101.30 | 25.30 |
| 矩形木楞 | $50 \times 100$ | 5000 | 30.0 | 416.67 | 83.33 |
| | $60 \times 90$ | 5400 | 32.4 | 364.50 | 81.00 |
| | $80 \times 80$ | 6400 | 38.4 | 341.33 | 85.33 |
| | $100 \times 100$ | 10000 | 60.0 | 833.33 | 166.67 |

次、主钢桁架梁计算应按下列步骤进行：钢桁架应优先选用角钢、扁钢和圆钢筋制成→正确确定计算简图（图 2-28~图 2-30）→分析和准确求出节点集中荷载 $P$ 值→求解桁架各杆件的内力→选择截面并应按式（2-17）和式（2-18）核验杆件内力。

拉杆：

$$\sigma = \frac{N}{A} \leqslant f \tag{2-17}$$

压杆：

$$\sigma = \frac{N}{\varphi A} \leqslant f \tag{2-18}$$

式中 $N$——轴向拉力或轴心压力（kN）；

$A$——杆件截面面积（mm²）；

$\varphi$——轴心受压杆件稳定系数；

$f$——钢材抗拉、抗压强度设计值（N/mm²）。

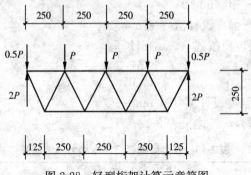

图 2-28　轻型桁架计算示意简图

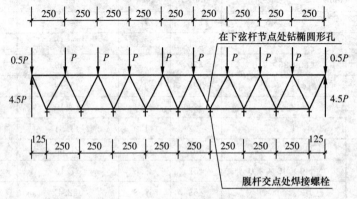

图 2-29　曲面可变桁架计算示意简图

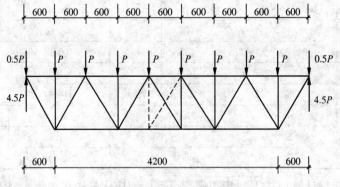

图 2-30　可调桁架跨长计算示意简图

② 次、主楞梁抗剪强度计算。

在主平面内受弯的钢实腹构件的抗剪强度应按式（2-19）计算：

$$\tau = \frac{VS_0}{It_{\mathrm{w}}} \leqslant f_{\mathrm{v}} \tag{2-19}$$

式中　$V$ ——计算截面沿腹板平面作用的剪力设计值（kN）；

　　　$S_0$ ——计算剪力应力处以上毛截面对中和轴的面积矩（mm³）；

$I$ ——毛截面的惯性矩（$mm^4$）；

$t_w$ ——腹板厚度（mm）；

$f_v$ ——钢材的抗剪强度设计值（$N/mm^2$）。

在主平面内受弯的木实截面构件的抗剪强度应按式（2-20）计算：

$$\tau = \frac{VS_0}{Ib} \leqslant f_v \tag{2-20}$$

式中　$b$ ——构件的截面宽度（mm）；

$f_v$ ——木材顺纹抗剪强度设计值（$N/mm^2$）。

③ 简支楞梁的挠度计算按下列简化公式验算：

当 $n$ 为奇数节间，集中荷载 $P_g$ 布置如图 2-31 所示，挠度验算式为：

$$\nu = \frac{(5n^4 - 4n^2 - 1)P_g L^3}{384 n^3 EI} \leqslant [\nu] \tag{2-21}$$

当 $n$ 为奇数节间，集中荷载 $P_g$ 布置如图 2-32 所示，挠度验算式为：

$$\nu = \frac{(5n^4 + 2n^2 + 1)P_g L^3}{384 n^3 EI} \leqslant [\nu] \tag{2-22}$$

当 $n$ 为偶数节间，集中荷载 $P_g$ 布置如图 2-31 所示，挠度验算式为：

$$\nu = \frac{(5n^2 - 4)P_g L^3}{384 nEI} \leqslant [\nu] \tag{2-23}$$

当 $n$ 为偶数节间，集中荷载 $P_g$ 布置如图 2-32 所示，挠度验算式为：

$$\nu = \frac{(5n^2 + 2)P_g L^3}{384 nEI} \leqslant [\nu] \tag{2-24}$$

式中　$n$ ——节点跨中集中荷载 $P$ 的个数；

$P_g$ ——节点集中荷载设计值（kN）；

$L$ ——桁架计算跨度值（mm）；

$E$ ——钢材的弹性模量（$N/mm^2$）；

$I$ ——跨中上、下弦及腹杆的毛截面惯性矩（$mm^4$）；

$[\nu]$ ——取值为 $\dfrac{L}{1000}$。

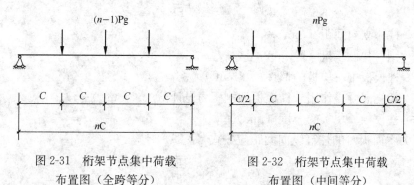

图 2-31　桁架节点集中荷载　　　　图 2-32　桁架节点集中荷载
　　　布置图（全跨等分）　　　　　　　布置图（中间等分）

（4）对拉螺栓应确保内、外侧模能满足设计要求的强度、刚度和整体性。

对拉螺栓强度应按下列公式计算：

$$N = abF_s \tag{2-25}$$

$$N_t^0 = A_n f_t^0 \tag{2-26}$$

$$N_t^0 > N \tag{2-27}$$

式中　$N$——对拉螺栓最大轴力设计值（kN）；

$N_t^0$——对拉螺栓轴向拉力设计值（kN）；

$a$——对拉螺栓横向间距（mm）；

$b$——对拉螺栓竖向间距（mm）；

$F_s$——新浇混凝土作用于模板上的侧压力、振捣混凝土对垂直模板产生的水平荷载或倾倒混凝土时作用于模板上的侧压力设计值（kN）：

$F_s = 0.95(r_G F + r_Q Q_{3k})$ 或 $F_s = 0.95(r_G G_{4k} + r_Q Q_{3k})$；其中，0.95 为荷载值折减系数；

$A_n$——对拉螺栓的净截面面积（mm²）；

$f_t^0$——螺栓的抗拉强度设计值（N/mm²）。

对拉螺栓轴向拉力设计值见表 2-14。

表 2-14　对拉螺栓轴向拉力设计值（$N_t^b$）

| 螺栓直径<br>（mm） | 螺栓内径<br>（mm） | 净截面面积<br>（mm²） | 重量<br>（N/m） | 轴向拉力设计值<br>$N_t^b$（kN） |
| --- | --- | --- | --- | --- |
| M12 | 9.85 | 76 | 8.9 | 12.9 |
| M14 | 11.55 | 105 | 12.1 | 17.8 |
| M16 | 13.55 | 144 | 15.8 | 24.5 |
| M18 | 14.93 | 174 | 20.0 | 29.6 |
| M20 | 16.93 | 225 | 24.6 | 38.2 |
| M22 | 18.93 | 282 | 29.6 | 47.9 |

（5）柱箍应采用扁钢、角钢、槽钢和木楞制成，其受力状态应为拉弯杆件，柱箍计算（简图见图 2-33）应符合下列规定：柱箍间距（$l_1$）应按下列各式的计算结果取其小值。

①柱模为钢面板时的柱箍纵向间距应按式（2-28）计算：

$$l_1 \leqslant 3.276 \sqrt[4]{\frac{EI}{Fb}} \tag{2-28}$$

式中　$l_1$——柱箍纵向间距（mm）；

$E$——钢材弹性模量（N/mm²）；

$I$——柱模板中一块板的惯性矩（mm⁴）；

$F$——新浇混凝土作用于柱模板的侧压力设计值（N/mm²）；

$b$——柱模板一块板的厚度（mm）。

② 柱模为木面板时的柱箍纵向间距应按式（2-29）计算：

$$l_1 \leqslant 0.783 \sqrt[3]{\frac{EI}{Fb}} \tag{2-29}$$

式中　$E$——柱木面板的弹性模量（N/mm²）；

$I$——柱木面板的惯性矩（mm⁴）；

$b$——柱木面板一块的宽度（mm）。

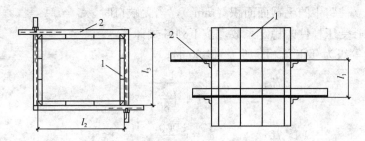

图 2-33 柱箍计算简图

(a) 平面图；(b) 剖面图

1—钢模板；2—柱箍

柱箍间距还应按式（2-30）计算：

$$l_1 \leqslant \sqrt{\frac{8Wf(\text{或 } f_m)}{F_s b}} \tag{2-30}$$

式中　$W$——钢或木面板的抵抗矩（$mm^3$）；

　　　$f$——钢材抗弯强度设计值（$N/mm^2$）；

　　　$f_m$——木材抗弯强度设计值（$N/mm^2$）。

③ 柱箍强度应按拉弯杆件采用式（2-31）计算，当计算结果不满足式（2-31）要求时，应减小柱箍间距或增大柱箍的截面面积：

$$\frac{N}{A_n} + \frac{M_x}{W_{nx}} \leqslant f \text{ 或 } f_m \tag{2-31}$$

其中，

$$N = \frac{q l_3}{2} \tag{2-32}$$

$$q = F_s l_1 \tag{2-33}$$

式中　$N$——柱箍轴向拉力设计值（kN）；

　　　$q$——沿柱箍跨向垂直线荷载设计值（kN/m）；

　　　$A_n$——柱箍的净截面面积（$mm^2$）；

　　　$M_x$——柱箍承受的弯矩设计值（kN·m）；

$$M_x = \frac{q l_2^2}{8} = \frac{F_s l_1 l_2^2}{8} \tag{2-34}$$

　　　$l_1$——柱箍的间距（mm）；

　　　$l_2$——长边柱箍的计算跨度（mm）；

　　　$l_3$——短边柱箍的计算跨度（mm）。

（6）木立柱的强度按式（2-35）计算：

$$\sigma_c = \frac{N}{A_n} \leqslant f_c \tag{2-35}$$

稳定度按式（2-36）计算：

$$\frac{N}{\varphi A_0} \leqslant f_\varepsilon \tag{2-36}$$

式中　$N$——轴心压力设计值（kN）；

　　　$A_n$——木立柱受压杆件的净截面面积（$mm^2$）；

　　　$f_c$——木材顺纹的抗压强度设计值（$N/mm^2$）；

$A_0$ ——木立柱跨中的毛截面面积（$mm^2$），当无缺口时，$A_0 = A$；

$\varphi$ ——轴心受压杆件的稳定系数，按下列各式计算：

当树种强度等级为 TC17、TC15 及 TB20 时：

$$\lambda \leqslant 75： \qquad \varphi = \frac{1}{1 + \left(\frac{\lambda}{80}\right)^2} \tag{2-37}$$

$$\lambda > 75： \qquad \varphi = \frac{3000}{\lambda^2} \tag{2-38}$$

当树种强度等级为 TC13、TC11、TB17 及 TB15 时：

$$\lambda \leqslant 91： \qquad \varphi = \frac{1}{1 + \left(\frac{\lambda}{65}\right)^2} \tag{2-39}$$

$$\lambda > 91： \qquad \varphi = \frac{2800}{\lambda^2} \tag{2-40}$$

$$\lambda = \frac{L_0}{i} \tag{2-41}$$

$$i = \sqrt{\frac{I}{A}} \tag{2-42}$$

式中　$L_0$ ——木立柱受压杆件的计算长度（mm），按两端铰接计算 $L_0 = L$，$L$ 为单根木立柱的实际长度（mm）；

　　　$i$ ——木立柱受压杆件的回转半径（mm）；

　　　$I$ ——受压杆件的毛截面惯性矩（$mm^4$）；

　　　$A$ ——杆件的毛截面面积（$mm^2$）。

（7）工具式钢管立柱的计算（图 2-34）：

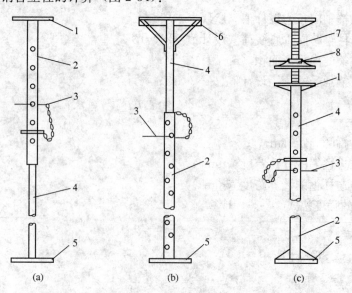

图 2-34　钢管立柱类型

（a）钢管立柱类型 1；（b）钢管立柱类型 2；（c）钢管立柱类型 3

1—顶板；2—套管；3—插销；4—插管；5—底板；6—琵琶撑；7—螺栓；8—转盘

① CH 型和 YJ 型工具式钢管支柱的规格和力学性能应符合表 2-15 和表 2-16 的规定。

**表 2-15　CH、YJ 型工具式钢管支柱的规格**

| 项目 | 型号 | CH | | | YJ | | |
|---|---|---|---|---|---|---|---|
| | | CH-65 | CH-75 | CH-90 | YJ-18 | YJ-22 | YJ-2 |
| 最小使用长度（mm） | | 1812 | 2212 | 2712 | 1820 | 2220 | 2720 |
| 最大使用长度（mm） | | 3062 | 3462 | 3962 | 3090 | 3490 | 3990 |
| 调节范围（mm） | | 1250 | 1250 | 1250 | 1270 | 1270 | 1270 |
| 螺旋调节范围（mm） | | 170 | 170 | 170 | 70 | 70 | 70 |
| 容许荷载 | 最小长度时（kN） | 20 | 20 | 20 | 20 | 20 | 20 |
| | 最大长度时（kN） | 15 | 15 | 12 | 15 | 15 | 121 |
| 重量（kN） | | 0.124 | 0.132 | 0.148 | 0.1387 | 0.1499 | 0.1639 |

注：下套管长度应大于钢管总长的 1/2 以上。

**表 2-16　CH、YJ 型工具式钢管支柱的力学性能**

| 项目 | | 直径（mm） | | 壁厚（mm） | 截面面积（mm⁴） | 惯性矩 $I$（mm⁴） | 回转半径 $i$（mm） |
|---|---|---|---|---|---|---|---|
| | | 外径 | 内径 | | | | |
| CH | 插管 | 48.6 | 43.8 | 2.4 | 348 | 93200 | 16.4 |
| | 套管 | 60.5 | 55.7 | 2.4 | 438 | 185100 | 20.6 |
| YJ | 插管 | 48 | 43 | 2.5 | 357 | 92800 | 16.1 |
| | 套管 | 60 | 55.4 | 2.3 | 417 | 173800 | 20.4 |

② 工具式钢管立柱受压稳定性的计算：

立柱应考虑插管与套管之间因松动而产生的偏心（按偏半个钢管直径计算），应按式（2-43）的压弯杆件计算：

$$\frac{N}{\varphi_x A} + \frac{\beta_{mx} M_x}{W_{1x}\left(1 - 0.8\frac{N}{N_{Ex}}\right)} \leqslant f \tag{2-43}$$

式中　$N$——所计算杆件的轴心压力设计值（kN）；

　　$\varphi_x$——弯矩作用平面内的轴心受压构件稳定系数，根据 $\lambda_x = \frac{\mu L_0}{i_2}$ 的值和钢材屈服强度（$f_y$），其中 $\mu = \sqrt{\frac{1+n}{2}}$，$n = \frac{I_{x2}}{I_{x1}}$，$I_{x1}$ 为上插管惯性矩，$I_{x2}$ 为下套管惯性矩；

　　$A$——钢管的毛截面面积（mm²）；

　　$\beta_{mx}$——等效弯矩系数，此处为 $\beta_{mx} = 1.0$；

　　$M_x$——弯矩作用于平面内的偏心弯矩值（kN·m），$M_x = N \times \frac{d}{2}$，$d$ 为钢管支柱的外径；

　　$W_{1x}$——弯矩作用于平面内较大受压纤维的毛截面抵抗矩（mm³）；

　　$N_{Ex}$——欧拉临界力（kN），$N_{Ex} = \frac{\pi^2 EA}{\lambda_x^2}$，$E$ 为钢管弹性模量。

立柱上下端之间，在插管与套管接头处，当设有钢管扣件式的纵横向水平拉条时，应取其最大步距按两端铰接轴心受压杆件计算。

③ 轴心受压杆件应按式（2-44）计算：

$$\frac{N}{\varphi A} \leqslant f \tag{2-44}$$

式中　$N$ ——轴心受压设计值（kN）；

　　　$\varphi$ ——轴心受压稳定系数（取截面两主轴稳定系数中的较小者）；

　　　$A$ ——轴心受压杆件的毛截面面积（mm²）；

　　　$f$ ——钢材抗压强度设计值（N/mm²）。

④ 插销抗剪强度按式（2-45）计算：

$$N \leqslant 2A_{\mathrm{n}}f_{\mathrm{v}}^{\mathrm{b}} \tag{2-45}$$

式中　$f_{\mathrm{v}}^{\mathrm{b}}$ ——钢插销抗剪强度设计值（N/mm²）；

　　　$A_{\mathrm{n}}$ ——钢插销的净截面面积（mm²）。

⑤ 插销处钢管壁端面承压按式（2-46）计算：

$$N \leqslant f_{\mathrm{c}}^{\mathrm{b}}A_{\mathrm{c}}^{\mathrm{b}} \tag{2-46}$$

式中　$f_{\mathrm{c}}^{\mathrm{b}}$ ——插销孔处管壁端承压强度设计值（N/mm²）；

　　　$A_{\mathrm{c}}^{\mathrm{b}}$ ——两个插销孔处管壁承压面积（mm²），$A_{\mathrm{c}}^{\mathrm{b}} = 2dt$，$d$ 为插销直径，$t$ 为管壁厚度。

（8）扣件式钢管立柱的计算：

① 用对接扣件连接的钢管立柱应按单杆轴心受压构件计算，其计算应符合式（2-44），式中计算长度采用纵横向水平拉杆的最大步距，最大步距不得大于 1.8m，步距相同时应采用底层步距。

② 室外露天支模组合风荷载时，立柱计算应符合式（2-47）要求：

$$\frac{N_{\mathrm{w}}}{\varphi A} + \frac{M_{\mathrm{w}}}{W} \leqslant f \tag{2-47}$$

其中：

$$N_{\mathrm{w}} = 1.2\sum_{i=1}^{n}N_{\mathrm{G}ik} + 0.9 \times 1.4\sum_{i=1}^{n}N_{\mathrm{Q}ik} \tag{2-48}$$

$$M_{\mathrm{w}} = \frac{0.9 \times 1.4w_{\mathrm{k}}l_{a}h^{2}}{10} \tag{2-49}$$

式中　$1.2\sum\limits_{i=1}^{n}N_{\mathrm{G}ik}$ ——各恒载标准值对立杆产生的轴向力之和（kN）；

　　　$\sum\limits_{i=1}^{n}N_{\mathrm{Q}ik}$ ——各活荷载标准值对立杆产生的轴向力之和（kN），另加 $\dfrac{M_{\mathrm{w}}}{l_{\mathrm{b}}}$ 的值；

　　　$w_{\mathrm{k}}$ ——风荷载标准值（kN）；

　　　$h$ ——纵横水平拉杆的计算步距（mm）；

　　　$l_{a}$ ——立柱迎风面的间距（mm）；

　　　$l_{\mathrm{b}}$ ——与迎风面垂直方向的立柱间距（mm）。

碗扣式钢管立柱与纵横方向应按一定步距设置水平横杆拉结，所有水平横杆之间应设置工具式剪刀撑，当轴力作用于立柱钢管顶端时，应按单钢管支柱轴心受压构件计算，其计算应符合式（2-44）的要求，式中的计算跨度应采用纵横向水平拉杆的最大步距及底层步距。

对露天支模需考虑风力组合时，应按式（2-47）计算。碗扣式柱自重、活荷载应符合下列规定：

①一个 1.8m×1.2m×1.8m（长×宽×高）的框架单元自重，不带廊道斜杆 XG-216 时为 G，带廊道斜杆时为 G′，见表 2-17。

② 单元框架满铺脚手架一层，外层设两道用 HG-180 横杆构成的护栏，自重为 0.84kN。

③ 单元框架按每 6 层（一层为 1.8m 高）设一层安全防护层脚手架（竹笆板、安全网）、安全网支架和安全网，其自重共计为 0.87kN。

表 2-17　单元框架（1.8m 高）的自重 G、G′表

| 杆件名称 | 型号 | 数量 | 单位 | 单重（kN） | 总重（kN） | 合计（kN） | 备注 |
|---|---|---|---|---|---|---|---|
| 立杆 | LG-300 | 1.8×2 | m | 0.1731 | 0.208 | G＝0.56 | |
| 横杆 | HG-180 | 2 | 根 | 0.075 | 0.150 | G′＝0.63 | |
| 廊道横杆 | HG-120 | 1 | 根 | 0.052 | 0.052 | | LG-300 长 3m，按 3.6m 计双侧对称处置 |
| 斜杆 | XG-255 | 2 | 根 | 0.075 | 0.150 | | |
| 廊道斜杆 | XG-216 | 1 | 根 | 0.066 | 0.066 | | |

④ 模板、钢筋、新浇混凝土自重及振捣混凝土产生的活荷载等应按前面的规定取值。

（9）门型钢管立柱的轴力应作用于两端主立杆的顶端，不得承受偏心荷载。门型立柱的稳定性应按式（2-50）计算：

$$\frac{N}{\varphi A_0} \leqslant kf \tag{2-50}$$

其中不考虑风荷载作用时，$N$ 应按式（2-51）计算：

$$N = 0.9 \times \left[ 1.2\left(N_{GK}H_0 + \sum_{i=1}^{n} N_{Gik}\right) + 1.4N_{Q/k} \right] \tag{2-51}$$

当露天支模考虑风荷载时，$N$ 应按式（2-52）、式（2-53）计算取最大值：

$$N = 0.9 \times \left[ 1.2\left(N_{GK}H_0 + \sum_{i=1}^{n} N_{Gik}\right) + 0.9 \times 1.4\left(N_{Qlk} + \frac{2M_w}{b}\right) \right] \tag{2-52}$$

$$N = 0.9 \times \left[ 1.35\left(N_{GK}H_0 + \sum_{i=1}^{n} N_{Gik}\right) + 1.4\left(0.7N_{Qlk} + 0.6 \times \frac{2M_w}{b}\right) \right] \tag{2-53}$$

$$M_w = \frac{q_w h^2}{10} \tag{2-54}$$

式中　$N$ ——作用于一榀门型支柱的轴向拉力设计值（kN）；

$N_{GK}$ ——每米高度门架及配件、水平加固杆及纵横扫地杆、剪刀撑自重产生的轴向力标准值（kN）；

$\sum_{i=1}^{n} N_{Gik}$ ——榀门架范围内所作用的模板、钢筋及新浇混凝土的各种恒载轴向力标准值总和（kN）；

$N_{Qlk}$ ——榀门架范围内所作用的振捣混凝土时的活荷载标准值（mm）；

$H_0$ ——以米为单位的门型支柱的总高度值（mm）；

$M_w$ ——风荷载产生的弯矩标准值（kN·m）；

$q_w$ ——风线荷载标准值（kN/m）；

$h$ ——垂直门架平面的水平加固杆的底层步距（mm）；

$A_0$ ——榀门架两边立杆的毛截面面积（mm²），$A_0 = 2A$；

$k$ ——调整系数，可调底座调节螺栓伸出长度不超过 200mm 时，取 1.0；伸出长度为 300mm，取 0.9；伸出长度超过 300mm，取 0.8；

$f$ ——钢管的强度设计值（N/mm²）；

$\varphi$ ——门型支柱立杆的稳定系数，按 $\lambda = k_0 h_0/i$；门架立柱换算截面回转半径 $i$，可按式（2-55）、式（2-56）计算：

$$i = \sqrt{\frac{I}{A_1}} \tag{2-55}$$

$$I = I_0 + I_1 \frac{h_1}{h_0} \tag{2-56}$$

$k_0$ ——长度修正系数，门型模板支柱高度 $H_0 \leqslant 30\text{m}$ 时，$k_0 = 1.13$；$H_0 = 31 \sim 45\text{m}$ 时，$k_0 = 1.17$；$H_0 = 46 \sim 60\text{m}$ 时，$k_0 = 1.22$；

$h_0$ ——门型架高度（mm）；

$h_1$ ——门型架加强杆的高度（mm）；

$A_1$ ——门架一边立杆的毛截面面积（mm²）；

$I_0$ ——门架一边立杆的毛截面惯性矩（mm⁴）；

$I_1$ ——门架一边加强杆的毛截面惯性矩（mm⁴）。

门架、配件、附件的重量见表 2-18 所示。

表 2-18 门架、配件、附件的重量

| 名称 | 单位 | 代号 | 重量（kN） |
|---|---|---|---|
| 门架 | 榀 | MF1219 | 0.224 |
| 门架 | 榀 | MF1217 | 0.205 |
| 交叉支撑 | 付 | C1812 | 0.040 |
| 水平架 | 榀 | H1810 | 0.165 |
| 脚手板 | 块 | P1805 | 0.184 |
| 连接 | 个 | J220 | 0.006 |
| 俄臂 | 付 | L700 | 0.0085 |
| 固定底座 | 个 | FS100 | 0.010 |
| 可调底座 | 个 | AS400 | 0.035 |
| 可调托座 | 个 | AU400 | 0.045 |
| 梯形架 | 榀 | LF1212 | 0.133 |
| 窄形架 | 榀 | NF617 | 0.122 |

| 名称 | 单位 | 代号 | 重量（kN） |
|---|---|---|---|
| 承托架 | 榀 | BF617 | 0.209 |
| 梯子 | 付 | S1819 | 0.272 |
| 钢管 | 米 | $\phi48\times3.5$ | 0.0384 |
| 直角扣件 | 个 | JK4848、JK4843、JK4343 | 0.0135 |
| 旋转扣件 | 个 | JK4848、JK4843、JK4343 | 0.0145 |

注：1. 表中门架应符合《门式钢管脚手架》JG 13—1999 的规定；

　　2. 当采用的门架集合尺寸及杆件规格与本表不符合时应按实际计算。

**3. 立柱底地基承载力的计算**

立柱底地基承载力应按式（2-57）计算：

$$p = \frac{N}{A} \leqslant m_f f_{ak} \tag{2-57}$$

式中　$p$——立柱底垫木的底面平均压力（N/mm²）；

　　　$N$——上部立柱传至垫木顶面的轴向力设计值（N）；

　　　$A$——垫木的底面面积（mm²）；

　　$f_{ak}$——地基土承载力设计值（N/mm²），应采用现行国家标准《建筑地基基础设计规范》GBJ 50007—2011 的规定或工程地质报告提供的数据；

　　$m_f$——立柱垫木土承载力折减系数，应采用表 2-19 中数值。

表 2-19　地基土承载力折减系数 （$m_f$）

| 地基土类别 | 折减系数 | |
|---|---|---|
| | 支承在原土上时 | 支承在回填土上时 |
| 碎石土、砂土、多年填积土 | 0.8 | 0.4 |
| 粉土、黏土 | 0.9 | 0.5 |
| 岩石、混凝土 | 1.0 | — |

注：1. 立柱基础应用良好的排水措施，支安垫土前应适当洒水将原土表面夯实夯平；

　　2. 回填土应分层夯实，其各类回填土的干重度应达到所要求的密实度。

框架和剪力墙的模板、钢筋全部安装完毕后，应验算在本地区规定的风压作用下，整个模板系统的稳定性。其验算方法应将要求的风力与模板系统、钢筋的自重乘以相应荷载分项系数后，求其合力作用线不得超过背风面的柱脚或墙底脚的外边。

## 2.3.5　爬模的计算

（1）爬模应由模板、支撑架、附墙架和爬升动力设备等组成。

（2）爬模模板应分别按混凝土浇筑阶段和爬升阶段验算。

（3）爬模的支撑架应按偏心受压格构式构件计算，应进行整体强度验算、整体稳定性验算、单肢稳定性验算和缀条验算。计算方法应按现行国家标准《钢结构设计标准（附条文说明［另册]）》GB 50017—2017 的有关规定进行。

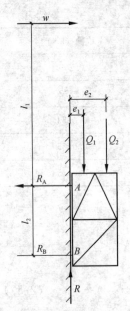

图 2-35 附墙架与墙
连接螺栓计算简图

(4) 附墙架各杆件应按支撑架和构造要求选用强度和稳定性都能满足要求，可不必进行验算。

(5) 附墙架与钢筋混凝土外墙的穿墙螺栓连接验算应遵守下列规定：

① 4 个及以上穿墙螺栓应预先采用钢套管准确留出孔洞。固定附墙架时，应将螺栓预拧紧，将附墙架压紧在墙面上。

② 计算简图如图 2-35 所示。

③ 应按一个螺栓的剪拉强度及综合公式小于 1.0 的验算，还应验算附墙架靠墙肢轴力对螺栓产生的抗拉强度计算。

④ 螺栓孔壁局部承压应按式（2-58）～式（2-60）计算：

$$4R_2b - Q_i(2b_1 + 3c) = 0$$

$$R_1 - R_2 - Q_i = 0 \tag{2-58}$$

$$R_1(b - b_1) - R_2b_1 = 0$$

$$F_i = 1.5\beta f_c A_m \tag{2-59}$$

$$F_i > R_1 \text{ 或 } R_2 \tag{2-60}$$

式中　$R_1$、$R_2$——一个螺栓预留孔混凝土孔壁所承受的压力（kN）；

　　　　$b$——混凝土外墙的厚度（mm）；

　　　　$b_1$、$b_2$——孔壁压力 $R_1$、$R_2$ 沿外墙厚度方向承压面的长度（mm）；

　　　　$F_i$——一个螺栓预留孔混凝土孔壁局部承压允许设计值（kN）；

　　　　$\beta$——混凝土局部承压提高系数，取 1.73；

　　　　$f_c$——按实测所得混凝土强度等级的轴心抗压强度设计值（N/mm²）；

　　　　$A_m$——一个螺栓局部承压净面积（mm²），$A_m = db_1$（$d$ 为螺栓的直径，有套管时为套管的外径）；

　　　　$Q_i$——一个螺栓所承受的竖向外力设计值（kN）；

　　　　$c$——附墙架靠墙肢的形心与墙面距离再另加 3mm 离外墙边的空隙（mm）。

## 2.4　模板计算实例

### 2.4.1　柱模板的验算

现有钢筋混凝土框架七层办公楼，柱网尺寸均为 8m×8m，柱截面尺寸为 800mm×800mm，纵横向主梁截面为 300mm×750mm，纵横向次梁截面为 300mm×600mm（图 2-36），钢筋混凝土板厚为 120mm，层高为 3.6m，电梯井墙壁为钢筋混凝土墙，厚度为 200mm。对梁、板、柱、墙模板经多方案比较，目前，建筑市场工程用模板大都采用覆面胶合板来制作，组合钢模板几乎不用，因此本设计例题就以覆面胶合板设计为主，所以本工程模板均采用厚为 15mm 的覆面胶合板来制作，面板下次楞采用 50mm×70mm 木方；次楞后面的主楞，板下面的主楞为 100mm×100mm 的木方，墙、柱箍、梁底及侧模的主楞为直径 48mm，壁厚 3mm 的钢管。

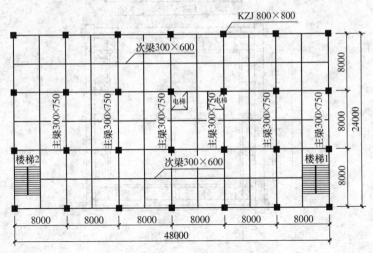

图 2-36 结构布置图

## 1. 柱模板受力简图

钢管柱箍、柱模板的背部支撑由两层组成，第一层为直接支撑模板的竖楞，用以支撑混凝土对模板的侧压力；第二层为支撑竖楞的柱箍，用以支撑竖楞所受的压力；柱箍之间用对拉螺栓相互拉接，形成一个完整的柱模板支撑系统。对拉螺栓直径为 M12（mm），柱模板的总计算高度：$H=3.00$m（图 2-37 和图 2-38）。

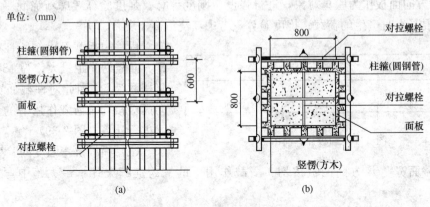

图 2-37 柱结构布置图

（a）柱立面图；（b）柱剖面图

## 2. 柱模板荷载标准值的计算

新浇混凝土作用于模板的最大侧压力，按下列公式计算，并取其中的较小值：

$$F = 0.22\gamma_c t_0 \beta_1 \beta_2 V^{\frac{1}{2}}$$

$$F = \gamma_c H$$

其中，$\gamma_c$ 为混凝土的重力密度，取 $24.0\text{kN/m}^3$；$t_0$ 为新浇混凝土的初凝时间，取 2.0h；$V$ 为混凝土的浇筑速度，取 2.5m/h；$H$ 为模板的计算高度，取 3.0m；$\beta_1$ 为外加剂影响修正系数，取 1.2；$\beta_2$ 为混凝土坍落度影响修正系数，取 1.0。

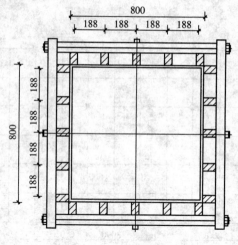

图 2-38　柱计算简图

分别计算 $F$ 得 $20.04\text{kN/m}^2$、$72.00\text{kN/m}^2$，取较小值 $20.04\text{kN/m}^2$ 作为本工程计算荷载。

计算中采用新浇混凝土侧压力标准值：$q_1 = 20.04\text{kN/m}^2$

倾倒混凝土时，产生的荷载标准值：$q_2 = 2.0\text{kN/m}^2$

**3. 柱模板面板的计算**

模板结构构件中的面板属于受弯构件，按简支梁或连续梁计算，分别取柱截面宽度 $B$ 方向和 $H$ 方向面板作为验算对象，进行强度、刚度计算。强度验算考虑新浇混凝土的侧压力和倾倒混凝土时产生的荷载；挠度验算只考虑新浇混凝土的侧压力。

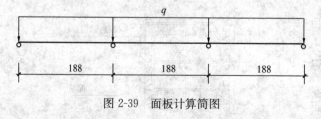

图 2-39　面板计算简图

由柱模板截面可知，柱截面宽度 $B$ 方向竖楞间距最大，为 188mm，且竖楞数为 5，因此对柱截面宽度 $B$ 方向面板按均布荷载作用下的三跨连续梁进行计算（图 2-39）。

（1）面板抗弯强度的验算。

对柱截面宽度 $B$ 方向面板按均布荷载作用下的三跨连续梁计算最大跨中弯矩：$M = 0.1ql^2$。

其中，$M$ 为面板计算最大弯矩（N·mm）；$l$ 为计算跨度（竖楞间距），$l = 188\text{mm}$；$q$ 为作用在模板上的侧压力线荷载，它包括：

新浇混凝土的侧压力设计值：$q_1 = 1.2 \times 20.04 \times 0.60 \times 0.90 = 12.99(\text{kN/m})$

倾倒混凝土的侧压力设计值：$q_2 = 1.4 \times 2.00 \times 0.60 \times 0.90 = 1.51(\text{kN/m})$

式中，0.90 为按《建筑施工模板安全技术规范》JGJ 162—2008 取用的临时结构折减系数。

$$q = q_1 + q_2 = 12.99 + 1.51 = 14.50(\text{kN/m})$$

面板的最大弯矩：$M = 0.1 \times 14.50 \times 188 \times 188 = 5.12 \times 10^4(\text{N·mm})$

面板最大应力：$\sigma = M/W < f$

其中，$\sigma$ 为面板承受的应力（N/mm²）；$M$ 为面板计算的最大弯矩（N·mm）；$W$ 为面板的截面抵抗矩：$W = bh^2/6$，$b$ 为面板的截面宽度（mm），$h$ 为面板的截面厚度（mm），则 $W = 600 \times 15 \times 15/6 = 2.25 \times 10^4 (\text{mm}^3)$；

$f$ 为面板的抗弯强度设计值（N/mm²），取 $f = 13.0\text{N/mm}^2$。

面板的最大应力计算值：$\sigma = M/W = 5.12 \times 10^4/2.25 \times 10^4 = 2.3(\text{N/mm}^2)$

面板的最大应力计算值 $\sigma = 2.3\text{N/mm}^2$，小于面板的抗弯强度设计值 $[\sigma] = 13\text{N/mm}^2$，则满足要求。

（2）面板抗剪强度的验算。

最大剪力按均布荷载作用下的三跨连续梁计算：$V = 0.6ql$。

其中，$V$ 为竖楞计算最大剪力（N）；$l$ 为计算跨度（柱箍间距），取 $l = 600\text{mm}$；$q$ 为作用在模板上的侧压力线荷载取 14.495kN/m。

面板的最大剪力：$V = 0.6 \times 14.50 \times 188 = 1635.37$（N）

截面抗剪强度必须满足：$\tau = 3V/(2bh_0) \leqslant f_\tau$

其中，$\tau$ 为面板承受的剪应力（N/mm²）；$V$ 为面板计算最大剪力（N），取 1635.37N；$b$ 为构件的截面宽度（mm），取 600mm；$h_0$ 为面板厚度（mm），取 15mm；$f_\tau$ 为面板抗剪强度设计值（N/mm²），取 1.5N/mm²。

面板截面受剪应力计算值：$\tau = 3 \times 1635.37/(2 \times 600 \times 15) = 0.3(\text{N/mm}^2)$

面板截面抗剪强度设计值：$[f_\tau] = 1.5\text{N/mm}^2$

面板截面的受剪应力 $\tau = 0.3\text{N/mm}^2$，小于面板截面抗剪强度设计值 $[f_\tau] = 1.5\text{N/mm}^2$，则满足要求。

（3）面板的挠度验算。

最大挠度按均布荷载作用下的三跨连续梁计算：$\nu = 0.677ql^4/(100EI)$

其中，$q$ 为作用在模板上的侧压力线荷载（kN/m）：$q = 20.04 \times 0.6 = 12.02$（kN/m）

$\nu$ 为面板最大挠度（mm）；$l$ 为计算跨度（竖楞间距），$l = 188\text{mm}$；$E$ 为面板弹性模量（N/mm²），取 $E = 6000\text{N/mm}^2$；$I$ 为面板截面的惯性矩（mm⁴），$I = bh^3/12$，则 $I = 600 \times 15 \times 15 \times 15/12 = 1.69 \times 10^5 (\text{mm}^4)$。

面板最大容许挠度：$[\nu] = 188/250 = 0.8(\text{mm})$

面板的最大挠度计算值：$\nu = 0.677 \times 12.02 \times 188^4/(100 \times 6000 \times 1.69 \times 10^5) = 0.1(\text{mm})$

面板的最大挠度计算值 $\nu = 0.1\text{mm}$，小于面板最大容许挠度设计值 $[\nu] = 0.8\text{mm}$，则满足要求。

**4. 竖楞的计算**

模板结构构件中的竖楞（小楞）属于受弯构件，按连续梁计算。

本工程中柱的高度为 3.0m，柱箍间距为 600mm（图 2-40），因此按均布荷载作用下的

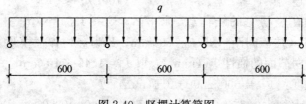

图 2-40 竖楞计算简图

143

三跨连续梁计算。

本工程中，竖楞采用木方，宽度为 50mm，高度为 70mm，截面惯性矩 I 和截面抵抗矩 W 分别为：

$$W = 50 \times 70 \times 70/6 \times 1 = 40.83(cm^3)$$
$$I = 50 \times 70 \times 70 \times 70/12 \times 1 = 142.92(cm^4)$$

（1）抗弯强度的验算。

支座最大弯矩计算：$M = 0.1ql^2$

其中，M 为竖楞计算最大弯矩（N·mm）；l 计算跨度（柱箍间距）：l 取 600mm；q 为作用在竖楞上的线荷载，它包括：

新浇混凝土侧压力设计值：$q_1 = 1.2 \times 20.04 \times 0.188 \times 0.90 = 4.07(kN/m)$

倾倒混凝土侧压力设计值：$q_2 = 1.4 \times 2.00 \times 0.188 \times 0.90 = 0.47(kN/m)$

$$q = 4.07 + 0.47 = 4.54(kN/m)$$

竖楞的最大弯矩：$M = 0.1 \times 4.54 \times 600 \times 600 = 1.64 \times 10^5 (N·mm)$

竖楞的最大应力需满足：$\sigma = M/W < f$

其中，$\sigma$ 为竖楞承受的应力（N/mm²）；M 为竖楞计算最大弯矩（N·mm）；W 为竖楞的截面抵抗矩（mm³），取 $W = 4.08 \times 10^4 mm^3$；f 为竖楞的抗弯强度设计值（N/mm²），$f = 13N/mm^2$。

竖楞的最大应力计算值：$\sigma = M/W = 1.64 \times 10^5/4.08 \times 10^4 = 4.0(N/mm^2)$

竖楞的最大应力计算值 $\sigma = 4.0N/mm^2$，小于竖楞的抗弯强度设计值 $[\sigma] = 13N/mm^2$，则满足要求。

（2）抗剪强度的验算。

最大剪力按均布荷载作用下的三跨连续梁计算，公式如下：$V = 0.6ql$

其中，V 为竖楞计算最大剪力（N）；l 为计算跨度（柱箍间距），取 l = 600mm；q 为作用在模板上的侧压力线荷载，取 q = 4.542kN/m。

竖楞的最大剪力：$V = 0.6 \times 4.54 \times 600 = 1635.48$（N）

截面抗剪强度必须满足：$\tau = 3V/(2bh_0) \leqslant f_\tau$

其中，$\tau$ 为竖楞截面最大受剪应力（N/mm²）；V 为竖楞计算最大剪力（N）；b 为竖楞的截面宽度（mm）：取 b 为 50mm；$h_0$ 为竖楞的截面高度（mm）：取 $h_0$ 为 15mm；$f_\tau$ 为面板抗剪强度设计值（N/mm²）：$[f_\tau] = 1.5N/mm^2$。

面板截面受剪应力计算值：$\tau = 3 \times 1635.48/(2 \times 600 \times 15) = 0.3(N/mm^2)$

面板截面的受剪应力 $\tau = 0.3N/mm^2$，小于面板截面抗剪强度设计值 $[f_\tau] = 1.5N/mm^2$，则满足要求。

（3）挠度的验算。

最大挠度按三跨连续梁计算：$\nu_{max} = 0.677ql^4/(100EI) \leqslant [\nu]$

其中，q 为作用在竖楞上的线荷载（kN/m），q = 4.54kN/m；$\nu_{max}$ 为竖楞最大挠度（mm）；l 为计算跨度（柱箍间距），取 l = 600mm；E 为竖楞弹性模量（N/mm²），取 E = 9000N/mm²；I 为竖楞截面的惯性矩（mm⁴），取 $I = 1.43 \times 10^6 mm^4$。

竖楞最大容许挠度：$[\nu] = 600/250 = 2.4(mm)$

竖楞的最大挠度计算值：$\nu = 0.677 \times 4.54 \times 600^4/(100 \times 9000 \times 1.43 \times 10^6) = 0.3(mm)$

竖楞的最大挠度计算值 $\nu=0.3\text{mm}$，小于竖楞最大容许挠度 $[\nu]=2.4\text{mm}$，满足要求。

**5. B 方向柱箍的计算**

本工程中，柱箍采用圆钢管，直径为 48mm，壁厚为 3mm，截面惯性矩 $I$ 和截面抵抗矩 $W$ 分别为：

$$W = 4.493 \times 2 = 8.99(\text{cm})^3$$

$$I = 10.783 \times 2 = 21.57(\text{cm}^4)$$

按集中荷载计算（图 2-41）。

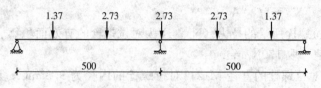

图 2-41 B 方向柱箍计算简图

其中，$P$ 为竖楞方木传递到柱箍的集中荷载（kN）（图 2-42）。

$$P = (1.2 \times 20.04 \times 0.90 + 1.4 \times 2 \times 0.90) \times 0.188 \times 0.60 = 2.73(\text{kN})$$

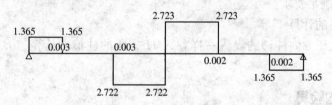

图 2-42 B 方向柱箍剪力图

最大支座力：$N=8.170\text{kN}$。

最大弯矩：$M=0.339\text{kN}\cdot\text{mm}$（图 2-43）。

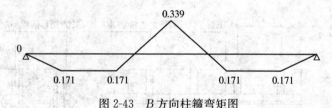

图 2-43 B 方向柱箍弯矩图

最大变形：$\nu=0.081\text{mm}$（图 2-44）。

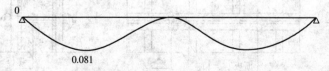

图 2-44 B 方向柱箍变形图

（1）柱箍抗弯强度的验算。

柱箍截面抗弯强度验算公式：$\sigma = M/(\gamma_x W) < f$

其中，柱箍杆件的最大弯矩设计值为 $M=339445.8\text{N}\cdot\text{mm}$；弯矩作用平面内柱箍截面

抵抗矩为 $W=8986\text{mm}^3$；柱箍的抗弯强度设计值为 $[f]=205\text{N/mm}^2$。

$B$ 边柱箍的最大应力计算值 $\sigma=339/(1.05\times8.99\times10^6)=36.0(\text{N/mm}^2)$，小于柱箍的抗弯强度设计值 $[f]=205\text{N/mm}^2$，满足要求。

（2）柱箍挠度的验算。

前文得到：$\nu=0.081\text{mm}$

柱箍最大容许挠度：$[\nu]=400/250=1.6(\text{mm})$

柱箍的最大挠度 $\nu=0.1\text{mm}$，小于柱箍最大容许挠度 $[\nu]=1.6\text{mm}$，满足要求。

（3）$B$ 方向对拉螺栓的验算

计算公式：$N<[N]=f\times A$

其中，$N$ 为对拉螺栓所受的拉力（N）；$A$ 为对拉螺栓的有效面积（$\text{mm}^2$）；$f$ 为对拉螺栓的抗拉强度设计值，取 $170\text{N/mm}^2$。

查表 2-14 得：对拉螺栓的直径 M12；对拉螺栓的内径为 9.85mm；对拉螺栓的有效面积为 $A=76\text{mm}^2$；前文对拉螺栓所受的最大拉力 $N=8.17\text{kN}$。

对拉螺栓最大容许拉力值：$[N]=1.70\times10^5\times7.60\times10^{-5}=13.0(\text{kN})$

对拉螺栓所受的最大拉力 $N=8.17\text{kN}$，小于对拉螺栓最大容许拉力值 $[N]=13.0\text{kN}$，对拉螺栓强度验算满足要求。

**6. $H$ 方向柱箍的计算**

$H$ 方向柱箍与 $B$ 方向柱箍的设置一样，故 $H$ 方向的柱箍的计算与 $B$ 方向柱箍的计算相同。

## 2.4.2　墙模板的验算

墙体厚为 200mm，墙高为 3.6m，面板采用 15mm 覆面胶合板，墙体模板内竖楞 50mm×70mm 木方，方木间距为 300mm，外横楞用 2×$\phi$48×3.0 钢管，间距为 600mm。采用 $\phi$12 对拉螺栓，布置间距为 500mm×600mm（图 2-45）。

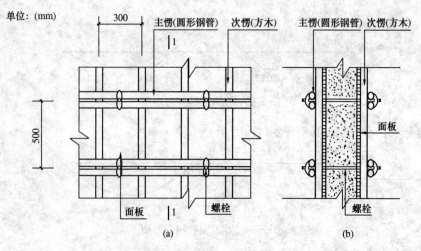

图 2-45　墙模板设计简图

（a）墙模板正立面图；（b）墙模板 1-1 剖面图

**1. 墙模板荷载标准值的计算**

新浇混凝土作用于模板的最大侧压力，按下列公式计算，并取其中最小值：

$$F = 0.22\gamma t \beta_1 \beta_2 V^{1/2}$$

$$F = \gamma H$$

其中，$\gamma_c$ 为混凝土的重力密度，取 24.0kN/m³；$t_0$ 为新浇混凝土的初凝时间，取 2.0h；$V$ 为混凝土的浇筑速度，取 2.5m/h；$H$ 为模板的计算高度，取 3.0m；$\beta_1$ 为外加剂影响修正系数，取 1.2；$\beta_2$ 为混凝土坍落度影响修正系数，取 0.85。分别计算得最大侧压力为 17.03kN/m²、72.00kN/m²，取较小值 17.03kN/m² 作为本工程计算荷载。

计算中采用新浇混凝土侧压力标准值：$q_1 = 17.03$kN/m²

倾倒混凝土时产生的荷载标准值：$q_2 = 3.00$kN/m²

**2. 墙模板面板的验算**

面板为受弯结构，需要验算其抗弯强度和刚度，强度验算要考虑新浇混凝土的侧压力和倾倒混凝土时产生的荷载；挠度验算只考虑新浇混凝土的侧压力。计算原则是按照龙骨的间距和模板面的大小，按支撑在次楞上的三跨连续梁计算（图 2-46）。

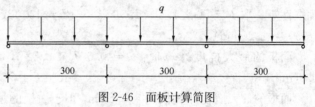

图 2-46　面板计算简图

（1）抗弯强度的验算。

弯矩计算公式为：$M = 0.1q_1 l^2 + 0.117q_2 l^2$

其中，$M$ 为面板计算最大弯矩（N·mm）；$l$ 为计算跨度（次楞间距），取 $l = 300$mm。

新浇混凝土侧压力设计值：$q_1 = 1.2 \times 17.03 \times 0.5 \times 0.90 = 9.20$(kN/m)

倾倒混凝土侧压力设计值：$q_2 = 1.4 \times 3.00 \times 0.5 \times 0.90 = 1.89$(kN/m)

其中，0.90 为按《建筑施工模板安全技术规范》JGJ 162—2008 取的临时结构折减系数。

则面板的最大弯矩为：

$$M = 0.1 \times 9.20 \times 300^2 + 0.117 \times 1.89 \times 300^2 = 1.03 \times 10^5 (\text{N} \cdot \text{mm})$$

面板抗弯强度验算：$\sigma = M/W < f$

其中，$\sigma$ 为面板承受的应力（N/mm²）；M 为面板计算最大弯矩（N·mm）；W 为面板的截面抵抗矩，$W = bh^2/6 = 500 \times 15 \times 15/6 = 1.88 \times 10^4 (\text{mm})^3$；$f$ 为面板截面的抗弯强度设计值（N/mm²），取 $[f] = 13$N/mm²。

面板截面的最大应力计算值：$\sigma = M/W = 1.03 \times 10^5 / 1.88 \times 10^4 = 5.5 (\text{N/mm}^2)$

面板截面的最大应力计算值 $\sigma = 5.5$N/mm²，小于面板截面的抗弯强度设计值 $[f] = 13$N/mm²，满足要求。

（2）抗剪强度的验算。

抗剪强度计算公式：$V = 0.6q_1 l + 0.617q_2 l$。

其中，$V$ 为面板计算最大剪力（N）；$l$ 为计算跨度（次楞间距），$l = 300$mm。

新浇混凝土的侧压力设计值：$q_1 = 1.2 \times 17.03 \times 0.5 \times 0.90 = 9.20$(kN/m)

倾倒混凝土的侧压力设计值：$q_2 = 1.4 \times 3.00 \times 0.5 \times 0.90 = 1.89$(kN/m)

面板的最大剪力：$V = 0.6 \times 9.20 \times 300 + 0.617 \times 1.89 \times 300 = 2005.84$(N)

截面抗剪强度必须满足：$\tau = 3V/(2bh_0) \leqslant f_\tau$；

其中，$\tau$ 为面板截面的最大受剪应力（N/mm²）；$V$ 为面板计算最大剪力（N），取 $V = 2005.84$N；$b$ 为构件的截面宽度（mm），取 $b = 500$mm；$h_0$ 为面板厚度（mm），取 $h_0 = 15$mm；$[f_\tau]$ 为面板抗剪强度设计值（N/mm²），取 $[f_\tau] = 1.5$N/mm²。

面板截面的最大受剪应力计算值：$\tau = 3 \times 2005.84/(2 \times 500 \times 15) = 0.4$(N/mm²)

面板截面的最大受剪应力计算值 $\tau = 0.4$N/mm²，小于面板截面抗剪强度设计值 $[f_\tau] = 1.5$N/mm²，满足要求。

（3）挠度的验算。

根据《建筑施工模板安全技术规范》JGJ 162—2008，刚度验算采用标准荷载，同时不考虑振动荷载作用。挠度计算公式：$\nu = 0.677ql^4/(100EI) \leqslant [\nu]$。

其中，$q$ 为作用在模板上的侧压力线荷载，取 $q = 17.03 \times 0.5 = 8.52$(N/mm)；$l$ 为计算跨度（次楞间距），取 $l = 300$mm；$E$ 为面板的弹性模量，取 $E = 6000$N/mm²；$I$ 为面板的截面惯性矩，取 $I = 50 \times 1.5 \times 1.5 \times 1.5/12 = 14.06$(cm⁴)；面板的最大允许挠度值：$[\nu] = l/250 = 1.2$(mm)。

面板的最大挠度计算值：$\nu = 0.677 \times 8.52 \times 300^4/(100 \times 6000 \times 1.406 \times 10^5) = 0.5$(mm)

面板的最大挠度计算值 $\nu = 0.5$mm，小于面板的最大允许挠度值 $[\nu] = 1.2$(mm)，满足要求。

**3. 墙模板次楞的计算**

次楞直接承受模板传递的荷载，按照均布荷载作用下的三跨连续梁计算（图 2-47）。本工程中，次楞采用木方，宽度为 50mm，高度为 70mm，截面惯性矩 $I$ 和截面抵抗矩 $W$ 分别为：

$$I = 5 \times 7 \times 7 \times 7/12 \times 2 = 285.83(\text{cm}^4)$$
$$W = 5 \times 7 \times 7/6 \times 2 = 81.67(\text{cm}^3)$$

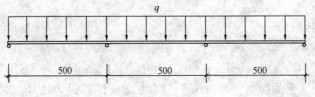

图 2-47 次楞计算简图

（1）次楞的抗弯强度验算。

次楞最大弯矩计算公式：$M = 0.1q_1l^2 + 0.117q_2l^2$

其中，$M$ 为次楞计算最大弯矩（N·mm）；$l$ 为计算跨度（主楞间距），$l = 500$mm。

新浇混凝土的侧压力设计值：$q_1 = 1.2 \times 17.03 \times 0.30 \times 0.90 = 5.52$(kN/m)

倾倒混凝土的侧压力设计值：$q_2 = 1.4 \times 3.00 \times 0.30 \times 0.90 = 1.13$(kN/m)，其中，0.90 为折减系数。

次楞的最大弯矩：$M = 0.1 \times 5.52 \times 500^2 + 0.117 \times 1.13 \times 500^2 = 1.71 \times 10^5$(N·mm)

次楞的抗弯强度应满足：$\sigma = M/W < f$

其中，$\sigma$ 为次楞承受的应力（N/mm²）；$M$ 为次楞计算最大弯矩（N·mm）；$W$ 为次楞的截面抵抗矩（mm³），取 $W = 8.17 \times 10^4$mm³；$f$ 为次楞的抗弯强度设计值（N/mm²）；取

$[f]=13\text{N/mm}^2$。

次楞的最大应力计算值：$\sigma = 1.17 \times 10^5 / 8.17 \times 10^4 = 2.1(\text{N/mm}^2)$

次楞的最大应力计算值 $\sigma = 2.1\text{N/mm}^2$，小于次楞的抗弯强度设计值 $[f] = 13\text{N/mm}^2$，满足要求。

（2）次楞的抗剪强度验算。

最大剪力按均布荷载作用下的三跨连续梁计算公式：$V = 0.6q_1 l + 0.617q_2 l$

其中，$V$ 为次楞承受的最大剪力（N）；$l$ 为计算跨度（主楞间距），取 $l = 500\text{mm}$。

新浇混凝土的侧压力设计值：$q_1 = 1.2 \times 17.03 \times 0.30 \times 0.90/2 = 2.76(\text{kN/m})$

倾倒混凝土的侧压力设计值：$q_2 = 1.4 \times 3.00 \times 0.30 \times 0.90/2 = 0.57(\text{kN/m})$；其中，0.90 为折减系数。

次楞的最大剪力：$V = 0.6 \times 2.76 \times 500 + 0.617 \times 0.57 \times 500 = 1003.85(\text{N})$

截面抗剪强度必须满足：$\tau = 3V/(2bh_0) < f_\tau$。

其中，$\tau$ 为次楞的截面的最大受剪应力（N/mm²）；$V$ 为次楞计算最大剪力（N），取 $V = 1002.6\text{N}$；$b$ 为次楞的截面宽度（mm），取 $b = 50\text{mm}$；$h_0$ 为次楞的截面高度（mm），取 $h_0 = 70\text{mm}$；$[f_\tau]$ 为次楞的抗剪强度设计值（N/mm²），取 $[f_\tau] = 1.5\text{N/mm}^2$。

次楞截面的受剪应力计算值：$\tau = 3 \times 1003.85/(2 \times 50 \times 70) = 0.4(\text{N/mm}^2)$

次楞截面的受剪应力计算值 $\tau = 0.4\text{N/mm}^2$，小于次楞截面的抗剪强度设计值 $[f_\tau] = 1.5\text{N/mm}^2$，满足要求。

（3）次楞的挠度验算。

根据《建筑施工模板安全技术规范》JGJ 162—2008，刚度验算采用荷载标准值，同时不考虑振动荷载作用。挠度验算公式 $\nu = 0.677ql^4/(100EI) \leqslant [\nu]$。

其中，$v$ 为次楞的最大挠度（mm）；$q$ 为作用在次楞上的线荷载（kN/m），$q = 17.03 \times 0.30 = 5.11(\text{kN/m})$；$l$ 为计算跨度（主楞间距），取 $l = 500\text{mm}$；$E$ 为次楞弹性模量（N/mm²），取 $E = 9000\text{N/mm}^2$；$I$ 为次楞截面惯性矩（mm⁴），取 $I = 1.43 \times 10^6 \text{mm}^4$。

次楞的最大挠度计算值：$\nu = 0.677 \times 5.11 \times 500^4/(100 \times 9000 \times 1.43 \times 10^6) = 0.2(\text{mm})$

次楞的最大容许挠度值：$[\nu] = l/250 = 2.0(\text{mm})$

次楞的最大挠度计算值 $\nu = 0.2\text{mm}$，小于次楞的最大容许挠度值 $[\nu] = 2.0\text{mm}$，满足要求。

**4. 墙模板主楞的计算**

（1）次楞传给主楞的荷载。

主楞承受次楞传递的荷载，按照集中荷载作用下的三跨连续梁计算（图 2-48）。本工程中，主楞采用圆钢管，直径为 48mm，壁厚为 3mm，截面惯性矩 $I$ 和截面抵抗矩 $W$ 分别为：

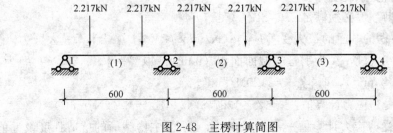

图 2-48 主楞计算简图

$W = 4.493 \times 2 = 8.99 (\text{cm}^3)$；$I = 10.783 \times 2 = 21.57 (\text{cm}^4)$；$E = 206000 \text{N/mm}^2$。

主楞的计算剪力图、弯矩图、变形图如图 2-49～图 2-51 所示。

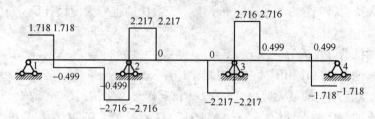

图 2-49　主楞计算剪力图

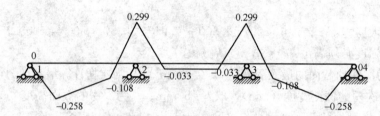

图 2-50　主楞计算弯矩图

图 2-51　主楞计算变形图

（2）主楞的抗弯强度验算。

作用在主楞的荷载：$P = 1.2 \times 17.03 \times 0.3 \times 0.5 + 1.4 \times 3 \times 0.3 \times 0.5 = 3.696 (\text{kN})$

主楞计算跨度（对拉螺栓水平间距）：$l = 600 \text{mm}$

强度验算公式：$\sigma = M/W < f$

其中，$\sigma$ 为主楞的最大应力计算值（$\text{N/mm}^2$）；$M$ 为主楞的最大弯矩（$\text{N} \cdot \text{mm}$），取 $M = 2.99 \times 10^5 \text{N} \cdot \text{mm}$；$W$ 为主楞的净截面抵抗矩（$\text{mm}^3$），取 $W = 8.99 \times 10^3 \text{mm}^3$；$[f]$ 为主楞的强度设计值（$\text{N/mm}^2$），取 $[f] = 205 \text{N/mm}^2$。

主楞的最大应力计算值：$\sigma = 2.99 \times 10^5 / (8.99 \times 10^3) = 33.3 (\text{N/mm}^2)$

主楞的最大应力计算值 $\sigma = 33.3 \text{N/mm}^2$，小于主楞的抗弯强度设计值 $f = 205 \text{N/mm}^2$，满足要求。

（3）主楞的抗剪强度验算。

主楞截面抗剪强度必须满足：$\tau = 2V/A \leqslant f$

其中，$\tau$ 为主楞的截面的最大受剪应力（$\text{N/mm}^2$）；$V$ 为主楞计算最大剪力（N），$V = 2715.8/2 = 1357.9$（N）；$A$ 为钢管的截面面积（$\text{mm}^2$），取 $A = 424.12 \text{mm}^2$；$f_\tau$ 为主楞的抗剪强度设计值（$\text{N/mm}^2$），取 $[f_\tau] = 120 \text{N/mm}^2$。

主楞截面的受剪应力计算值：$\tau = 2 \times 1357.9/424.12 = 6.4 (\text{N/mm}^2)$

主楞截面的受剪应力计算值 $\tau = 6.4 \text{N/mm}^2$，小于主楞截面的抗剪强度设计值 $[f_\tau] =$

$120N/mm^2$，满足要求。

（4）主楞的挠度验算。

主楞的最大挠度计算值：$\nu = 0.33mm$

主楞的最大容许挠度值：$[\nu] = 2.4mm$

主楞的最大挠度计算值 $\nu = 0.33mm$，小于主楞的最大容许挠度值 $[\nu] = 2.4mm$，满足要求。

**5. 穿墙螺栓的计算**

穿墙螺栓计算公式：$N < [N] = f \times A$

其中，$N$ 为穿墙螺栓所受的拉力；$A$ 为穿墙螺栓的有效面积（$mm^2$）；$f$ 为穿墙螺栓的抗拉强度设计值，取 $f = 170N/mm^2$。

查表 2-14 得：穿墙螺栓的型号 M12；穿墙螺栓的内径为 9.85mm；穿墙螺栓的有效面积为 $A = 76mm^2$。

穿墙螺栓最大容许拉力值：$[N] = 1.70 \times 10^5 \times 7.60 \times 10^{-5} = 12.9(kN)$

主楞计算的支座反力为穿墙螺栓所受的拉力，则穿墙螺栓所受的最大拉力为 $N = 5.0kN$。

穿墙螺栓所受的最大拉力 $N = 5.0kN$，小于穿墙螺栓最大容许拉力值 $[N] = 12.9kN$，满足要求。

## 2.4.3 梁模板的计算

梁模板的计算简图如图 2-52 所示。

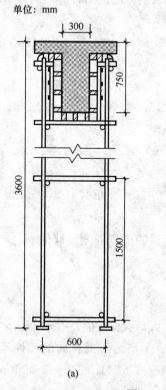

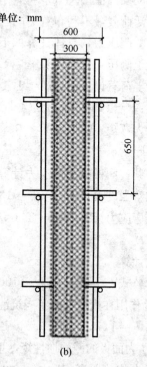

图 2-52 梁模板的计算简图

（a）梁模板支撑示意图；（b）梁侧模板支撑示意图

**1. 梁侧模板荷载的计算**

新浇混凝土作用于模板的最大侧压力，按下列两个公式计算，并取其中的较小值：

$$F = 0.22\gamma_c t\beta_1\beta_2 V^{1/2} \text{ 和 } F = \gamma_c H$$

其中，$\gamma_c$ 为混凝土的重力密度，取 24.0kN/m³；$t$ 为新浇混凝土的初凝时间，取 2.0h；$T$ 为混凝土的入模温度，取 20.0℃；$V$ 为混凝土的浇筑速度，取 1.5m/h；$H$ 为混凝土侧压力计算位置处至新浇混凝土顶面总高，取 0.75m；$\beta_1$ 为外加剂影响修正系数，取 1.2；$\beta_2$ 为混凝土坍落度影响修正系数，取 1.15。

分别计算 $F$ 得 17.89kN/m² 和 18.00kN/m²，取较小值 17.89kN/m² 作为本工程的计算荷载。

**2. 梁侧模板面板的计算**

面板为受弯结构，需要验算其抗弯强度和刚度。强度验算要考虑新浇混凝土的侧压力和振捣混凝土时产生的荷载；挠度验算只考虑新浇混凝土的侧压力。次楞的根数为 4 根。面板按照均布荷载作用下的三跨连续梁计算（图 2-53）。

图 2-53　面板计算简图

（1）强度计算。

材料抗弯强度验算公式：$\sigma = M/W < [f]$

其中，$W$ 为面板的净截面抵抗矩，$W = 50 \times 1.5 \times 1.5/6 = 18.75(\text{cm}^3) = 1.88 \times 10^4(\text{mm}^3)$；$M$ 为面板的最大弯矩（N·mm）；$\sigma$ 为面板的弯曲应力计算值（N/mm²）；$[f]$ 为面板的抗弯强度设计值（N/mm²）。

按照均布活荷载最不利布置下的三跨连续梁计算，$M = 0.1q_1 l^2 + 0.117q_2 l^2$。其中，$q$ 为作用在模板上的侧压力，具体计算如下：

新浇混凝土侧压力设计值：$q_1 = 1.2 \times 0.5 \times 17.85 = 10.71(\text{kN/m})$

振捣混凝土荷载设计值：$q_2 = 1.4 \times 0.5 \times 4 = 2.80(\text{kN/m})$

计算跨度：$l = (750 - 120)/(4 - 1) = 210(\text{mm})$

面板的最大弯矩：$M = 0.1 \times 10.71 \times [(750 - 120)/(4 - 1)]^2 + 0.117 \times 2.80 \times [(750 - 120)/(4 - 1)]^2 = 6.17 \times 10^4(\text{N·mm})$

经计算得到，面板的受弯应力计算值：$\sigma = 6.17 \times 10^4/1.88 \times 10^4 = 3.3(\text{N/mm}^2)$

面板的抗弯强度设计值：$[f] = 13\text{N/mm}^2$；

面板的受弯应力计算值 $\sigma = 3.3\text{N/mm}^2$，小于面板的抗弯强度设计值 $[f] = 13\text{N/mm}^2$，满足要求。

（2）挠度计算。

挠度计算公式：$\nu = 0.677ql^4/(100EI) \leqslant [\nu]$

其中，$q$ 为作用在模板上的新浇筑混凝土的侧压力线荷载设计值，取 $q = q_1 = 10.71\text{N/mm}$；$l$ 为计算跨度：$l = [(750 - 120)/(4 - 1)] = 210(\text{mm})$；$E$ 为面板材质的弹性模量，取 $E = 6000\text{N/mm}^2$；$I$ 为面板的截面惯性矩，取 $I = 50 \times 1.5 \times 1.5 \times 1.5/12 = 14.06(\text{cm}^4)$。

面板的最大挠度计算值：$\nu = 0.677 \times 10.71 \times [(750 - 120)/(4 - 1)]^4/(100 \times 6000 \times 1.41 \times 10^5) = 0.2(\text{mm})$

面板的最大容许挠度值：$[v] = l/250 = \dfrac{[(750-120)/(4-1)]}{250} = 0.84(\mathrm{mm})$

面板的最大挠度计算值 $v=0.2\mathrm{mm}$，小于面板的最大容许挠度值 $[v]=0.84\mathrm{mm}$，满足要求。

**3. 梁侧模板支撑的计算**

（1）次楞的计算。

次楞直接承受模板传递的荷载，按照均布荷载作用下的三跨连续梁计算（图 2-54）。次楞均布荷载按照面板最大支座力除以面板计算宽度得到：$q = 6.359\mathrm{kN/m} \approx 6.36\mathrm{kN/m}$

本工程中，次楞采用木方，宽度为 50mm，高度为 70mm，截面惯性矩 $I$、截面抵抗矩 $W$ 和弹性模量 $E$ 分别为：$W = 1\times5\times7\times7/6 = 40.83(\mathrm{cm}^3)$；$I = 1\times5\times7\times7\times7/12 = 142.92(\mathrm{cm}^4)$；$E = 9000\mathrm{N/mm}^2$。

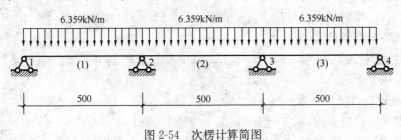

图 2-54 次楞计算简图

次楞的剪力图、弯矩图、变形图如图 2-55～图 2-57 所示。

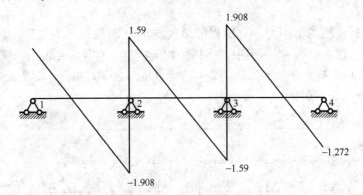

图 2-55 次楞的剪力图

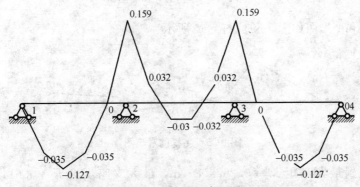

图 2-56 次楞的弯矩图

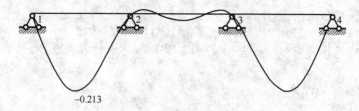

图 2-57　次楞的变形图

经过计算得到最大弯矩 $M = 0.159$kN·m，最大支座反力 $R = 3.497$kN，最大变形 $\nu = 0.213$mm。

① 次楞强度的计算。

强度的计算公式：$\sigma = M/W < [f]$

计算得到，次楞的最大受弯应力计算值：$\sigma = 1.59 \times 10^5 / 4.08 \times 10^4 = 3.9$（N/mm$^2$）

次楞的抗弯强度设计值：$[f] = 17.0$N/mm$^2$

次楞最大受弯应力计算值 $\sigma = 3.9$N/mm$^2$，小于次楞的抗弯强度设计值 $[f] = 17.0$N/mm$^2$，满足要求。

② 次楞挠度的计算。

次楞的最大容许挠度值：$[\nu] = 500/400 = 1.25$（mm）

次楞的最大挠度计算值 $\nu = 0.213$mm，小于次楞的最大容许挠度值 $[\nu] = 1.25$mm，满足要求。

（2）主楞的计算。

主楞承受次楞传递的集中力，取次楞的最大支座力 3.497kN，按照集中荷载作用下的三跨连续梁计算（图 2-58）。本工程中，主楞采用圆钢管，直径为 48mm，壁厚为 3mm，截面惯性矩 $I$ 和截面抵抗矩 $W$ 分别为：$W = 2 \times 4.493 = 8.99$（cm$^3$）；$I = 2 \times 10.783 = 21.57$（cm$^4$）；$E = 206000$N/mm$^2$。

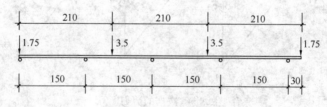

图 2-58　主楞的计算简图

主楞弯矩图和变形图如图 2-59、图 2-60 所示。

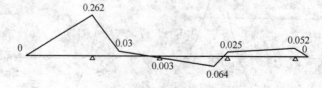

图 2-59　主楞的弯矩图

经过计算得到最大弯矩 $M = 0.262$kN·m，最大支座反力 $R = 5.614$kN，最大变形 $\nu = 0.071$mm。

0.071

图 2-60 主楞变形图

①主楞强度的计算。

采用的公式为：$\sigma = M/W < [f]$

计算得到，主楞的受弯应力计算值：$\sigma = 2.62 \times 10^5 / 8.99 \times 10^3 = 29.2 (\text{N/mm}^2)$；主楞的抗弯强度设计值：$[f] = 205 \text{N/mm}^2$。

主楞的受弯应力计算值 $\sigma = 29.2 \text{N/mm}^2$，小于主楞的抗弯强度设计值 $[f] = 205 \text{N/mm}^2$，满足要求。

②主楞挠度的计算。

根据连续梁计算得到主楞的最大挠度为 0.071mm。

主楞的最大容许挠度值：$[\nu] = 150/400 = 0.375 (\text{mm})$

主楞的最大挠度计算值 $\nu = 0.071\text{mm}$，小于主楞的最大容许挠度值 $[\nu] = 0.375\text{mm}$，满足要求。

**4. 穿墙螺栓的计算**

计算公式为：$N < [N] = f \times A$

其中，$N$ 为穿梁螺栓所受的拉力（N）；$A$ 为穿梁螺栓有效面积（$\text{mm}^2$）；$f$ 为穿梁螺栓的抗拉强度设计值，取 170N/mm²。

查表 2-14 得：穿梁螺栓的型号 M12；穿梁螺栓的内径为 9.85mm；穿梁螺栓的有效面积为 $A = 76\text{mm}^2$；穿梁螺栓所受的最大拉力为 $N = 5.614\text{kN}$。

穿梁螺栓的最大容许拉力值：$[N] = 170 \times 76 / 1000 = 12.9 (\text{kN})$

穿梁螺栓所受的最大拉力 $N = 5.614\text{kN}$，小于穿梁螺栓最大容许拉力值 $[N] = 12.9\text{kN}$，满足要求。

**5. 梁底模板的计算**

面板为受弯构件，需要验算其抗弯强度和挠度。计算的原则是按照模板底支撑的间距和模板面的大小，按支撑在底撑上的两跨连续梁计算（图 2-61）。

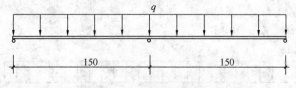

图 2-61 梁底模板计算简图

强度验算要考虑模板结构自重荷载、新浇混凝土自重荷载、钢筋自重荷载和振捣混凝土时产生的荷载；挠度验算只考虑模板结构自重、新浇混凝土自重、钢筋自重荷载。本算例中，面板的截面惯性矩 $I$ 和截面抵抗矩 $W$ 分别为：$W = 850 \times 15 \times 15 / 6 = 3.19 \times 10^4 (\text{mm}^3)$；$I = 850 \times 15 \times 15 \times 15 / 12 = 2.39 \times 10^5 (\text{mm}^4)$。

（1）抗弯强度的计算。

面板的抗弯强度计算：$\sigma = M/W < [f]$

钢筋混凝土梁和模板的自重设计值：$q_1 = 1.2 \times [(24.00 + 1.50) \times 0.75 + 0.30] \times 0.85 = 19.81(\text{kN/m})$

施工荷载与振捣混凝土时产生的荷载设计值：$q_2 = 1.4 \times (2.00 + 2.00) \times 0.85 = 4.76(\text{kN/m})$

$q = 19.81 + 4.76 = 24.57(\text{kN/m})$

最大弯矩及支座反力：$M_{\max} = 0.125ql^2 = 0.125 \times 24.57 \times 150^2 = 6.91 \times 10^4(\text{N} \cdot \text{mm})$

$R_1 = R_2 = 0.375q_1 l + 0.437q_2 l = 0.375 \times 19.81 \times 0.15 + 0.437 \times 4.76 \times 0.15 = 1.43(\text{kN})$

$R_0 = 1.25ql = 1.25 \times 24.57 \times 0.15 = 4.61(\text{kN})$

$\sigma = M_{\max}/W = 6.91 \times 10^4 / 3.19 \times 10^4 = 2.2(\text{N/mm}^2)$

梁底模面板计算应力 $\sigma = 2.2\text{N/mm}^2$，小于梁底模面板的抗弯强度设计值 $[f] = 13.0\text{N/mm}^2$，满足要求。

（2）挠度的计算。

根据《建筑施工模板安全技术规范》JGJ 162—2008 刚度验算采用标准荷载，同时不考虑振动荷载作用。最大挠度计算公式：$\nu = 0.521ql^4/(100EI) \leqslant [\nu]$。

其中，$q$ 为作用在模板上的压力线荷载，取 $q = q_1/1.2 = \dfrac{19.81}{1.2} = 16.51(\text{kN/m})$；$l$ 为计算跨度（梁底支撑间距），取 $l=150\text{mm}$；$E$ 为面板的弹性模量，取 $E = 6000\text{N/mm}^2$。

面板的最大允许挠度值：$[\nu] = l/250 = 150/250 = 0.6(\text{mm})$

面板的最大挠度计算值：$\nu = 0.521 \times 19.81 \times 150^4/(100 \times 6000 \times 2.39 \times 10^5) = 0.04(\text{mm})$。

面板的最大挠度计算值 $\nu = 0.04\text{mm}$，小于面板的最大允许挠度值 $[\nu] = 0.6\text{mm}$，满足要求。

**6. 支撑方木的计算**

强度及抗剪验算要考虑模板结构的自重荷载、新浇混凝土的自重荷载、钢筋的自重荷载和振捣混凝土时产生的荷载；挠度的验算只考虑模板的结构自重、新浇混凝土的自重、钢筋的自重荷载。

（1）荷载的计算。

梁底支撑小楞的均布荷载按照面板最大支座力除以面板计算宽度得到：$q = 4.61/0.85 = 5.42(\text{kN/m})$。

（2）方木的支撑力计算（图 2-62）。

图 2-62　方木的支撑力计算简图

方木按照三跨连续梁计算。本算例中，方木的截面惯性矩 $I$ 和截面抵抗矩 $W$ 分别为：$W = 5 \times 7 \times 7/6 = 40.83(\text{cm}^3)$；$I = 5 \times 7 \times 7 \times 7/12 = 142.92(\text{cm}^4)$。

方木的最大弯矩：$M = 0.1ql^2 = 0.1 \times 5.42 \times 0.85^2 = 0.39(\text{kN} \cdot \text{m})$

方木的最大应力计算值：$\sigma = M/W = 0.39 \times 10^6/40830 = 9.6(\text{N/mm}^2)$

抗弯强度设计值：$[f] = 13.0\text{N/mm}^2$

方木的最大应力计算值 $\sigma = 9.6\text{N/mm}^2$，小于方木的抗弯强度设计值 $[f] = 13.0\text{N/mm}^2$，满足要求。

最大剪力：$V = 0.6 \times 5.42 \times 0.85 = 2.76(\text{kN})$

方木的截面抗剪强度必须满足：$\tau = 3V/(2bh_0) = 3 \times 2.76/(2 \times 7 \times 7) = 1.2(\text{N/mm}^2)$

方木的受剪强度设计值：$[\tau] = 1.7\text{N/mm}^2$

计算得到方木的受剪应力计算值 $\tau = 1.2\text{N/mm}^2$，小于方木的抗剪强度设计值 $[\tau] = 1.7\text{N/mm}^2$，满足要求。

方木的挠度计算公式：$\nu = 0.677ql^4/(100EI) \leqslant [\nu]$

方木的最大挠度计算值：$\nu = 0.677 \times 5.42 \times 850^4/(100 \times 9000 \times 142.92 \times 10^4) = 1.5(\text{mm})$

方木的最大允许挠度：$[\nu] = l/250 = 0.85 \times 1000/250 = 3.4(\text{mm})$

方木的最大挠度计算值 $\nu=1.5\text{mm}$，小于方木的最大允许挠度 $[\nu] = 3.4\text{mm}$，满足要求。

（3）支撑小横杆的强度验算（图 2-63）

梁底模板边支撑传递的集中力：$P_1 = R_1 = 1.43\text{kN}$

梁底模板中间支撑传递的集中力：$P_2 = R_0 = 4.61\text{kN}$。

梁两侧部分楼板混凝土荷载及梁侧模板自重传递的集中力：$P_3 = (0.6-0.3)/4 \times 0.85 \times (1.2 \times 0.12 \times 24 + 1.4 \times 2) + 1.2 \times 2 \times 0.85 \times (0.75 - 0.12) \times 0.3 = 0.79(\text{kN})$

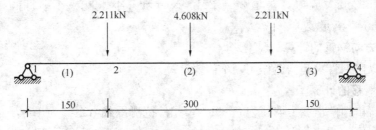

图 2-63　支撑小横杆强度计算简图

小横杆的剪力图、弯矩图和变形图如图 2-64～图 2-66 所示。

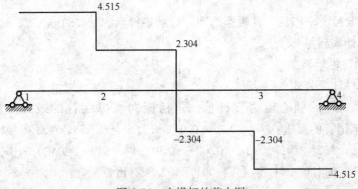

图 2-64　小横杆的剪力图

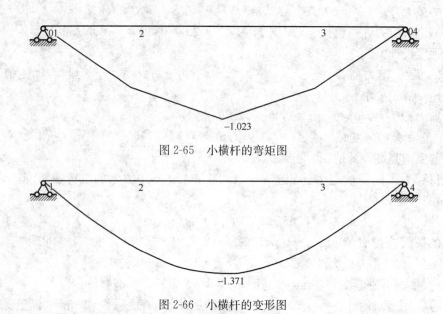

图 2-65　小横杆的弯矩图

图 2-66　小横杆的变形图

经过连续梁的计算得到支座力：$N_1 = N_2 = 4.515\text{kN}$；最大弯矩 $M_{max} = 1.023\text{kN}\cdot\text{m}$；最大挠度计算值 $v_{max} = 1.371\text{mm}$；钢管 $\phi48\times3.5$，$W = 5080\text{mm}^3$。

支撑小横杆的最大应力计算值：$\sigma = 1.023\times10^6/5080 = 201.3\text{N/mm}^2$

支撑小横杆的抗弯设计强度：$[f] = 205\text{N/mm}^2$

支撑小横杆的最大应力计算值 $\sigma = 201.3\text{N/mm}^2$，小于支撑小横杆的抗弯设计强度 $[f] = 205\text{N/mm}^2$，满足要求。

**7. 梁跨度方向钢管的计算**

梁底支撑纵向钢管只起构造作用，不需要计算。

**8. 扣件抗滑移的计算**

直角、旋转单扣件承载力取值为 $8.00\text{kN}$，扣件抗滑承载力系数为 $1.00$，该工程实际的单扣件承载力取值为 $8.00\text{kN}$。

纵向或横向水平杆与立杆连接时，扣件的抗滑承载力计算：$R \leqslant Rc$。

其中，$Rc$ 为扣件抗滑承载力设计值，取 $8.00\text{kN}$；$R$ 为纵向或横向水平杆传给立杆的竖向作用力设计值（kN）。

计算中，$R$ 取最大支座反力，根据前面计算结果得到 $R = 4.515\text{kN} < 8.00\text{kN}$，单扣件抗滑承载力的设计计算满足要求。

**9. 立杆的稳定性计算**

立杆的稳定性计算公式：$\sigma = N/(\varphi A) \leqslant [f]$

其中，$N$ 为立杆的轴心压力设计值，包括横向支撑钢管的最大支座反力：$N_1 = 4.515\text{kN}$；脚手架钢管的自重：$N_2 = 1.2\times0.129\times3.6 = 0.558(\text{kN})$；楼板混凝土、模板及钢筋的自重：$N_3 = 1.2\times\{[1.50/2+(0.60-0.30)/4]\times0.85\times0.30+[1.50/2+(0.60-0.30)/4]\times0.85\times0.120\times(1.50+24.00)\} = 2.827(\text{kN})$；$N_4 = 1.4\times2\times2\times[1.50/2+(0.60-0.30)/4]\times0.85 = 3.927\text{kN}$。

$$N = N_1 + N_2 + N_3 + N_4 = 4.515 + 0.558 + 2.827 + 3.927 = 11.827(\text{kN})$$

$\varphi$ 为轴心受压立杆的稳定系数，由长细比 $l_0/i$ 查表得到；$i$ 为计算立杆的截面回转半径，取 $i = 1.58$cm；$A$ 为立杆净截面面积，取 $A = 4.89$cm$^2$；$W$ 为立杆净截面抵抗矩，取 $W = 5.08$cm$^3$；$\sigma$ 为钢管立杆轴心受压应力计算值（N/mm$^2$）；$[f]$ 为钢管立杆抗压强度设计值，取 $[f] = 205$N/mm$^2$；$l_0$ 为计算长度（m）。

根据相应的规范，立杆计算长度 $l_0$ 有两个计算公式 $l_0 = k\mu h$ 和 $l_0 = h + 2a$，取两者间的大值，即：$l_0 = \max[1.155 \times 1.7 \times 1.5, 1.5 + 2 \times 0.1] = 2.95(\text{m})$。

其中，$k$ 为计算长度附加系数，取 $k = 1.155$；$\mu$ 为计算长度系数，取 $\mu = 1.7$；$a$ 为立杆上端伸出顶层横杆中心线至模板支撑点的长度，取 $a = 0.1$m，得到立杆的轴心受压立杆的长细比为 $l_0/i = 2.95/0.158 = 187$，查表得到轴心受压立杆的稳定系数 $\varphi = 0.207$。

钢管立杆的受压应力计算值：$\sigma = 11.827 \times 10^3/(0.207 \times 489) = 116.8(\text{N/mm}^2)$

钢管立杆的稳定性计算 $\sigma = 116.8$N/mm$^2$，小于钢管立杆的抗压强度设计值 $[f] = 205$N/mm$^2$，满足要求。

### 2.4.4 楼板模板的验算

面板采用覆面胶合面板，厚度为 15mm，模板支架搭设高度为 3.31m，模板次楞采用 50mm×70mm 的木方，间距为 300mm；主楞（顶梁）采用 100mm×100mm 的木方，间距为 1000mm，板厚为 120mm；搭设尺寸为：立杆的横距 $b = 1.0$m，立杆的纵距 $l = 1.0$m，立杆的步距 $h = 1.50$m。楼板模板支撑架立面图如图 2-67 和图 2-68 所示。

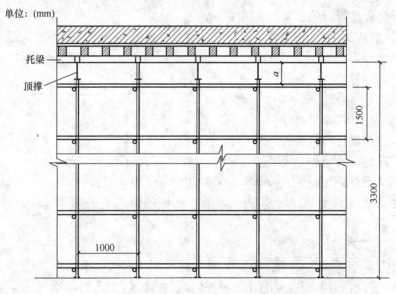

图 2-67 楼板模板支撑架立面图

#### 1. 模板面板的计算

模板面板为受弯构件，按三跨连续梁对面板进行验算其抗弯强度和刚度（图 2-69）。模板面板的截面惯性矩 $I$ 和截面抵抗矩 $W$ 分别为：$W = 100 \times 1.5^2/6 = 37.5(\text{cm}^3) = 37500(\text{mm}^3)$；$I = 100 \times 1.5^3/12 = 28.13(\text{cm}^4)$。

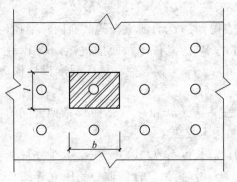

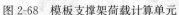

图 2-68 模板支撑架荷载计算单元

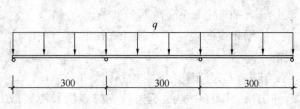

图 2-69 面板计算简图

（1）荷载的计算。

① 静荷载为钢筋混凝土楼板和模板面板的自重（kN/m）：$q_1 = 25 \times 0.12 \times 1 + 0.35 \times 1 = 3.35(\text{kN/m})$

② 活荷载为施工人员及设备荷载（kN/m）：$q_2 = 1 \times 1 = 1(\text{kN/m})$

（2）强度的计算。

强度计算公式：$M = 0.1ql^2$

其中，$q = 1.2 \times 3.35 + 1.4 \times 1 = 5.42(\text{kN/m})$

最大弯矩：$M = 0.1 \times 5.42 \times 300^2 = 48780(\text{N} \cdot \text{mm})$

面板的最大应力计算值：$\sigma = M/W = 48780/37500 = 1.3(\text{N/mm}^2)$

面板的抗弯强度设计值：$[f] = 13\text{N/mm}^2$

面板的最大应力计算值为 $\sigma = 1.3\text{N/mm}^2$，小于面板的抗弯强度设计值 $[f] = 13\text{N/mm}^2$，满足要求。

（3）挠度的计算。

面板的挠度计算公式：$\nu = 0.677ql^4/(100EI) \leqslant [\nu]$

其中，$q = q_1 = 3.35\text{kN/m}$

面板的最大挠度计算值：

$\nu = 0.677 \times 3.35 \times 300^4/(100 \times 9500 \times 28.13 \times 10^4) = 0.1(\text{mm})$

面板的最大允许挠度：$[\nu] = l/250 = 300/250 = 1.2(\text{mm})$

面板的最大挠度计算值 $\nu = 0.1\text{mm}$，小于面板的最大允许挠度 $[\nu] = 1.2\text{mm}$，满足要求。

**2. 模板支撑方木的计算**

方木按照三跨连续梁计算（图 2-70），截面惯性矩 $I$ 和截面抵抗矩 $W$ 分别为：$W = b \times h^2/6 = 5 \times 7 \times 7/6 = 40.83(\text{cm}^3)$；$I = b \times h^3/12 = 5 \times 7 \times 7 \times 7/12 = 142.92(\text{cm}^4)$。

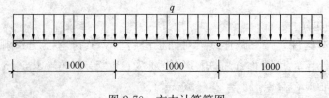

图 2-70 方木计算简图

（1）荷载的计算。

①静荷载为钢筋混凝土楼板和模板面板的自重：$q_1 = 25 \times 0.30 \times 0.12 \times 1 + 0.35 \times 0.3 = 1.01(\text{kN/m})$

②活荷载为施工人员及设备荷载：$q_2 = 1 \times 0.3 = 0.3(\text{kN/m})$

（2）抗弯强度的计算。

计算公式：$M = 0.1ql^2$

其中，均布荷载：$q = 1.2 \times q_1 + 1.4 \times q_2 = 1.2 \times 1.01 + 1.4 \times 0.3 = 1.63(\text{kN/m})$

方木的最大弯矩：$M = 0.1ql^2 = 0.1 \times 1.63 \times 1^2 = 0.16(\text{kN} \cdot \text{m})$

方木的最大应力计算值：$\sigma = M/W = 0.16 \times 10^6/(40.83 \times 10^{-3}) = 3.9(\text{N/mm}^2)$

方木的抗弯强度设计值：$[f] = 13(\text{N/mm}^2)$

方木的最大应力计算值为 $\sigma = 3.9\text{N/mm}^2$，小于方木的抗弯强度设计值 $[f] = 13\text{N/mm}^2$，满足要求。

（3）抗剪强度的计算。

截面抗剪强度必须满足：$\tau = 3V/2bh_0 < [\tau]$

其中，最大剪力：$V = 0.6 \times 1.63 \times 1 = 0.98(\text{kN})$

方木的受剪应力计算值：$\tau = 3 \times 0.98 \times 10^3/(2 \times 50 \times 70) = 0.4(\text{N/mm}^2)$

方木的抗剪强度设计值：$[\tau] = 1.4(\text{N/mm}^2)$

方木的受剪应力计算值 $\tau = 0.4\text{N/mm}^2$，小于方木的抗剪强度设计值 $[\tau] = 1.4\text{N/mm}^2$，满足要求。

（4）挠度的计算。

挠度的计算公式：$v = 0.677ql^4/(100EI) \leqslant [v]$

其中，$q = q_1 = 1.01\text{kN/m}$

面板的最大挠度计算值：$\nu = 0.677 \times 1.01 \times 1000^4/(100 \times 9000 \times 1.43 \times 10^6) = 0.5(\text{mm})$

面板的最大允许挠度：$[\nu] = l/250 = 1000/250 = 4(\text{mm})$

面板的最大挠度计算值 $\nu = 0.5\text{mm}$，小于面板的最大允许挠度 $[\nu] = 4\text{mm}$，满足要求。

**3. 托梁材料的计算**

托梁按照集中荷载作用下的三跨连续梁计算（图 2-71）。托梁采用 100mm×100mm 的木方。木方的截面抵抗矩 $W = 166.67\text{cm}^3$；截面惯性矩 $I = 833.33\text{cm}^4$。

集中荷载 $P$ 取纵向板底支承传递力，$P = 1.626\text{kN}$。

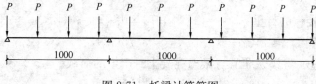

图 2-71 托梁计算简图

托梁的弯矩图、剪力图和变形图如图 2-72～图 2-74 所示。

最大弯矩：$M_{\text{max}} = 0.547\text{kN} \cdot \text{m}$

最大支座力：$V_{\text{max}} = 5.913\text{kN}$

最大变形：$v_{\text{max}} = 0.468\text{mm}$

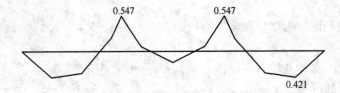

图 2-72　托梁计算弯矩图

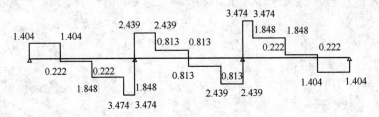

图 2-73　托梁计算剪力图

图 2-74　托梁计算变形图

托梁的最大应力计算值：$\sigma = \dfrac{M_{\max}}{W} = 3.3\text{N/mm}^2$

托梁的抗压强度设计值：$[f] = 13\text{N/mm}^2$

托梁的最大应力计算值 $\sigma = 3.3\text{N/mm}^2$，小于托梁的抗压强度设计值 $[f] = 13\text{N/mm}^2$，满足要求。

托梁的最大挠度 $\gamma = 0.468\text{mm}$，小于 $1000/250 = 4$（mm），满足要求。

**4. 模板支架立杆荷载的计算**

作用于模板支架的荷载包括静荷载和活荷载。

（1）静荷载标准值包括以下内容：

① 脚手架的自重：$N_{c1} = 0.129 \times 3.3 = 0.43\text{(kN)}$

② 模板的自重：$N_{c2} = 0.35 \times 1 \times 1 = 0.35\text{(kN)}$

③ 钢筋混凝土楼板的自重：$N_{c3} = 25 \times 0.12 \times 1 \times 1 = 3\text{(kN)}$

静荷载的标准值：$N_c = N_{c1} + N_{c2} + N_{c3} = 3.78\text{(kN)}$。

（2）活荷载为施工荷载标准值与振捣混凝土时产生的荷载。

活荷载的标准值：$N_Q = (1+2) \times 1 \times 1 = 3\text{(kN)}$

（3）立杆的轴向压力设计值计算公式：$N = 1.2N_c + 1.4N_Q = 8.74\text{(kN)}$

**5. 立杆的稳定性计算**

立杆的稳定性计算公式：$\sigma = N/(\varphi A) \leqslant [f]$

其中，$N$ 为立杆的轴心压力设计值，取 $N = 8.74\text{kN}$；$\varphi$ 为轴心受压立杆的稳定系数，由长细比查表得到；$i$ 为计算立杆的截面回转半径（cm），取 $i = 1.58\text{cm}$；$A$ 为立杆的净截面面积，取 $A = 4.89\text{cm}^2$；$W$ 为立杆的净截面模量（抵抗矩）取 $W = 5.08\text{cm}^3$；$\sigma$ 为钢管立杆受压应力计算值（$\text{N/mm}^2$）；$[f]$ 为钢管立杆抗压强度设计值，取 $[f] = 205\text{N/mm}^2$；$L_0$ 为计算长度（m），根据《扣件式规范》，立杆计算长度 $L_0$ 有两个计算公式 $L_0 = k\mu h$ 和 $L_0 = h + 2a$，取两者间的大值，即 $L_0 = \max[1.155 \times 1.7 \times 1.5, 1.5 + 2 \times 0.1] = 2.95(\text{m})$；$k$ 为计算长度附加系数，取 1.155；$\mu$ 为考虑脚手架整体稳定因素的单杆计算长度系数，取 1.7；$a$ 为立杆上端伸出顶层横杆中心线至模板支撑点的长度，取 $a = 0.1\text{m}$。

得到计算结果：立杆计算长度 $L_0 = 2.95\text{m}$；$L_0/i = 295/1.58 = 187$；由长细比的结果查表得到轴心受压立杆的稳定系数 $\varphi = 0.207$。

钢管立杆受压应力计算值：$\sigma = 8.74 \times 10^3/(0.207 \times 489) = 86.3(\text{N/mm}^2)$

立杆稳定性计算 $\sigma = 86\text{N/mm}^2$，小于钢管立杆抗压强度设计值 $[f] = 205\text{N/mm}^2$，满足要求。

## 2.5　模板的检查验收及安装与拆除

**1. 模板工程施工验收依据**

1）模板工程施工质量的基本规定

（1）模板及其支架应具有足够的承载能力、刚度和稳定性，能可靠地承受浇筑混凝土的重量、侧压力以及施工荷载。

（2）在浇筑混凝土之前，应对模板工程进行验收。模板安装和浇筑混凝土时，应对模板及其支架进行观察和维护。发生异常情况时，应按施工技术方案处理。

（3）模板及其支架拆除的顺序及安全措施应按施工技术方案执行。

2）模板验收过程中应注意以下几点

（1）使用的材料，必须满足施工要求。

（2）拉接的螺杆，必须牢固、可靠。

（3）有高低模板，挂板必须进行加固。

（4）模板平直度、垂直度、截面尺寸控制在允许范围内。

（5）不得有炸模因素的存在。

（6）不同混凝土强度等级的交接处及梁、板中有高低跨处；必须用铁丝网分割开。

（7）跨度大于 4m 的梁、板必须起拱，中间必须的标高往上丈量 10～15mm，不得出现两边上拱，中间下沉的现象。

（8）注意相邻部位的标高，避免同一梁、板底高低不一。

（9）预留洞尺寸必须方正，采取有效的控制方法，严禁出现歪斜洞口。

（10）模板在同一轴线上，同规格柱、墙必须拉线校正，混凝土在浇捣完毕后，外墙必须拉线校正。

（11）模板的接缝必须严密，模板脱模油涂刷均匀。

（12）墙、柱模板中的预留梁、板及洞口尺寸，必须正确，严禁墙、柱模板伸入梁、板内。

（13）施工完毕后，支模时的锯末、木块、脱膜油等应清理干净，拆模后的杂物应及时清理，堆放到指定位置。

（14）支模架必须稳定牢固，墙体对拉螺杆分布均匀，加固方法得当。

（15）剪力墙、柱下口 50～100mm 处，预留洞口周边必须焊固定钢筋，防止模板位移，模板内有撑筋，控制模板截面尺寸。

（16）墙体阴阳角均采用阴、阳角模，钢筋加固，在洞口阴阳角处的水平管固定必须有两个以上固定扣件固定，减少单个扣件单点固定而造成混凝土浇筑中截面尺寸的变形。

（17）墙、板后浇带和楼梯施工缝必须留设的位置符合施工有关规定要求。

3）模板工程质量检验合格应符合的规定

模板工程的施工质量应按主控项目、一般项目规定的检验方法进行检验。检验批合格质量应符合下列规定：

（1）主控项目的质量经抽样检验合格。

（2）一般项目的质量经抽样检验合格。

（3）当采用计数检验时，除有专门要求外，一般项目的合格点率应达到 80% 及以上，且不得有严重缺陷。

（4）具有完整的施工操作依据和质量验收记录。

4）扣件检查数量要求

（1）安装后的扣件螺栓拧紧扭力矩应采用扭力扳手检查，螺栓的拧紧扭力矩应控制在 45～60N·m 之间，抽样方法应按随机分布原则进行，抽样数目与质量判定标准，应按表 2-20 确定。

（2）不合格的必须重新拧紧，直至合格为止。

表 2-20 扣件检查数量要求

| 项次 | 检查项目 | 安装扣件数量（个） | 抽检数量（个） | 允许的不合格数 |
| --- | --- | --- | --- | --- |
| 1 | 连接立杆与纵向（横）向水平杆或剪撑的扣件；接长立杆纵向水平杆或剪刀撑的扣件 | 51～90 | 5 | 0 |
| | | 91～150 | 8 | 1 |
| | | 151～280 | 13 | 1 |
| | | 281～500 | 20 | 2 |
| | | 501～1200 | 32 | 3 |
| | | 1201～3200 | 50 | 5 |
| 2 | 连接横向水平杆与纵向水平杆的扣件（非主节点处） | 51～90 | 5 | 1 |
| | | 91～150 | 8 | 2 |
| | | 151～280 | 13 | 3 |
| | | 281～500 | 20 | 5 |
| | | 501～1200 | 32 | 7 |
| | | 1201～3200 | 50 | 10 |

**2. 模板安装主控项目**

（1）安装现浇结构的上层模板及其支架时，下层楼板应具有承受上层荷载的承载能力；或加设支架，上、下层支架的立柱应对准，并铺设垫板。

检查数量：全数检查。

检查方法：对照模板设计文件和施工技术方案观察。

（2）在涂刷模板隔离剂时，不得沾污钢筋和混凝土接槎处。

检查数量：全数检查。

检查方法：观察。

**3. 模板安装一般项目**

1）模板安装应满足的要求

（1）模板的接缝处不应漏浆；在浇筑混凝土前，木模板应浇水湿润，但模板内不应有积水。

（2）模板与混凝土的接触面应清理干净并涂刷隔离剂，但不得采用影响结构性能或妨碍装饰工程施工的隔离剂。

（3）浇筑混凝土前，模板内的杂物应清理干净。

（4）对清水混凝土工程及装饰混凝土工程，应使用能达到设计效果的模板。

检查数量：全数检查。

检查方法：观察。

（5）用作模板的地坪、胎模等应平整光洁，不得产生影响构件质量的下沉、裂缝、起砂或起鼓。

检查数量：全数检查。

检查方法：观察。

（6）对跨度不小于4m的现浇钢筋混凝土梁、板，其模板应按设计要求起拱；当设计无具体要求时，起拱高度宜为跨度的1/1000~3/1000。

检查数量：在同一检验批内，对梁应抽查构件数量的10%，且不少于3件；对板应按有代表性的自然间抽查10%，且不少于3间；对大空间结构，板可按纵、横轴线划分检查面，抽查10%，且不少于3面。

检查方法：水准仪或拉线、钢尺检查。

（7）固定在模板上的预埋件、预留孔和预留洞均不得遗漏，且应安装牢固，其偏差应符合表2-21的规定。

检查数量：在同一检验批内，对梁、柱和独立基础，应抽查构件数量的10%，且不少于3件；对墙和板，应按有代表性的自然间抽查10%，且不少于3间；对大空间结构，墙可按相邻轴线间高度5m左右划分检查面，板可按纵横轴划分检查面，抽查10%，且均不少于3面。

检查方法：钢尺检查。

表2-21 预埋件和预留孔洞的允许偏差

| 项目 | | 允许偏差（mm） |
|---|---|---|
| 预埋钢板中心线位置 | — | 3 |
| 预埋管、预留孔中心线位置 | — | 3 |
| 插筋 | 中心线位置 | 5 |
| | 外漏长度 | +10，0 |
| 预埋螺栓 | 中心线位置 | 2 |
| | 外漏长度 | +10，0 |
| 预留洞 | 中心线位置 | 10 |
| | 尺寸 | +10，0 |

注：检查中心线位置时，应沿纵、横两个方向量测，并取最大值。

2）现浇结构模板安装的偏差应符合的规定

现浇结构模板安装的允许偏差及检查方法应符合表 2-22 的规定。

表 2-22　现浇结构模板安装的允许偏差及检查方法

| 项　目 | | 允许偏差（mm） | 检验方法 |
|---|---|---|---|
| 轴线位置 | — | 5 | 钢尺检查 |
| 底模上表面标高 | — | ±5 | 水准仪或拉线、钢尺检查 |
| 截面内尺寸 | 基础 | ±10 | 钢尺检查 |
| | 柱、墙、梁 | +4，−5 | 钢尺检查 |
| 层高垂直度 | 不大于5m | 6 | 经纬仪或吊线、钢尺检查 |
| | 大于5m | 8 | 经纬仪或吊线、钢尺检查 |
| 相邻两板表面高低差 | | 2 | 钢尺检查 |
| 表面平整度 | — | 5 | 2m靠尺和塞尺检查 |

注：检查轴线位置时，应沿纵、横两个方向量测，并取最大值。

3）预制构件模板安装的偏差应符合的规定

预制构件模板安装的允许偏差及检查方法应符合表 2-23 的规定。

检查数量：首次使用及大修后的模板应全数检查；使用中的模板应定期检查，并根据使用情况不定期抽查。

表 2-23　预制构件模板安装的允许偏差及检验方法

| 项　目 | | 允许偏差（mm） | 检验方法 |
|---|---|---|---|
| 长度 | 板、梁 | ±5 | 钢尺量两角边，取其中较大值 |
| | 薄腹梁、桁架 | ±10 | |
| | 柱 | 0，−10 | |
| | 墙、板 | 0，−5 | |
| 宽度 | 板、墙板 | 0，−5 | 钢尺量一端及中部，取其中较大值 |
| | 梁、薄腹梁、桁架、柱 | +2，−5 | |
| 高（厚）度 | 板 | +2，−3 | 钢尺量一端及中部，取其中较大值 |
| | 墙板 | 0，−5 | |
| | 梁、薄腹梁、桁架、柱 | +2，−5 | |
| 侧向弯曲 | 梁、板、柱 | $L/1000$ 且 $\leqslant 15$ | 拉线、钢尺量最大弯曲处 |
| | 墙板、薄腹梁、桁架 | $L/1500$ 且 $\leqslant 15$ | |
| 板的表面平整度 | | 3 | 2m靠尺和塞尺检查 |
| 相邻两板表面高低差 | | 1 | 钢尺检查 |
| 对角线差 | 板 | 7 | 钢尺量两个对角线 |
| | 墙、板 | 5 | |
| 翘曲 | 板、墙板 | $L/1500$ | 调平尺在两端量测 |
| 设计起拱 | 薄腹梁、桁架、梁 | ±3 | 拉线、钢尺量跨中 |

注：$L$ 为构件长度（mm）。

**4. 模板拆除主控项目**

混凝土成型并养护一段时间，当强度达到一定要求时，即可拆除模板。模板的拆除日期取决于混凝土硬化的快慢、模板的用途、结构的性质及环境温度。及时拆模可提高模板周转率、加快工程进度；过早拆模，混凝土会变形、断裂，甚至造成重大质量事故。现浇结构的模板及支架的拆除，如设计无规定时，应符合下列规定：

（1）底模及其支架拆除时的混凝土强度应符合设计要求；当设计无具体要求时，混凝土强度应符合表 2-24 的规定。

检查数量：全数检查。

检验方法：检查同条件养护试件强度试验报告。

表 2-24  底模拆除时的混凝土强度要求

| 构件类型 | 构件跨度（m） | 达到设计的混凝土立方体抗压强度标准值的百分率（%） |
| --- | --- | --- |
| 板 | ≤2 | ≥50 |
| | >2，≤8 | ≥75 |
| | >8 | ≥100 |
| 梁、拱、壳 | ≤8 | ≥75 |
| | >8 | ≥100 |
| 悬臂构件 | — | ≥100 |

（2）对后张法预应力混凝土结构构件，侧模宜在预应力张拉前拆除；底模支架的拆除应按施工技术方案执行，当无具体要求时，不应在结构构件建立预应力前拆除。

检查数量：全数检查。

检验方法：观察。

（3）后浇带模板的拆除和支顶应按施工技术方案执行。

检查数量：全数检查。

检验方法：观察。

**5. 模板拆除一般项目**

应遵循"先支后拆、后支先拆""先非承重部位、后承重部位"以及"自上而下"的原则。重大复杂模板的拆除，事前应制订拆除方案。

（1）侧模拆除时的混凝土强度应能保证其表面及棱角不受损。

检查数量：全数检查。

检验方法：观察。

（2）模板拆除时，不应对楼层形成冲击荷载。拆除的模板和支架宜分散堆放并及时清运。

检查数量：全数检查。

检验方法：观察。

（3）拆模注意事项：

① 拆模时，操作人员应站在安全处，以免发生安全事故。

② 拆模时，应避免用力过猛、过急，严禁用大锤和撬棍硬砸硬撬，以免损坏混凝土表面或模板。

③ 拆除的模板及配件应有专人接应传递并分散堆放,不得对楼层形成冲击荷载,严禁高空抛掷。

④ 模板及支架清运至指定地点,应及时加以清理、修理,按尺寸和种类分别堆放,以便下次使用。

(4) 支架立柱的拆除。

① 当拆除钢楞、木楞、钢桁架时,应在其下面临时搭设防护支架,使所拆楞梁及桁架先落在临时防护支架上。

② 当立柱的水平拉杆超出 2 层时,应先拆除 2 层以上的拉杆。当拆除最后一道水平拉杆时,应和拆除立柱同时进行。

③ 当拆除 4~8m 跨度的梁下立柱时,应先从跨中开始,分别对称地向两端拆除。拆除时,严禁采用连梁底板向旁侧一片拉倒的拆除方法。

④ 对于多层楼板模板的立柱,当上层及以上楼板正在浇筑混凝土时,下层楼板立柱的拆除,应根据下层楼板结构混凝土强度的实际情况,经过计算确定。

⑤ 拆除平台、楼板下的立柱时,作业人员应站在安全处。

⑥ 对已拆下的钢楞、木楞、桁架、立柱及其他零配件应及时运到指定地点。对有芯钢管立柱运出前应先将芯管抽出或用销卡固定。

(5) 拆除条形基础、杯形基础、独立基础或设备基础的模板时,应符合下列规定:

① 拆除前应先检查基槽(坑)土壁的安全状况,发现有松软、龟裂等不安全因素时,应在采取安全防范措施后,方可进行作业。

② 模板和支撑杆件等应随拆随运,不得在离槽(坑)上口边缘 1m 以内堆放。

③ 拆除模板时,施工人员必须站在安全地方。应先拆内外木楞,再拆木面板;钢模板应先拆钩头螺栓和内外钢楞,后拆 U 形卡和 L 形插销,拆下的钢模板应妥善传递或用绳钩放置地面,不得抛掷。拆下的小型零配件应装入工具袋内或小型箱笼内,不得随处乱扔。

(6) 拆除柱模板应符合下列规定:

① 柱模板拆除应分别采用分散拆除和分片拆除两种方法。分散拆除的顺序应为:拆除拉杆或斜撑、自上而下拆除柱箍或横楞、拆除竖楞、自上而下拆除配件及模板、运走分类堆放、清理、拔钉、钢模维修、刷防锈油或脱模剂、入库备用。分片拆除的顺序应为:拆除全部支撑系统、自上而下拆除柱箍及横楞、拆掉柱角 U 形卡、分 2 片或 4 片拆除模板、原地清理、刷防锈油或脱模剂、分片运至新支模地点备用。

② 柱子拆下的模板及配件不得向地面抛掷。

(7) 拆除墙模板应符合下列规定:

① 墙模板分散拆除顺序应为:拆除斜撑或斜拉杆、自上而下拆除外楞及对拉螺栓、分层自上而下拆除木楞或钢楞及零配件和模板、运走分类堆放、拔钉清理或清理检修后刷防锈油或脱模剂、入库备用。

② 预组拼大块墙模拆除顺序应为:拆除全部支撑系统、拆卸大块墙模接缝处的连接型钢及零配件、拧去固定埋设件的螺栓及大部分对拉螺栓、挂上吊装扣并略拉紧吊绳后,拧下剩余对拉螺栓,用方木均匀地敲击大块墙模立楞及钢模板,使其脱离墙体,用撬棍轻轻地外撬大块墙模板使其全部脱离,指挥起吊、运走、清理、刷防锈油或脱模剂备用。

③ 拆除每一大块墙模的最后 2 个对拉螺栓后,作业人员应撤离大模板下侧,以后的操

作均应在上部进行。个别大块模板拆除后产生局部变形者应及时整修好。

④ 大块模板起吊时，速度要慢，应保持垂直、严禁模板碰撞墙体。

（8）拆除梁、板模板应符合下列规定：

① 梁、板模板应先拆梁侧模，再拆板底模，最后拆除梁底模，并应分段分片进行，严禁成片撬落或成片拉拆。

② 拆除时，作业人员应站在安全的地方进行操作，严禁站在已拆或松动的模板上进行拆除作业。

③ 拆除模板时，严禁用铁棍或铁锤乱砸，已拆下的模板应妥善传递或用绳钩放至地面。

④ 严禁作业人员站在悬臂结构边缘敲拆下面的底模。

⑤ 待分片、分段的模板全部拆除后，方允许将模板、支架、零配件等按指定地点运出堆放，并进行拔钉、清理、整修、刷防锈油或脱模剂，入库备用。

（9）拆除特殊模板应符合下列规定：

① 对于拱、薄壳、圆穹屋顶和跨度大于 8m 的梁式结构，应按设计规定的程度和方式从中心沿环圈对称地向外或从跨中对称地向两边均匀放松模板支架立柱。

② 拆除圆形屋顶、筒仓下漏斗模板时，应从结构中心处的支架立柱开始，按同心圆层次对称地拆向结构的周围。

③ 拆除带有拉杆拱的模板时，应在拆除前先将拉杆拉紧。

（10）爬升模板的拆除。

① 拆除爬升模板应有拆除方案，且应由技术负责人签署意见，应向有关人员进行安全技术交底后，方可实施拆除。

② 拆除时，应先清除脚手架上的垃圾杂物，并应设置警戒区由专人监护。

③ 拆除时，应设专人指挥，严禁交叉作业。拆除顺序应为：悬挂脚手架和模板、爬升设备、爬升支架。

④ 已拆除的物件应及时清理、整修和保养，并运至指定地点备用。

⑤ 遇五级以上大风应停止拆除作业。

（11）飞模的拆除。

① 脱模时，梁、板混凝土强度等级不得小于设计强度的 75%。

② 飞模的拆除顺序、行走路线和运到下一个支模地点的位置，均应按飞模设计的有关规定进行。

③ 拆除时，应先用千斤顶顶住下部水平连接管，再拆去木楔或砖墩（或拔出钢套管连接螺栓，提起钢套管）。推入可任意转向的四轮台车，松千斤顶使飞模落在台车上，随后推运至主楼板外侧搭设的平台上，用塔吊吊至上层重复使用。若不需重复使用时，应按普通模板的方法拆除。

④ 飞模拆除必须有专人统一指挥，飞模尾部应绑安全绳，安全绳的另一端应套在坚固的建筑结构上，且在推运时应徐徐放松。

⑤ 飞模推出后，楼层外边缘应立即绑好护身栏。

（12）隧道模板的拆除。

① 拆除前应对作业人员进行安全技术交底和技术培训。

② 拆除导墙模板时，应在新浇混凝土的强度达到 $1.0N/mm^2$ 后，方准拆模。

③ 拆除隧道模应按下列顺序进行：

a. 新浇混凝土的强度应在达到承重模板拆模要求后，方准拆模。

b. 应采用长柄手摇螺帽杆将连接顶板的连接板上的螺栓松开，并应将隧道分成 2 个半隧道模。

c. 拔除穿墙螺栓，并旋转垂直支撑杆和墙体模板的螺旋千斤顶，让滚轮落地，使隧道模脱离顶板和墙面。

d. 放下支卸平台防护栏杆，先将一边的半隧道模推移至支卸平台上，然后再推另一边半隧道模。

e. 为使顶板不超过设计允许荷载，经设计核算后，应加设临时支撑柱。

④ 半隧道模的吊运方法，可根据具体情况采用单点吊装法、两点吊装法、多点吊装法或鸭嘴形吊装法。

## 2.6  模板的管理与维护

模板的管理与维护的要求如下：

（1）从事模板作业的人员，应经安全技术培训；从事高处作业人员，应定期体检，不符合要求的不得从事高处作业。

（2）安装和拆除模板时，操作人员应配戴安全帽、系安全带、穿防滑鞋。安全帽和安全带应定期检查，不合格的严禁使用。

（3）模板及配件进场应有出厂合格证或当年的检验报告，安装前应对所用部件（立柱、楞梁、吊环、扣件等）进行认真检查，不符合要求的不得使用。

（4）模板工程应编制施工设计和安全技术措施，应严格按施工设计与安全技术措施的规定进行施工。满堂模板、建筑层高 8m 及以上和梁跨大于或等于 15m 的模板，在安装、拆除作业前，工程技术人员应以书面形式向作业班组进行施工操作的安全技术交底，作业班组应对照书面交底进行上、下班的自检和互检。

（5）施工过程中的检查项目应符合下列要求：

① 立柱底部的基土应回填夯实。

② 垫木应满足设计要求。

③ 底座位置应正确，顶托螺杆伸出长度应符合规定。

④ 立杆的规格尺寸和垂直度应符合要求，不得出现偏心荷载。

⑤ 扫地杆、水平拉杆、剪刀撑等设置应符合规定，固定应可靠。

⑥ 安全网和各种安全设施应符合要求。

（6）在高处安装和拆除模板时，周围应设安全网或搭脚手架，并应加设防护栏杆。在临街面及交通要道地区，尚应设警示牌，派专人看管。

（7）作业时，模板和配件不得随意堆放，模板应放平放稳，严防滑落。脚手架或操作平台上临时堆放的模板不许超过 3 层，连接件应放在箱盒或工具袋中，不得放在脚手板上，脚手架或操作平台上的施工总荷载不得超过其设计值。

（8）对负荷面积大和高 4m 以上的支架立柱采用扣件式钢管、门式钢管脚手架时，除应有合格证外，对所用扣件应采用扭矩扳手进行抽检，达到合格后方可承力使用。

（9）多人共同操作或扛抬组合钢模板时，必须密切配合、协调一致、互相呼应。

（10）施工用的临时照明和行灯的电压不得超过 36V；当为满堂模板、钢支架及特别潮湿的环境时，不得超过 12V。照明行灯及机电设备的移动线路应采用绝缘橡胶套电缆线。

（11）有关避雷、防触电和架空输电线路的安全距离应符合现行国家标准《施工现场临时用电安全技术规范（附条文说明）》JGJ 46—2005 的有关规定，施工用的临时照明和动力线应采用绝缘线和绝缘电缆线，且不得直接固定在钢模板上；夜间施工时，应有足够的照明，并应制订夜间施工的安全措施，施工用临时照明和机电设备线严禁非电工乱拉乱接；同时还应经常检查线路的完好情况，严防绝缘损坏漏电伤人。

（12）模板安装高度在 2m 及以上时，应符合现行国家标准《建筑施工高处作业安全技术规范》JGJ 80—2016 的有关规定。

（13）模板安装时，上下应有人接应，随装随运，严禁抛掷，且不得将模板支搭在门窗框上，也不得将脚手板支搭在模板上，并严禁将模板与上料井架及有车辆运行的脚手架或操作平台支成一体。

（14）支模过程中如遇中途停歇，应将已就位模板或支架连接稳固，不得浮搁或悬空。拆模中途停歇时，应将已松扣或已拆松的模板、支架等拆下运走，防止构件坠落或作业人员扶空坠落伤人。

（15）作业人员严禁攀登模板、斜撑杆、拉条或绳索等，不得在高处的墙顶、独立梁或在其模板上行走。

（16）模板施工中，应设专人负责安全检查，发现问题应报告有关人员处理。当遇到险情时，应立即停工和采取应急措施，待修复或排除险情后方可续工。

（17）寒冷地区冬期施工用钢模板时，不宜采用电热法加热混凝土，否则应采取防触电措施。

（18）在大风地区或大风季节施工时，模板应有抗风的临时加固措施。

（19）当模板高度超过 15m 时，应安设避雷设施，避雷设施的接地电阻不得大于 4Ω。

（20）当遇大雨、大雾、沙尘、大雪或六级以上大风等恶劣天气时，应停止露天高处作业。五级以上风力时，应停止高空吊运作业。雨、雪停止后，应及时清除模板和地面上的积水及冰雪。

（21）使用后的木模板应拔除铁钉，分类进库，堆放整齐。若为露天堆放，顶面应遮防雨篷布。

（22）使用后的钢模、钢构件应符合下列规定：

① 使用后的钢模、桁架、钢楞和立柱应将粘结物清理洁净，清理时严禁采用铁锤敲击的方法。

② 清理后的钢模、桁架、钢楞、立柱，应逐块、逐榀、逐根进行检查，发现翘曲、变形、扭曲、开焊等必须修理完善。

③ 清理整修好的钢模、桁架、钢楞、立柱应刷防锈漆。

④ 钢模板及配件，使用后必须进行严格清理检查，已损坏断裂的应剔除，不能修复的应报废。螺栓的螺纹部分应整修上油，然后应分别按规格分类装在箱笼内备用。

⑤ 钢模板及配件等修复后，应进行检查验收。凡检查不合格的应重新整修。待合格后方准应用。

⑥ 钢模板由拆模现场运至仓库或维修场地时，装车不宜超出车栏杆，少量高出部分必

须拴牢，零配件应分类装箱、不得散装运输。

⑦ 经过维修、刷油、整理合格的钢模板及配件，如需运往其他施工现场或入库，必须分类装入集装箱内，杆应成捆、配件应成箱，清点数量，入库或接收单位验收。

⑧ 装车时，应轻搬轻放，不得相互碰撞；卸车时，严禁成捆从车上推下和拆散抛掷。

⑨ 钢模板及配件应放入室内或敞篷内，当需露天堆放时，应装入集装箱内，底部垫高100mm，顶面应遮盖防水篷布或塑料布，集装箱堆放高度不宜超过2层。

## 2.7　模板应急预案

**1. 事故类型和危害程度分析**

1) 事故类型

在模板的施工过程中可能出现的事故类型主要有：模板支撑系统坍塌、模板吊装造成的起重伤害、模板堆放不当引起倾翻、模板配件高空坠落造成的物体打击、操作人员高处坠落等伤害事故。

2) 危害程度分析

模板施工发生事故危害程度极大，模板支撑系统坍塌、模板的高空坠落、模板堆放倾翻等，容易造成群死群伤的重大恶性事故，模板配件坠落引起的物体打击、操作人员高处坠落，很容易造成人身伤害事故。

**2. 应急处置基本原则**

（1）坚持"以人为本，预防为主"的原则。

（2）坚持"保护人员优先，保护环境优先"的原则。

（3）坚持"统一领导、紧急处置、快速反应、分级负责、协调一致、消除危险"的原则。

（4）坚持"常备不懈、统一指挥、高效协调、持续改进"的原则。

**3. 组织机构及职责**

1) 应急组织体系（图 2-75）

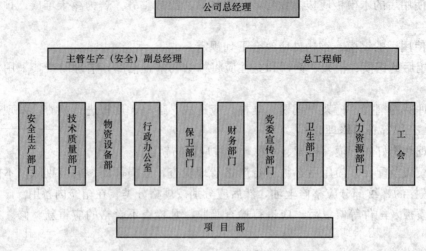

图 2-75　公司安全生产事故应急救援组织体系

2）指挥机构及职责

（1）应急指挥机构组成：

总指挥：总经理。

副总指挥：主管生产（安全）副总经理、总工程师。

为使现场有序，行动有效，下设了五个小组：

① 通信联络组组长：行政办公室负责人。

成员单位：行政办公室、党委宣传部门、安全质量管理部门。

② 技术处理组组长：总工程师。

成员单位：施工技术部门、物资设备部门。

③ 抢险抢救组组长：主管生产副总经理。

成员单位：安全质量管理部门、保卫工作部门。

④ 医疗救护组：安全部门、工会。

⑤ 后勤保障组组长：人力资源部门负责人。

成员单位：劳动人事部门、物资设备部门、财务部门。

（2）应急指挥机构成员及小组职责。

① 总指挥职责：发布或解除启动公司应急救援预案，指挥应急救援。

② 副总指挥职责：协助总指挥负责应急救援的具体指挥工作，协调各应急小组及成员的具体行动，并实施决策。

（3）通信联络组职责。

① 确保与总指挥或副总指挥、集团公司应急指挥中心以及外部联系畅通、内外信息反馈迅速。

② 保持通信设施和设备处于良好状态。

③ 负责组织对事发现场的拍照、摄像工作；负责发布和报道新闻媒体的信息；事故扩大应急后，负责向周边居民、社区公告对外信息。

（4）技术支持组职责。

① 提出抢险抢修及避免事故扩大的临时应急方案和措施。

② 指导抢险抢修组实施应急方案和措施。

③ 修补实施中的应急方案和措施存在的缺陷。

④ 绘制事故现场平面图，标明重点部位，向外部救援机构提供准确的抢险救援信息资料。

⑤ 负责应急过程的记录与整理及对外联络。

（5）抢险抢救组职责。

① 实施抢险抢救的应急方案和措施，并不断加以改进。

② 寻找受害者并转移至安全地带。

③ 在事故有可能扩大进行抢险抢救或救援时，高度注意避免意外伤害。

④ 抢险抢救或救援结束后，直接报告总指挥或副总指挥，并对结果进行复查和评估。

（6）医疗救治组职责。

① 在外部救援机构未到达前，对受害者进行必要的抢救（如人工呼吸、包扎止血、防止受伤部位受污染等）。

② 使重度受害者优先得到外部救援机构的救护。

③ 协助外部救援机构转送受害者至医疗机构，并指定人员护理受害者。

④ 在事故现场周围建立警戒区域实施交通管制，维护现场治安秩序。

（7）后勤保障组职责

① 保障系统内各组人员必需的防护、救护用品及生活物质的供给。

② 提供合格的抢险抢救或救援的物资、设备、设施。

**4. 预防与预警**

1）危险源监控

由专业工程技术人员进行技术交底，专职安全员负责监督检查，从模板加工制作、堆放、安装、拆除及维护等环节进行全面的监控，严格执行"三检制"，将事故隐患消灭在萌芽状态（表 2-25）。

表 2-25　危险源预防控制措施

| 序号 | 危险作业 | 可能导致的事故 | 预防控制措施 |
| --- | --- | --- | --- |
| 1 | 支撑系统搭设不规范 | 坍塌 | （1）必须编制施工方案，方案中包括模板支撑设计计算书，且必须经过上级部门审批后方可施工；<br>（2）进场的支撑杆件必须为合格品 |
| 2 | 模板吊装不规范 | 起重伤害 | （1）吊装司机和信号工必须持证上岗；<br>（2）吊装区域设置禁戒线，严禁人员进入；<br>（3）经常检查吊索具，保持安全有效；<br>（4）严禁在大雨、大雾和六级以上强风的天气作业 |
| 3 | 高处支拆模防护缺陷 | 高处坠落 | （1）高空作业人员必须佩戴安全；<br>（2）脚手架平面采取铺平板或平挂安全网等防护措施；<br>（3）工人操作规范，不得猛拉猛撬 |
| 4 | 滑模作业不规范 | 高处坠落 | （1）作业人员要经过培训，持证上岗；<br>（2）制订滑模的安全技术措施，并检查落实情况 |
| 5 | 拆模操作或防护不当 | 物体打击 | 严格按规范操作，严禁猛撬硬砸，大面积撬落，不得留下松动或悬挂模板 |
| 6 | 模板及配件使用不当 | 物体打击 | （1）脚手架及结构临边严禁堆放物料；<br>（2）脚手架要封闭密实；<br>（3）斧头、锤子等工具要放入工具袋内 |
| 7 | 安拆操作不当，挂断或压断电线电缆 | 触电 | （1）现场电线电缆布设规范；<br>（2）安拆模板时，要注意现场电线电缆的位置 |
| 8 | 模板堆放不规范 | 倾翻 | （1）模板堆放场地平整、坚实；<br>（2）模板堆放应分散堆放；<br>（3）模板堆放高度要严格控制 |
| 9 | 模板搬运违章 | 物体打击 | 轻拿慢放，规范作业，注意安全 |

2）预警行动的条件和信息发布

（1）预警条件。

在支撑系统失稳倾斜、模板或连接件滑落、固定模板的杆件失效断裂、安拆操作严重违反程序、接近和接触带电线路等条件下，立即实施预警。

（2）预警信息的发布。

施工现场任何人只要发现事故或可能导致事故发生的险情后，都要立即以最快捷的方式，如运用固定电话、手机或口头等形式发出警报，通知项目负责人、安质员和现场所有施工作业人员实施避险。

3）预警行动

（1）项目负责人、安质员接到预警信息后，立即组织现场作业人员避险，在条件允许的情况下，尽量采取办法切断"事故危险源"，密切关注事态发展状态和趋势，同时由项目负责人上报公司应急救援指挥部，启动公司应急救援预案，并按照预案做好应急准备工作。

（2）在应急救援指挥机构的统一领导下，根据事故险情，编制事故灾害防治方案，明确防范的对象、范围，提出防治措施，确定防治责任人。

（3）事故险情有可能涉及伤害到周边群众和社区时，经公司或上一级应急救援指挥机构核实后，由项目部派专人分头立即向周边群众和社区通告，并向当地政府以电话方式报警，以便做好人员疏散避险。

（4）对可能引起重特大安全事故的险情，经公司应急救援指挥机构核实后，应当在发现险情后 2 小时内报告集团公司应急救援指挥部和工程所在地人民政府。

**5. 信息报告程序**

1）报警系统及程序（图 2-76）

（1）事故发生后或有可能发生事故时，目击者有责任和义务立即报告施工现场负责人。

（2）施工现场负责人调查掌握情况后，及时向公司应急救援指挥机构报告。

（3）公司应急救援指挥机构接到事故或预警信息后，由安全质量管理部向公司主管领导汇报，并通报公司应急救援指挥部总指挥长、副总指挥长、各成员部门及应急工作组负责人。

（4）报警网络。

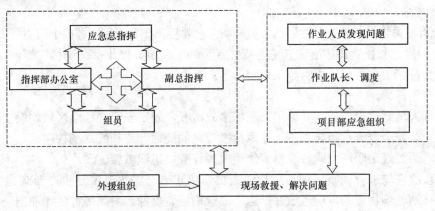

图 2-76　报警网络图

2）现场报警方式

（1）施工现场发生任何安全生产事故，首先拨打公司应急救援指挥中心值班电话。

（2）施工现场发生火灾事故时，同时拨打火警电话 119。

（3）事故现场如有人员伤亡时，同时拨打急救中心电话 120。

（4）施工现场以电话方式报告后，随后用书面材料以传真或电子邮件的方式报告公司应急救援指挥中心。

3）事故报告内容

（1）事故发生的时间、地点、事故类别、简要经过、人员伤亡。

（2）事故发生单位名称，事故现场项目负责人姓名。

（3）工程项目和事故险情发展事态、控制情况，紧急抢险救援情况。

（4）事故原因、性质的初步分析。

（5）事故的报告单位、签发人和报告时间。

4）报告时限

事故发生后，1小时之内由事故现场报告给公司应急救援指挥中心；4小时之内由公司报告给上级主管部门。

**6. 应急处置**

1）响应分级

（1）现场发生三级及以上重大安全事故（死亡3人以上；重伤20人以上；直接经济损失30万元以上），启动本预案，公司负责组织应急救援指挥，并报上一级管理部门。

（2）现场发生四级重大安全事故（死亡1~2人；重伤3人以上，19人以下；直接经济损失10万~30万元），启动公司和项目部应急预案，相应公司和项目部负责组织应急救援指挥，并报上一级管理部门。

（3）现场发生四级以下安全生产事故；铁路行车一般事故，启动项目部应急预案，相应项目部负责组织应急救援指挥，并报上级公司相关部门。

2）响应程序

（1）应急指挥。

① 当施工现场发生无法或不易控制的模板工程安全生产事故时，启动公司专项应急预案。公司应急救援指挥中心接到响应级别事故报告后，经对事故严重程度核实后，判断是否有能力组织救援。

② 如有能力组织救援，及时启动公司专项应急救援预案，否则立即向上级主管部门报告。

③ 公司应急救援指挥中心通知应急指挥人员和工作组，停止手头一切工作，立即到位，通报事故情况，按照各职能小组分工组织救援。

（2）应急行动。

①指挥人员到达现场后，立即了解现场事故情况，划定安全和危险区域，设立标志，实行现场保护，安全警戒，疏导车流，保障救援道路的畅通，维护好现场秩序。

②按本预案规定职责明确各应急工作组救援任务，组织救援。

③对事故现场进行调查取证，因抢救人员、防止事态扩大、恢复生产及疏通交通等原因，需要移动现场物件的，应当做好标志，采取拍照、摄像、绘图等方法详细记录事故现场的原貌，妥善保存现场重要痕迹、物证。

（3）资源调配。

组织抢险救援队伍，调配应急救援物资、装备、器材、药品、医疗器械、抢险车辆等物资，为应急行动做好充分准备。

（4）应急避险。

①抢险车辆赶往事发现场和急救车辆护送伤害人员到达医院的途中，按交通规则正确驾驶车辆，避免交通事故发生。

②在疏散人群过程中，要选择安全通道，合理有序地引导人员撤离，防止相互践踏受到伤害。

③在现场抢救伤员的过程中，抢救人员要密切注意周围环境，防止二次事故造成抢救人员的伤害。对伤员的抢救，要根据伤员受伤部位和伤害程度，正确施救，避免盲目地抬运拖拉，给后续抢救工作带来麻烦，防止使受伤人员再次受伤或加重伤害程度。

（5）扩大应急。

若公司没有能力组织救援，一是及时向上级主管部门报告，请求启动综合应急救援预案；二是向相邻施工单位求援；三是向建设行政主管部门求援。

3）处置措施

（1）应急处置次序（图 2-77）。

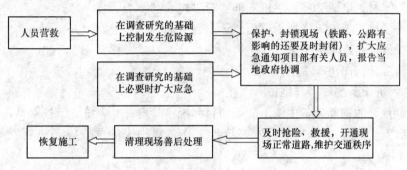

图 2-77　应急处置次序图

（2）模板坍塌应急处置措施。

当模板支撑系统出现坍塌时，一是应立即用撬棍或顶升设备支起或用起重设备自上而下吊起坍塌重物；二是对危险而未坍塌的模板及支撑系统，立即进行固定，确保其处于稳定状态。同时，确定被埋人员的位置，组织现场急救。当挖救被埋人员时，切勿用机械挖救，以防伤人。当人员被构件卡死无法摆脱时，抢救人员要用切割设备，小心地切割掉卡死构件，然后搬离伤员。

（3）模板安拆挂断电线路应急处置措施。

当模板安拆不当，挂断电线造成触电伤害事故时，首先判断是高压线路还是低压线路。若是低压线路，立即断开电源，如果电源开关较远，则可用绝缘材料把触电者与电源分离。若是高压线路触电，马上通知供电部门停电，如一时无法通知供电部门停电，则可抛掷导电体，让线路短路跳闸，再把触电者拖离电源。

如果挂断电线造成了火灾，要迅速切断电源，以免事态扩大。切断电源时，应戴绝缘手套，使用有绝缘柄的工具。当火场离开关较远且需剪断电线时，火线和零线应分开错位剪断，以免在钳口处造成短路，并防止电源线掉在地上造成短路使人员触电。当电源线因其他原因不能及时切断时，一方面派人去供电部门拉闸，一方面灭火，人体的各部位与带电体保持一定充分距离，抢险人员必须穿戴绝缘用品。扑灭电气火灾时，要用绝缘性能好的灭火器如干粉灭火器、二氧化碳灭火器。

（4）高处坠落伤害事故应急处置措施。

当发现有人从高处坠落摔伤，首先应观察伤员的神志是否清醒，随后看伤员坠落时身体的着地部位，再根据伤员的伤害程度的不同，启动高空作业专项应急预案组织救援。

（5）物体打击伤害事故应急处置措施。

当发生物体打击伤害事故时，按现场处置方案进行抢救，首先观察伤员受伤部位，失血多少，对于一些微小伤，工地急救员可以进行简单的止血、消炎、包扎。伤势严重者，急救人员边抢救边就近送医院。

**7. 应急物资与装备保障**

1）应急处置所需的物资与装备数量

（1）医疗器材：担架 5 副、氧气袋 5 个、小药箱 2 个。

（2）抢救工具：切割用具 2 套、千斤顶 4 个、手拉葫芦 3 个。

（3）照明器材：手电筒 10 个、36V 应急灯 5 套、灯具 10 套。

（4）通信器材：电话 2 部、手机 6 部、对讲机 8 部。

（5）灭火器材：干粉灭火器 10 具。

（6）救援设备：汽车吊 1 台。

（7）运输工具：面包车 1 辆。

2）应急物资设备的管理与维护

安全应急预案的物资装备由施工现场项目部统一管理，专人负责维护保养，做好物资设备台账。每次安全应急抢救完后，做好统计工作，对损失的物资设备进行及时的维修和更新。

# 2.8　模板事故案例

**1. 引发模板支架坍塌的事故**

（1）某市模板支架垮塌事故，造成 8 人死亡以及多人受伤的重大恶性事故（图 2-78）。

图 2-78　事故现场图

事故主要原因如下：架体稳定性计算错误；构成架体的主要材料不合格；设计构造上存在明显的缺陷；审批论证验收均未按相关规定执行。

（2）2010 年 3 月，贵阳国际会议展览中心工程模板支撑体系发生局部垮塌事故，导致 9 人死亡（图 2-79）。

(a)　　　　　　　　　　　　(b)

图 2-79　事故现场图

（a）事故现场；（b）架体倾斜

事故主要原因：施工单位未按设计方案搭设模板支撑体系，致使支撑体系不稳定；工人未经验收就违章施工、浇捣混凝土。违章改变浇筑顺序，造成局部支撑体系荷载受力集中并破坏平衡，导致脚手架受力不均产生变形，进而局部坍塌。监管不力，相关单位没有严把方案验收关和过程管理监督关。

（3）2008 年 4 月 30 日 12：47，因模板支撑系统失稳，导致约 21m 高的整个支模系统坍塌，11 名工人随屋面及支撑架从高空坠落，其中 8 人死亡、3 人受伤。承包商将长沙上河国际商业广场 B 区中庭钢化玻璃结构顶盖改为混凝土结构，并安排无支模架搭设资质的工人进行超高支模架的搭设（图 2-80）。

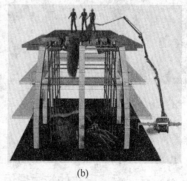

(a)　　　　　　　　　　　　(b)

图 2-80　施工中的上河国际商业广场

（a）在建工程；（b）事故分析示意图

（4）2005 年 9 月 5 日，北京西西工程。当楼盖浇筑快接近完成时，从楼盖中部偏西南部位突然发生凹陷式坍塌，造成死亡 8 人、重伤 21 人的重大事故（图 2-81）。现场人员当时看到楼板形成 V 形下折情况和支架立杆发生多波弯曲并迅速扭转后，随即整个楼盖连同布料机一起垮塌下来，落砸在地下一层顶板（首层底板）上，坍落的混凝土、钢筋、模板和支架绞缠在一起，形成 0.5～2.0m 高的堆集，抢救伤者、遇难者和清理现场异常困难，至 10 日凌晨才挖出最后一名遇难者。中庭楼盖的坍塌也招致邻跨的钢筋和模板向中庭下陷，粗大的梁筋被从柱子中拉出达 1m 多；在冲砸之下，首层底板局部严重损坏、相应框架梁下沉、破损、开裂，支架严重变形。地下二层顶板和支架的相应部位也有明显的损伤和变形。事故

179

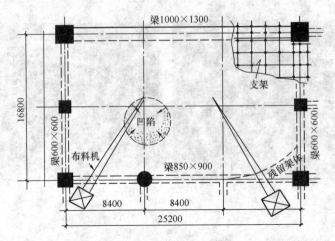

图 2-81　北京西西工程施工平面和破坏起始位置

的 5 名责任人分别被判 3～4 年，责任企业不得不进行重组改貌（图 2-82）。

（5）2007 年 9 月 6 日，郑州富田太阳城工程中庭模板支架突然垮坍，造成 7 死 17 伤。初步认定为一安全生产责任事故（图 2-83）。

图 2-82　北京西西工程坍塌现场全貌

图 2-83　郑州富田太阳城事故现场全貌

事故主要问题为：未严格执行施工方案和标准规定，梁下立杆间距方案设计为 0.4m，实际搭设为 1.3m；监理监管不力；浇筑工艺程序有问题。

**2. 引发模板支架坍塌事故的技术原因**

模板支架发生坍塌的技术原因或内在机理，可以归纳为：一是架体或其杆件、节点实际受到的荷载作用超过了其实际具有的承载能力，特别是稳定承载能力；二是架体由于受到了不应有的荷载作用（侧力、扯拉、扭转、冲砸等），或者架体发生了不应有的设置与工作状态变化（倾斜、滑移和不均衡沉降等），导致发生非原设计受力状态的破坏。造成实际荷载及其作用大于设计值的主要因素列于表 2-26 中。

表 2-26　荷载破坏原因表

| 类别 | 造成大于设计值的主要因素 |
| --- | --- |
| 实际荷载 | （1）劲性钢筋和高配筋率结构件未调增自重标准值；（2）实际出现了未予考虑，但数值较大的施工设备和堆料荷载；（3）在局部作业面上集中了过多的人员、浇筑和振捣设备；（4）其他实际值显著大于设计值的因素；（5）出现未予考虑的荷载 |

| 类别 | 造成大于设计值的主要因素 |
|---|---|
| 实际发生的荷载作用 | (1) 未按最不利受载部位（如梁交汇处）计算；(2) 任意加大立杆的间距；(3) 相邻顶部支点的标高不一致，造成作用不同步和不均衡受载，高位者承受过大的荷载作用；(4) 支架立杆未按与集中荷载作用点对中或集中荷载轴线对称要求设置，产生较大的偏心作用；(5) 浇筑工艺不符合稳定、逐层和均衡加载的要求，或临时做违反这一要求的改变 |

在施工中，架体可能出现不应有的设置与工作状态变化列于表 2-27 中。

表 2-27　架体出现破坏原因表

| 类别 | 脱离或影响设计的变化 |
|---|---|
| 架体设置状态 | (1) 设置基地出现过大的不均匀沉降，造成部分立杆脱空、虚支或滑移；<br>(2) 支架立杆底部未设置支垫或支垫不合格；<br>(3) 未按规定设置扫地杆或设置不合格；<br>(4) 高支架未设置必要的附着拉结或整体稳定措施；<br>(5) 在毗邻地区进行地下工程施工及其他危及支架设置安全的因素 |
| 架体工作状态 | (1) 安装偏差（特别是立杆的垂直偏差）过大；<br>(2) 未设置专门承传水平荷载作用的措施；<br>(3) 在遭受强力自然力（风、雨、雪、地震等）之后未做检查、调整和加固；<br>(4) 出现其他不应有的工作状态变化 |

使架体实际承载力能力降低的主要因素列于表 2-28 中。

表 2-28　使架体实际承载能力降低的主要因素

| 类别 | 脱离或影响设计的变化 |
|---|---|
| 构架情况 | (1) 使用减料、劣质、变形、磨损的杆件和连接件；<br>(2) 构架节点和杆件连接不合格；<br>(3) 立杆伸出长度过大；<br>(4) 横杆漏设；<br>(5) 梁、板支架的立杆间距和步距不配合；横杆不能按设计要求连通<br>(6) 随意加大构架参数；<br>(7) 未按规定设置竖向和水平斜杆（剪刀撑）或设置不合格；<br>(8) 混用互不配合的不同架种材料；<br>(9) 扫地杆过高 |
| 支座和体型 | (1) 可调托、底座丝杆直径偏小、工作长度偏大；<br>(2) 搭设高度增加造成降低因素的不利累积；<br>(3) 高宽比过大降低其整体稳定性 |

**3. 引发模板支架坍塌的直接起因**

引发模板支架坍塌的直接起因，大致来自以下三个方面：

（1）支架因设计和施工缺陷，不具有确保安全的承载能力。在正常浇筑和荷载增加的过程中，在达到临界极限应力或变形（位移）的部位发生失稳和破坏，从而引起支架瞬间坍塌。这类支架一旦开始进行混凝土浇筑作业，就面临坍塌破坏的危险境地，且难以监控。除非因已发现显著变形、晃动或异常声响（连接件、节点开裂、破坏）而立即停止作业、撤离人员，则事故将不可避免。没有进行方案设计或设计安全度不够的，按脚手架构造搭设的、任由工人单凭经验搭设的和在搭设之中任意扩大尺寸与随意减少杆件的支架，都属于这一方面。

（2）支架因设计或施工原因。使其承载能力没有多大富裕。在遇到显著超过设计的荷载作用时，由局部失稳开始，迅即引起模板支架整体坍塌。这种情况多出现在自一侧起向另一侧整体推进浇筑工艺，并浇筑至高重大梁时和在浇筑的最后阶段、过多集中浇捣设备与人员作业时。所谓"被最后一根稻草压垮"的临界加载作用，是其主要特征。

（3）支架因采用的构架尺寸较大、未设水平剪刀撑加强层及竖向斜杆（剪刀撑）设置不够等，造成构架的整体刚度不足。当因局部的模板、木格栅和直接承载横杆发生折断或节点破坏垮塌时，架体承受不了局部垮塌的冲击和扯拉作用，而酿成整体坍塌。

根据以上三个方面起因并结合表 2-26～表 2-28 所分析的事故因素，可将模板支架坍塌事故的直接起因和主要诱发点列入表 2-29 中。

表 2-29　模板支架坍塌的直接起因和主要诱发点

| 直接起因 | 主要诱发点 |
|---|---|
| （1）支架不具有确保正常施工安全要求的承载能力；<br>（2）实际的荷载作用超过了支架的设计承载能力；<br>（3）支架不具有抵抗局部垮塌作用的整体刚度 | （1）直接承载横杆（$\phi48$）的跨度 1.2m；<br>（2）立杆伸出长度 $a>0.5\mu h$；<br>（3）横杆漏设或者未按设计规定要求连通；<br>（4）未设扫地杆；<br>（5）立杆接头处于步距中；<br>（6）节点安装不合格或紧固不够；<br>（7）未设水平、竖向剪刀撑（斜杆）或设置不符合要求；<br>（8）使用缺斤短两、劣质、变形、有损伤杆件和连接件；<br>（9）使用不符合要求的可调托底座或者其丝杆的工作长度超出标准允许长度；<br>（10）采用不安全的浇筑工艺和程序；<br>（11）过多集中设备和人员作业 |

# 3  脚手架工程

在建筑安装工程施工中，为满足施工作业需要而设置的各种操作架子，统称为脚手架。脚手架是建筑工程施工中堆放材料和工人进行操作的临时设施。搭脚手架的成品也被称为架设材料或架设工具，它是施工企业最重要的常备施工周转材料。

## 3.1  脚手架的分类

早期，我国普遍使用竹木脚手架，随着建筑业和建筑施工技术的发展，研究和开发了各种形式的脚手架，脚手架的种类也越来越多，通常按以下四种方式分类：

**1. 按脚手架的用途分类**

(1) 结构工程作业脚手架，简称结构脚手架，是为满足结构施工需要而设置的脚手架。它包括作业围护用墙式单排防护脚手架和通道防护棚等，是为施工安全设置的架子。墙式单排防护脚手架除构架杆配件的自重和搭、拆作业的施工荷载外，不再承受其他竖向荷载；通道防护棚则要考虑雪荷载和高空落物的冲击荷载。

结构脚手架所承受的施工荷载和架面宽度一般都大于装修脚手架，因此，在正常情况下，结构工程施工完成后可直接用于装修作业。结构和装修作业架中，工人正在进行施工作业的步架称为作业层。

(2) 装修工程作业脚手架，简称装修脚手架，是为满足装修施工作业而设置的脚手架。

(3) 支撑和承重脚手架，简称模板支撑架或承重脚手架，是为支撑模板及其荷载或为满足其他承重要求而设置的脚手架。

(4) 防护脚手架。防护脚手架用于设备安装工程的脚手架，可视其作业和荷载情况，分别归入上述相应的脚手架类别之中。它对工程进度、工艺质量、设备及人身安全起着重要的作用。

**2. 按脚手架的设置状态分类**

(1) 落地式脚手架：脚手架荷载通过立杆传递给架设脚手架的地面、楼面、屋面或其他支持结构物。

(2) 挑脚手架：从建筑物内伸出的或固定于工程结构外侧的悬挑梁或其他悬挑结构上向上搭设的脚手架。脚手架通过悬挑结构将荷载传递给工程结构。

(3) 挂脚手架：使用预埋拖挂架或挑出悬挂结构将定型作业架悬挂于建筑物的外墙面。

(4) 吊脚手架：悬吊于屋面结构或屋面悬挑梁之下的脚手架。当脚手架为篮式构造时，就称为"吊篮"。

(5) 桥式脚手架：由桥式工作台及其两端支柱（一般格构式）构成的脚手架。桥式工作台可自由提升和下降。

(6) 移动式脚手架：自身具有稳定结构、可移动使用的脚手架。

**3. 按脚手架的搭设位置分类**

（1）外脚手架：是沿建筑物外墙外侧周边搭设的一种脚手架。它既可用于结构施工，又可用于外装修。

（2）里脚手架：用于建筑物内墙的砌筑、装修用的脚手架。在施工中，里脚手架搭设在各层楼板上。

**4. 按脚手架杆件、配件材料和链接方式分类**

（1）木、竹脚手架。

（2）扣件式钢管脚手架。

（3）框式钢脚手架：有门形（门式脚手架）、H形、三角形、四方形等。

（4）承插式钢管脚手架：有碗扣式、楔紧式、圆盘式、卡板式等。

（5）其他连接形式钢脚手架。

**5. 脚手架的发展**

脚手架在我国经历了三个发展阶段：第一阶段为20世纪60年代以前，是传统的竹木脚手架阶段，依靠架子工人的经验进行搭设，并积累了丰富的搭设经验；第二阶段为20世纪60年代至70年代末，扣件式钢管脚手架得到迅速推广和应用，并和木、竹脚手架形成共用的阶段；第三阶段为20世纪80年代以后，这一阶段脚手架表现为多样化、系列化、标准化和商业化。

近年来，我国采用的新型脚手架主要有以下几种：

1）框式脚手架

框式脚手架有门形、H形、三角形、四方形等多种形式，其中门形脚手架开发最早，使用量也最多，在欧美、日本等国家和地区，其使用量约占脚手架的50%。

2）承插式脚手架

承插式脚手架是单管脚手架的一种形式，其构造与扣件式钢管脚手架基本相似，主要由主杆、横杆、斜杆、可调底座等组成，只是主杆与横杆、斜杆之间的连接不是用扣件，而是在主杆上焊接插座，横杆和斜杆上焊接插头，将插头插入插座，即可拼装成各种尺寸的脚手架。由于各国对插座和插头的结构设计不同，形成了各种形式的承插式脚手架。我国已使用或正在开发应用的承插式脚手架包括碗扣式脚手架、楔紧式自锁多功能脚手架、圆盘式多功能脚手架、卡板式多功能脚手架等。

3）附着式升降脚手架

随着高层建筑的大量增加，在施工中采用挑、吊、挂脚手架等先进施工工艺的工程越来越多，已取代了落地脚手架。20世纪80年代以来，附着式升降脚手架悄然兴起，这种脚手架是在上述脚手架的基础上，加以改进和发展的。由于它具有成本低、使用方便和适应性强等特点，建筑物越高，其经济效益越显著，因而，在高层和超高层建筑施工中的应用发展迅速，已成为高层和超高层建筑施工脚手架的主要形式。

**6. 脚手架的基本要求**

脚手架是为高空作业创造施工操作条件，脚手架搭设不牢固、不稳定就会造成施工中的伤亡事故。脚手架还须符合节约的原则，因此，脚手架一般应满足以下的要求：

（1）脚手架要有足够的牢固性和稳定性，保证在施工期间对所规定的荷载或在气候条件的影响下不变形、不摇晃、不倾斜，能确保作业人员的人身安全。

（2）脚手架要有足够的面积满足堆料、运输、操作和行走的要求。

（3）脚手架的构造要简单，搭设、拆除和搬运要方便。使用要安全，并能满足多次周转使用。

（4）脚手架要因地制宜，就地取材，量材施用，尽量节约用料。

另外，脚手架严禁钢木、钢竹混搭，严禁不同受力性质的外架连接在一起。

**7. 严把脚手架十道关**

脚手架在建筑施工中是一项不可缺少的重要工具，但若在支搭和使用方法上不当，往往会造成多人伤亡和巨大的经济损失。因此，对各种脚手架必须严把十道关：

（1）材料：严格按规程的质量、规格选择材料。

（2）尺寸：必须按规定的间距尺寸搭设。

（3）铺板：架板必须满铺，不得有空隙和探头板、下跳板，并经常清除板上的杂物。

（4）栏护：脚手架外侧和斜道两侧必须设 1.2m 高的栏杆或立挂安全网。

（5）连接：必须按规定设剪刀撑和支撑，必须与建筑物连接牢固。

（6）承重：脚手架均匀荷载。结构架承重应控制在 270kg/m²，装修架承重应控制在 200kg/m²，其他架子必须经过计算和试验确定承重荷载，标准架应严格规定负荷。

（7）上下：必须为工人上下架子搭设马道或阶梯。严禁施工人员从架子爬上爬下，造成事故。

（8）雷电：凡金属脚手架与输电线路，要保持一定的安全距离，或搭设隔离防护措施。一般电线不得直接绑在架子上，必须绑扎时应加垫木隔离，凡金属脚手架高于周围避雷设施的，要制订方案，重新设置避雷系统。

（9）挑梁：悬吊式吊篮，除按规定加工外，严格按方案设置。

（10）检验：各种架子搭好后，必须经技术、安全等部门共同检查验收，合格后方可投入使用。使用中应经常检查，发现问题要及时处理。

## 3.2　脚手架基本构造

### 3.2.1　落地扣件式钢管脚手架

**1. 落地扣件式钢管脚手架的主要构件**

落地扣件式钢管脚手架是以标准的钢管做杆件，以特别的构件做连接件，组成骨架，铺放脚手板，并用支撑与防护构配件搭设而成的各种用途的脚手架。落地扣件式钢管脚手架的主要构件如图 3-1～图 3-4 所示。

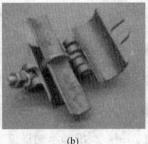

（a）　　　　　　　　　　（b）　　　　　　　　　　（c）

图 3-1　落地扣件式钢管脚手架的扣件

（a）直角扣件；（b）对接扣件；（c）旋转扣件

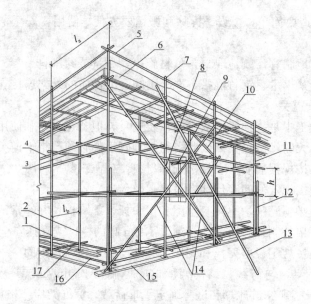

图 3-2　脚手架的主构件

1—外立杆；2—内立杆；3—横向水平杆；4—纵向水平杆；5—栏杆；6—挡脚板；7—直角扣件；
8—旋转扣件；9—连墙杆；10—横向斜撑；11—主立杆；12—副立杆；13—抛撑；14—剪刀撑；
15—垫板；16—纵向扫地杆；17—横向扫地杆

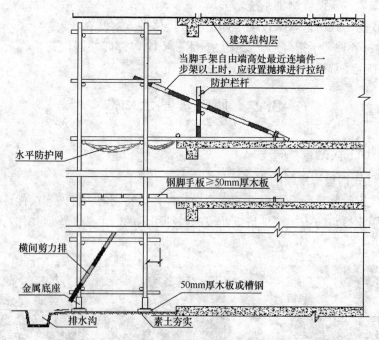

图 3-3　落地式扣件式钢筋脚手架的示意图

### 2. 常用单双排脚手架搭设高度

单排脚手架搭设高度不应超过 24m；双排脚手架搭设高度不宜超过 50m，高度超过 50m 的双排脚手架，应采用分段搭设等措施（表 3-1），单排脚手架搭设高度不应超过 24m（表 3-2）。

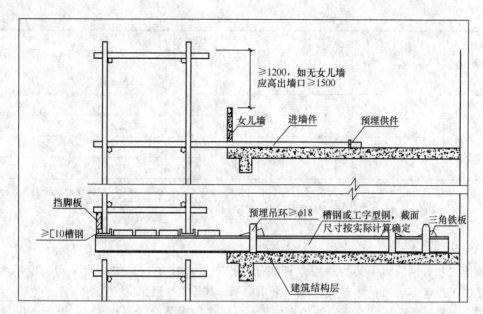

图 3-4　悬挑式脚手架的示意图

表 3-1　常用密目式安全立网全封闭式双排脚手架的设计尺寸（m）

| 连墙件设置 | 立杆横距（$l_b$） | 步距（$h$） | 下列荷载时的立杆纵距 $l_a$（m） | | | | 脚手架允许搭设高度（$H$） |
|---|---|---|---|---|---|---|---|
| | | | 2+0.35（kN/m²） | 2+2+2×0.35（kN/m²） | 3+0.35（kN/m²） | 3+2+2×0.35（kN/m²） | |
| 二步三跨 | 1.05 | 1.5 | 2.0 | 1.5 | 1.5 | 1.5 | 50 |
| | | 1.80 | 1.8 | 1.5 | 1.5 | 1.5 | 32 |
| | 1.30 | 1.5 | 1.8 | 1.5 | 1.5 | 1.5 | 50 |
| | | 1.80 | 1.8 | 1.2 | 1.5 | 1.2 | 30 |
| | 1.55 | 1.5 | 1.8 | 1.5 | 1.5 | 1.5 | 38 |
| | | 1.80 | 1.8 | 1.2 | 1.5 | 1.2 | 22 |
| 三步三跨 | 1.05 | 1.5 | 2.0 | 1.5 | 1.5 | 1.5 | 43 |
| | | 1.80 | 1.8 | 1.2 | 1.5 | 1.2 | 24 |
| | 1.30 | 1.5 | 1.8 | 1.5 | 1.5 | 1.2 | 30 |
| | | 1.80 | 1.8 | 1.2 | 1.5 | 1.2 | 17 |

表 3-2　常用密目式安全立网全封闭式单排脚手架的设计尺寸（m）

| 连墙件设置 | 立杆横距（$l_b$） | 步距（$h$） | 下列荷载时的立杆纵距 $l_a$（m） | | 脚手架允许搭设高度（$H$） |
|---|---|---|---|---|---|
| | | | 2+0.35（kN/m²） | 3+0.35（kN/m²） | |
| 二步三跨 | 1.20 | 1.5 | 2.0 | 1.8 | 24 |
| | | 1.80 | 1.5 | 1.2 | 24 |
| | 1.40 | 1.5 | 1.8 | 1.5 | 24 |
| | | 1.80 | 1.5 | 1.2 | 24 |

续表

| 连墙件设置 | 立杆横距（$l_b$） | 步距（$h$） | 下列荷载时的立杆纵距 $l_a$（m） | | 脚手架允许搭设高度（$H$） |
| --- | --- | --- | --- | --- | --- |
| | | | $2+0.35$（$kN/m^2$） | $3+0.35$（$kN/m^2$） | |
| 三步三跨 | 1.20 | 1.5 | 2.0 | 1.8 | 24 |
| | | 1.80 | 1.2 | 1.2 | 24 |
| | 1.40 | 1.5 | 1.8 | 1.5 | 24 |
| | | 1.80 | 1.2 | 1.2 | 24 |

注：1. 表中所示 $2+2+2×0.35$（$kN/m^2$），包括下列荷载：$2+2$（$kN/m^2$）为二层装修作业层施工荷载标准值；$2×0.35$（$kN/m^2$）为二层作业层脚手板自重荷载标准值。

2. 作业层横向水平杆间距，应按不大于 $l_a/2$ 设置。

3. 地面粗糙度为 B 类，基本风压 $w_0=0.4kN/m^2$。

落地式扣件钢管脚手架的每根立杆底部应设置底座或垫板。垫板宜采用长度不少于 2 跨、厚度不小于 50mm 的木垫板，也可采用槽钢，如图 3-5 所示。

脚手架底座底面标宜高于自然地坪 50mm。排水沟底要设计不小于 1‰坡度，保证不积水，若沟内水不能自然排出，应在排水沟角点设集水坑，雨后需人工进行排水，如图 3-6 所示。

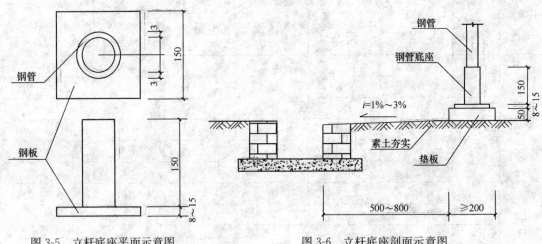

图 3-5 立杆底座平面示意图　　　　图 3-6 立杆底座剖面示意图

**3. 立杆构造要求**

（1）每根立杆底部应设置底座或垫板。

（2）脚手架必须设置纵、横向扫地杆（图 3-7）。纵向扫地杆应采用直角扣件固定在距钢管底端不大于 200mm 处的立杆上。横向扫地杆也应采用直角扣件固定在紧靠纵向扫地杆下方的立杆上。当立杆基础不在同一高度上时，必须将高处的纵向扫地杆向低处延长两跨与立杆固定，高低差不应大于 1m。靠边坡上方的立杆轴线到边坡的距离不应小于 500mm。

（3）单双排脚手架底层步距不应大于 2m。

（4）立杆必须用连墙件与建筑物可靠连接。

（5）立杆接长除顶层顶步可采用搭接处，其余各层各步接头必须采用对接扣件连接。

（6）脚手架立杆的对接、搭接应符合下列规定：

① 立杆上的对接扣件应交错布置：两根相邻立杆的接头不应设置在同步内，同步内隔一根立杆的两个相隔接头在高度方向错开的距离不宜小于500mm；各接头中心至主节点的距离不宜大于步距的1/3（图3-8）。

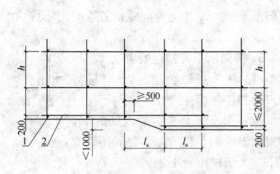

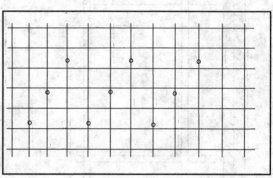

图3-7　纵、横向扫地杆构造
1—横向扫地杆；2—纵向扫地杆

图3-8　立杆对接示意图

② 当立杆采用搭接接长时，搭接长度不应小于1m，并应采用不少于2个旋转扣件固定。端部扣件盖板的边缘至杆端距离不应小于100mm。

（7）脚手架立杆顶端栏杆宜高出女儿墙上端1m，高出檐口上端1.5m。

**4. 纵向水平杆构造要求**

（1）纵向水平杆应设置在立杆内侧，其长度不应小于3跨。

（2）纵向水平杆接长应采用对接扣件连接（图3-9）或搭接，并应符合下列规定：

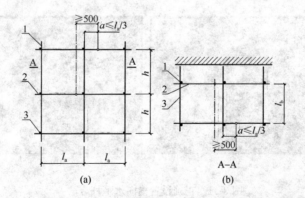

图3-9　纵向水平杆对接接头布置
（a）接头不在同步内（立面）；（b）接头不在同跨内（平面）
1—立杆；2—纵向水平杆；3—横向水平杆

① 两根相邻纵向水平杆的接头不应设置在同步或同跨内；不同步或不同跨两个相邻接头在水平方向错开的距离不应小于500mm；各接头中心至最近主节点的距离不宜大于纵距

的 1/3。

② 搭接长度不应小于 1m,应等间距设置 3 个旋转扣件固定,端部扣件盖板边缘至搭接纵向水平杆杆端的距离不应小于 100mm。

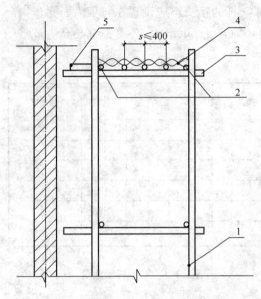

图 3-10　铺竹笆脚手板时纵向水平杆的构造
1—立杆;2—纵向水平杆;3—横向水平杆;
4—竹笆脚手板;5—其他脚手板

③ 当使用冲压钢脚手板、木脚手板、竹串片脚手板时,纵向水平杆应作为横向水平杆的支座,用直角扣件固定在立杆上;当使用竹笆脚手板时,纵向水平杆应采用直角扣件固定在横向水平杆上,并应等间距设置,间距不应大于 400mm,如图 3-10 所示。

**5. 横向水平杆构造要求**

(1) 主节点处必须设置一根横向水平杆,用直角扣件扣接且严禁拆除。

(2) 作业层上非主节点处的横向水平杆,宜根据支承脚手板的需要等间距设置,最大间距不应大于纵距的 1/2。

(3) 当使用冲压钢脚手板、木脚手板、竹串片脚手板时,双排脚手架的横向水平杆两端均应采用直角扣件固定在纵向水平杆上;单排脚手架的横向水平杆的一端,应用直角扣件固定在纵向水平杆上,另一端应插入墙内,插入长度不应小于 180mm。

(4) 使用竹笆脚手板时,双排脚手架的横向水平杆两端,应用直角扣件固定在立杆上;单排脚手架的横向水平杆的一端,应用直角扣件固定在立杆上,另一端应插入墙内,插入长度不应小于 180mm(图 3-11、图 3-12)。

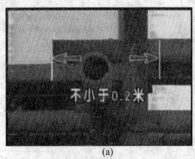
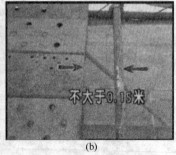

(a)　　　　　　　　　　(b)

图 3-11　正确设置横向水平杆方法
(a) 脚手板的搭接长度;(b) 脚手板与横向水平杆的距离

**6. 脚手架的构造要求**

双排脚手架横向水平杆设置:双排脚手架搭设的横向水平杆,必须在横向水平杆的两端与里外排纵向水平杆扣牢,否则双排脚手架将变成两片脚手架,不能共同工作,失去脚手架的整体性(横向水平杆要探出扣件 100mm 以上)。

单排脚手架横向水平杆设置：单排脚手架横向水平杆的设置位置，与双排脚手架相同。不能用于半砖墙、180mm墙、轻质墙、土坯墙等稳定性差的墙体，横向水平杆在墙上的搁置长度不应小于180mcm，横向水平杆入墙过小一是影响支点强度，二是单排脚手架产生变形时，横向水平杆容易被拔出。

图 3-12　横向挡地杆

**7. 脚手板的构造要求**

脚手板的设置应符合下列规定：

（1）作业层脚手板应铺满、铺稳、铺实。

（2）冲压钢脚手板、木脚手板、竹串片脚手板等，应设置在三根横向水平杆上。当脚手板长度小于2m时，可采用两根横向水平杆支承，但应将脚手板两端与横向水平杆可靠固定，严防倾翻。脚手板的铺设应采用对接平铺或搭接铺设。脚手板对接平铺时，接头处应设两根横向水平杆，脚手板外伸长度应取130～150mm，两块脚手板外伸长度的和不应大于300mm；脚手板搭接铺设时，接头应支在横向水平杆上，搭接长度不应小于200mm，其伸出横向水平杆的长度不应小于100mm（图3-13）。

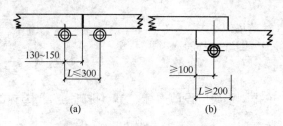

图 3-13　脚手板对接、搭接构造
（a）脚手板对接；（b）脚手板搭接

（3）竹笆脚手板应按其主筋垂直于纵向水平杆方向铺设，且应对接平铺，四个角应用直径不小于1.2mm的镀锌钢丝固定在纵向水平杆上。

（4）作业层端部脚手板探头长度应取150mm，其板的两端均应固定于支承杆件上。

（5）木脚手板需用不细于18号铅丝双股并联绑扎不少于4点，要求牢固，交接处平整，无探头板，不留空隙，脚手板应保证完好无损，破损的及时更换。

（6）架体每步离墙空隙均应安全可靠地封闭。

**8. 连墙件的构造要求**

（1）连墙件（图3-15）必须采用可承受拉力和压力的构造。

（2）对高度24m以上的双排脚手架，应采用刚性连墙件与建筑物连接。

（3）连墙件中的连墙杆应呈水平设置，当不能水平设置时，应向脚手架一端下斜。

（4）连墙件的布置应符合下列规定：

①应靠近主节点设置，偏离主节点的距离不应大于300mm；②应从底层第一步纵向水平杆处开始设置，当该处设置有困难时，应采用其他可靠措施固定；③宜优先采用菱形布置，或采用方形、矩形布置（表3-3）。

（5）架高超过40m且有风涡流作用时，应采取抗上升翻流作用的连墙措施。

（6）当脚手架下部暂不能设连墙件时应采取防倾覆措施。当搭设抛撑时，抛撑应采用通长杆件，并用旋转扣件固定在脚手架上，与地面的倾角应在45°～60°之间；连接点中心至主节点的距离不应大于300mm。抛撑应在连墙件搭设后方可拆除（图3-14）。

**表 3-3　连墙件布置最大间距表**

| 搭设方法 | 高度 | 竖向间距<br>（mm） | 水平间距<br>（mm） | 每根连墙件覆盖面积<br>（m²） |
|---|---|---|---|---|
| 双排落地 | ≤50m | 3h | 3$l_a$ | ≤40 |
| 双排悬挑 | >50m | 2h | 3$l_a$ | ≤27 |
| 单排 | ≤24m | 3h | 3$l_a$ | ≤40 |

注：h—步距；$l_a$—纵距。

(a)

(b)

图 3-14　连墙件

（a）连墙件与柱的连接；（b）连墙件与柱和墙的连接

**9. 剪刀撑和横向斜撑的构造要求**

双排脚手架应设置剪刀撑与横向斜撑，单排脚手架应设剪刀撑。单双排脚手架剪刀撑的设置应符合下列规定：

（1）每道剪刀撑跨越立杆的根数为 5～7 根。每道剪刀撑宽度不应小于 4 跨，且不应小于 6m，斜杆与地面的倾角宜在 45°～60°之间。

（2）剪刀撑斜杆的接长宜采用搭接，搭接长度不小于 1m。

（3）剪刀撑斜杆应用旋转扣件固定在与之相交的横向水平杆的伸出端或立杆上，旋转扣件中心线至主节点的距离不宜大于 150mm。

（4）脚手架剪刀撑颜色为黄黑相间，间距为 300mm。高层脚手架剪刀撑必须满布。脚手架二次悬挑处与下部架体完全断开，悬挑处设黄黑相间挡脚板，间距为 150mm。悬挑层脚手板满铺。

双排脚手架横向斜撑的设置应符合下列规定：

① 横向斜撑应在同一节间，由底至顶层呈之字形连续布置。

② 高度在 24m 以下的封闭型脚手架剪刀撑颜色为黄黑相间，间距为 300mm。高层脚手架剪刀撑必须满布。脚手架二次悬挑处与下部架体完全断开，悬挑处设黄黑相间挡脚板，间距为 150mm。悬挑层脚手板满铺（表 3-4）。

**表 3-4　剪刀撑跨越立杆的最多根数**

| 剪刀撑斜杆与地面的倾角 | 45° | 50° | 60° |
|---|---|---|---|
| 剪刀撑跨越立杆的最多根数 | 7 根 | 6 根 | 5 根 |

剪刀撑的布置方式：

① 高度在 24m 以下的单、双排脚手架，均必须在外侧两端、转角及中间间隔不超过 15m 的立面上各设置一道剪刀撑，并应由底至顶连续设置（图 3-15）。

② 高度在 24m 以上的双排脚手架应在外侧立面整个长度和高度上连续设置剪刀撑（图 3-16）。

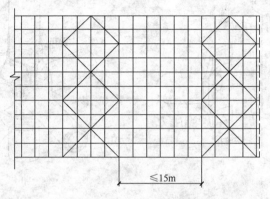

图 3-15　24m 以下剪刀撑布置图

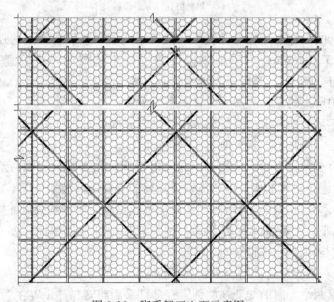

图 3-16　脚手架正立面示意图

## 3.2.2　碗扣式钢管脚手架

### 1. 碗扣式钢管脚手架的构成

碗扣式钢管脚手架是一种由定型杆件和带齿的碗扣接头组成的轴心相交（接）的承插式多功能脚手架。由专业机构研制成为定型工具式施工装备，由立杆、横杆、碗扣接头和各种辅助构件组成（图 3-17）。

### 2. 碗扣式脚手架构造

（1）脚手架地基应符合下列规定：

① 地基应坚实、平整，场地应有排水措施，不应有积水。

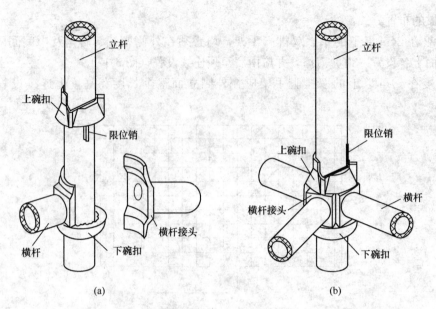

图 3-17  碗扣节点构造图

(a) 组装前；(b) 组装后

② 土层地基上的立杆底部应设置底座和混凝土垫层，垫层混凝土的强度等级不应低于 C15，厚度不应小于 150mm；当采用垫板代替混凝土垫层时，垫板宜采用厚度不小于 50mm、宽度不小于 200mm、长度不少于两跨的木垫板。

③ 混凝土结构层上的立杆底部应设置底座或垫板。

④ 对承载力不足的地基土或混凝土结构层，应进行加固处理。

⑤ 湿陷性黄土、膨胀土、软土地基要有防水措施。

⑥ 当基础表面高差较小时，采用可调底座进行调整；当基础表面高差较大时，可利用立杆碗口节点位差配合可调底座进行调整，且高处的立杆距离坡顶边缘不宜小于 500mm。

（2）脚手架的水平杆应按步距沿纵向和横向连续设置，不得缺失。在立杆的底部碗扣处应设置一道纵向水平杆、横向水平杆作为扫地杆，扫地杆距离地面高度不应超过 400mm，水平杆和扫地杆应与相邻立杆连接牢固。

（3）钢管扣件剪刀撑杆件应符合下列规定：

① 竖向剪刀撑两个方向的交叉斜向钢管宜分别采用旋转扣件设置在立杆的两侧。

② 竖向剪刀撑斜向钢管与地面的倾角应在 45°～60°之间。

③ 剪刀撑杆件应每步与交叉处立杆或水平杆扣接。

④ 剪刀撑杆件接长应采用搭接，搭接长度不应小于 1m，并应采用不少于 2 个旋转扣件扣紧，且杆端距端部扣件盖板边缘的距离不应小于 100mm。

⑤ 扣件扭紧力矩应为 40～65N·m。

（4）脚手架作业层设置应符合下列规定：

① 作业平台脚手板应铺满、铺稳、铺实。

② 工具式钢脚手板必须有挂钩，并应带有自锁装置与作业层横向水平杆锁紧，严禁浮放。

③ 木脚手板、竹串片脚手板、竹芭脚手板两端应与水平杆绑牢,作业层相邻两根横向水平杆间应加设水平杆,脚手板探头长度不应大于 150mm。

④ 立杆碗扣节点间距按 0.6m 模数设置时,外侧应在立杆 0.6m 及 1.2m 高的碗扣节点处搭设两道防护栏杆;立杆碗扣节点间距按 0.5 模数设置,外侧应在立杆 0.5m 及 1.0m 高的碗扣节点处搭设两道防护栏杆,并应在外立杆的内侧设置高度不低于 180mm 的挡脚板。

⑤ 作业层脚手板下应采用安全平网兜底,以下每隔 10m 应采用安全平网封闭。

⑥ 作业平台外侧应采用密目安全网进行封闭,网间连接应严密,密目安全网宜设置在脚手架外立杆的内侧,并应与架体绑扎牢固。密目安全网应为阻燃产品。

(5) 双排脚手架的搭设高度不宜超过 50m;当搭设高度超过 50m 时,应采用分段搭设等措施。

(6) 当双排脚手架按曲线布置进行组架时,应按曲率要求使用不同长度的内外水平杆组架,曲率半径应大于 2.4m。

(7) 当双排脚手架拐角为直角时,宜采用横杆直接组架,见图 3-18(a);当双排脚手架拐角为非直角时,可采用钢管扣件组架,见图 3-18(b)。

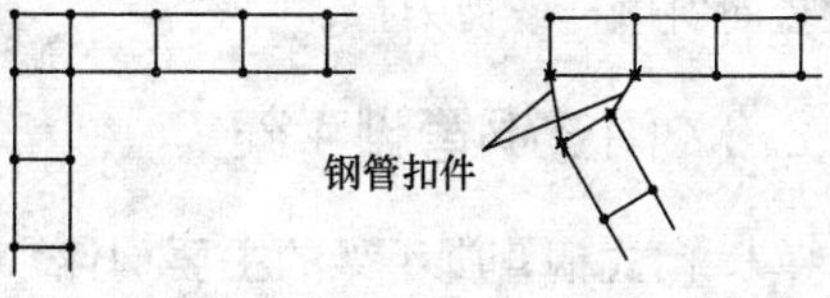

(8) 双排脚手架应设置竖向斜撑杆,并应符合下列规定:

① 竖向斜撑杆应采用专用外斜杆,并应设置在有纵向及横向水平杆的碗口节点上。

图 3-18 拐角组架
(a) 横杆组架;(b) 钢管扣件组架

② 在双排脚手架的转角处、开口型双排脚手架的端部应各设置一道竖向斜撑杆。

③ 当架体搭设高度在 24m 以下时,应每隔不大于 5 跨设置一道竖向斜撑杆;当架体搭设高度在 24m 及以上时,应每隔不大于 3 跨设置一道竖向斜撑杆;相邻斜撑杆宜对称八字形设置。

④ 每道竖向斜撑杆应在双排脚手架外侧相邻立杆间由底至顶按步连续设置。

⑤ 当斜撑杆临时拆除时,拆除前应在相邻立杆间设置相同竖向的斜撑杆。

(9) 当采用钢管扣件剪刀撑代替竖向斜撑杆时,应符合下列规定:

① 当架体搭设高度在 24m 以下时,应在架体两端、转角及中间间隔不超过 15m,各设置一道竖向剪刀撑;当架体搭设高度在 24m 及以上时,应在架体外侧全立面连续设置竖向剪刀撑。

② 每道剪刀撑的宽度应为 4~6 跨,且不应小于 6m,也不应大于 9m。

③ 每道竖向剪刀撑应由底至顶连续设置。

(10) 当双排脚手架高度在 24m 以上时,顶部 24m 以下所有的连墙件设置层应连续设置之字形水平斜撑杆,水平斜撑杆应设置在纵向水平杆之下。

(11) 双排脚手架连墙件的设置应符合下列规定:

① 连墙件应采用能承受压力和拉力的构造,并应与建筑结构和架体连接牢固。

② 同一层连墙件应设置在同一水平面,连墙点的水平投影间距不得超过 3 跨,竖向垂直间距不得超过 3 步,连墙点之上架体的悬臂高度不得超过 2 步。

③ 在架体的转角处、开口型双排脚手架的端部应增设连墙件,连墙件的竖向垂直间距

不应大于建筑物的层高，且不应大于4m。

④ 连墙件宜从底层第一道水平杆处开始设置。

⑤ 连墙件宜采用菱形布置，也可采用矩形布置。

⑥ 连墙件中的连墙杆宜水平设置，也可采用连墙端高于架体端的倾斜设置方式。

⑦ 连墙件应设置在靠近有横向水平杆的碗扣节点处，当采用钢管扣件做连墙件时，连墙件应与立杆连接，连接点距架体碗扣主节点距离不应大于300mm。

⑧ 当双排脚手架下部暂不能设置连墙件时，应采取可靠的防倾覆措施，但无连墙件的最大高度不得超过6m。

（12）双排脚手架内立杆与建筑物距离不宜大于150mm；当双排脚手架内立杆与建筑物距离大于150mm时，应采用脚手板或安全平网封闭。当选用窄挑梁或宽挑梁设置作业平台时，挑梁应单层挑出，严禁增加层数。

（13）当双排脚手架设置门洞时，应在门洞上部架设桁架托梁，门洞两侧立杆应对称加设竖向斜撑杆或剪刀撑。

### 3.2.3 门式钢管脚手架

**1. 门式钢管脚手架的主要构件**

以门架、交叉支撑、连接棒、挂扣式脚手板、锁臂、底座等组成基本结构，再以水平加固杆、剪刀撑、扫地杆加固，并采用连墙件与建筑物主体结构相连的一种定型化钢管脚手架（图3-19）。

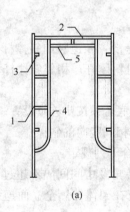 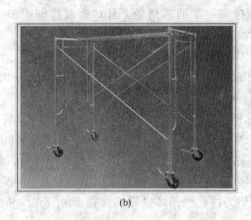

(a)          (b)

图 3-19　门式钢管脚手架

（a）抛面图；（b）实物图

1—立杆；2—横杆；3—锁销；4—立杆加强杆；5—横杆加强杆

**2. 门架构造要求**

（1）不同型号的门架与配件严禁混合使用。

（2）上、下榀门架立杆应在同一轴线位置上，门架立杆轴线的对接偏差不应大于2mm。

（3）门式钢管脚手架的内侧立杆离墙面净距不宜大于150mm；当大于150mm时，应采取内设调架板或其他隔离防护的安全措施。

（4）门式钢管脚手架顶端栏杆宜高出女儿墙檐口上端1.5m。

**3. 配件构造要求**

（1）配件应与门架配套，并应与门架连接可靠。

（2）门架的两侧应设置交叉支撑，并应与门架立杆上的锁销锁牢。

（3）上、下榀门架的组装必须设置连接棒，连接棒与门架立杆配合间隙不应大于 2mm。

（4）底部门架的立杆下端宜设置固定底座或可调底座。

（5）门式钢管脚手架作业层应连续满铺与门架配套的挂扣式脚手板，并应有防止脚手板松动或脱落的措施。当脚手板上有孔洞时，孔洞的内切圆直径不应大于 25mm。

（6）可调底座和可调托座的调节螺杆直径不应小于 35mm，可调底座的调节螺杆伸出长度不应大于 200mm。

**4. 加固杆构造要求**

（1）门式钢管脚手架剪刀撑的设置必须符合下列规定：

① 当门式钢管脚手架搭设高度在 24m 及以下时，在脚手架的转角处、两端及中间间隔不超过 15m 的外侧立面必须各设置一道剪刀撑，并应由底至顶连续设置；当脚手架搭设高度超过 24m 时，在脚手架全外侧立面上必须设置连续剪刀撑。

② 门式钢管脚手架应在门架两侧的立杆上设置纵向水平加固杆，并应采用扣件与门架立杆扣紧。

③ 门式钢管脚手架的底层门架下端应设置纵、横向通长的扫地杆。

（2）剪刀撑的构造应符合下列规定：

① 剪刀撑斜杆与地面的倾角宜为 45°～60°。

② 剪刀撑应采用旋转扣件与门架立杆扣紧。

③ 剪刀撑斜杆应采用搭接接长，搭接长度不应小于 1000mm，搭接处应采用 3 个及以上旋转扣件扣紧。

④ 每道剪刀撑的宽度不应大于 6 个跨距，且不应大于 10m；也不应小于 4 个跨距，且不应小于 6m。设置连续剪刀撑的斜杆水平间距宜为 6～8m。

（3）门式钢管脚手架应在门架两侧的立杆上设置纵向水平加固杆，并应采用扣件与门架立杆扣紧。水平加固杆设置应符合下列要求：

① 在顶层、连墙件设置层必须设置。

② 当脚手架每步铺设挂扣式脚手板时，至少每 4 步应设置一道，并宜在有连墙件的水平层设置。

③ 当脚手架搭设高度小于或等于 40m 时，至少每两步门架应设置一道；当脚手架搭设高度大于 40m 时，每步门架应设置一道。

④ 在脚手架的转角处、开口型脚手架端部的两个跨距内每步门架应设置一道。

⑤ 悬挑脚手架每步门架应设置一道。

⑥ 在纵向水平加固杆设置层面上应连续设置。

（4）门式脚手架的底层门架下端应设置纵、横向通长的扫地杆。纵向扫地杆应固定在距门架立杆底端不大于 200mm 处的门架立杆上，横向扫地杆宜固定在紧靠纵向扫地杆下方的门架立杆上。

**5. 转角处门架连接**

（1）在建筑物的转角处，门式钢管脚手架内、外两侧立杆上应按步设置水平连接杆、斜撑杆，将转角处的两榀门架连成一体（图 3-20）。

（2）连接杆、斜撑杆应采用钢管，其规格应与水平加固杆相同；应采用扣件与门架立杆及水平加固杆扣紧。

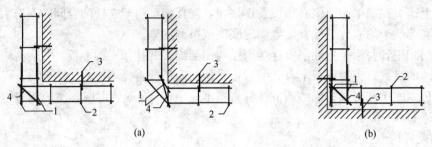

图 3-20　转角处脚手架连接

（a）阳角转角处脚手架连接；（b）阴角转角处脚手架连接

1—连接杆；2—门架；3—连墙件；4—斜撑杆

**6. 连墙件**

（1）连墙件设置的位置、数量应按专项施工方案确定，并应按确定的位置设置预埋件。

（2）连墙件的设置除应满足规范的计算外，尚应满足表 3-5 的要求。

表 3-5　连墙件最大间距或最大覆盖面积

| 序号 | 脚手架搭设方式 | 脚手架高度（m） | 连墙件间距（m） | | 每根连墙件覆盖面积（m²） |
|---|---|---|---|---|---|
| | | | 竖向 | 水平向 | |
| 1 | 落地、密目式安全网全封闭 | ≤40 | 3h | 3l | ≤40 |
| 2 | | | 2h | 3l | ≤27 |
| 3 | | >40 | | | |
| 4 | 悬挑、密目式安全网全封闭 | ≤40 | 3h | 3l | ≤40 |
| 5 | | 40～60 | 2h | 3l | ≤27 |
| 6 | | >60 | 2h | 2l | ≤20 |

注：1. 序号 4～6 为架体位于地面上的高度。

　　2. 按每根连墙件覆盖面积选择连墙件设置时，连墙件的竖向间距不应大于 6m。

　　3. 表中 h 为步距；l 为跨距。

（3）连墙件应靠近门架的横杆设置，距门架横杆不宜大于 200mm。连墙件应固定在门架的立杆上。

（4）在门式脚手架的转角处或开口型脚手架端部，必须增设连墙件，连墙件的垂直间距不应大于建筑物的层高，且不应大于 4.0m。

（5）连墙件宜水平设置，当不能水平设置时，与脚手架连接的一端，应低于与建筑结构连接的一点，连墙杆的坡度宜小于 1：3。

**7. 通道口**

（1）门式钢管脚手架通道口高度不宜大于 2 个门架高度，宽度不宜大于 1 个门架跨度。

（2）门式钢管脚手架通道口应采取加固措施（图 3-21），并应符合下列规定：

① 当通道口宽度为一个门架跨距时，在通道口上方的内外侧应设置水平加固杆，水平加固杆应延伸至通道口两侧各一个门架跨距，并在两个上角内外侧加设斜撑杆。

② 当通道口宽度为两个及以上跨距时，在通道口上方应设置经专门设计和制作的托架梁，并应加强两侧的门架立杆。

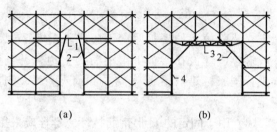

图 3-21　通道口加固示意图
（a）通道口宽度为一个门架跨距；（b）通道口
宽度为两个及以上门架跨距
1—水平加固杆；2—斜撑杆；3—托架梁；4—加强杆

**8. 地基**

（1）门式脚手架与模板支架的地基承载力应根据相应规范的规定经计算确定，在搭设时，根据不同地基土质和搭设高度条件，应符合表 3-6 的规定。

表 3-6　地基要求

| 搭设高度<br>（m） | 地基土质 | | |
| --- | --- | --- | --- |
| | 中低压缩性且压缩性均匀 | 回填土 | 高压缩性或压缩性不均匀 |
| ≤24 | 夯实原土，干重度要求 15.5kN/m³。立杆底座置于面积不小于 0.075m² 的垫木上 | 土夹石或素回填夯实，立杆底座置于面积不小于 0.10m² 垫木上 | 夯实原土，铺设通长垫木 |
| >24 且≤40 | 垫木面积不小于 0.10m²，其余同上 | 砂夹石回填夯实，其余同上 | 夯实原土，在搭设地面满铺 C15 混凝土，厚度不小于 150mm |
| >40 且≤55 | 垫木面积不小于 0.15m² 或铺通长垫木，其余同上 | 砂夹石回填夯实，垫木面积不小于 0.15m² 或铺通长垫木 | 夯实原土，在搭设地面满铺 C15 混凝土，厚度不小于 200mm |

注：垫木厚度不小于 50mm，宽度不小于 200mm；通长垫木的长度不小于 1500mm。

（2）门式钢管脚手架与模板支架的搭设场地必须平整坚实，并应符合下列规定：

① 回填土应分层回填，逐层夯实。

② 场地排水应顺畅，不应有积水。

（3）搭设门式钢管脚手架的地面标高宜高于自然地坪的 50～100mm。

（4）当门式钢管脚手架与模板支架搭设在楼面等建筑结构上时，门架立杆下宜铺设垫板。

**9. 悬挑脚手架**

（1）悬挑脚手架的悬挑支承结构应根据施工方案布设，其位置应与门架立杆位置对应，每一跨距应设置一根型钢悬挑梁，并应按确定的位置设置预埋件。

（2）型钢悬挑梁锚固段长度不应小于悬挑长度的 1.25 倍，悬挑支承点应设置在建筑结构的梁板上，不得设置在外伸阳台或悬挑楼板上（有加固措施的除外）。

(3) 型钢悬挑梁的锚固段压点应采用不少于 2 个（对）的顶埋 U 形钢筋拉环或螺栓固定；锚固位置的楼板厚度不应小于 100mm，混凝土强度不应低于 20MPa。U 形钢筋拉环或螺栓应埋设在梁板下排钢筋的上边，并与结构钢筋焊接或绑扎牢固，锚固长度应符合现行国家标准《混凝土结构设计规范（2015 年版）》GB 50010—2010 中钢筋锚固的规定。

(4) 用于固定的 U 形钢筋拉环或螺栓应采用冷弯成型，钢筋直径不应小于 16mm。

(5) 当型钢悬挑梁与建筑结构采用螺栓钢压板连接固定时，钢压板尺寸不应小于 100mm×10mm（宽×厚）；当采用螺栓角钢压板连接固定时，角钢的规格不应小于 63mm×63mm×6mm。

(6) 型钢悬挑梁与 U 形钢筋拉环或螺栓连接应紧固。当采用钢筋拉环连接时，应采用钢楔或硬木楔塞紧；当采用螺栓钢压板连接时，应采用双螺母拧紧，严禁型钢悬挑梁晃动。

(7) 悬挑脚手架底层门架立杆与型钢悬挑梁应可靠连接，不得滑动或窜动。型钢梁上应设置固定连接棒与门架立杆连接，连接棒的直径不应小于 25mm，长度不应小于 100mm，应与型钢梁焊接牢固。

(8) 悬挑脚手架的底层门架两侧立杆应设置纵向扫地杆，并应在脚手架的转角处、两端和中间间隔不超过 15m 的底层门架上各设置一道单跨距的水平剪刀撑，剪刀撑斜杆应与门架立杆底部扣紧。

(9) 在建筑平面转角处，型钢悬挑梁应经单独计算设置；架体按步设置水平连接杆，并应与门架立杆或水平加固杆扣紧。

(10) 每个型钢悬挑梁外端宜设置钢丝绳或钢拉杆与上一层建筑结构斜拉结，钢丝绳、钢拉杆不得作为悬挑支撑结构的受力构件。

(11) 悬挑脚手架在底层应满铺脚手板，并应将脚手板与型钢梁连接牢固。

**10. 满堂脚手架**

(1) 满堂脚手架的门架跨距和间距应根据实际荷载计算确定，门架净间距不宜超过 1.2m。

(2) 满堂脚手架的高宽比不应大于 4，搭设高度不宜超过 30m。

(3) 满堂脚手架的构造设计，在门架立杆上宜设置托座和托梁，使门架立杆直接传递荷载。门架立杆上设置的托梁应具有足够的抗弯强度和刚度。

(4) 满堂脚手架在每步门架两侧立杆上应设置纵向、横向水平加固杆，并应采用扣件与门架立杆扣紧。

(5) 满堂脚手架的剪刀撑应符合下列要求（图 3-22）：

① 搭设高度 12m 及以下时，在脚手架的周边应设置连续竖向剪刀撑；在脚手架的内部纵向、横向间隔不超过 8m 应设置一道竖向剪刀撑；在顶层应设置连续的水平剪刀撑。

② 搭设高度超过 12m 时，在脚手架的周边和内部纵向、横向间隔不超过 8m 应设置连续竖向剪刀撑；在顶层和竖向每隔 4 步应设置连续的水平剪刀撑。

③ 竖向剪刀撑应由底至顶连续设置。

(6) 在满堂脚手架的底层门架立杆上应分别设置纵向、横向扫地杆，并应采用扣件与门架立杆扣紧。

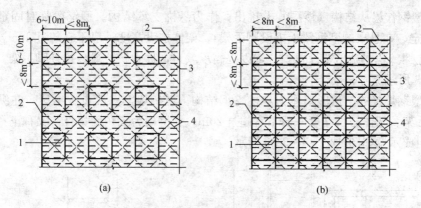

图 3-22　剪刀撑设置示意图

（a）搭设高度 12m 及以下时剪刀撑设置；（b）搭设高度 12m 以上时剪刀撑设置

1—竖向剪刀撑；2—周边竖向剪刀撑；3—门架；4—水平剪刀撑

（7）满堂脚手架顶部作业区应满铺脚手板，并应采用可靠的连接方式与门架横杆固定。操作平台上的孔洞应按现行行业标准《建筑施工高处作业安全技术规范》JGJ 80—2016 的规定防护。操作平台周边应设置栏杆和挡脚板。

（8）对高宽比大于 2 的满堂脚手架，宜设置缆风绳或连墙件等有效措施防止架体倾覆，缆风绳或连墙件设置宜符合下列规定：

①在架体端部及外侧周边水平间距不宜超过 10m 设置；宜与竖向剪刀撑位置对应设置；

②竖向间距设置不宜超过 4 步。

（9）满堂脚手架中间设置通道口时，通道口底层门架可不设垂直通道方向的水平加固杆和扫地杆，通道口上部两侧应设置斜撑杆，并应按现行行业标准《建筑施工高处作业安全技术规范》JG 80—2016 的规定在通道口上部设置防护层。

## 3.2.4　悬挑式脚手架

**1. 悬挑式脚手架的构成**

中、高层工业与民用建筑施工中，当遇到下列情况之一时，可采用悬挑式外脚手架。

（1）±0.000 以下结构工程回填土不能及时回填，而主体结构工程必须立即进行，否则将影响工期。

（2）高层建筑主体结构四周为裙房，脚手架不能直接支承在地面上。

（3）超高层建筑施工，脚手架搭设高度超过了架子的允许搭设高度，因此将整个脚手架按允许搭设高度分成若干段，每段脚手架支承在建筑结构向外悬挑的结构上。

**2. 悬挑式脚手架的构造**

（1）悬挑式脚手架的搭设高度（或分段搭设高度）一般不宜超过 20m。

（2）悬挑式脚手架一般由悬挑支承结构和脚手架架体两部分组成。脚手架架体搭设在悬挑支承结构上。脚手架的组成和搭拆与一般外脚手架相同，参见扣件式钢管脚手架、碗扣式钢管脚手架和门式钢管脚手架相应的内容。

（3）悬挑式脚手架的悬挑承力结构应根据荷载、施工条件、经济合理等因素，可采用以下形式：

① 用型钢作梁从结构（楼层）上挑出，作为悬挑支承结构。型钢梁临时固定在楼面上（用螺栓固定、在悬出的型钢梁上搭设脚手架）。架体搭设高度一般不宜超过 20m，使用后可以拆除或上翻。若在悬出端设置斜拉索以提高承载力，称为斜拉式悬挑外脚手架。其组成示意如图 3-23 所示。

② 用型钢焊接的三角形架作为悬挑支承结构。悬挑架上一般设置纵梁，在纵梁上铺横楞搭设脚手架。架体搭设高度一般不宜超过 20m。悬挑架为三角斜撑杆，又称下撑式悬挑脚手架。其组成示意如图 3-24～图 3-28 所示。

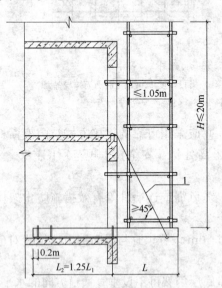

图 3-23　型钢梁悬挑式脚手架构造
1—钢丝绳或钢拉杆

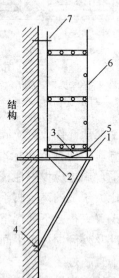

图 3-24　三角架悬挑式脚手架构造示意图
1—粗塑钢纵梁；2—型钢三角架；3—型钢横梁中部连接架；4—预埋铁件；5—8 号工字钢横楞；6—上部脚手架；7—连墙件

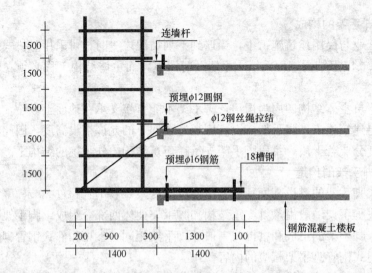

图 3-25　型钢悬挑外脚手架示意图

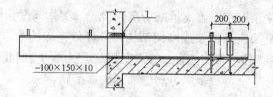

图 3-26　悬挑钢梁穿墙构造
1—木楔楔紧

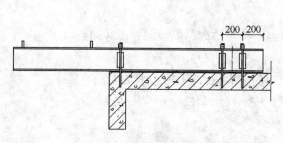

图 3-27　悬挑钢梁楼面构造

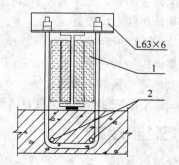

图 3-28　悬挑钢梁 U 形螺栓固定构造
1—木楔侧向楔紧；2—两根 1.5m 长直径
18mmHRB400 钢筋

## 3.2.5　附着式升降脚手架

### 1. 附着式升降脚手架的构成

　　附着式升降脚手架是指采用各种形式的架体结构及附着支承结构，依靠设置于架体上或工程结构上专用的升降设备实现升降的施工外脚手架。现在多为专业性生产的工具式脚手架。其组成示意如图 3-29 所示。

### 2. 附着式升降脚手架构造措施

　　（1）附着式升降脚手架应由竖向主框架、水平支承桁架、架体构架、附着支承结构、防倾装置、防坠装置等组成。

　　（2）附着式升降脚手架结构构造的尺寸应符合下列规定：

　　① 架体高度不得大于 5 倍楼层高。

　　② 架体宽度不得大于 1.2m。

　　③ 直线布置的架体支承跨度不得大于 7m，折线或曲线布置的架体，相邻两主框架支撑点处的架体外测距离不得大于 5.4m。

　　④ 架体的水平悬挑长度不得大于 2m 且不得大于跨度的 1/2。

　　⑤ 架体全高与支承跨度的乘积不得大于 110m²。

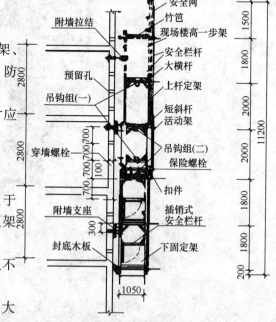

图 3-29　附着式升降脚手架构造示意图

203

（3）附着升降脚手架应在附着支承结构部位设置与架体高度相等、与墙面垂直的定型的竖向主框架，竖向主框架应是桁架或刚架结构，其杆件连接的节点应采用焊接或螺栓连接，并应与水平支承桁架和架体构架构成有足够强度和支承刚度的空间几何不变体系的稳定结构。

（4）架体结构应在以下部位采取可靠的加强构造措施：

① 与附墙支座的连接处。

② 架体上提升机构设置处。

③ 架体上防坠、防倾装置的设置处。

④ 架体吊拉点设置处。

⑤ 架体平面的转角处。

⑥ 架体因碰到塔吊、施工升降机、物料平台等设施而需要断开或开洞处。

⑦ 其他要加强要求的部位。

（5）附着升降脚手架必须具有防倾覆、防坠落和同步升降控制的安全装置。

### 3.2.6 外挂脚手架

**1. 外挂脚手架**

外挂脚手架（简称外挂架）是在结构构件内埋设挂钩环或预留孔洞，洞内穿上带挂钩的螺栓，将脚手架挂在挂钩上，随结构施工往上逐层提升。目前，常见的外挂架为工具式三角形挂架。

**2. 外挂脚手架基本构造**

工具式三角形挂架通常采用角钢、槽钢、钢管等材料制作，一般包括三角形桁架架体、防护架、挂钩、螺栓等配件。基本构造如图 3-30 所示。

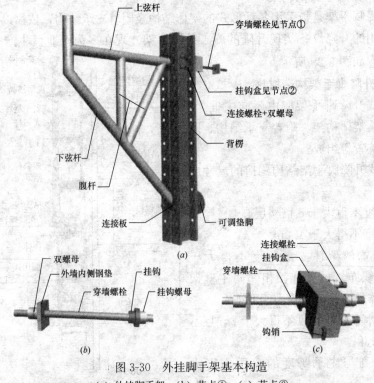

图 3-30 外挂脚手架基本构造

(a) 外挂脚手架；(b) 节点①；(c) 节点②

## 3.2.7 承插型盘扣式钢管脚手架

立管采用套管承插连接，水平杆和斜杆采用杆端扣接头卡入连接盘，用楔形插销连接，形成结构几何不变体系的钢管脚手架。由立杆、水平杆、斜杆、可调底座及可调托座等构配件组成。

立杆上每隔一定的距离焊有圆盘，横杆、斜拉杆两端焊有插头，通过敲击楔型插销将焊接在横杆、斜拉杆的插头与焊接在立杆的圆盘锁紧，如图 3-31 所示。

图 3-31 节点构造图
(a) 三面连接的节点；(b) 四面连接的节点

# 3.3 脚手架稳定性验算

## 3.3.1 扣件式钢管脚手架设计与计算

**1. 荷载**

作用于脚手架的荷载可分为永久荷载（恒荷载）与可变荷载（活荷载）。

1）脚手架永久荷载

（1）单排架、双排架与满堂脚手架。

① 架体结构自重包括立杆、纵向水平杆、横向水平杆、剪刀撑、扣件等的自重。

② 构、配件自重包括脚手板、栏杆、挡脚板、安全网等防护设施的自重。

（2）满堂支撑架。

① 架体结构自重包括立杆、纵向水平杆、横向水平杆、剪刀撑、可调托撑、扣件等的自重。

② 构、配件及可调托撑上主梁、次梁、支撑板等的自重。

2）脚手架可变荷载

（1）单排架、双排架与满堂脚手架。

① 施工荷载包括作业层上的人员、器具和材料等的自重。

② 风荷载。

（2）满堂支撑架。

① 作业层上的人员、设备等的自重。

② 结构构件、施工材料等的自重。

③ 风荷载。

**2. 荷载标准值**

（1）单、双排脚手架立杆承受的每米结构自重标准值，按表 3-7 取值，表内中间值可按线性插入计算。

表 3-7 单、双排脚手架立杆承受的每米结构自重标准值（$g_k$，kN/m²）

| 步距（m） | 脚手架类型 | 纵距（m） | | | | |
|---|---|---|---|---|---|---|
| | | 1.2 | 1.5 | 1.8 | 2.0 | 2.1 |
| 1.20 | 单排 | 0.1642 | 0.1793 | 0.1945 | 0.2046 | 0.2097 |
| | 双排 | 0.1538 | 0.1667 | 0.1796 | 0.1882 | 0.1925 |
| 1.35 | 单排 | 0.1530 | 0.1670 | 0.1809 | 0.1903 | 0.1949 |
| | 双排 | 0.1426 | 0.1543 | 0.1660 | 0.1739 | 0.1778 |
| 1.50 | 单排 | 0.1440 | 0.1570 | 0.1701 | 0.1788 | 0.1831 |
| | 双排 | 0.1336 | 0.1444 | 0.1552 | 0.1624 | 0.1660 |
| 1.80 | 单排 | 0.1305 | 0.1422 | 0.1538 | 0.1615 | 0.1654 |
| | 双排 | 0.1202 | 0.1295 | 0.1389 | 0.1451 | 0.1482 |
| 2.00 | 单排 | 0.1238 | 0.1347 | 0.1456 | 0.1529 | 0.1565 |
| | 双排 | 0.1134 | 0.1221 | 0.1307 | 0.1365 | 0.1394 |

（2）冲压钢脚手板、木脚手板、竹串片脚手板与竹芭脚手板自重标准值，按表 3-8 取值。

表 3-8 脚手板自重标准值（$g_k$，kN/m²）

| 类别 | 标准值 |
|---|---|
| 冲压钢脚手板 | 0.30 |
| 竹串片脚手板 | 0.35 |
| 木脚手板 | 0.35 |
| 竹芭脚手板 | 0.10 |

（3）栏杆与挡脚板自重标准值，按表 3-9 取值。

表 3-9 栏杆、挡脚板自重标准值（$g_k$，kN/m²）

| 类别 | 标准值 |
|---|---|
| 栏杆、冲压钢脚手板挡板 | 0.16 |
| 栏杆、竹串片脚手板挡板 | 0.17 |
| 栏杆、木脚手板挡板 | 0.17 |

（4）脚手架上吊挂的安全设施（安全网）的自重标准值应该根据实际情况采用，密目式安全立网自重标准值不应低于 0.01kN/m²。

（5）支撑架上可调托撑上主梁、次梁、支撑架等自重应按实际计算。对于下列情况可按表 3-10 采用。

① 普通木质主梁（含 $\phi48.3\times3.6$ 双钢管）、次梁，木支撑板。

② 型钢次梁自重不超过 10 号工字钢自重，型钢主梁自重不超过 H100×100×6×8 型钢自重，支撑板自重不超过木脚手板自重。

表 3-10 主梁、次梁及支撑板自重标准值（$g_k$，kN/m²）

| 类别 | 立杆间距（m） | |
| --- | --- | --- |
| | >0.75×0.75 | ≤0.75×0.75 |
| 木质主梁（含 $\phi48.3\times3.6$ 双钢管）、次梁，木支撑板 | 0.6 | 0.85 |
| 型钢主梁、次梁，木支撑板 | 1.0 | 1.2 |

（6）单、双排与满堂脚手架作业层上的施工荷载标准值应根据实际情况确定，且不应低于表 3-11 的数值。

表 3-11 施工均布荷载标准值

| 类别 | 标准值（kN/m²） |
| --- | --- |
| 装修脚手架 | 2.0 |
| 混凝土、砌筑结构脚手架 | 3.0 |
| 轻型钢结构及空间网格结构脚手架 | 2.0 |
| 普通钢结构脚手架 | 3.0 |

（7）当在双排脚手架上同时有 2 个及以上操作层作业时，在同一个跨距内各操作层的施工均布荷载标准值总和不得超过 5.0kN/m²。

（8）满堂支撑架上荷载标准值取值应符合下列规定：

① 永久荷载与可变荷载（不含风荷载）标准值总和不大于 4.2kN/m² 时，施工均布荷载标准值应按表 3-11 采用。

② 永久荷载与可变荷载（不含风荷载）标准值总和大于 4.2kN/m² 时，应符合下列要求：

a. 作业层上的人员及设备荷载标准值取 1.0kN/m²，大型设备、结构构件等可变荷载按实际计算。

b. 用于混凝土结构施工时，作业层上荷载标准值的取值应符合现行行业标准《建筑施工模板安全技术规范》JGJ 162—2008 的规定。

（9）作用于脚手架上的风荷载标准值，应按式（3-1）计算：

$$w_k = \mu_z \cdot \mu_s \cdot w_0 \tag{3-1}$$

式中 $w_k$ ——风荷载标准值（kN/m²）；

$\mu_z$ ——风压高度变化系数，应采用现行国家标准《建筑结构荷载规范》GB 50009—2012 规定；

$\mu_s$ ——脚手架风荷载体型系数，应按表 3-12 的规定采用；

$w_0$ ——基本风压值（kN/m²），应采用国家标准《建筑结构荷载规范》GB 50009—2012 附表 D.4 的规定，取重现期 $n=10$ 对应的风压值。

表 3-12　脚手架的风荷载体型系数 $\mu_s$

| 背靠建筑物的状况 | | 全封闭墙 | 敞开、框架和开洞墙 |
|---|---|---|---|
| 脚手架状况 | 全封闭、半封闭 | $1.0\varphi$ | $1.3\varphi$ |
| | 敞开 | $\mu_{stw}$ | |

注：1. $\mu_{stw}$ 值可将脚手架视为桁架，按国家标准《建筑结构荷载规范》GB 50009—2012 规定中表 7.3.1 第 32 项和第 36 项的规定计算。

2. $\varphi$ 为挡风系数，$\varphi=1.2A_n/A_w$，其中：$A_n$ 为挡风面积；$A_w$ 为迎风面积。

（10）密目式安全立网全封闭脚手架挡风系数不宜小于 0.8。

**3. 荷载效应组合**

（1）设计脚手架的承重构件时，应根据使用过程中可能出现的荷载取其最不利组合进行计算，荷载效应组合采用表 3-13 中要求。

表 3-13　荷载效应组合

| 计算项目 | 荷载效应组合 |
|---|---|
| 纵向、横向水平杆强度与变形 | 永久荷载＋施工荷载 |
| 脚手架立杆地基承载力 型钢悬挑梁的强度、稳定与变形 | ①永久荷载＋施工荷载 |
| | ②永久荷载＋0.9（施工荷载＋风荷载） |
| 立杆稳定 | ①永久荷载＋可变荷载（不含风荷载） |
| | ②永久荷载＋0.9（施工荷载＋风荷载） |
| 连墙件强度与稳定 | 单排架，风荷载＋2.0kN |
| | 双排架，风荷载＋3.0kN |

（2）满堂支撑架用于混凝土结构施工时，荷载组合与荷载设计值应符合现行行业标准《建筑施工模板安全技术规范》JGJ 162—2008 的规定。

**4. 设计计算基本规定**

（1）脚手架的承载能力应按概率极限状态设计法的要求，采用分项系数设计表达式进行设计。可只进行下列设计计算：

① 纵向、横向水平杆等受弯构件的强度和连接扣件的抗滑承载力计算。

② 立杆的稳定性计算。

③ 连墙件的强度、稳定性和连接强度的计算。

④ 立杆地基承载力计算。

（2）计算构件的强度、稳定性与连接强度时，应采用荷载效应基本组合的设计值。永久荷载分项系数应取 1.2，可变荷载分项系数应取 1.4。

（3）脚手架中的受弯构件，尚应根据正常使用极限状态的要求验算变形。验算构件变形时，应采用荷载效应的标准组合的设计值，各类荷载分项系数均应取 1.0。

（4）当纵向或横向水平杆的轴线对立杆轴线的偏心距不大于 55mm 时，立杆稳定性计算中可不考虑此偏心距的影响。

（5）当常用密目式安全网全封闭单、双排脚手架结构的设计尺寸采用国家行业标准《建筑施工扣件式钢管脚手架安全技术规范》JGJ 130—2011 规范规定的构造尺寸时，其相应杆件可不再进行设计计算。但连墙件、立杆地基承载力等仍应根据实际荷载进行设计计算。

（6）钢材的强度设计值与弹性模量应按表 3-14 采用。

**表 3-14　钢材的强度设计值与弹性模量（N/mm²）**

| Q235 钢抗拉、抗压和抗弯强度设计值 $f$ | 弹性模量 $E$ |
|---|---|
| 205 | $2.06 \times 10^5$ |

（7）扣件、底座、可调托撑的承载力设计值应按表 3-15 采用。

**表 3-15　扣件、底座、可调托撑的承载力设计值（kN）**

| 项目 | 承载力设计值 |
|---|---|
| 对接扣件（抗滑） | 3.20 |
| 直角扣件、旋转扣件（抗滑） | 8.00 |
| 底座（抗压）、可调托撑（抗压） | 40.00 |

（8）受弯构件的挠度不应超过表 3-16 中规定的容许值。

**表 3-16　受弯构件的容许挠度**

| 构件类别 | 容许挠度 $[\nu]$ |
|---|---|
| 脚手板，脚手架纵向、横向水平杆 | $l/150$ 与 10mm |
| 脚手架悬挑受弯杆件 | $l/400$ |
| 型钢悬挑脚手架悬挑钢梁 | $l/250$ |

注：$l$ 为受弯构件的跨度，对悬挑杆件为其悬伸长度的 2.0 倍。

（9）受压、受拉构件的长细比不应超过表 3-17 中规定的容许值。

**表 3-17　受压、受拉构件的容许长细比**

| 构件类别 | | 容许长细比 $[\lambda]$ |
|---|---|---|
| 立杆 | 双排架 | 210 |
| | 满堂支撑架 | |
| | 单排架 | 230 |
| | 满堂脚手架 | 250 |
| 横向斜撑、剪刀撑中的压杆 | | 250 |
| 拉杆 | | 350 |

（10）钢管截面几何特性按表 3-18 中规定采用。

**表 3-18　钢管截面几何特性**

| 外径 $d$（mm） | 壁厚 $t$（mm） | 截面积 $A$（cm²） | 惯性矩 $I$（cm⁴） | 截面模量 $W$（cm³） | 回转半径 $i$（cm） | 每米长质量（kg/m） |
|---|---|---|---|---|---|---|
| 48.3 | 3.6 | 5.06 | 12.71 | 5.26 | 1.59 | 3.97 |

**5. 单、双排脚手架计算**

（1）纵向、横向水平杆的抗弯强度应按式（3-2）计算：

$$\sigma = \frac{M}{W} \leqslant f \tag{3-2}$$

式中　$\sigma$——弯曲正应力（N/mm$^2$）；

　　　$M$——弯矩设计值（N·mm）；

　　　$W$——截面模量（mm$^3$）；

　　　$f$——钢材的抗弯强度设计值（N/mm$^2$）。

（2）纵向、横向水平杆的弯矩应按式（3-3）计算：

$$M = 1.2M_{GK} + 1.4\sum M_{QK} \tag{3-3}$$

式中　$M_{GK}$——脚手板自重产生的弯矩标准值（kN·m）；

　　　$M_{QK}$——施工荷载产生的弯矩标准值（kN·m）。

（3）纵向、横向水平杆的挠度应按式（3-4）计算：

$$\nu \leqslant [\nu] \tag{3-4}$$

式中　$\nu$——挠度（mm）；

　　　$[\nu]$——容许挠度，采用表 3-16 中数据。

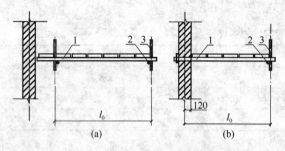

（4）计算纵向、横向水平杆的内力与挠度时，纵向水平杆宜按三跨连续梁计算，计算跨度取立杆纵距 $l_a$；横向水平杆宜按简支梁计算，计算跨度 $l_0$ 采用如图 3-32 所示。双排脚手架的横向水平杆的构造外伸长度 $a=500$mm 时，其计算外伸长度 $a_1$ 可取 300mm。

图 3-32　横向水平杆计算跨度

（a）双排脚手；（b）单排脚手架

1—横向水平杆；2—纵向水平杆；3—立杆

（5）纵向或横向水平杆与立杆连接时，其扣件的抗滑承载力应符合式（3-5）规定：

$$R \leqslant R_c \tag{3-5}$$

式中　$R$——纵向或横向水平杆传给立杆的竖向作用力设计值；

　　　$R_c$——扣件抗滑承载力设计值，按表 3-15 采用。

（6）立杆的稳定性应符合式（3-6）和式（3-7）要求：

不组合风荷载时：

$$\frac{N}{\varphi A} \leqslant f \tag{3-6}$$

组合风荷载时：

$$\frac{N}{\varphi A} + \frac{M_w}{W} \leqslant f \tag{3-7}$$

式中　$N$——计算立杆段的轴向力设计值（N）；

　　　$\varphi$——轴心受压构件的稳定系数，应根据长细比 $\lambda$ 取值 $\left[\lambda \leqslant \dfrac{l_0}{i}\right.$，其中 $l_0$ 为计算长度（mm），$i$ 为截面回转半径（mm）$\Big]$；

　　　$A$——立杆的截面面积（mm$^2$）；

　　　$M_w$——计算立杆段由风荷载设计值产生的弯矩（N·mm）；

　　　$f$——钢材的抗压强度设计值（N·mm$^2$）。

（7）计算立杆段的轴向力设计值 $N$，应按式（3-8）和式（3-9）计算：

不组合风荷载时：

$$N = 1.2(N_{G1k} + N_{G2k}) + 1.4 \sum N_{Qk} \qquad (3-8)$$

组合风荷载时：

$$N = 1.2(N_{G1k} + N_{G2k}) + 0.9 \times 1.4 \sum N_{Qk} \qquad (3-9)$$

式中　$N_{G1k}$——脚手架结构自重产生的轴向力标准值；

　　　$N_{G2k}$——构配件自重产生的轴向力标准值；

　　$\sum N_{Qk}$——施工荷载产生的轴向力标准值总和，内、外立杆各按一纵距内施工荷载总和的 1/2 取值。

（8）立杆计算长度 $l_0$ 应按式（3-10）计算：

$$l_0 = k\mu h \qquad (3-10)$$

式中　$k$——立杆计算长度附加系数，其值取 1.155，当验算立杆允许长细比时取 1.0；

　　　$\mu$——考虑单、双排脚手架整体稳定因素的单杆计算长度系数，应采用表 3-19 中数据；

　　　$h$——步距。

表 3-19　单、双排脚手架立杆的计算长度系数 $\mu$

| 类别 | 立杆横距（m） | 连墙件布置 | |
|---|---|---|---|
| | | 二步三跨 | 三步三跨 |
| 双排架 | 1.05 | 1.50 | 1.70 |
| | 1.30 | 1.55 | 1.75 |
| | 1.55 | 1.60 | 1.80 |
| 单排架 | ≤1.50 | 1.80 | 2.00 |

（9）由风荷载产生的立杆段弯矩设计值 $M_w$，可按式（3-11）计算：

$$M_w = 0.9 \times 1.4 M_{wk} = \frac{0.9 \times 1.4 w_k l_a h^2}{10} \qquad (3-11)$$

式中　$M_{wk}$——风荷载产生的弯矩标准值（kN·m）；

　　　$w_k$——风荷载标准值（kN/m²）；

　　　$l_a$——立杆纵距（m）。

（10）单、双排脚手架立杆稳定性计算部位的确定应符合下列规定：

① 当脚手架采用相同的步距、立杆纵距、立杆横距和连墙件间距时，应计算底层立杆段。

② 当脚手架的步距、立杆纵距、立杆横距和连墙件间距有变化时，除计算底层立杆段外，还必须对出现最大步距或最大立杆纵距、立杆横距、连墙件间距等部位的立杆段进行验算。

（11）单、双排脚手架允许搭设高度 ［$H$］ 应按式（3-12）和式（3-13）计算，并应取较小值。

不组合风荷载时：

$$[H] = \frac{\varphi A f - (1.2 N_{G2k} + 1.4 \sum N_{Qk})}{1.2 g_k} \qquad (3-12)$$

211

组合风荷载时：

$$[H] = \frac{\varphi A f - \left[ 1.2 N_{G2k} + 0.9 \times 1.4 \left( \sum N_{Qk} + \frac{M_{wk}}{W} \varphi A \right) \right]}{1.2 g_k} \qquad (3\text{-}13)$$

式中  $[H]$——脚手架允许搭设高度（m）；

  $g_k$——立杆承受的每米结构自重标准值（kN/m）。

（12）连墙件杆件的强度及稳定性应满足式（3-14）～式（3-16）的要求：

强度：
$$\sigma = \frac{N_l}{A_c} \leqslant 0.85 f \qquad (3\text{-}14)$$

稳定性：
$$\frac{N_l}{\varphi A} \leqslant 0.85 f \qquad (3\text{-}15)$$

$$N_l = N_{lw} + N_0 \qquad (3\text{-}16)$$

式中  $\sigma$——连墙件应力值（N/mm²）；

  $A_c$——连墙件的净截面面积（mm²）；

  $A$——连墙件的毛截面面积（mm²）；

  $N_l$——连墙件轴向力设计值（N）；

  $N_{lw}$——风荷载产生的连墙件轴向设计值；

  $N_0$——连墙件约束脚手架平面外变形所产生的轴向力；单排架取 2kN，双排架取 3kN；

  $\varphi$——连墙件的稳定系数，应根据连墙件的长细比取值；

  $f$——连墙件钢材的强度设计值（N/mm²）。

（13）由风荷载产生的连墙件的轴向力设计值，应按式（3-17）计算：

$$N_{lw} = 1.4 \cdot w_k \cdot A_w \qquad (3\text{-}17)$$

式中  $A_w$——单个连墙件所覆盖的脚手架外侧面的迎风面积。

（14）连墙件与脚手架、连墙件与建筑结构连接的连接强度应按式（3-18）计算：

$$N_l \leqslant N_v \qquad (3\text{-}18)$$

式中  $N_v$——连墙件与脚手架、连墙件与建筑结构连接的抗拉（压）承载力设计值，应根据相应规范规定计算。

（15）当采用钢管扣件做连墙件时，扣件抗滑承载力的验算，应满足式（3-19）要求：

$$N_l \leqslant R_c \qquad (3\text{-}19)$$

式中  $R_c$——扣件抗滑承载力设计值，一个直角扣件应取 8.0kN。

（16）螺栓、焊接连墙件与预埋件的设计承载力应大于抗滑承载力设计值。

**6. 脚手架地基承载力计算**

（1）立杆基础底面的平均压力应满足式（3-20）要求：

$$P_k \leqslant \frac{N_k}{A} \leqslant f_g \qquad (3\text{-}20)$$

式中  $P_k$——立杆基础底面处的平均压力标准值（kPa）；

  $N_k$——上部结构传至立杆基础顶面的轴向力标准值（kN）；

  $A$——基础底面面积（m²）；

  $f_g$——地基承载力特征值（kPa），应按下条规定采用。

（2）地基承载力特征值的取值应符合下列规定：

① 当为天然地基时，应按地质勘察报告选用；当为回填土地基时，应对地质勘察报告提供的回填土地基承载力特征值乘以折减系数 0.4。

② 由荷载试验或工程经验确定。

（3）对搭设在楼面等建筑结构上的脚手架，应对支撑架体的建筑结构进行承载力验算，当不能满足承载力要求时应采取可靠的加固措施。

## 3.3.2　扣件式钢管脚手架计算

【例 3.1】　　某建筑工程需搭设 48m 的敞开式双排扣件式钢管外脚手架，已知立杆横距为 1.30m，立杆纵距为 1.50m，内立杆距建筑物外墙距离为 0.40m，脚手架步距为 1.8m，铺设木脚手板 4 层，安全网自重按沿脚手架纵向为 0.04kN/m，同时进行装修施工层数为 2 层，连墙件采用二步三跨布置，钢管为 48.3mm×3.6mm，不考虑风荷载。试验算脚手架的搭设高度及整体稳定性。

**解：**

1）计算脚手架允许搭设高度

（1）求稳定系数 $\varphi$ 值。

由立杆横距为 1.3m，查表 3-19 得 $\mu=1.55$，$l_0=k\mu h=1.155\times1.55\times1.8=3.2225$（m）。

48.3mm×3.6mm 的钢管，可知 $i=15.9$mm，$A=506$mm$^2$，$f=205$N/mm$^2$，$\lambda=\dfrac{l_0}{i}=\dfrac{3222.5}{15.9}=203$，查表得 $\varphi=0.175$。

（2）求各项荷载产生的立杆轴向力。

脚手板按铺设要求应离开墙面 120～150mm，内立杆至外墙脚手板铺设宽度应为：$b=0.40-0.12=0.28$（m）。则一层构配件自重：

$N'_{G2k}=$ 脚手板＋栏杆＋挡脚板＋安全网

$\qquad=0.35\times(1.30+0.28)\times1.5\times1.05+0.17\times1.50+0.04\times1.50=1.186$（kN）

式中，1.05 为考虑脚手板接头系数，按实际情况取。

$$N_{G2k}=\frac{1.186\times4}{2}=2.372\text{（kN）}$$

由于是两个操作层同时施工，则 $\Sigma N_{QK}=\dfrac{2.0\times(1.30+0.28)\times1.5\times2}{2}=4.74$（kN），查表 3-7 得，$g_k=0.1295$kN。

（3）求允许搭设高度。

由于本题不考虑风荷载，最大允许搭设高度：

$$[H_s]=\frac{\varphi Af-(1.2N_{G2k}+1.4\Sigma N_{Qk})}{1.2g_k}$$

$$=\frac{0.175\times506\times0.205-(1.2\times2.372+1.4\times4.74)}{1.2\times0.1295}=55.79\text{（m）}$$

所以，脚手架搭设高度 48m 安全。

2）验算立杆稳定性

脚手架高度为 48m，折合成步数 $n=\dfrac{48}{1.8}=26.67$ 步，取 27 步。实际搭设高度：1.8×

$27 = 48.6$（m）。立杆纵距、横距、搭设步距和连墙件间距均相等，应验算底层立杆段。

立杆的轴向力设计值：

$$N = 1.2 \times (N_{G1k} + N_{G2k}) + 1.4 \sum N_{Qk}$$

$$= 1.2 \times (48.6 \times 0.1295 + 2.372) + 1.4 \times 4.74 = 17.03 \ (kN)$$

$$f = 205 N/mm^2$$

$$\frac{N}{\varphi A} = \frac{17.03}{0.175 \times 506} = 192 (N/mm^2) \leqslant f$$

所以，立杆安全。

【例 3.2】已知条件同例 3.1，横向水平杆的间距为 0.75m，验算纵向、横向水平杆强度与变形。

**解：**

1）横向水平杆验算

横向水平杆按简支梁计算，施工荷载全部分布于内外立杆之间时为最不利荷载组合。

（1）强度验算。

$$M_{Gk} = \frac{1}{8} q_1 l_b^2 = \frac{1}{8} \times 350 \times 0.75 \times 1.30^2 = 55.45 (N \cdot m)$$

$$\sum M_{Qk} = \frac{1}{8} \times 2000 \times 0.75 \times 1.30^2 = 316.88 (N \cdot m)$$

$$M = 1.2 M_{Gk} + 1.4 \sum M_{Qk}$$

$$= 1.2 \times 55.45 + 1.4 \times 316.88 = 510.17 (N \cdot m)$$

$$f = 205 N/mm^2$$

$$\sigma = \frac{M}{W} = \frac{510.17 \times 10^3}{5.08 \times 10^3} = 100.43 (N/mm^2) \leqslant f$$

所以，满足安全要求。

（2）验算变形。

$E = 2.06 \times 10^5 (N/mm^2)$，$I = 12.71 \times 10^4 (mm^4)$，横向水平杆承受的均布荷载：

$$q = \frac{8M}{l_b^2} = \frac{8 \times 510.17}{1.3^2} = 2415 (N/m)$$

$$\nu = \frac{5ql^4}{384EI} = \frac{5 \times 2415 \times 1.3^4 \times 10^9}{384 \times 2.06 \times 10^5 \times 12.71 \times 10^4} = 3.43 (mm)$$

$$[\nu] = \frac{l}{150} = \frac{1.3 \times 10^3}{150} = 8.7 (mm)$$

$$\nu \leqslant [\nu]$$

所以，满足要求。

2）纵向水平杆验算

纵向水平杆按三跨连续梁计算。

强度验算，横向水平杆与纵向水平杆交点处支座反力的最大值：

$$F = \frac{ql_b}{2} + qb = \frac{2415 \times 1.3}{2} + 2415 \times 0.28 = 2246 (N)$$

因为活荷载占 85% 以上，因此，可以近似全按活荷载考虑。

$$M = 0.213Fl_a = 0.213 \times 2246 \times 1.5 = 717.6(\text{N} \cdot \text{m})$$

$$f = 205\text{N/mm}^2$$

$$\sigma = \frac{M_{max}}{W} = \frac{717.6 \times 10^3}{5.26 \times 10^3} = 136\text{N/mm}^2 \leqslant f$$

所以，满足安全要求。

【例 3.3】已知条件同例 3.1 工程位于建筑比较密集的城市市区内，基本风压 $w_0 = 0.50\text{kN/m}^2$，主体结构尚未填充墙体，验算连墙件强度和稳定性。

**解:**

1）风压标准值

根据脚手架高度为 48m，地面粗糙度为 C 类，查《建筑结构荷载规范》GB 50009—2012 得：$\mu_z = 1.226$，敞开式脚手架的 $\psi = 0.090$。

由于脚手架为敞开式，风荷载体型系数 $\mu_s$ 应采用 $\mu_{stw}$。

由 $\mu_z w_0 d^2 = 1.226 \times 0.5 \times 0.0483^2 = 0.00143 < 0.002$

查《建筑结构荷载规范》GB 50009—2012，可得 $\mu_s = 1.2$。

$$\mu_{stw} = \psi\mu_s \frac{1-\eta^2}{1-\eta} = \psi\mu_s(1+\eta)$$

由 $\psi = 0.090$，$\frac{l_b}{h} = \frac{1.3}{1.8} = 0.722$，查《建筑结构荷载规范》GB 50009—2012，得 $\eta = 1.0$。

代入上式得：$\mu_{stw} = 0.090 \times 1.2 \times (1+1) = 0.216$

$$w_k = 0.7\mu_z\mu_s w_0 = 0.7 \times 1.226 \times 0.216 \times 0.5 = 0.093 \ (\text{kN/m}^2)。$$

2）连墙件抗风稳定性验算

$$N_{lw} = 1.4 \cdot w_k \cdot A_w = 1.4 \times 0.093 \times 2 \times 1.8 \times 3 \times 1.5 = 2.109 \ (\text{kN})$$

双排架 $N_0 = 3.0\text{kN}$，轴向力设计值为：

$N_l = N_{lw} + N_0 = 2.109 + 3.0 = 5.109 \ (\text{kN})$，查表得扣件抗滑承载力设计值 $R_c = 8\text{kN}$。

$N_l < R_c$，所以扣件抗滑承载力满足要求。

连墙件计算长度：

$$l_0 = 1.27l = 1.27 \times (1.3 + 0.4) = 2.159(\text{m})$$

$$\lambda = \frac{l_0}{i} = \frac{2159}{15.9} = 136，查表得 \varphi = 0.367$$

$$f = 205\text{N/mm}^2$$

$$\frac{N_l}{\varphi A} = \frac{7.109 \times 10^3}{0.367 \times 506} = 38.28(\text{N/mm}^2) < f$$

所以，连墙件稳定性满足要求。

【例 3.4】已知立杆传到基础底面的轴心力设计值 $N = 22\text{kN}$，立杆基础采用木垫板，底板面积为 $0.25\text{m}^2$，地基为黏土，地基承载力特征值为 $190\text{kN/m}^2$，验算是否满足要求。

**解:**

查表得底座承载力设计值 $R_d = 40\text{kN}$，$N = 22\text{kN} < R_d$，所以满足要求。

$f = 190\text{kN/m}^2$，取 $k_c = 0.5$，

$$P_k = \frac{N}{A_d} = \frac{22}{0.25} = 88(\text{kN/m}^2)$$

$$f_a = k_c f_{ak} = 0.5 \times 190 = 95(\text{kN/m}^2)$$

$$P_k < f_a$$

所以，地基承载力满足要求。

### 3.3.3 碗扣式钢管脚手架设计

**1. 荷载**

作用于脚手架上的荷载，应分为永久荷载和可变荷载。

（1）双排脚手架的永久荷载应包括下列内容：

① 架体结构的自重，包括立杆、水平杆、间水平杆、挑梁、斜撑杆、剪刀撑和配件的自重。

② 脚手板、挡脚板、栏杆、安全网等附件的自重。

（2）双排脚手架的可变荷载应包括下列内容：

① 施工荷载，包括作业层上操作人员、存放材料、运输工具及小型机具等的自重。

② 风荷载。

（3）模板支撑架的永久荷载应包括下列内容：

① 架体结构自重，包括立杆、水平杆、斜撑杆、剪刀撑、可调托撑和配件的自重。

② 模板及支撑梁的自重。

③ 作用在模板上的混凝土和钢筋的自重。

（4）模板支架的可变荷载应包括下列内容：

① 施工荷载，包括施工作业人员、施工设备的自重和浇筑及振捣混凝土时产生的荷载，以及超过浇筑构件厚度的混凝土料堆放荷载。

② 风荷载。

③ 其他可变荷载。

**2. 荷载标准值**

双排脚手架和模板支撑架架体结构自重标准值，宜根据架体方案设计和工程实际使用的架体构配件自重，取样称重取值确定。

（1）脚手架自重标准值的采用见表 3-20。

表 3-20 脚手板自重标准值

| 类别 | 标准值（kN/m²） |
| --- | --- |
| 冲压钢脚手板 | 0.30 |
| 竹串脚手板 | 0.35 |
| 木脚手板 | 0.35 |
| 竹芭脚手板 | 0.10 |

（2）栏杆与挡脚板自重标准值的采用见表 3-21。

表 3-21　栏杆与挡脚板自重标准值

| 类别 | 标准值（kN/m²） |
|---|---|
| 栏杆、冲压钢脚手板挡板 | 0.16 |
| 栏杆、竹串脚手板挡板 | 0.17 |
| 栏杆、木脚手板挡板 | 0.17 |

（3）双排脚手架的施工荷载标准值应根据实际情况确定，且不应低于表 3-22 的值。当同时存在 2 个及以上作业层作业时，在同一跨距内各作业层的施工荷载标准值总和取值不应低于 4.0kN/m²。

表 3-22　双排脚手架施工荷载标准值

| 双排脚手架用途 | 荷载标准值（kN/m²） |
|---|---|
| 混凝土、砌筑工程作业 | 3.0 |
| 装饰装修工程作业 | 2.0 |
| 防护 | 1.0 |

（4）模板支撑架永久荷载的取值应根据模板方案设计确定，对一般梁板结构和无梁楼板结构模板的自重标准值，可按表 3-23 取值。

表 3-23　楼板模板自重标准值

| 模板类别 | 木模板（kN/m²） | 定型钢模板（kN/m²） |
|---|---|---|
| 梁板模板（其中包括梁模板） | 0.50 | 0.75 |
| 无梁楼板模板（其中包括次楞） | 0.30 | 0.50 |
| 楼板模板及支架（楼层高度为 4m 以下） | 0.75 | 1.10 |

（5）模板支撑架的施工荷载标准值的取值应根据实际情况确定，并不应低于表 3-24 的值。

表 3-24　模板支撑架施工荷载标准值

| 类别 | 荷载标准值（kN/m²） |
|---|---|
| 一般浇筑工艺 | 2.5 |
| 有水平泵管或布料机 | 4.0 |
| 桥梁结构 | 4.0 |

**3. 荷载设计值**

当计算脚手架的架体或构件的强度、稳定性和连接强度时，荷载设计值应采用荷载标准值乘以荷载分项系数。当计算脚手架的地基承载力和正常使用极限状态的变形时，荷载设计值应采用荷载标准值。永久荷载与可变荷载的分项系数应取 1.0（表 3-25）。

表 3-25　荷载分项系数

| 脚手架种类 | 验算项目 | 荷载分项系数 | | | |
|---|---|---|---|---|---|
| | | 永久荷载分项系数 $\gamma_G$ | | 可变荷载分项系数 $\gamma_Q$ | |
| 双排脚手架 | 强度、稳定性 | 1.2 | | 1.4 | |
| | 地基承载力 | 1.0 | | 1.0 | |
| | 挠度 | 1.0 | | 1.0 | |
| 模板支撑架 | 强度、稳定性 | 由可变荷载控制的组合 | 1.2 | 1.4 | |
| | | 由永久荷载控制的组合 | 1.35 | | |
| | 地基承载力 | 1.0 | | 1.0 | |
| | 挠度 | 1.0 | | 0 | |
| | 倾覆 | 有利 | 0.9 | 有利 | 0 |
| | | 不利 | 1.35 | 不利 | 1.4 |

### 4. 荷载效应组合

脚手架设计时，根据使用过程中在架体上可能同时出现的荷载，应按承载能力极限状态和正常使用极限状态分别进行荷载组合，并应取各自最不利的组合进行设计。

（1）脚手架结构设计应根据脚手架的种类、搭设高度和荷载采用不同的安全等级。脚手架安全等级的划分应符合表 3-26 的规定。

表 3-26　脚手架的安全等级

| 双排脚手架 | | 模板支撑架 | | 安全等级 |
|---|---|---|---|---|
| 搭设高度（m） | 荷载标准值（kN） | 搭设高度（m） | 荷载标准值 | |
| ≤40 | — | ≤8 | ≤15kN/m² 或≤20kN/m 或最大集中荷载≤7kN | Ⅱ |
| >40 | — | >8 | >15kN/m² 或>20kN/m 或最大集中荷载>7kN | Ⅰ |

注：模板支撑架的搭设高度、荷载中任一项不满足安全等级为Ⅱ级的条件时，其安全等级应划为Ⅰ级。

（2）对承载能力极限状态，应按荷载的基本组合计算荷载组合的效应设计值，并应采用式（3-21）进行设计：

$$\gamma_0 S_d \leqslant R_d \tag{3-21}$$

式中　$\gamma_0$——结构重要性系数，对安全等级为Ⅰ级的脚手架按 1.1 采用，对安全等级为Ⅱ级的脚手架按 1.0 采用；

　　　　$S_d$——荷载组合的效应设计值；

　　　　$R_d$——架体结构或构件的抗力设计值。

（3）脚手架结构即构配件承载能力极限状态设计时，应按下列规定采用荷载的基本组合。

① 双排脚手架荷载的基本组合按表 3-27 的规定采用。

表 3-27　双排脚手架荷载的基本组合

| 计算项目 | 荷载的基本组合 |
|---|---|
| 水平杆及节点连接强度 | 永久荷载＋施工荷载 |
| 立杆稳定承载力 | 永久荷载＋施工荷载＋$\Psi_w$风荷载 |
| 连墙件、稳定承载力和连接强度 | 风荷载＋$N_0$ |
| 立杆地基承载力 | 永久荷载＋施工荷载 |

注：1. 表中的"＋"仅表示各项荷载参与组合，而不表示代数相加。

2. 立杆稳定承载力计算在室内或无风环境不组合风荷载。

3. 强度计算项目包括连接强度计算。

4. $\Psi_w$为风荷载组合值系数，取 0.6。

5. $N_0$为连墙件约束脚手架平面外变形所产生的轴力设计值。

② 模板支撑架荷载的基本组合应按表 3-28 规定采用。

表 3-28　模板支撑架荷载的基本组合

| 计算项目 | | 荷载的基本组合 |
|---|---|---|
| 立杆稳定承载力 | 由永久荷载控制的组合 | 永久荷载＋$\Psi_c$施工荷载＋$\Psi_w$风荷载 |
| | 由可变荷载控制的组合 | 永久荷载＋施工荷载＋$\Psi_w$风荷载 |
| 立杆地基承载力 | 由永久荷载控制的组合 | 永久荷载＋$\Psi_c$施工荷载＋$\Psi_w$风荷载 |
| | 由可变荷载控制的组合 | 永久荷载＋施工荷载＋$\Psi_w$风荷载 |
| 门洞转换横梁强度 | 由永久荷载控制的组合 | 永久荷载＋$\Psi_c$施工荷载 |
| | 由可变荷载控制的组合 | 永久荷载＋施工荷载 |
| 倾覆 | | 永久荷载＋风荷载 |

注：1 表中的"＋"仅表示各项荷载参与组合，而不表示代数相加。

2. 立杆稳定承载力计算在室内或无风环境不组合风荷载。

3. 强度计算项目包括连接强度计算。

4. $\Psi_c$为施工荷载及其他可变荷载组合值系数，取 0.7。

5. 立杆地基承载力计算在室内或无风环境不组合风荷载。

6. 倾覆计算时，当可变荷载对抗倾覆有利时，抗倾覆荷载组合计算可不计入可变荷载。

（4）对正常使用极限状态，应按荷载的标准组合计算荷载组合的效应设计值，并应采用式（3-22）进行设计：

$$S_d \leqslant C \tag{3-22}$$

式中　$C$——架体构件的容许变形值。

（5）脚手架结构即构配件正常使用极限状态设计时，应按表 3-29 的规定采用荷载的标准组合。

表 3-29　脚手架荷载的标准组合

| 计算项目 | 荷载标准组合 |
|---|---|
| 双排脚手架水平杆挠度 | 永久荷载＋施工荷载 |
| 模板支撑架门洞转换横梁挠度 | 永久荷载 |

**5. 设计计算的基本规定**

（1）脚手架应根据架体构造、搭设部位、使用功能、荷载等因素确定设计计算内容；双排脚手架和模板支撑架设计计算应包括下列内容：

①双排脚手架：

a. 水平杆及节点连接强度和挠度。

b. 立杆稳定承载力。

c. 连墙件强度、稳定承载力和连接强度。

d. 立杆地基承载力。

② 模板支撑架：

a. 立杆稳定承载力。

b. 立杆地基承载力。

c. 当设置门洞时，进行门洞转换横梁强度和挠度计算。

d. 必要时进行架体抗倾覆能力计算。

（2）当无风荷载作用时，脚手架立杆宜按轴心受压杆件计算；当有风荷载作用时，脚手架立杆宜按压弯构件计算。

（3）脚手架杆件长细比应符合下列规定：

① 脚手架立杆长细比不得大于 230。

② 斜撑杆和剪刀撑斜杆长细比不得大于 250。

③ 受拉杆件长细比不得大于 350。

钢材的强度设计值与弹性见表 3-30，钢管的截面特性见表 3-31。

**表 3-30　钢材的强度设计值与弹性模量**　　　　　　　　（N/mm²）

| Q235 钢抗拉、抗压和抗弯强度设计值 $f$ | 205 |
|---|---|
| Q345 钢抗拉、抗压和抗弯强度设计值 $f$ | 300 |
| 弹性模量 $E$ | $2.06 \times 10^5$ |

**表 3-31　钢管截面特性**

| 外径 $\phi$<br>（mm） | 壁厚 $t$<br>（mm） | 截面积 $A$<br>（cm²） | 截面惯性矩 $I$<br>（cm⁴） | 截面模量 $W$<br>（cm³） | 截面回转半径 $i$<br>（cm） |
|---|---|---|---|---|---|
| 48.3 | 3.5 | 4.93 | 12.43 | 5.15 | 1.59 |

（4）受弯构件的容许挠度应符合表 3-32 的规定。

**表 3-32　受弯构件的容许挠度**

| 构件类别 | 容许挠度 $[\nu]$ |
|---|---|
| 双排脚手架脚手板和纵向水平杆、横向水平杆 | $l/150$ 与 10mm 取较小值 |
| 双排脚手架悬挑受弯杆件 | $l/400$ |
| 模板支撑架受弯构件 | $l/400$ |

（5）脚手架杆件连接点及可调托撑、底座的承载力设计值应按表 3-33 采用。

表 3-33 脚手架杆件连接点及可调托撑、底座的承载力设计值（kN）

| 项目 | | 承载力设计值 |
|---|---|---|
| 碗口节点 | 水平向抗拉（压） | 30 |
| | 竖向抗压（抗剪） | 25 |
| 立杆插套连接抗拉 | | 15 |
| 可调托撑抗压 | | 80 |
| 可调底座抗压 | | 80 |
| 扣件节点抗剪（抗滑） | 单扣件 | 8 |
| | 双扣件 | 12 |

**6. 双排脚手架计算**

（1）双排脚手架作业层水平杆件抗弯强度应符合式（3-23）和式（3-24）要求：

$$\frac{\gamma_0 M_s}{W} \leqslant f \tag{3-23}$$

$$M_s = 1.2 M_{Gk} + 1.4 M_{Qk} \tag{3-24}$$

式中　$M_s$——水平杆弯矩设计值（N·mm）；

　　$W$——水平杆的截面模量（mm³）；

　　$M_{Gk}$——水平杆由脚手板自重产生的弯矩标准值（N·mm）；

　　$M_{Qk}$——水平杆由施工荷载产生的弯矩标准值（N·mm）；

　　$f$——钢材的抗弯强度设计值（N/mm²）。

（2）双排脚手架作业层水平杆的挠度应符合式（3-25）要求：

$$\nu \leqslant [\nu] \tag{3-25}$$

当计算双排脚手架水平杆的内力和挠度时，水平杆宜按简支梁计算，计算跨度应取对应方向的立杆间距。

（3）双排脚手架立杆稳定性应符合公式要求。

① 当无风荷载时，应符合式（3-26）：

$$\frac{\gamma_0 N}{\varphi A} \leqslant f \tag{3-26}$$

② 当有风荷载时，应符合式（3-27）：

$$\frac{\gamma_0 N}{\varphi A} + \frac{\gamma_0 M_w}{W} \leqslant f \tag{3-27}$$

式中　$N$——立杆的轴力设计值（N）；

　　$\varphi$——轴心受压构件的稳定系数，根据立杆长细比 $\lambda$ 确定；$\left[\lambda = \frac{l_0}{i}\right.$，其中 $l_0$ 为立杆

　　　　计算长度（mm），$i$ 为截面回转半径（mm）$\Big]$；

　　$A$——立杆的毛截面面积（mm²）；

　　$W$——立杆的截面模量（mm³）；

　　$M_w$——立杆由风荷载产生的弯矩设计值（N·mm）；

　　$f$——连墙件钢材的强度设计值（N/mm²）。

（4）双排脚手架立杆的轴力设计值应按式（3-28）计算：

$$N = 1.2 \sum N_{\mathrm{G1k}} + 1.4 N_{\mathrm{Qk}} \tag{3-28}$$

式中 $\sum N_{\mathrm{G1k}}$——立杆由架体结构及附件自重产生的轴心标准值总和。

$N_{\mathrm{Qk}}$——立杆由施工荷载产生的轴力标准值。

（5）双排脚手架立杆由风荷载产生的弯矩设计值应按式（3-29）和式（3-30）计算：

$$M_{\mathrm{w}} = 1.4 \times 0.6 M_{\mathrm{wk}} \tag{3-29}$$

$$M_{\mathrm{wk}} = 0.05 \xi w_{\mathrm{k}} l_{\mathrm{a}} H_{\mathrm{c}}^2 \tag{3-30}$$

式中 $M_{\mathrm{w}}$——立杆由风荷载产生的弯矩设计值（N·mm）；

$M_{\mathrm{wk}}$——立杆由风荷载产生的弯矩标准值（N·mm）；

$\xi$——弯矩折减系数，当连墙件设置为二步距时，取 0.6；当连墙件设置为三步距时，取 0.4；

$w_{\mathrm{k}}$——风荷载标准值（N·mm²）；

$l_{\mathrm{a}}$——立杆纵向间距（mm）；

$H_{\mathrm{c}}$——连墙件间竖向垂直距离（mm）。

（6）双排脚手架立杆计算长度应按式（3-31）计算：

$$l_0 = k \mu h \tag{3-31}$$

式中 $k$——立杆计算长度附加系数，取 1.155，当验算立杆允许长细比时，取 1.0；

$\mu$——立杆计算长度系数，当连墙件设置为二步三跨时，取 1.55；当连墙件设置为三步三跨时，取 1.75；

$h$——步距。

（7）双排脚手架杆件连接节点承载力应符合式（3-32）要求：

$$\gamma_0 F_{\mathrm{J}} \leqslant F_{\mathrm{JR}} \tag{3-32}$$

式中 $F_{\mathrm{J}}$——作用于脚手架杆件连接节点的荷载设计值。

$F_{\mathrm{JR}}$——脚手架杆件连接节点的承载力设计值。

（8）双排脚手架连墙件杆件的强度及稳定性应符合下列公式的要求。

① 强度，应符合式（3-33）要求：

$$\frac{\gamma_0 N_{\mathrm{L}}}{A_{\mathrm{n}}} \leqslant 0.85 f \tag{3-33}$$

② 稳定性，应符合式（3-34）～式（3-36）要求：

$$\frac{\gamma_0 N_{\mathrm{L}}}{\varphi A} \leqslant 0.85 f \tag{3-34}$$

$$N_{\mathrm{L}} \leqslant N_{\mathrm{Lw}} + N_0 \tag{3-35}$$

$$N_{\mathrm{Lw}} = 1.4 w_{\mathrm{k}} L_{\mathrm{c}} H_{\mathrm{c}} \tag{3-36}$$

式中 $N_{\mathrm{L}}$——连墙件轴力设计值（N）；

$N_{\mathrm{Lw}}$——连墙件由风荷载产生的轴力设计值（N）；

$N_0$——连墙件约束脚手架平面外变形所产生的轴力设计值（N），取值为 3.0kN；

$A_{\mathrm{n}}$——连墙件的净截面面积（mm²）；

$A$——连墙件的毛截面面积（mm²）；

$\varphi$——轴心受压构件的稳定系数，根据立杆长细比 $\lambda$ 确定；

$L_c$——连墙件间水平投影距离（mm）；

$H_c$——连墙件间竖向垂直距离（mm）；

$f$——连墙件钢材的强度设计值（N/mm²）。

## 3.3.4 门式钢管脚手架设计

**1. 荷载**

作用于门式钢管脚手架或模板支架的荷载，应分为永久荷载和可变荷载。

（1）门式钢管脚手架和模板支架的永久荷载应包括下列内容：

① 门式钢管脚手架构配件的自重，包括门架、连接棒、锁臂、交叉支撑、水平加固杆、脚手板等自重。

② 门式钢管脚手架附件自重，包括栏杆、扶手、挡脚板、安全网、剪刀撑、扫地杆及防护设施等自重。

③ 模板支架构配件及模板的自重，包括架体、围护、模板及模板支承梁等自重。

④ 模板支架新浇钢筋混凝土自重，钢筋自重、新浇混凝土自重。

（2）门式钢管脚手架和模板支架的可变荷载应包括下列内容：

① 门式钢管脚手架的施工荷载，包括作业层上施工人员、材料及机具等自重。

② 模板支架的可变荷载，包括作业层上的施工人员、机具自重、混凝土超高堆积、混凝土振捣等荷载。

③ 风荷载。

**2. 荷载标准值**

（1）结构与装修用的门式钢管脚手架作业层上的施工均布荷载标准值，应根据实际情况确定，且不应低于表 3-34 的规定。

表 3-34　施工均布荷载标准值

| 序号 | 门式脚手架用途 | 施工均布荷载标准值（kN/m²） |
|:---:|:---:|:---:|
| 1 | 结构 | 3.0 |
| 2 | 装修 | 2.0 |

注：1. 表中施工均布荷载标准值为一个操作层上相邻两榀门架间的全部施工荷载除以门架纵距与门架宽度的乘积。

　　2. 斜梯施工均布荷载标准值不应低于 2kN/m²。

（2）当在门式钢管脚手架上同时有 2 个及以上操作层作业时，在同一个门架跨距内各操作层的施工均布荷载标准值总和不得超过 5.0kN/m²。

（3）满堂脚手架作业层的施工均布荷载，存放的材料、机具等可变荷载的标准值应根据实际情况确定，并应符合下列规定：

① 用于装饰施工时，不应小于 2.0kN/m²；

② 用于结构施工时，不应小于 3.0kN/m²。

（4）作用于门式钢管脚手架与模板支架的水平风荷载标准值，应按式（3-37）计算：

$$w_k = \mu_z \cdot \mu_s \cdot w_0 \tag{3-37}$$

式中　$w_k$——风荷载标准值（kN/m²）；

　　　$\mu_z$——风压高度变化系数，应按现行国家标准《建筑结构荷载规范》GB 50009—

2012 规定采用；

$\mu_s$ ——脚手架风荷载体型系数，应按表 3-35 的规定采用；

$w_0$ ——基本风压值（kN/m²），应按国家标准《建筑结构荷载规范》GB 50009—2012 附表 D.4 的规定采用，取重现期 $n=10$ 对应的风压值。

**表 3-35 脚手架的风荷载体型系数 $\mu_s$**

| 背靠建筑物的状况 | 全封闭墙 | 敞开、框架和开洞墙 |
|---|---|---|
| 全封闭、半封闭脚手架 | 1.0Φ | 1.3Φ |
| 敞开式满堂脚手架或模板支架 | $\mu_{stw}$ | |

注：1. $\mu_{stw}$ 值可将脚手架视为桁架，按国家标准《建筑结构荷载规范》GB 50009—2012 表 7.3.1 第 32 项和第 36 项的规定计算。对于门架立杆钢管外径为 42.0～42.7mm 的敞开式脚手架，可取 0.27。

2. Φ 为挡风系数，$Φ=1.2A_n/A_w$，其中，$A_n$ 为挡风面积；$A_w$ 为迎风面积。

3. 当采用密目式安全网全封闭时，宜取 $Φ=0.8$，$\mu_s$ 最大值宜取 1.0。

**3. 荷载设计值**

（1）计算门式钢管脚手架与模板支架的架体或构件的强度、稳定性和连接强度时，应采用荷载设计值（荷载标准值乘以荷载分项系数）。

（2）计算门式钢管脚手架与模板支架地基承载力和正常使用极限状态的变形时，应采用荷载标准值，永久荷载与可变荷载的分项系数均取 1.0。

（3）荷载的分项系数取值应符合表 3-36 的规定。

**表 3-36 荷载分项系数**

| 架体类别 | 荷载类别 | | 分项系数 |
|---|---|---|---|
| 门式钢管脚手架 | 永久荷载 | | 1.2 |
| | 可变荷载 | | 1.4 |
| | 风荷载 | | 1.4 |
| 满堂脚手架模板支架 | 永久荷载 | 由可变荷载效应控制的组合 | 1.2 |
| | | 由永久荷载效应控制的组合 | 1.35 |
| | 可变荷载 | 一般情况下 | 1.4 |
| | | 对标准值大于 4kN/m² 的可变荷载 | 1.3 |
| | 风荷载 | | 1.4 |

**4. 荷载效应组合**

（1）对承载能力极限状态，应按荷载效应的基本组合进行荷载组合，并应符合下列规定。

① 当设计门式钢管脚手架时，荷载效应的基本组合宜按表 3-37 采用。

**表 3-37 门式脚手架荷载效应的基本组合**

| 计算项目 | 荷载效应的基本组合 |
|---|---|
| 门式钢管脚手架稳定 | 永久荷载＋施工荷载 |
| | 永久荷载＋0.9×（施工荷载＋风荷载） |
| 连墙件强度与稳定 | 风荷载＋3.0kN |

② 当设计满堂脚手架和模板支架时，荷载效应的基本组合按表 3-38 采用。

**表 3-38 满堂脚手架和模板支架荷载效应的基本组合**

| 计算项目 | 荷载效应的基本组合 | |
|---|---|---|
| 满堂脚手架、模板支架稳定 | 由永久荷载效应控制的组合 | 永久荷载＋0.7×可变荷载＋0.6×风荷载 |
| | 由可变荷载效应控制的组合 | 永久荷载＋可变荷载 |
| | | 永久荷载＋0.9×（可变荷载＋风荷载） |

注：基本组合中的荷载设计值仅适用于荷载与荷载效应为线性的情况。

（2）对正常使用极限状态，应按荷载效应的标准组合进行荷载组合，门式钢管脚手架与模板支架荷载效应的标准组合宜按表 3-39 采用。

**表 3-39 门式钢管脚手架和模板支架荷载效应的标准组合**

| 计算项目 | 荷载效应的标准组合 | |
|---|---|---|
| 门式钢管脚手架门架立杆地基承载力、悬挑脚手架型钢悬挑梁的挠度 | 不组合风荷载 | 永久荷载＋施工荷载 |
| | 组合风荷载 | 永久荷载＋0.9×（可变荷载＋风荷载） |
| 满堂脚手架、模板支架的门架立杆地基承载力 | 永久荷载＋可变荷载＋0.6×风荷载 | |

### 5. 门式钢管脚手架的设计计算

（1）门式钢管脚手架的搭设高度除应满足设计计算条件外，不宜超过表 3-40 的规定。

**表 3-40 门式钢管脚手架搭设高度**

| 序号 | 搭设方式 | 施工荷载标准值 $\Sigma Q_k$（kN/m²） | 搭设高度（m） |
|---|---|---|---|
| 1 | 落地、密目式安全网全封闭 | ≤3.0 | ≤55 |
| 2 | | >3.0 且≤5.0 | ≤40 |
| 3 | 悬挑、密目式安全网全封闭 | ≤3.0 | ≤24 |
| 4 | | >3.0 且≤5.0 | ≤18 |

（2）门式钢管脚手架与模板支架应进行下列设计计算：

① 门式钢管脚手架：稳定性及搭设高度；脚手板的强度和刚度；连墙件的强度、稳定性和连接强度。

② 模板支架的稳定性。

③ 门式钢管脚手架与模板支架门架立杆的地基承载力验算。

④ 悬挑脚手架的悬挑支承结构及其锚固连接。

⑤ 满堂脚手架和模板支架必要时应进行抗倾覆验算。

（3）本章关于门式钢管脚手架的设计计算方法，适用于 MF1219、MF1017、MF0817 系列门架；关于满堂脚手架和模板支架的设计计算方法，适用于 MF1219、MF1017 系列门架。其他种类门架的设计计算方法，应根据门架与配件试验和架体结构试验结果分析确定。

（4）钢材的强度设计值与弹性模量宜按表 3-41 规定取值。

表 3-41　钢材的强度设计值与弹性模量

| 项　目 | Q235 级钢 | | Q345 级钢 | |
|---|---|---|---|---|
| | 钢管 | 型钢 | 钢管 | 型钢 |
| 抗拉、抗压和抗弯强度设计值（N/mm²） | 205 | 215 | 300 | 310 |
| 弹性模量 | $2.06 \times 10^5$ | | | |

（5）门式钢管脚手架的稳定性应按式（3-38）计算：

$$N \leqslant N^{\mathrm{d}} \tag{3-38}$$

式中　$N$——门式脚手架作用于一榀门架的轴向力设计值，并应按式（3-39）和式（3-40）计算并应取较大值；

　　$N^{\mathrm{d}}$——一榀门架的稳定承载力设计值，按式（3-43）计算。

① 门式脚手架作用于一榀门架的轴向力设计值，应按下列公式计算。

a. 不组合风荷载时，应按式（3-39）计算：

$$N = 1.2(N_{\mathrm{G1k}} + N_{\mathrm{G2k}})H + 1.4 \sum N_{\mathrm{Qk}} \tag{3-39}$$

式中　$N_{\mathrm{G1k}}$——每米高度架体构配件自重产生的轴向力标准值。

　　$N_{\mathrm{G2k}}$——每米高度架体附近自重产生的轴向力标准值。

　　$H$——门式钢管脚手架搭设高度。

　　$\sum N_{\mathrm{Qk}}$——作用于一榀门架的各层施工荷载标注值总和。

1.2、1.4——永久荷载与可变荷载的荷载分项系数。

b. 组合风荷载时，应按式（3-40）计算：

$$N = 1.2(N_{\mathrm{G1k}} + N_{\mathrm{G2k}})H + 0.9 \times 1.4\left(\sum N_{\mathrm{Qk}} + \frac{2M_{\mathrm{wk}}}{b}\right) \tag{3-40}$$

$$M_{\mathrm{wk}} = \frac{q_{\mathrm{wk}}H_1^2}{10} \tag{3-41}$$

$$q_{\mathrm{wk}} = w_{\mathrm{k}}l \tag{3-42}$$

式中　$M_{\mathrm{wk}}$——门式钢管脚手架风荷载产生的弯矩标准值。

　　$q_{\mathrm{wk}}$——风线荷载标准值。

　　$H_1$——连墙件竖向间距。

　　$l$——门架跨距。

　　$b$——门架宽度。

　　0.9——可变荷载的组合系数。

② 一榀门架的稳定承载力设计值应按式（3-43）和式（3-44）计算：

$$N^{\mathrm{d}} = \varphi A f \tag{3-43}$$

$$i = \sqrt{\frac{I}{A_1}} \tag{3-44}$$

对于 MF1219、MF1017 门架，应按式（3-45）计算

$$I = I_0 + I_1 \frac{h_1}{h_0} \tag{3-45}$$

对于 MF0817 门架，应按式（3-46）计算

$$I = \left[A_1\left(\frac{A_2 b_2}{A_1 + A_2}\right)^2 + A_2\left(\frac{A_1 b_2}{A_1 + A_2}\right)^2\right] \times \frac{0.5h_1}{h_0} \tag{3-46}$$

式中 $\varphi$——门架立杆的稳定系数，根据立杆换算长细比 $\lambda$ 值取值。对于 MF1219、MF1017
门架：$\lambda = kh_0/i$；对于 MF0817 门架：$\lambda = 3kh_0/i$；（$k$ 为调整系数，应按表 3-42
确定，$i$ 为门架立杆换算截面回转半径）；

$I$——门架立杆换算截面惯性矩（$mm^4$）；

$h_0$——门架高度（mm）；

$h_1$——门架立杆加强杆的高度（mm）；

$I_0$、$A_1$——分别为门架立杆的毛截面惯性矩和毛截面面积（$mm^4$、$mm^2$）；

$I_1$、$A_2$——分别为门架立杆加强杆的毛截面惯性矩和毛截面面积（$mm^4$、$mm^2$）；

$b_2$——门架立杆和立杆加强杆的中心距（mm）；

$A$——一榀门架立杆的毛截面面积（$mm^2$），$A = 2A_1$；

$f$——门架钢材的抗压强度设计值（$N/mm^2$）。

表 3-42 调整系数 $k$

| 脚手架搭设高度 | ≤30 | >30 且≤45 | >45 且≤55 |
|---|---|---|---|
| $k$ | 1.13 | 1.17 | 1.22 |

③ 门式钢管脚手架的搭设高度应按下列公式计算，并应取其计算结果的较小值。

不组合风荷载时，按式（3-47）计算：

$$H^d = \frac{\varphi A f - 1.4 \sum N_{Qk}}{1.2(N_{G1k} + N_{G2k})} \tag{3-47}$$

组合风荷载时，按式（3-48）计算：

$$H_w^d = \frac{\varphi A f - 0.9 \times 1.4 \left( \sum N_{Qk} + \dfrac{2M_{wk}}{b} \right)}{1.2(N_{G1k} + N_{G2k})} \tag{3-48}$$

式中 $H^d$——不组合风荷载时，脚手架搭设高度。

$H_w^d$——组合风荷载时，脚手架搭设高度。

**6. 连墙件计算**

（1）连墙件杆件的强度及稳定性应满足式（3-49）和式（3-50）的要求：

强度满足式（3-49）的要求：

$$\sigma = \frac{N_l}{A_c} \leq 0.85f \tag{3-49}$$

稳定性满足式（3-50）和式（3-51）的要求：

$$\frac{N_l}{\varphi A} \leq 0.85f \tag{3-50}$$

$$N_l = N_w + 3000(N) \tag{3-51}$$

式中 $\sigma$——连墙件应力值（$N/mm^2$）；

$A_c$——连墙件的净截面面积，带螺纹的连墙件应取有效截面面积（$mm^2$）；

$A$——连墙件的毛截面面积（$mm^2$）；

$N_l$——风荷载及其他作业对连墙件产生的拉（压）轴向力设计值（N）；

$N_w$——风荷载作用于连墙件的拉（压）轴向力设计值（N）；

$\varphi$——连墙件的稳定系数；

$f$——连墙件钢材的抗压强度设计值（N/mm²）。

（2）风荷载作用于连墙件的水平力设计值应按式（3-52）计算：

$$N_w = 1.4w_k L_1 H_1 \tag{3-52}$$

式中 $L_1$——连墙件水平间距；

$H_1$——连墙件竖向间距。

（3）连墙件与脚手架、连墙件与建筑结构连接的连接强度应按式（3-53）计算：

$$N_l = N_v \tag{3-53}$$

式中 $N_v$——连墙件与脚手架、连墙件与建筑结构连接的抗拉（压）承载力设计值。

（4）当采用钢管扣件做连墙件时，扣件抗滑承载力的验算，应满足式（3-54）要求：

$$N_l \leqslant R_c \tag{3-54}$$

式中 $R_c$——扣件抗滑承载力设计值，一个直角扣件应取 8.0kN。

**7. 满堂脚手架计算**

满堂脚手架的架体稳定性计算，应选取最不利处的门架为计算单元。门架计算单元选取应同时符合下列规定：①当门架的跨距和间距相同时，应计算底层门架；②当门架的跨距和间距不相同时，应计算跨距或间距增大部位的底层门架；③当架体上有集中荷载作用时，尚应计算集中荷载作用范围内受力最大的门架。

（1）满堂脚手架作用于一榀门架的轴向力设计值，应按所选取门架计算单元的负荷面积计算，并应符合下列规定：

① 当不考虑风荷载作用时，应按式（3-55）计算：

$$N_j = 1.2\left[(N_{G1k} + N_{G2k})H + \sum_{i=3}^{n} N_{Gik}\right] + 1.4\sum_{i=1}^{n} N_{Qik} \tag{3-55}$$

② 当考虑风荷载作用时，应按式（3-56）和式（3-57）计算，并应取其较大值。

$$N_j = 1.2\left[(N_{G1k} + N_{G2k})H + \sum_{i=3}^{n} N_{Gik}\right] + 0.9 \times 1.4\left(\sum_{i=1}^{n} N_{Qik} + N_{wn}\right) \tag{3-56}$$

$$N_j = 1.35\left[(N_{G1k} + N_{G2k})H + \sum_{i=3}^{n} N_{Gik}\right] + 1.4\left(0.7\sum_{i=1}^{n} N_{Qik} + 0.6N_{wn}\right) \tag{3-57}$$

式中 $N_j$——满堂脚手架作用于一榀门架的轴向力设计值；

$N_{G1k}$、$N_{G2k}$——每米高度架体构配件、附件自重产生的轴向力标准值；

$\sum_{i=3}^{n} N_{Gik}$——满堂脚手架作用于一榀门架的除构配件和附件外的永久荷载标准值的总和；

$\sum_{i=1}^{n} N_{Qik}$——满堂脚手架作用于一榀门架的可变荷载标准值总和；

$H$——满堂脚手架的搭设高度；

$N_{wn}$——满堂脚手架一榀门架立杆风荷载作用的最大附加轴力标准值。

（2）满堂脚手架的稳定性验算，应满足式（3-38）的要求：

$$\frac{N_l}{\varphi A} \leqslant f \tag{3-58}$$

**8. 门架立杆地基承载力验算**

（1）门式钢管脚手架与模板支架的门架立杆基础底面的平均压力应满足式（3-59）的要求：

$$P = \frac{N_k}{A_d} \leqslant f_a \tag{3-59}$$

式中　$P$——门架立杆基础底面的平均压力；

　　　$N_k$——门式钢管脚手架或模板支架作用于一榀门架的轴向力标准值；

　　　$A_d$——一榀门架下底座面面积；

　　　$f_a$——修正后的地基承载力特征值。

（2）作用于一榀门架的轴向力标准值，应根据所取门架计算单元实际荷载按下列规定计算：

① 门式钢管脚手架作用于一榀门架的轴向力标准值，应按下列公式计算，并应取较大者：

不组合风荷载时，应按（3-60）计算：

$$N_k = (N_{G1k} + N_{G2k})H + \Sigma N_{Qk} \tag{3-60}$$

组合风荷载时，应按（3-61）计算：

$$N_k = (N_{G1k} + N_{G2k})H + 0.9\left(\Sigma N_{Qk} + \frac{2M_{wk}}{b}\right) \tag{3-61}$$

式中　$N_k$——门式钢管脚手架作用于一榀门架的轴向力标准值。

② 满堂脚手架作用于一榀门架的轴向力标准值，应按式（3-62）计算：

$$N_k = (N_{G1k} + N_{G2k})H + \sum_{i=3}^{n} N_{Gik} + \sum_{i=1}^{n} N_{Qik} + 0.6N_{wn} \tag{3-62}$$

式中　$N_k$——满堂脚手架作用于一榀门架的轴向力标准值。

（3）修正后的地基承载力特征值应按式（3-63）计算：

$$f_a = k_c \cdot f_{ak} \tag{3-63}$$

式中　$k_c$——地基承载力修正系数，按表 3-43 取值；

**表 3-43　地基承载力修正系数 $k_c$**

| 地基土类别 | 修正系数 | |
|---|---|---|
| | 原状土 | 分层回填夯实土 |
| 多年填积土 | 0.6 | — |
| 碎石土、砂土 | 0.8 | 0.4 |
| 粉土、黏土 | 0.7 | 0.5 |
| 岩石、混凝土 | 1.0 | — |

　　　$f_{ak}$——地基承载力特征值，可由荷载试验或其他原位测试、公式计算应结合工程实践经验等方法综合确定。

（4）对搭设在地下室顶板、楼面等建筑结构上的门式钢管脚手架或模板支架，应对支撑架体的建筑结构进行承载力验算，当不能满足承载力要求时，应采取可靠的加固措施。

## 3.3.5　悬挑式钢管脚手架设计与计算

本节主要以型钢悬挑梁作为脚手架的支承结构进行计算说明。其受力计算简图见图 3-33。

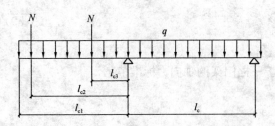

图 3-33　悬挑脚手架型钢悬挑梁计算示意图

$N$—悬挑脚手架立杆的轴向力设计值；$l_c$—型钢悬挑梁锚固点中心至建筑楼层板边支承点的距离；$l_{c1}$—型钢悬挑梁悬挑端至建筑结构楼层板边支承点的距离；$l_{c2}$—脚手架外立杆至建筑结构楼层板边支承点的距离；$l_{c3}$—脚手架内杆至建筑结构楼层板边支承点的距离；$q$—型钢梁自重线荷载标准值

（1）当采用型钢悬挑梁作为脚手架的支承结构时，应进行下列设计计算：

① 型钢悬挑梁的抗弯强度、整体稳定性和挠度。

② 型钢悬挑梁锚固件及其锚固连接的强度。

③ 型钢悬挑梁下建筑结构的承载能力验算。

（2）悬挑脚手架作用于型钢悬挑梁上立杆的轴向力设计值，应根据悬挑脚手架分段搭设高度规定分别计算，并应取其较大者。

（3）型钢悬挑梁的抗弯强度应按式（3-64）计算：

$$\sigma = \frac{M_{max}}{W_n} \leqslant f \tag{3-64}$$

式中　$\sigma$——型钢悬挑梁应力值；

　　$M_{max}$——型钢悬挑梁计算截面的最大弯矩设计值；

　　$W_n$——型钢悬挑梁的净截面模量；

　　$f$——钢材的抗弯强度设计值（$N/mm^2$）。

（4）型钢悬挑梁的整体稳定性应按式（3-65）验算：

$$\frac{M_{max}}{\varphi_b W} \leqslant f \tag{3-65}$$

式中　$\varphi_b$——型钢悬挑梁的整体稳定性系数，按现行国家标准《钢结构设计规范》的规定采用；

　　$W$——型钢悬挑梁毛截面模量。

（5）型钢悬挑梁的挠度（图 3-33）应符合式（3-66）规定：

$$\nu \leqslant [\nu] \tag{3-66}$$

式中　$\nu$——型钢悬挑梁最大挠度；

　　$[\nu]$——型钢悬挑梁挠度允许值。

（6）将型钢悬挑梁锚固在主体结构上的 U 形钢筋拉环或螺栓的强度应按式（3-67）计算：

$$\sigma = \frac{N_m}{A_l} \leqslant f_l \tag{3-67}$$

式中　$\sigma$——U 形钢筋拉环或螺栓应力值；

　　$N_m$——型钢悬挑梁锚固段压点 U 形钢筋拉环或螺栓拉力设计值（N）；

　　$A_l$——U 形钢筋拉环净截面面积或螺栓的有效截面面积（$mm^2$），一个钢筋拉环或一对螺栓按两个截面计算；

$f_l$——U形钢筋拉环或螺栓抗拉强度设计值，应按现行国家规范《混凝土结构设计规范（2015年版）》GB 50010—2010的规定取为50N/mm²。

（7）当型钢悬挑梁锚固段压点处采用2个（对）及以上U形钢筋拉环或螺栓锚固连接时，其钢筋拉环或螺栓的承载能力应乘以0.85的折减系数。

（8）当型钢悬挑梁与建筑结构锚固的压点处楼板未设置上层受力钢筋时，应经计算在楼板内配置用于承受型钢梁锚固作用引起负弯矩的受力钢筋。

（9）对型钢悬挑梁下建筑结构的混凝土梁（板）应按现行国家标准《混凝土结构设计规范（2015年版）》GB 50010—2012的规定进行混凝土局部抗压承载力、结构承载力验算，当不满足要求时，应采取可靠的加固措施。

### 3.3.6　悬挑式钢管脚手架实例

【例3.5】某市高层住宅楼工程，根据工程施工的需要，采用18号工字钢悬挑双排钢管脚手架进行结构施工。具体设计方案如下：建筑物外悬挑段长度为1.5m，建筑物内锚固段长度为3m。悬挑架高为18m，与楼板连接的螺栓采用$\phi14.00$mm圆钢。双排脚手架采用$\phi48\times3.5$钢管搭设，立杆的纵距为1.5m，立杆的横距为1.05m，立杆的步距为1.5m；内排架距离墙长度为0.30m；连墙件布置取两步三跨，采用单扣件连接。已知作用于脚手架的荷载及有关参数：恒荷载设计值$N_G=3.901$kN，活荷载设计值$N_Q=2.362$kN，$\varphi_b=0.83$。试验算此方案悬挑工字钢是否满足要求。

**解：**

（1）悬挑梁的受力计算。

悬挑脚手架按照带悬臂的单跨梁计算简图见图3-34。悬出端$C$受脚手架荷载$N$的作用，固定端$B$为与楼板的锚固点，$A$为外墙支点。根据力平衡计算出支座反力，这里$m=$

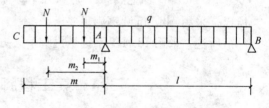

图3-34　悬挑单跨梁的受力简图

1.50m；$m_1=0.30$m；$m_2=1.35$m；$l=$

3.0m。令$k=m/l=1.5/3.0=0.5$；$k_1=m_1/l=0.3/3.0=0.1$；$k_2=m_2/l=1.35/3.0=0.45$。

$$R_A=N(2+k_1+k_2)+\frac{ql}{2}(1+k^2) \tag{3-68}$$

$$R_B=-N(k_1+k_2)+\frac{ql}{2}(1-k^2) \tag{3-69}$$

$$M_A=-N(m_1+m_2)-\frac{qm^2}{2} \tag{3-70}$$

$C$点最大挠度计算公式：

$$\nu_A=\frac{Nm_2^2l}{3EI}(1+k_2)+\frac{Nm_1^2l}{3EI}(1+k_1)+\frac{ml}{3EI}\cdot\frac{ql^2}{8}(-1+4k^2+3k^3) \tag{3-71}$$

18号工字钢的材料：材料的截面惯性矩$I=1660$cm⁴，截面模量$W=185$cm³。

脚手架作用集中荷载强度计算荷载：$N=3.901+2.362=6.263$（kN）

水平钢梁自重强度计算荷载：$q=3.06\times10^{-3}\times78.5=0.24$（kN/m）

将上面的计算结果代入支座反力中得到：$R_A=16.421$kN，$R_B=-3.174$kN；$M_A=10.604$kN·m。

则悬挑钢梁的抗弯强度为：

$$\sigma_A = \frac{M}{\gamma_x W} = \frac{10.604 \times 10^6}{1.05 \times 185 \times 10^3} = 54.59(\text{N/mm}^2) < f，则钢梁的抗弯强度满足要求，$$

$$[\nu] = \frac{l}{400} = \frac{3000}{400} = 7.5(\text{mm})$$

最大挠度为：$\nu = 4.885\text{mm} < [\nu]$。

（2）悬挑梁的整体稳定性计算。

$f = 215\text{N/mm}^2$，水平钢梁采用 18 号工字钢，计算如下：

$$\frac{10.604 \times 10^6}{0.831 \times 185 \times 10^3} = 68.982(\text{N/mm}^2) < 215\text{N/mm}^2$$

悬挑钢梁的整体稳定性满足要求。

（3）锚固段与楼板连接的计算。

水平钢梁与楼板压点采用钢筋拉环，拉环受力为 $N = 3.174\text{kN}$，$f = 50\text{N/mm}^2$，水平钢梁与楼板压点的拉环强度计算公式为 $\sigma = \frac{N}{A} < f$。

所需要的水平钢梁与楼板压点的拉环最小直径为：

$$D = \sqrt{\frac{4N}{2\pi f}} = \sqrt{\frac{4 \times 3.174 \times 10^3}{2 \times 3.14 \times 50}} = 6.358(\text{mm}) < 14\text{mm}$$

所以，采用 $\phi 14\text{mm}$ 圆钢满足要求。

综上所述，采用 18 号工字钢悬挑脚手架方案满足安全要求。

## 3.4 某工程脚手架施工方案

本节给出某框架工程的脚手架施工方案，以供参考。

**1. 编制依据**

1）施工组织设计（表 3-44）

表 3-44 施工组织设计编号

| 名称 | 编 号 | 编制日期 |
|---|---|---|
| ××大厦工程结构施工组织设计 | — | 2017.03 |

2）施工图（表 3-45）

表 3-45 施工图编号

| 图 纸 名 称 | 编 号 | 出图日期 |
|---|---|---|
| ××大厦工程施工图建筑专业分册 | 2017-6 | 201612 |
| ××大厦工程施工图结构专业分册 | 2017-6 | 201612 |

3）施工规程、规范（表 3-46）

表 3-46　相应规范

| 名　称 | 编　号 | 类别 |
|---|---|---|
| 钢管脚手架扣件 | GB 15831—2006 | 国家 |
| 碳素结构钢 | GB/T 700—2006 | 国家 |
| 木结构设计标准 | GB 50005—2017 | 国家 |
| 金属材料拉伸试验　第一部分：室温试验方法 | GB/T 228.1—2010 | 国家 |
| 建筑施工土石方工程安全技术规范 | JGJ 180—2009 | 行业 |
| 建筑施工扣件式钢管脚手架安全技术规范 | JGJ 130—2011 | 行业 |
| 施工现场临时用电安全技术规范（附条文说明） | JGJ 46—2005 | 行业 |

4）其他（表 3-47）

表 3-47　相应条例

| 名　称 | 编　号 |
|---|---|
| 建设工程质量管理条例 | 国务院令第 279 号 |
| 中华人民共和国建筑法 | 中华人民共和国主席令第 91 号 |

**2. 工程概况**

本工程位于阳明大街-新华街-永平小区，周边环境复杂。拟建建筑物结构形式为全现浇钢筋混凝土框架结构，共分为 2 段，Ⅰ～Ⅱ段地下一层均为设备用房，自行车库及单层停车的地下车库；地下二层平时为设备用房及复式二层汽车库。地上部分Ⅰ段 1～6 层均为商业用房，Ⅱ段 1～4 层为商业用房。

本工程建筑设计创意新颖，风格独特，建筑物高低错落。占地面积为 11333m²，总建筑面积为 143769m²，其中地上总建筑面积为 121103m²，地下总建筑面积为 22666m²。Ⅰ段地上 30 层，Ⅱ段地上 16 层，局部 31 层；建筑层高如下：地下二层为 5.400m，地下一层为 5.4000m，首层为 5.400m，二层为 5.100m，三层为 315.100m，四层为 5.100m，五层为 4.200m，六层为 4.500m；标准层为 2.800m。

**3. 施工安排**

1）人员安排

人员安排如图 3-35 所示。

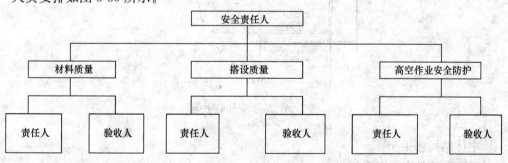

图 3-35　人员安排

2）搭设方案

（1）脚手架的布置。

① 地下室脚手架。

基础底板施工完毕，底板防水挡墙外回填土分层夯实后，开始搭设肥槽内的脚手架。采用双排单立杆脚手架，搭设步距为1.8m，立杆纵距为1.5m，横距为1.25m，距结构外墙为0.25m，扫地杆距地为0.2m，立杆底部铺设厚为5cm的通长脚手板，在边坡上埋设钢筋埋件，并用钢丝绳拉锚。

② 地下室外脚手架（地下室所有施工段外墙脚手架）。

外架待基础底板施工完毕，底板防水挡墙外回填土分层夯实后，开始搭设双排单立杆脚手架。脚手架搭设步距为1.8m，立杆纵距为1.5m，横距为1.2m，距结构外墙为0.25m，扫地杆距地为0.2m，立杆底部通长铺设厚为5cm的脚手板。

③ 地上脚手架。

由于Ⅰ段七层以下采用双排单立杆脚手架，七层以上采用工字钢悬挑双排单立杆脚手架，每六层一悬挑间隔周转使用（图3-36）。

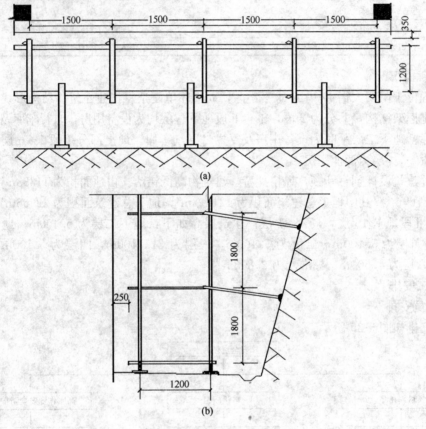

图 3-36 地下室外脚手架

(a) 整体尺寸图；(b) 局部尺寸图

④ 主体结构脚手架。

a. 落地双排单立杆脚手架。

首层至六层顶板采用双排单立杆落地脚手架，脚手架搭设步距为1.8m，立杆纵距为1.5m，横距为1.2m，距结构外挑檐为0.25m，扫地杆距地为0.2m，立杆底部通长铺设厚为5cm的脚手板，搭设高度为29.4m（图3-37）。

b. 工字钢悬挑双排单立杆脚手架（图3-38）。

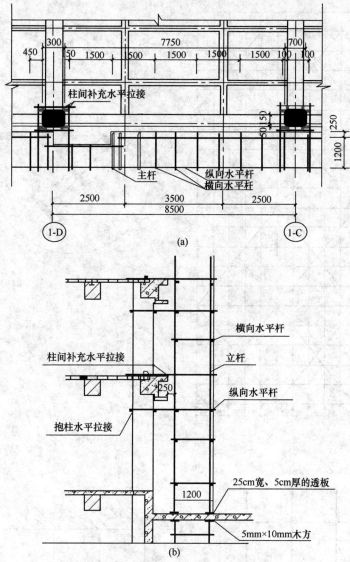

图 3-37　落地双排脚手架平立剖面图

(a) 整体尺寸图；(b) 局部尺寸图

　　七层顶板以上采用工字钢悬挑双排单立杆脚手架，脚手架搭设步距为 1.8m，立杆纵距为 1.5m，横距为 1.0m，距结构外挑檐为 0.25m，工字钢采用 18 号工字钢。搭设高度为 20m，20m 以上再悬挑工字钢搭设双排单立杆脚手架。

　　(2) 脚手架的构造要求。

　　① 纵向水平杆的构造应符合的规定：

　　a. 纵向水平杆设置在立杆内侧，其长度需大于 3 跨。

　　b. 纵向水平杆接长采用对接扣件连接。对接应符合下列规定：

　　• 纵向水平杆的对接扣件应交错布置：两根相邻纵向水平杆的接头不许设置在同步或同跨内；不同步或不同跨两个相邻接头在水平方向错开的距离不应小于 500mm；各接头中心至最近主节点的距离不应大于纵距的 1/3（图 3-39）。

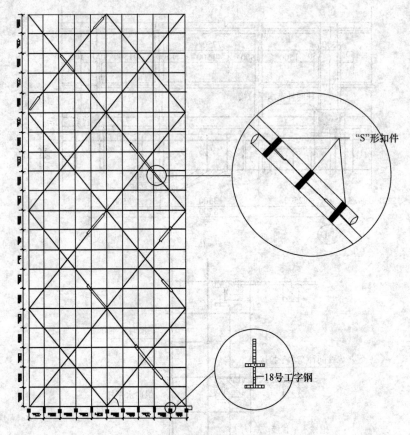

图 3-38　工字钢悬挑脚手架平立剖面图

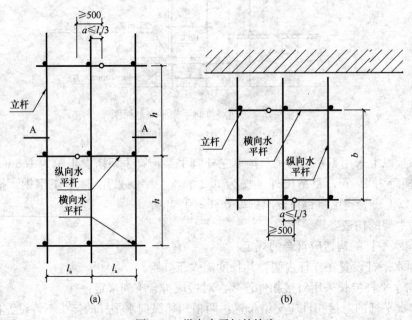

(a)　　　　　　　　　　(b)

图 3-39　纵向水平杆的接头
（a）接头不在同步内（立面）；（b）接头不在同跨内（立面）

• 使用木脚手板时，纵向水平杆应作为横向水平杆的支座，用直角扣件固定在立杆上。

② 横向水平杆的构造应符合的规定：

a. 主节点处必须设置一根横向水平杆，用直角扣件扣接且严禁拆除。主节点处两个直角扣件的中心距不应大于 150mm。靠墙一端的外伸长度不大于 500mm。

b. 作业层上非主节点处的横向水平杆，根据支承脚手板的需要等间距设置，最大间距不应大于纵距的 1/2。

c. 双排脚手架的横向水平杆两端均应采用直角扣件固定在纵向水平杆上。

③ 立杆构造应符合的规定：

a. 每根立杆底部应设置垫板。垫板为 250mm 宽，50mm 厚的脚手板，在脚手板上铺垫 250mm×150mm 的 1cm 厚钢板，钢板上焊接高为 250mm 的 $\phi25$ 的钢筋，以此作为落地脚手架的基础（图 3-40）。

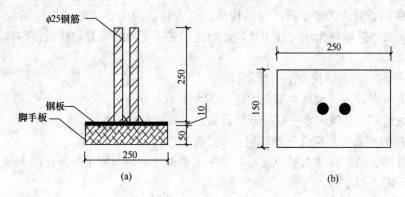

图 3-40 脚手架基础大样图
(a) 脚手架基础；(b) 钢板

b. 脚手架必须设置纵、横向扫地杆。纵向扫地杆应采用直角扣件固定在距钢管底端不大于 200mm 处的立杆上。横向扫地杆应采用直角扣件固定在紧靠纵向扫地杆下方的立杆上。当立杆基础不在同一高度时，必须将高处的纵向扫地杆向底处延长两跨与立杆固定，高低差不应大于 1m。靠边坡上方的立杆轴线到边坡的距离不应小于 500mm（图 3-41）。

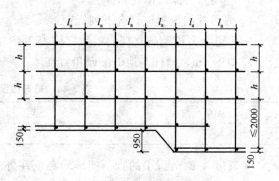

图 3-41 纵横向扫地杆构造图

c. 脚手架底层步距不应大于 2m。

d. 立杆必须用连墙件与建筑物可靠连接。

e. 立杆接长除顶层可采用搭接外，其余各层各步接头必须采用对接扣件连接。对接、搭接应符合下列规定：

• 立杆上的对接扣件应交错布置：两根相邻立杆的接头不应设置在同步内，同步内隔一根立杆的两个相隔接头在高度方向错开的距离不应小于 500mm；各接头中心至主节点的距离不应大于步距的 1/3。

• 搭接长度不应小于 1m，应采用不小于 2 个旋转扣件固定，端步扣件盖板的边缘至杆端距离不应小于 100mm。

• 立杆顶端高出女儿墙上皮 1m，高出檐口上皮 1.5m。

④ 脚手板的设置需符合下列规定：

a. 作业面的脚手板应铺满、铺稳，离开墙面 150mm。

b. 木脚手板应设置在三根横向水平杆上。当脚手板长度小于 2m 时，可采用两根横向水平杆支承，但应将脚手板两端与其可靠固定，严防倾翻。脚手板铺设时，采用搭接铺设，接头必须支在横向水平杆上，搭接长度大于 200mm，其伸出横向水平杆的长度不应小于 100mm。

c. 作业层端部脚手板探头长度为 150mm，其板长两端均应与支承杆可靠地固定。

⑤ 连墙件。

a. 连墙件的设置为两步三跨，与结构独立柱连接。因为本工程结构柱间距不符合两步三跨的模数，有些连墙件无法与柱相连，此时连墙件采用 φ48 钢管与楼板预留锚环连接作为连墙件。

b. 连墙件的布置必须符合下列规定：

• 靠近主节点设置，偏离主节点的距离不大于 300mm。

• 应从底层第一步纵向水平杆处开始设置。

c. 连墙件的构造必须符合下列规定：

• 连墙件的连墙杆宜呈水平设置，当不能水平设置时，与脚手架连接的一端应向下斜连接，不应采用向上斜连接。

• 连墙件采用 φ48 架子管。

⑥ 剪刀撑与横向斜撑。

a. 应设剪刀撑与横向斜撑。

b. 剪刀撑的设置应符合下列规定：

• 每道剪刀撑跨越立杆的根数宜按表 3-48 的规定确定。每道剪刀撑宽度不应小于 4 跨，且不应小于 6m，斜杆与地面的倾角宜在 45°～60°之间。

表 3-48 剪刀撑设置参数一览表

| 夹角 | 45° | 50° | 60° |
|---|---|---|---|
| 根数 | 7 | 6 | 5 |

• 高度在 24m 以下的脚手架，均必须在外侧立面的两端各设置一道剪刀撑，并应由底至顶连续设置；中间各道剪刀撑之间的净距不应大于 15m。

• 高度在 24m 以上的双排脚手架应在外侧面整个长度和高度上连续设置剪刀撑。

• 剪刀撑斜杆的接长采用搭接，搭接长度为 1m，搭接处必须用 3 个旋转扣件固定，端步扣件盖板的边缘至杆端距离不应小于 100mm。

• 剪刀撑斜杆采用旋转扣件固定在与之相交的横向水平杆的伸出端或立杆上，旋转扣件中心线至主节点的距离不大于 150mm。

3）施工进度安排

以主体结构为控制，随主体施工的进度设置。保证外挑架最高处超出作业面 1.5m。

**4. 施工准备**

1) 技术准备

(1) 选用扣件式钢管外挑脚手架和落地式双排单立杆脚手架。

(2) 认真设计计算扣件式钢管外挑脚手架，并详细编写脚手架施工方案。

2) 劳动力准备

劳动力人数一览表见表 3-49。

表 3-49　劳动力人数一览表

| 序　号 | 工　种 | 人　数 | 备　注 |
|---|---|---|---|
| 1 | 架子工 | 20 | 上岗证 |
| 2 | 杂工 | 10 | — |

3) 材料准备

(1) 根据工程进度，所需钢管保证提前进场。

(2) 对钢管、扣件、脚手板等进行检查验收。

(3) 新扣件应有生产许可证、法定检测单位的测试报告和产品质量合格证。

(4) 经检验合格的构配件应按照品种、规格分类，堆放整齐、平稳，堆放场地不得有积水。

(5) 厚 5cm 的脚手板两端应各设 12 号铅丝箍两道。

(6) 清除搭设场地杂物，平整搭设场地，并使排水畅通。

(7) 材料计划见表 3-50。

表 3-50　材料计划表

| 序号 | 材料名称 | | 单位 | 数量 | 序号 | 材料名称 | 单位 | 数量 |
|---|---|---|---|---|---|---|---|---|
| 1 | 钢管 | $\phi48\times3.5$ | m | 28000 | 3 | 密目安全网 | m² | 5200 |
| 2 | 扣件 | 直角扣件 | 个 | 3000 | 4 | 5cm 厚脚手板 | m² | 200 |
| | | 旋转扣件 | 个 | 600 | 5 | 18 号工字钢 | m² | 21200 |
| | | 对接扣件 | 个 | 1250 | | | | 1921 |
| | | | | | | | | 6368 |

**5. 脚手架的搭设与拆除**

1) 地基和底座的处理

(1) 外架落于基坑回填土。

① 脚手架基础为基槽回填的土，必须夯实。

② 脚手架的立杆不能直接立于地面上，应加设垫板：垫板宽度不小于 200mm，厚度不小于 50mm，且垫板垂直于墙面放置，垫板上放置钢垫。

③ 脚手架地基应有可靠的排水措施：在外立杆外侧距外立杆 150～200mm 位置设一浅排水沟排除雨水，防止积水浸泡（图 3-42）。

(2) 外架落于结构顶板。

所有立杆设置于 50mm 厚 200mm 宽的脚手板上。在搭设外架之前，必须在立杆基础相应的顶板下设置支撑（并要保留两层），支撑与底板接触部位通长通设 50mm×100mm 的木方（图 3-43）。

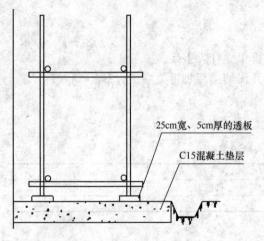

图 3-42　地下室外墙脚手架基础做法

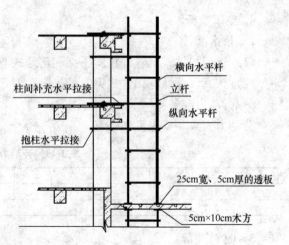

图 3-43　落地脚手架基础做法

（3）挑架底板处理。

本工程挑架从六层开始悬挑，外架底部落于悬挑出的工字钢上，工字钢采用 18 号工字钢，并在工字钢上焊接 $\phi25$ 钢筋作为外架的定位措施（图 3-44）。

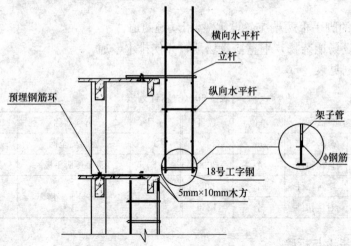

图 3-44　地上外墙脚手架落在悬挑工字钢上做法

2）搭设方法与要求

（1）脚手架搭设构造要求。

① 立杆。

起步立杆长为 6m 和 4m（将接头错开），以后均用 6m 杆；除顶层采用搭接外，其余采用对接扣件连接立杆接头，两个相邻立杆接头不能设在同步同跨内；各接头中心距主节点 ≤500mm；立杆必须沿其轴线搭设到顶，且超过屋面结构板高度 1.5m，立杆的垂直偏差 ≤75mm。

② 纵向水平杆。

纵向水平杆长度为 6m，布置在立杆内侧，与立杆交接处用直角扣件连接，不得遗漏；纵向水平杆间连接采用对接扣件，接头与相邻立杆距离 ≤500mm；相邻纵向水平杆的接头必须相互错开，不得出现在同一跨内；同一排大横杆水平偏差≤该片脚手架总长度1/250且≤50mm。

③ 扫地杆。

所有外架均需设置纵向、横向扫地杆。纵向扫地杆用直角扣件固定在距垫板下皮200mm处的立杆上；横向扫地杆用直角扣件紧靠纵向扫地杆下方固定在立杆上。

④ 横向水平杆。

贴近立杆布置，搭于大横杆上并用直角扣件扣紧，在相邻立杆之间加设1根或2根小横杆（考虑脚手板的长度）；在任何情况下不得拆除作为基本构架结构杆件的横向水平杆。

⑤ 剪刀撑。

剪刀撑宽度为6根立杆，长度为6根横杆，沿架高、架宽连续设置；剪刀撑为单杆，与水平面夹角为50°；剪刀撑接长采用搭接，搭接长度为1m，搭接处必须用3个旋转扣件固定接头；剪刀撑与立杆和大横杆交接处全部用旋转扣件扣紧。

⑥ 连墙杆。

采用脚手管，靠近主节点设置，偏离主节点≤300mm；从首层第一根纵向水平杆处开始设置，竖向每3.6m一点，横向间距为3.6m，梅花形布置，且遇柱增设抱柱（与柱子中部抱接）连接。

⑦ 卸荷。

落地脚手架每三层一次卸荷，悬挑脚手架在悬挑五层中的第三层进行悬挑。卸荷采用一拉一撑的形式，即本层用$\phi14$的钢丝绳拉拽脚手架，下面一层用钢管配合预留的地锚向上斜撑脚手架，卸荷点间距为6m。卸荷点卸荷后需经安全员检查合格后方可继续搭设上部脚手架，拆除脚手架时也必须经安全员通知后才可以拆除卸荷点。

⑧ 安全网。

立网满挂在外立杆和纵向水平杆的内侧；外架起设的第二层楼面位置均设置一道宽6m的大眼平网（六层以下外架拆除后），以后每三层在外架内侧设置一道大眼平网；操作层下一步大横杆处必须兜设平网；平网均须兜至墙面。

（2）脚手架搭设施工要求。

① 脚手架必须配合施工进度进行搭设，保证最上层外架最高处最少超出作业面1.5m。

② 每搭完一层脚手架后校正步距、纵距、横距及立杆的垂直度。

③ 脚手架搭设前，依据建筑物形状放线，并按间距排好立杆。落地脚手架立杆下必须垫厚为5cm的脚手板，落于工字钢上的脚手架套在与工字钢焊接的钢筋上。

④ 大横杆必须在角部交圈并与立杆连接固定，铺板时处理好拐角处操作层脚手板交汇搭接形成的小错台构造。

⑤ 在顶层连墙杆上的架高不得多于两步，否则每隔6m跨加设一道连墙杆。

⑥ 搭设时应及时设置连墙杆和剪刀撑，不得滞后超过两步距。

⑦ 所有扣件拧固时要用力矩扳手，扭力矩控制在（45±5）kN·m，防止用力过大螺栓溢扣。

⑧ 杆件端头伸出扣件之外的长度＞100mm，防止杆件滑脱。

3）脚手板的铺设

脚手板采用对接平铺设置在横向水平杆上，对接处必须设双排横向水平杆，横向水平杆距脚手板端头≤150mm；操作面必须满铺脚手板，离墙面≤200mm，不得有空隙和探头板、飞跳板；脚手板用 8 号铅丝与小横杆（挡脚板为立杆）绑扎牢固，不得在人行走时有滑动。

4）通道及出入口设置

（1）马道。

马道净宽为 1.2m、坡度为 1∶2.5，立杆间距为 1.5m，大横杆间距为 900mm，小横杆置于斜横杆上，间距≤1m，主要用于工人行走，设置于Ⅰ段南侧。

马道两侧及平台外围，设防护栏杆和挡脚板并满挂立网（外排杆内侧），立网与马道绑牢，脚手板上设木防滑条，其厚度为（25±5）mm、宽 30mm、间距 250mm。斜道两侧及端部设剪刀撑。

（2）出入口。

马道入口和首层入口必须设护头棚，护头棚上满铺两层脚手板，并在入口处明显位置挂安全标示牌。首层出入口设置在Ⅰ段西南脚处，出入口宽为 3m，高为 2.5m，并需搭设长为 6m，高为 3m 的防护棚。防护棚宽出出入通道两侧，棚顶满铺厚为 50mm 的脚手板，通道两侧用密目安全网封闭。

5）脚手架的拆除

（1）拆除脚手架前的准备工作：

① 脚手架必须在所要拆除层顶板模板全部拆除完毕，并作好临边防护后方可拆除。

② 全面检查脚手架的扣件连接、连墙件、支撑体系等是否符合构造要求。

③ 应根据检查结果补充完善施工组织设计中的拆除顺序和措施，经主管部门批准后方可实施。

④ 经由单位工程负责人进行拆除安全技术交底后方可实施。

⑤ 清除脚手架上的杂物。

（2）拆除脚手架时，应符合下列规定：

① 脚手架的拆除作业应按确定的拆除程序进行，拆除顺序应按搭设相反的顺序进行，并按一步一清的原则依次进行，要严禁上、下同时进行拆除作业。

② 拆立杆时，必须由 2～3 人协同操作。先抱住立杆再拆开最后两个扣，拆除大横杆、斜撑时先拆中间扣，然后托住中间，再解端头扣。拆纵向水平杆时，应由站在中间的人向下传递，严禁向下抛掷。

③ 拆除时要统一指挥，上下呼应，动作协调，当解开与另一个人有关的结扣时，要求先通知对方，以防坠落。

④ 拆下的材料要求用绳索拴住，利用滑轮徐徐下运，严禁抛掷，运至地面的材料应按指定地点，随拆随运，分类堆放，当天拆当天清，拆下的杆件、脚手板、扣件及各种附件，均应分类码放，清理及时退场。

⑤ 在拆除过程中，不得中途换人，如必须换人时，应将拆除情况交代清楚后方可离开。

⑥ 脚手架拆除时，应由责任心强、技术高的安全员担任指挥和监护，并负责拆除撤料和监护操作人员的作业。

⑦ 在拆除过程中，凡已松开连接的杆、配件应及时拆除运走，避免误扶和误靠已松脱连接的杆件。

（3）卸料时应符合下列规定：

① 各构配件必须及时运至地面，严禁抛扔。

② 运至地面的构配件应及时检查、整修与保养，并按品种、规格随时码堆存放。

**6. 质量要求**

1）构配件检查与验收

（1）新钢管的检查应符合下列规定：

① 应有产品质量合格证。

② 应有质量检验报告，钢管材质检验方法应符合有关规定，质量符合表3-51规定。

**表3-51 φ48钢管尺寸表**

| 截面尺寸 | | 最大长度 | |
|---|---|---|---|
| 外径（mm） | 壁厚（mm） | 横向水平杆（mm） | 其他杆（mm） |
| 48.3 | 3.6 | 2200 | 6500 |

③ 钢管表面应平直光滑，不得有裂缝、结疤、分层、错位、硬弯、毛刺、压痕和深的划道。

④ 钢管外径、壁厚、端面等的偏差，应分别符合表3-52规定。

**表3-52 钢管允许偏差**

| 序号 | 项目 | 允许偏差 Δ（mm） |
|---|---|---|
| 1 | 外径 | −0.5 |
| 2 | 壁厚 | −0.5 |
| 3 | 两端面切斜偏差 | 1.7 |

⑤ 钢管必须涂有防锈漆。

（2）旧钢管的检查应符合下列规定：

① 表面锈蚀深度应小于等于0.5mm。锈蚀检查应每年检查一次。检查时，应在锈蚀严重的钢管中抽取3根，在每根锈蚀严重的部位横向截断取样检查，当锈蚀深度超过规定值时不得使用。

② 钢管弯曲变形应符合下列规定：

a. 各种杆件钢管的端部弯曲1.5时，$\Delta \leqslant 5$mm。

b. 立杆钢管弯曲，当$3m < L \leqslant 4m$时，$\Delta \leqslant 12$mm；当$4m < L \leqslant 6.5m$时，$\Delta \leqslant 20$mm。

c. 水平杆、斜杆的钢管弯曲，当$L \leqslant 6.5m$时，$\Delta \leqslant 30$mm。

（3）扣件的验收应符合下列规定：

① 新扣件应有生产许可证、法定检测单位的测试报告和产品质量合格证。当对扣件质量有怀疑时，应按现行国家标准的规定抽样检测。

② 旧扣件使用前应进行质量检查，有裂缝、变形的严禁使用，出现滑丝的螺栓必须更换。

③ 新、旧扣件均应进行防锈处理。

（4）脚手板的检查应符合下列规定：

木脚手板的宽度不宜小于200mm，厚度不应小于50mm；其应用杉木或松木制作，其材质应符合现行国家标准的规定；腐朽的脚手板不得使用。

2）脚手架检查与验收

（1）脚手架及其地基基础应在下列阶段进行检查与验收。

① 搭设完毕后。

② 连续使用达到 6 个月。

③ 施工中途停止使用超过 15 天，再重新使用之前。

④ 在遭受暴风、大雨、大雪、地震等强力因素作用之后。

⑤ 在使用过程中，发现有显著的变形、沉降、拆除杆件和拉结以及安全隐患存在的情况时。

⑥ 停用超过一个月。

(2) 进行脚手架检查、验收时应符合本方案的相关规定及技术交底文件。

(3) 脚手架使用中，应定期检查下列项目：

① 杆件的设置和连接，连墙件、支撑等的构造是否符合要求。

② 扣件是否松动。

③ 高度在 24m 以上的脚手架，其立杆的沉降与垂直度的偏差是否符合脚手架搭设的技术要求、允许偏差与检验方法应符合表 3-53 的规定。

④ 安全防护措施是否符合要求。

⑤ 是否超载。

(4) 脚手架搭设的允许偏差见表 3-53。

表 3-53　脚手架搭设的允许偏差一览表

| 项次 | 项目 | | 允许偏差（mm） |
|---|---|---|---|
| 1 | 立杆垂直度 | | ±50 |
| 2 | 间距 | 步距 | ±20 |
| | | 纵距 | ±50 |
| | | 横距 | ±20 |
| 3 | 纵向水平杆高差 | 一根杆的两端 | ±20 |
| | | 同跨内两根纵向水平杆高差 | ±10 |
| 4 | 双排脚手架横向水平杆外伸长度偏差 | | −50 |

(5) 安装后的扣件螺栓拧紧扭力矩应采用扭力扳手检查，抽样方法应按随机分布的原则进行。抽样检查数目与质量判定标准，应按表 3-54 的规定确定。不合格的必须重新拧紧，直至合格为止。

表 3-54　扣件拧紧抽样检查数目及质量判定标准

| 项次 | 检查项目 | 安装扣件数量 | 抽样数量 | 允许不合格数 |
|---|---|---|---|---|
| 1 | 连接立杆与纵（横）向水平杆或剪刀撑的扣件；接长立杆、纵向水平杆或剪刀撑的扣件 | 51～90 | 5 | 0 |
| | | 90～150 | 8 | 1 |
| | | 151～280 | 13 | 1 |
| | | 281～500 | 20 | 2 |
| | | 501～1200 | 32 | 3 |
| | | 1201～3200 | 50 | 5 |
| 2 | 连接横向水平杆与纵向水平杆的扣件（非主节点处） | 51～90 | 5 | 1 |
| | | 90～150 | 8 | 2 |
| | | 151～280 | 13 | 3 |
| | | 281～500 | 20 | 5 |
| | | 501～1200 | 32 | 7 |
| | | 1201～3200 | 50 | 10 |

**7. 其他管理措施**

1）质量控制措施

(1) 进场（搭设前）脚手架材料应由安全组、技术组、工程组共同按本方案中相应规定进行检查，检查合格后，方允许投入使用。

(2) 脚手架的质量检查及验收：

① 在脚手架每层分段搭设完成之后，必须由安全组、技术组、工程组等进行检查、验收，并填写验收单、合格后方可进行搭设或使用。

② 脚手架的验收和日常检查按照以下规定进行，检查合格后，方允许投入使用或继续使用。

a. 在遭受暴风、大雨等强力作用之后。

b. 在使用过程中，发现有显著变形、沉降、拆除杆件和拉结以及其他安全隐患存在的情况时。

2）安全防护措施

（1）地上结构安全防护措施。

① 临边防护。

楼层面防护拉杆设置，在外脚手架拆除后应对每层的外边缘进行维护封闭。维护栏杆高度为 1.8m 立杆，立杆间距为 2m，拉杆竖向间距为 600mm。固定方式采用与柱连接，并在柱间加设斜撑固定。

② 电梯井（大型设备管井）的防护。

井口设高度为 1.2m 的金属防护门，井内在首层必须搭设一层水平安全网，以后每隔四层再搭设一层安全网，安全网应封闭严密。

③ 孔洞的防护。

1.5m×1.5m 以下的孔洞，加设固定盖板；1.5m×1.5m 以上的孔洞，四周设两道护身栏杆，中间支挂水平安全网。

④ 结构水平网防护。

在首层四周设置宽为 6m 的双层水平安全网，以后每隔四层设置一道宽为 3m 的水平安全网。水平网接口处必须连接严密，与建筑物之间的缝隙不大于 10cm，并且外边沿要明显高于内边沿。

（2）安全管理事项：

① 脚手架搭设人员必须是经过考核合格的专业架子工。上岗人员应定期体检，合格者方可持证上岗。

② 搭设脚手架人员必须戴安全帽、系安全带、穿防滑鞋。

③ 搭设脚手架的构配件质量与搭设质量，应按本方案中的相关规定进行检查验收，合格后方准使用。

④ 作业层上的施工荷载应符合设计要求，不得超载。不得将模板支架、缆风绳、泵送混凝土和砂浆的输送管等固定在脚手架上；严禁悬挂起重设备。

⑤ 当有六级及六级以上大风和雾、雨、雪天气时，应停止脚手架搭设与拆除作业。雪、雨后上架作业应有防滑措施，并应扫除积雪。

⑥ 脚手架的安全检查与维护，应按本方案中相关规定进行。

⑦ 在脚手架使用期间，严禁拆除下列杆件。

a. 主节点处的纵、横向水平杆，纵、横向扫地杆。

b. 连墙件。

⑧ 不得在脚手架基础及邻近处进行挖掘作业，否则应采取安全措施，并报主管部门批准。

⑨ 在脚手架上进行电、气焊作业时，必须有防火措施和专人看守。

⑩ 脚手架接地、避雷措施等，应按现行行业相关规定执行。

⑪ 搭拆脚手架时，地面应设围栏和警戒标志，并派专人看守，严禁非操作人员入内。

**8. 脚手架的计算**

1）双排单立杆脚手架验算

（1）脚手架参数。

双排脚手架搭设高度为20m，立杆采用单立杆；搭设尺寸：立杆的纵距为1.2m，立杆的横距为0.6m，立杆的步距为1.5m；内排架距离墙长度为2.70m；大横杆在上，搭接在小横杆上的大横杆根数为2根；采用的钢管类型为 $\phi48.3 \times 3.6$；横杆与立杆连接方式为单扣件；连墙件布置取两步两跨，竖向间距为3m，水平间距为2.4m，采用扣件连接；连墙件连接方式为双扣件。

（2）活荷载参数。

施工均布荷载为 $3.0kN/m^2$；结构脚手架；同时施工层数2层。

（3）风荷载参数。

本工程所在地的基本风压为 $0.55kN/m^2$；风荷载高度变化系数为 $\mu_z$，计算连墙件强度时取0.92，计算立杆稳定性时取0.74，风荷载体型系数 $\mu_s$ 为0.214。

（4）静荷载参数。

每米立杆承受的结构自重荷载标准值为0.1291kN/m；脚手板自重标准值为 $0.3kN/m^2$；栏杆挡脚板自重标准值（kN/m）：0.000；安全设施与安全网自重标准值（$kN/m^2$）：0.005；脚手板铺设层数：2层；脚手板类别：冲压钢脚手板；栏杆挡板类别：无。

（5）水平悬挑钢梁。

水平悬挑钢梁采用18号工字钢，其中建筑物外悬挑段长度为3.4m，建筑物内锚固段长度为5m。锚固压点压环钢筋直径（mm）：20.00；楼板混凝土强度等级：C35（图3-45）。

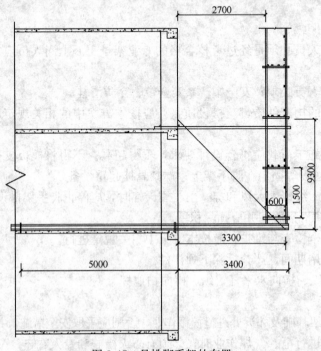

图3-45　悬挑脚手架的布置

（6）拉绳与支杆参数。

钢丝绳安全系数：6.0；钢丝绳与墙距离（m）：3.30；悬挑水平钢梁采用钢丝绳与建筑物拉结，最里面钢丝绳距离建筑物为 3.3m。剪刀撑的布置图如图 3-46 所示。

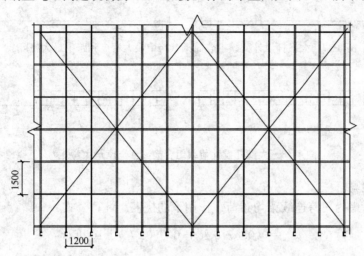

图 3-46　剪刀撑的布置

2）大横杆的计算

按照《建筑施工扣件式钢管脚手架安全技术规范》JGJ 130—2011 规定，大横杆按照三跨连续梁进行强度和挠度计算，大横杆在小横杆的上面。将大横杆上面的脚手板自重和施工活荷载作为均布荷载计算大横杆的最大弯矩和变形。

（1）均布荷载值计算。

大横杆的自重标准值：$P_1 = 0.038$（kN/m）

脚手板的自重标准值：$P_2 = 0.3 \times 0.6 / (2+1) = 0.06$（kN/m）

活荷载标准值：$Q = 3 \times 0.6 / (2+1) = 0.6$（kN/m）

静荷载的设计值：$q_1 = 1.2 \times 0.038 + 1.2 \times 0.06 = 0.118$（kN/m）

活荷载的设计值：$q_2 = 1.4 \times 0.6 = 0.84$（kN/m）

（2）强度验算。

跨中和支座最大弯矩分别按图 3-47、图 3-48 组合。跨中最大弯矩计算公式：

$$M_{1max} = 0.08 q_1 l^2 + 0.10 q_2 l^2$$

跨中最大弯矩：$M_{1max} = 0.08 \times 0.118 \times 1.2^2 + 0.10 \times 0.84 \times 1.2^2 = 0.135$（kN·m）

支座最大弯矩计算公式如下：

$$M_{2max} = -0.10 q_1 l^2 - 0.117 q_2 l^2$$

支座最大弯矩：$M_{2max} = -0.10 \times 0.118 \times 1.2^2 - 0.117 \times 0.84 \times 1.2^2 = -0.159$（kN·m）

选择支座弯矩和跨中弯矩的最大值进行强度验算：

$$\sigma = 0.159 \times 10^6 / 5080 = 31.299 \text{（N/mm}^2\text{）}$$

大横杆的最大弯曲应力 $\sigma = 31.299$N/mm²，小于大横杆的抗弯强度设计值 $[f] =$

$205\text{N/mm}^2$，满足要求。

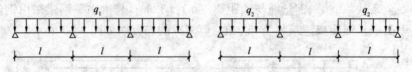

图 3-47  大横杆设计荷载组合简图（跨中最大弯矩和跨中最大挠度）

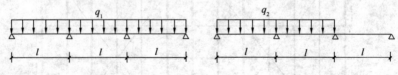

图 3-48  大横杆设计荷载组合简图（支座最大弯矩）

（3）挠度验算。

最大挠度考虑为三跨连续梁均布荷载作用下的挠度。计算公式：

$$\nu_{max} = (0.677q_1l^4 + 0.990q_2l^4)/100EI$$

其中，静荷载标准值：$q_1 = P_1 + P_2 = 0.038 + 0.06 = 0.098$（kN/m）；活荷载标准值：$q_2 = Q = 0.6\text{kN/m}$。

最大挠度计算值为：

$$\nu = (0.677 \times 0.098 \times 1200^4 + 0.990 \times 0.6 \times 1200^4)/(100 \times 2.06 \times 10^5 \times 121900)$$

$$= 0.546\text{(mm)}$$

大横杆的最大挠度 $\nu = 0.546\text{mm}$，小于大横杆的最大容许挠度 $[\nu] = 1200/150 = 8$（mm），满足要求。

**3）小横杆的计算**

根据《建筑施工扣件式钢管脚手架安全技术规范》JGJ 130—2011 第 5.2.4 条规定，小横杆按照简支梁进行强度和挠度计算，大横杆在小横杆的上面。用大横杆支座的最大反力计算值作为小横杆集中荷载，在最不利荷载布置下计算小横杆的最大弯矩和变形（图 3-49）。

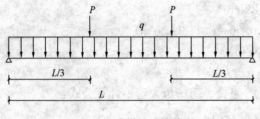

图 3-49  小横杆计算简图

（1）荷载值计算。

大横杆的自重标准值：$P_1 = 0.038 \times 1.2 = 0.046$（kN）

脚手板的自重标准值：$P_2 = 0.3 \times 0.6 \times 1.2/(2+1) = 0.072$（kN）

活荷载标准值：$Q = 3 \times 0.6 \times 1.2/(2+1) = 0.720$（kN）

集中荷载的设计值：$P = 1.2 \times (0.046 + 0.072) + 1.4 \times 0.72 = 1.15$（kN）

（2）强度验算。

最大弯矩考虑为小横杆自重均布荷载与大横杆传递荷载的标准值最不利分配的弯矩和；均布荷载最大弯矩计算：

$$M_{qmax}=ql^2/8=1.2\times0.038\times0.6^2/8=0.002(kN\cdot m)$$

集中荷载最大弯矩计算：

$$M_{pmax}=Pl/3=1.15\times0.6/3=0.23(kN\cdot m)$$

最大弯矩：$M=M_{qmax}+M_{pmax}=0.232(kN\cdot m)$

最大应力计算值：$\sigma=M/W=0.232\times10^6/5080=45.672(N/mm^2)$

小横杆的最大弯曲应力 $\sigma=45.672N/mm^2$，小于小横杆的抗弯强度设计值 $f=205N/mm^2$，满足要求。

（3）挠度验算。

最大挠度考虑为小横杆自重均布荷载与大横杆传递荷载的设计值最不利分配的挠度和。小横杆自重均布荷载引起的最大挠度计算：

$$\nu_{qmax}=5ql^4/384EI=5\times0.038\times600^4/(384\times2.06\times10^5\times121900)=0.003(mm)$$

大横杆传递荷载：$P=P_1+P_2+Q=0.046+0.072+0.72=0.838(kN)$

集中荷载标准值最不利分配引起的最大挠度计算：

$$\nu_{pmax}=Pl(3l^2-4l^2/9)/72EI$$
$$=838.08\times600\times(3\times600^2-4\times600^2/9)/(72\times2.06\times10^5\times121900)$$
$$=0.256(mm)$$

最大挠度和 $\nu=\nu_{qmax}+\nu_{pmax}=0.003+0.256=0.258(mm)$

小横杆的最大挠度为 $\nu=0.258mm$，小于小横杆的最大容许挠度 $[\nu]=600/150=4(mm)$，满足要求。

4）扣件抗滑力的计算

该工程实际的旋转单扣件承载力取值为规范中要求直角、旋转单扣件承载力的取值 8.00kN。纵向或横向水平杆与立杆连接时，扣件的抗滑承载力计算：$R\leqslant R_c$。

其中，$R_c$ 为扣件抗滑承载力设计值，取 8.00kN；$R$ 为纵向或横向水平杆传给立杆的竖向作用力设计值。

大横杆的自重标准值：$P_1=0.038\times1.2\times2/2=0.046(kN)$

小横杆的自重标准值：$P_2=0.038\times0.6/2=0.012(kN)$

脚手板的自重标准值：$P_3=0.3\times0.6\times1.2/2=0.108(kN)$

活荷载标准值：$Q=3\times0.6\times1.2/2=1.08(kN)$

荷载的设计值：$R=1.2\times(0.046+0.012+0.108)+1.4\times1.08=1.711(kN)$

荷载设计值 $R<8.00kN$，单扣件抗滑承载力的设计计算满足要求。

5）脚手架立杆荷载的计算

作用于脚手架的荷载包括静荷载、活荷载和风荷载。静荷载标准值包括以下内容：

（1）每米立杆承受的结构自重标准值：0.1291kN/m。

$$N_{G1}=[0.1291+(1.20\times2/2)\times0.038/1.50]\times15.00=2.397(kN)$$

（2）脚手板的自重标准值：采用冲压钢脚手板，标准值：$0.3kN/m^2$。

$$N_{G2}=0.3\times2\times1.2\times(0.6+2.7)/2=1.188(kN)$$

（3）栏杆与挡脚手板自重标准值；标准值：0kN/m。

$$N_{G3}=0\times2\times1.2/2=0(kN)$$

（4）吊挂的安全设施荷载，包括安全网：0.005kN/m²。

$$N_{G4}=0.005\times1.2\times15=0.09(kN)$$

经计算得到，静荷载标准值：

$$N_G=N_{G1}+N_{G2}+N_{G3}+N_{G4}=3.675(kN)$$

活荷载为施工荷载标准值产生的轴向力总和，立杆按一纵距内施工荷载总和的1/2取值。经计算得到活荷载标准值取为：

$$N_Q=3\times0.6\times1.2\times2/2=2.16(kN)$$

考虑风荷载时，立杆的轴向压力设计值为：

$$N=1.2N_G+0.85\times1.4N_Q=1.2\times3.675+0.85\times1.4\times2.16=6.981(kN)$$

不考虑风荷载时，立杆的轴向压力设计值为：

$$N'=1.2N_G+1.4N_Q=1.2\times3.675+1.4\times2.16=7.434(kN)$$

6）立杆的稳定性计算

风荷载标准值计算：$w_k=0.7\mu_z\cdot\mu_s\cdot\omega_0$

其中，$\omega_0$ 为基本风压（kN/m²），按照《建筑结构荷载规范》GB 50009—2012 的规定采用，取值为 0.55kN/m²；$\mu_z$ 为风荷载高度变化系数，按照《建筑结构荷载规范》GB 50009—2012 的规定采用，取值为 0.74；$\mu_s$ 为风荷载体型系数，取值为 0.214。

经计算得到，风荷载标准值为：

$$w_k=0.7\times0.55\times0.74\times0.214=0.061(kN/m^2)$$

风荷载设计值产生的立杆段弯矩 $M_w$ 为：

$$M_w=0.85\times1.4w_kl_ah^2/10=0.85\times1.4\times0.061\times1.2\times1.5^2/10=0.02(kN\cdot m)$$

考虑风荷载时，立杆的稳定性计算公式：$\sigma=N/(\varphi A)+M_w/W\leqslant[f]$

立杆的轴心压力设计值：$N=6.981kN$

不考虑风荷载时，立杆的稳定性计算：$\sigma=N/(\varphi A)\leqslant[f]$

立杆的轴心压力设计值：$N=N'=7.434kN$

计算立杆的截面回转半径：$i=1.58cm$

计算长度附加系数参照《建筑施工扣件式钢管脚手架安全技术规范》JGJ 130—2011 得 $k=1.155$。

计算长度系数参照《建筑施工扣件式钢管脚手架安全技术规范》JGJ 130—2011 得 $\mu=1.5$。

计算长度，由公式 $l_0=k\mu h$ 确定：$l_0=2.599m$；长细比：$l_0/i=164$；轴心受压立杆的稳定系数 $\varphi$，由长细比 $l_0/i$ 的结果查表得到：$\varphi=0.262$，立杆的净截面面积：$A=4.89cm^2$；立杆净截面模量（抵抗矩）：$W=5.08cm^3$。

钢管立杆抗压强度设计值：$f=205N/mm^2$

考虑风荷载时：$\sigma=6980.76/(0.262\times489)+19589.211/5080=58.343(N/mm^2)$

立杆稳定性：$\sigma = 58.343 \text{N/mm}^2$，小于立杆的抗压强度设计值 $f = 205 \text{N/mm}^2$，满足要求。

不考虑风荷载时：$\sigma = 7434.36/(0.262 \times 489) = 58.027(\text{N/mm}^2)$

立杆稳定性：$\sigma = 58.027 \text{N/mm}^2$，小于立杆的抗压强度设计值 $f = 205 \text{N/mm}^2$，满足要求。

7）连墙件的计算

连墙件的轴向力设计值计算：$N_l = N_{lw} + N_0$

连墙件风荷载标准值按脚手架顶部高度计算：$\mu_z = 0.92$，$\mu_s = 0.214$，$\omega_0 = 0.55$；

$$w_k = 0.7\mu_z \cdot \mu_s \cdot \omega_0 = 0.7 \times 0.92 \times 0.214 \times 0.55 = 0.076(\text{kN/m}^2)$$

每个连墙件的覆盖面积内脚手架外侧的迎风面积：$A_w = 7.2\text{m}^2$

按《建筑施工扣件式钢管脚手架安全技术规范》JGJ 130—2011 中连墙件约束脚手架平面外变形所产生的轴向力，$N_0 = 5.0 \text{kN}$。

风荷载产生的连墙件轴向力设计值计算：$N_{lw} = 1.4 \times w_k \times A_w = 0.764 \text{kN}$

连墙件的轴向力设计值：$N_l = N_{lw} + N_0 = 5.764(\text{kN})$

连墙件承载力设计值计算：$N_f = \varphi \cdot A \cdot [f]$

其中：$\varphi$ 为轴心受压立杆的稳定系数；由长细比 $l/i = 2700/15.8$ 的结果查表得到 $\varphi = 0.243$，$l$ 为内排架距离墙的长度；$A = 4.89\text{cm}^2$；$[f] = 205\text{N/mm}^2$。

连墙件轴向承载力设计值：$N_f = 0.243 \times 4.89 \times 10^4 \times 205 \times 10^3 = 24.36(\text{kN})$

$N_l = 5.764 < N_f$，连墙件的设计计算满足要求。

连墙件采用双扣件与墙体连接（图 3-50）。

由以上计算得到 $N_l = 5.764$，小于双扣件的抗滑力 12kN，满足要求。

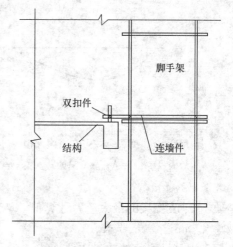

图 3-50　连墙件扣件连接示意图

8）悬挑梁的受力计算

悬挑脚手架的水平钢梁按照带悬臂的连续梁计算（图 3-51）。悬臂部分受脚手架荷载 $N$ 的作用，里端 $B$ 为与楼板的锚固点，$A$ 为墙支点（图 3-52）。

方案中，脚手架排距为 600mm，内排脚手架距离墙体为 2700mm，支拉斜杆的支点距离墙体为 3300mm，水平支撑梁的截面惯性矩 $I = 1130\text{cm}^4$，截面抵抗矩 $W = 141\text{cm}^3$，截面积 $A = 26.1\text{cm}^2$。

受脚手架集中荷载：$N = 1.2 \times 3.675 + 1.4 \times 2.16 = 7.434(\text{kN})$

水平钢梁自重荷载：$q = 1.2 \times 26.1 \times 0.0001 \times 78.5 = 0.246(\text{kN/m})$。

根据荷载悬挑梁的荷载布置，受力结构的剪力图、弯矩图和变形图见图 3-53～图 3-55 所示。

各支座对支撑梁的支撑反力由左至右分别为：$R_2 = 13.505\text{kN}$；$R_3 = 3.105\text{kN}$；$R_4 = 0.324\text{kN}$。

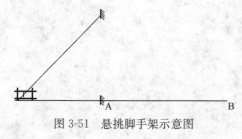

图 3-51　悬挑脚手架示意图

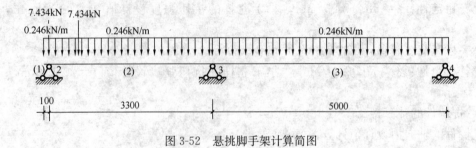

图 3-52　悬挑脚手架计算简图

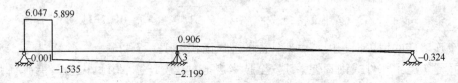

图 3-53　悬挑脚手架支撑梁剪力图（kN）

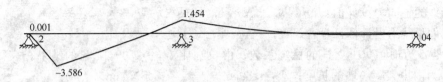

图 3-54　悬挑脚手架支撑梁弯矩图（kN·m）

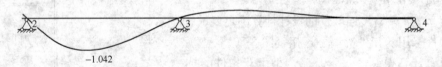

图 3-55　悬挑脚手架支撑梁变形图（mm）

最大弯矩：$M_{max}=3.586$kN·m

最大应力：$\sigma=M/1.05W+N/A=3.586\times10^6/(1.05\times141000)+15.961\times10^3/2610=30.337(\mathrm{N/mm^2})$

水平支撑梁的最大应力计算值 30.337N/mm²，小于水平支撑梁的抗压强度设计值 $f=215\mathrm{N/mm^2}$，满足要求。

9）悬挑梁的整体稳定性计算

水平钢梁采用 16 号工字钢计算：$\sigma=M/(\varphi_b W_x)\leqslant[f]$

其中：$\varphi_b$ 为均匀弯曲的受弯构件整体稳定系数：查《钢结构设计标准（附条文说明 ［分册]）》GB 50017—2017 得，$\varphi_b=0.68$。

由于 $\varphi_b$ 大于 0.6，根据《钢结构设计标准（附条文说明［分册]）》GB 50017—2017，得到 $\varphi_b$ 值为 0.66。

经过计算得到最大应力：$\sigma=3.586\times10^6/(0.66\times141000)=38.812(\mathrm{N/mm^2})$

水平钢梁的稳定性计算 $\sigma=38.812\mathrm{N/mm^2}$，小于 $[f]=215\mathrm{N/mm^2}$，满足要求。

# 4 起重设备

一般来讲，建筑起重机械是指纳入特种设备目录，在房屋建筑工地和市政工程工地安装、拆卸、使用的起重机械。起重机械一般有一个起升运动和一个或几个水平运动。例如，桥式起重机有三个运动：起升运动、小车运动和大车运动。而门座起重机械则有四个运动：起升运动、变幅运动、旋转运动和大车运动。最简单的起重机械则只有一个运动，即起升运动，如千斤顶与手扳葫芦等。起重机械除千斤顶、手扳葫芦外，大都需要运行，一般装设轨道与车轮，称为有轨运行装置。另外的起重机械装设无轨运行装置，如汽车起重机、轮胎起重机配备橡胶轮胎，履带起重机配备履带，使其能在一般地面上运行。

## 4.1 起重机械设备的分类

### 4.1.1 轻小型起重设备

轻小型起重设备如千斤顶、手扳葫芦、手拉葫芦等，它们体积小、质量小，不需要电源，特别适用于维修工作。

**1. 千斤顶**

千斤顶是修理工作和设备安装找正工作中最常用的工具，它的起升高度很小，一般在400mm 以下。但工作平稳无冲击，能正确地停止在所要求的高度（图 4-1）。

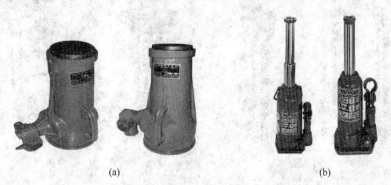

(a)            (b)

图 4-1　千斤顶

（a）螺旋千斤顶；（b）液压千斤顶

**2. 手扳葫芦**

钢丝绳式手扳葫芦十分轻巧，通常利用它来拉货物或张紧系物绳等。钢丝绳手扳葫芦广泛应用于水平、垂直、倾斜及任意方向上的提升与牵引作业，对于狭窄巷道，以及其他起重设备不能使用的地方，用它来作起吊和牵引之用最为方便，还可用来收紧设备的系紧绳索（图 4-2）。

图 4-2　手扳葫芦

**3. 手拉葫芦**

手拉葫芦广泛用于小型设备和重物的短距离吊装。起重量一般不超过 100kN，最大可达 200kN。在安装和维修工作中，常与三脚起重架或单轨行车配合使用，组成简易起重机械，吊运平稳、操作方便，它可以垂直起吊，也可以水平或倾斜使用，起升高度一般不超过 3m（图 4-3）。

**4. 电动葫芦**

电动葫芦是一个电动起升机构，将电动机、减速机构、卷筒等紧凑集合为一体的起重机械，可以单独使用。电动葫芦可以更方便地作为电动单轨起重机、电动单梁或双梁起重机，以及塔式、龙门起重机的起重小车之用。电动葫芦还可以备有小车，以便在工字梁的下翼缘上运行，使吊重在一定范围内移动（图 4-4）。

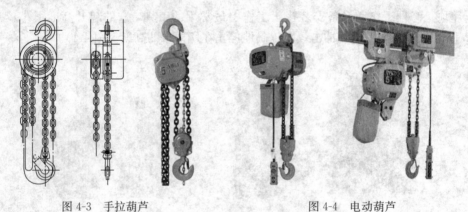

图 4-3　手拉葫芦　　　　　　　　　　　图 4-4　电动葫芦

## 4.1.2　桥式类型起重机

**1. 梁式及桥式起重机**

1）手动梁式起重机

手动梁式起重机的起升机构采用手拉葫芦，小车、大车运行机构用曳引链人力驱动，这种起重机用于无电源或起重量不大的情况（图 4-5）。

2）电动梁式起重机

当起重量不大时，一般 100kN 以下，起升高度为 3～30m，多采用电动梁式起重机，这种起重机通常采用地面操纵（图4-6）。

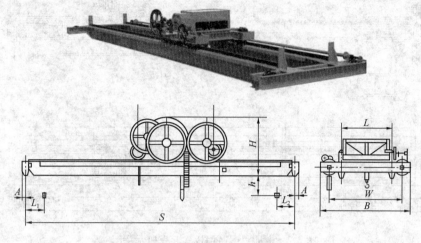

图4-5 手动梁式起重机示意图

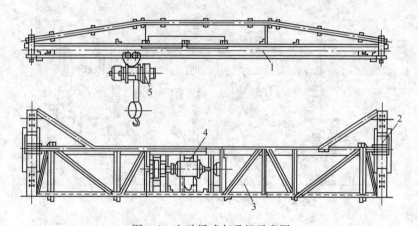

图4-6 电动梁式起重机示意图

1—主梁；2—端梁；3—水平桁架；4—大车运行机构；5—电动葫芦

3）电动双梁通用桥式起重机

起重量50kN以上采用电动双梁通用桥式起重机。起重量为50～2500kN，跨度为10～34m。电动双梁通用桥式起重机一般采用箱形结构的桥架，也有采用由钢板组合焊成的工字梁为主梁，副桁架为空腹桁架，它的焊接施工条件较好（图4-7）。

**2. 龙门起重机及装卸桥**

1）龙门起重机

龙门起重机就是带腿的桥式起重机，但是具体工作条件不同，结构与参数独具特点。由于起重机的两腿在地面上行走，为了避免伤人，大车运行速度一般不超过60m/min。龙门起重机主梁是单梁式的，这是由于龙门起重机一般多带悬臂，而采用单梁式悬臂金属结构的自重要轻得多（图4-8）。

2）装卸桥

装卸桥的构造与龙门起重机有些相似，但由于用途不同，其结构与参数都有若干差异，装卸桥多用于冶金厂、发电厂、港口等生产中，用抓斗装运矿石、煤炭等散货（图4-9）。

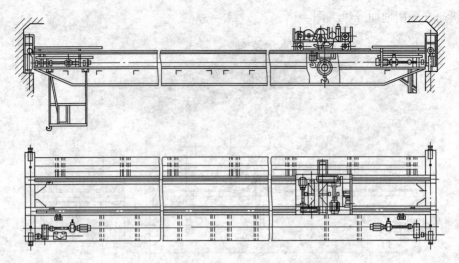

图 4-7　电动双梁通用桥式起重机示意图

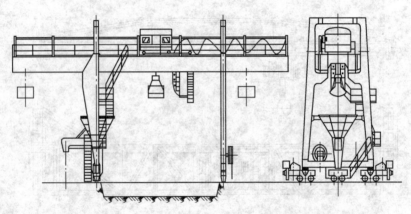

图 4-8　龙门起重机示意图

(a)　　　　　　　　　　　　　　　(b)

图 4-9　装卸桥示意图

（a）实物图一；（b）实物图二

### 3. 缆索起重机

跨度太大或地形复杂时（如林场、煤场、山区、水库等），采用钢丝绳作为桥梁，这种起重机称为缆索起重机（图 4-10）。

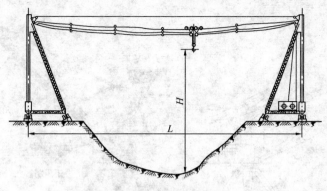

图 4-10 缆索起重机示意图

## 4.1.3 旋转类型起重机

**1. 固定式旋转起重机**

固定式旋转起重机作业范围很窄，通常装设在某工艺装置的一旁，如一台机床的旁边，以备装卸工件使用。固定式旋转起重机起升机构采用电动葫芦，小车运行及旋转机构用手动控制（图 4-11）。

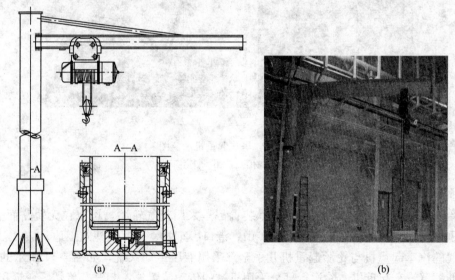

(a)                         (b)

图 4-11 固定式旋转起重机示意图
(a) 原理图；(b) 实物图

**2. 门座起重机**

门座起重机是一台旋转起重机，装在一个门形座架上，门形座架内通过两条或数条铁轨。门座起重机多用于港口装卸货物使用，常用起重量为 50～250kN。起重用吊钩或抓斗，或者两者换用。造船工业也用此种起重机，起重量达 1000kN（图 4-12）。

**3. 塔式起重机**

支承于高塔上的旋转臂架起重机称为塔式起重机。塔式起重机在建筑上应用得最广，这种起重机常常设计轻巧，便于装拆，以便建筑工地的搬迁（图 4-13）。

257

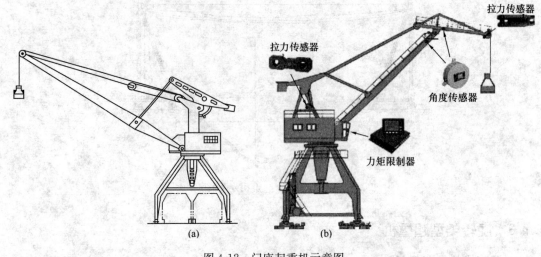

图 4-12　门座起重机示意图

(a) 原理图；(b) 实物图

图 4-13　塔式起重机示意图

(a) 实物图 1；(b) 实物图 2

**4. 轮胎起重机与汽车起重机**

轮胎起重机与汽车起重机的运行支承装置都是采用充气轮胎，可以在无轨路面上行走。轮胎起重机与汽车起重机适用于工厂、矿山、港口、车站、仓库及建筑工地。

近代的汽车起重机与轮胎起重机几乎全部采用液压传动系统，如图 4-14 所示的 400kN 液压式伸缩臂汽车起重机，除运行部分采用机械的传动装置外，起升、旋转、变幅和吊臂伸缩都采用液压传动。此外，这种起重机为了增加工作时的稳定性，增设四个支腿，它们的伸缩也是液压传动。它们具有结构简单紧凑、操作方便、无级调速、易于实现过载保护、维修简单等许多优点（图 4-14）。

**5. 履带式起重机**

履带式起重机与轮胎式起重机构造相似，只是行走支承装置换了履带运行装置。履带运行装置可以在没有铺路的松软的地面上行走，它的钢铁车轮在自带的无端循环的履带链条板上行走。履带与地面接触具有足够的尺寸，使触地最大容许比压力达 $0.08\sim1.5\text{N/mm}^2$。履带式起重机也发展了液压式传动系统，其构造原理与液压式起车起重机相似（图 4-15）。

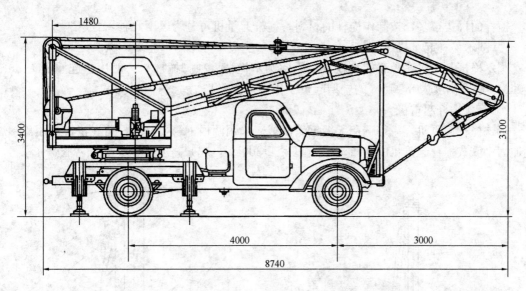

图 4-14 汽车起重机示意图

(a)                                (b)

图 4-15 履带式起重机示意图
（a）原理图；（b）实物图

## 4.1.4 桅杆式起重机

桅杆又称抱杆、扒杆和把杆，桅杆式起重机是一种简单的起重机械。在起重机作业中常用它来起吊或安装设备，在某些施工场合中，由于施工现场场地狭窄，其他大型的起重机械不便于进入到施工场地进行工作，或施工现场缺乏其他起重机械，或起重的工作量不多，采用其他的大型起重机械在经济上不合算时，使用桅杆起重机可以弥补大型起重机机动性不足的缺点。同时，由于桅杆制作简便，安装和拆除方便，起重量较大，使用时对安置的地点要求不高。因此，目前桅杆起重机在起吊安装设备工作中尤其在改建、扩建工程中被广泛使用。使用时，桅杆式起重机必须与滑车、卷扬机配合。它的缺点是灵活性较差，移动较困难，而且要设立缆风绳。

259

桅杆的种类很多，按制作桅杆的材料，桅杆起重机可分为以下几种：

1）圆木桅杆起重机

圆木桅杆起重机，承载能力较低，因此圆木桅杆（独脚桅杆）一般用于起重量为 30～100kN、起升高度为 8～12m 的轻型起重工作中（图 4-16）。

2）管式桅杆起重机

管式桅杆起重机，一般选用无缝钢管制成，当用两根钢管拼接时，需在拼接处用角钢焊接加固。管式桅杆起重机的起重量一般不大于 300kN，起升高度在 30m 以下（图 4-17）。

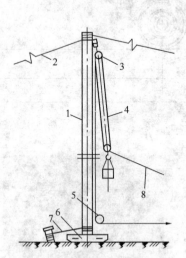

图 4-16　圆木桅杆起重机示意图

1—起重桅杆；2—缆风绳；3—固定滑车的填木；
4—起重滑车组；5—导向滑车；6—桅杆支座；7—
固定桅杆的缆绳；8—曳引绳

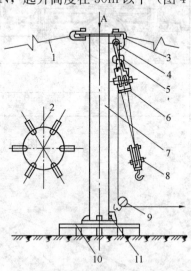

图 4-17　金属管式桅杆起重机示意图

1—缆风绳；2—拉盘；3—缆风绳连接卸扣；4—吊耳；
5—起重滑车组连接卸扣；6—起重滑车组定滑轮；7—
桅杆；8—起重滑车组动滑车；9—导向滑车；10—底座；
11—下吊耳

3）格构式桅杆起重机

格构式桅杆起重机一般起重量较大的桅杆都制成分段式，每段长度为 6～8m，用螺栓把各段连接起来，在施工现场组合和拆开，这种分段式结构桅杆便于搬运和转移。格构式桅杆的断面一般都为正方形（图 4-18）。

格构式桅杆起重机的特点是吊装能力很大，可以吊几十吨到几百吨，设计能力已达千吨。一般可采用一根桅杆单独吊装或两根桅杆联合吊装，也可以在桅杆上方单面受力和双面受力，同时起吊一物件。在特殊情况下，也可组合多根桅杆联合抬吊一物件。

## 4.1.5　升降机

升降机是一种将人或者货物升降到某一高度的升降设备。在工厂、自动仓库等物流系统中进行垂

图 4-18　格构式桅杆起重机示意图

直输送，一般采用液压驱动，故称液压升降台。

升降机提升高度有 4m、6m、18m 甚至达百米不等。它广泛用于厂房维护、工业安装、设备检修物业管理、仓库、航空、机场、港口、车站、机械、化工、电力等高空设备安装和检修。升降机的安全稳定性要求如下：

1）机械作业要柔和平顺

机械作业应避免粗暴，否则会产生冲击负荷，作业时产生的冲击负荷，一方面使机械结构件早期磨损、断裂、破碎；一方面使液压系统中产生冲击压力，冲击压力又会使液压元件损坏、油封和高压油管接头与胶管的压合处过早失效漏油或爆管、溢流阀频繁动作油温上升。

2）升降机所载货物要均匀

升降机在作业时，一定要注意货物的放置方法。在放置货物时一定要均匀或尽可能地放置在中心位置。

3）升降机的安全使用保证（图 4-19）

(a)  (b)

图 4-19  升降机示意图

(a) 实景 1；(b) 实景 2

（1）防坠安全器：防坠安全器是施工升降机上重要的一个部件，要依靠它来消除吊笼坠落事故的发生，保证乘员的生命安全。

（2）安全开关：升降机的安全开关都是根据安全需要设计的，有围栏门限位、吊笼门限位、顶门限位、极限位开关、上下限位开关、对重防断绳保护开关等。

（3）齿轮、齿条的磨损更换：工地上的施工，作业环境条件恶劣，水泥、砂浆、尘土不可能消除干净，齿轮与齿条的相互研磨，齿形应如同一个悬臂梁，当磨损到一定尺寸时，必须更换齿轮（或齿条）。

（4）暂载率的定义：工地上的升降机频繁作业，利用率高，必须考虑电机的间断工作制问题，也就是暂载率的问题（有时叫负载持续率）它的定义是：

$$F_c = （工作周期时间/负载时间）\times 100\%$$

式中，工作周期时间为负载时间和停机时间。超载使用或频繁启动，会造成安全隐患。

（5）缓冲器：施工升降机上的缓冲器是施工升降机安全的最后一道防线。第一，它必须设置；第二，它必须有一定的强度，能承受升降机额定荷载的冲击，且起到缓冲的作用。

（6）楼层停靠安全防护门：施工升降机各停靠层应设置停靠安全防护门。如果不按要求设置，在高处等候的施工人员很容易发生意外坠落事故。在设置停靠安全防护门时，应保证安全防护门的高度不小于 1.8m，且层门应有联锁装置，在吊笼未到停层位置，防护门无法打开，保证作业人员的安全。

（7）基础围栏：基础围栏应装有机械联锁或电气联锁，机械联锁应使吊笼只能位于底部所规定的位置时，基础围栏门才能开启；电气联锁应使防护围栏开启后吊笼停车且不能启动。

（8）钢丝绳：各部位的钢丝绳绳头应采用可靠的连接方式，如浇注、编织、锻造并采用楔形坚固件，绳卡的间距不小于钢丝绳直径的 6 倍，绳头距最后一个绳卡的长度不小于140mm，并需用细钢丝捆扎，绳卡的滑轮放在钢丝绳工作时受力一侧，U 形螺栓扣在钢丝绳的尾端，不得正反交错设置绳卡，钢丝绳受力前固定绳卡，受力后要再次紧固。

（9）吊笼顶部控制盒：吊笼顶部应设有检修或拆装时使用的控制盒，并具有在多种速度的情况下只允许以不高于 0.65m/s 的速度运行。在使用吊笼顶部控制盒时，其他操作装置均起不到作用。

（10）过压、欠压、错断相保护：过压、欠压、错断相保护装置是在当出现电压降、过电压、电气线路出现错相和断相故障时，保护装置动作，施工升降机停止运行。施工升降机应在过欠压、错断相保护装置可靠有效的情况下方可载人运物。

## 4.2　起重机械设备在土建施工中的应用

### 4.2.1　起重机械设备的选择

**1. 起重机的机型选择**

选择起重机主要考虑以下三个问题：机械的机动性、稳定性和对地面低比压的要求；采取桁架臂式（机械传动）还是采用箱形伸缩臂式（液压传动）起重机合适；是否采用专业起重机等。

（1）物料装卸、零星吊装以及需要快速进场的施工作业，选择汽车式起重机比较合适，如果采用吊臂和支腿可伸缩的液压式汽车起重机则更有利于施工；对于必须把伸缩臂伸进窗口或洞口作业的，液压式汽车起重机是最理想的吊装机械了。

（2）当吊装工程要求起重量大、安装高度高、幅度变化大的起重作业时，则可以根据现有机械情况，选用履带式或轮胎式起重机。如果地面松软，行驶条件差，则履带式起重机最合适；如果作业范围内的地面不允许破坏，则采用轮胎式起重机最好。

（3）当施工条件限制，要求起重机吊重行驶时（吊重行驶是危险的，如不得已，吊重应符合该机使用说明书规定），可以选择履带式或轮胎式起重机。轮胎式起重机的机动性能较好；履带式起重机吊重行使的稳定性较高。

（4）专业化作业应尽量选用专业起重机械。如零星货物的短距离搬运，可以采用随车起重机（YD 型），本来需要起重和运输两台机械作业，现在可由一台完成。

（5）尽量选择多用、高效、节能的起重机产品，如建筑工地既需要自行吊装，又需要使用塔式起重机时，应该选用有提供起重的自行塔式起重机，以节省投入机械台数。

**2. 起重机型号选择**

根据起重量和起升高度，考虑到现场的其他条件，即可从移动式起重机的样本或技术性能表中找到合适的规格。起重机的最大起重量越大，在吊装项目中充分发挥它的各种性能就越困难，利用率越低，因此，只要能满足吊装技术要求，不必选择过大的型号。

起重机的名义起重量是在起重臂最短、幅度最小时允许的起重量；当起重臂伸长，幅度增大时，起重量相应减少，其数值可由起重机工作性能数据求出。当轮胎式起重机不能使用支腿时，起重量应按规定性能进行计算或按使用说明书规定（一般为支腿起重量的 25% 以下），如果在平坦、坚硬的路面上吊重行驶，则起重量应为不打支腿时额定容量的 75%，以保证安全作业。

如果单台起重机的起重量不能满足要求，可选择两台进行抬吊施工；为保证施工安全，吊装构件的重量不得超过两台起重机总起重量的 80%。

**3. 起重机经济性能的选择**

选择自行式起重机的综合经济性能标准的原则是使物料或构件在运输、吊装及装卸中单价最低，因此可用台班定额的起重量（或租用合同规定的生产率）和台班费用（或租用合同规定的费用）计算出物料运输单价，然后选择最低的一种。此外，还应综合考虑耗能少、功用多的产品，以减轻人工劳动强度。总之，从技术上可行的自行式起重机中，选择在当前和今后能提供最有效的使用和获得最大效益的型号规格。

## 4.2.2 起重机械设备臂杆长度的计算选择

起重机臂杆长度的选择除了要满足起升高度的要求外，还要兼顾综合作业的需要，实际作业中应尽量选择一种既能满足几种工作参数要求，又使臂杆长度为最短的方案，这样就减少了更换臂杆的时间（这里指固定长度的臂杆，而不包括全液压伸缩臂杆），提高工作效率。臂杆长度和倾角的选择，可用解析法（图 4-20）或图解法（图 4-21）求得，现分别叙述如下。

**1. 解析法**

臂杆长度和倾角的选择应以设备即将就位时为依据，根据设备、基础和起重机三者在该时刻的几何关系画出臂杆长度和倾角计算简图。由图 4-20 中几何关系得臂杆长度：

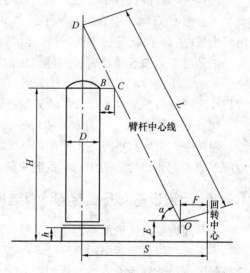

$$L = \frac{H-E}{\sin\alpha} + \frac{a+\dfrac{D}{2}}{\cos\alpha} \tag{4-1}$$

式中　$L$——起重机臂架长度（m）；

$\quad H$——设备就位时距离臂杆最近的最高点 $B$ 至地面的高度（m）；

$\quad E$——臂杆底铰至地面的高度（m）；

$\quad a$——点 $B$ 至臂杆中心线的水平距离（m），一般 $a = 0.8 \sim 1.2$m。

为了使求得的起重臂杆长度为最短，对式(4-1)求一次微分，得：

图 4-20　解析法计算臂杆长度和倾角的计算简图

$$\frac{\mathrm{d}L}{\mathrm{d}\alpha} = \frac{-(H-E)\cos\alpha}{\sin^2\alpha} + \frac{\left(a+\dfrac{D}{2}\right)\sin\alpha}{\cos^2\alpha} = 0 \tag{4-2}$$

经化简整理后得臂杆倾角为：

$$\alpha = \arctan\sqrt[3]{\frac{H-E}{a+\dfrac{D}{2}}} \tag{4-3}$$

将求得的 $\alpha$ 值代入式 (4-1) 即求得臂杆长度 $L$；起重机的幅度（工作旋转半径）$S$ 可按式 (4-4) 求得：

$$S = L\cos\alpha \pm F \tag{4-4}$$

式中　$F$——臂杆底铰至回转中心的距离（正号为臂杆前置，负号为臂杆后置）。

根据臂杆长度 $L$ 和倾角 $\alpha$、幅度 $S$ 从起重机性能表中查出对应的起重量，起重量应大于或等于起升荷载，否则应重新选择。

**2. 图解法**

作图步骤如下（图 4-21）：

（1）选定合适的比例尺，按比例绘制欲吊装工件的立面图，此应为通过臂杆中心线的吊装受力面，并画出起重机吊装就位时吊钩的垂线（一般为工件中心线）。

（2）自工件近高点画水平线，在该线上距 $B$ 点距离为 $a$ 处得 $C$ 点，$C$ 点在臂杆中心线上。

（3）按地面实际情况确定停机面，并根据初步选用的起重机型号，查出该机臂杆底铰至停机面的距离 $E$ 值、臂杆底铰至回转中心的距离 $F$ 值。

（4）画 $AA$ 直线平行于停机水平面且相距 $E$。

（5）过 $C$ 点画臂杆中心线，这里有两种画法：

一是过 $C$ 点画一束直线交水平线 $AA$ 和吊钩垂线，找出其中最短的一条就是所求的臂长，但仍须调整到起重机臂杆的组合长度。

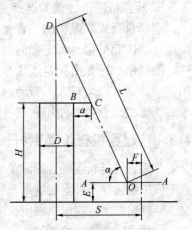

图 4-21　图解法计算臂杆长度和
倾角的计算简图

二是过 $C$ 点按起重机臂杆可能组成的各种臂杆长度由短到长试画，使臂杆中心线两端交于 $AA$ 直线为 $O$，交于吊钩垂线为 $D$，$D$ 直线即为起重机臂杆组合后的长度，$OD$ 直线与臂杆长度和倾角图解水平线 $AA$ 的夹角 $\alpha$ 即为臂杆倾角。工程中多采用后者。

（6）从 $O$ 点沿 $AA$ 线截取一线段使其长度等于 $F$ 值，并作垂线，此垂线即为回转中心线，回转中心至吊钩垂线之水平距离 $S$ 即为幅度（工作半径）。根据臂杆长度 $L$、倾角 $\alpha$ 和幅度 $S$ 查对起重机性能表中对应的起重量，校验其是否满足超重要求。

## 4.2.3　起重设备起升高度的计算选择

起升高度是指从地面或起重机运行轨道顶面到取物装置最高起升位置的铅垂距离（取吊钩口中心，当取物装置使用抓斗时，则指至抓斗最低点的距离），以 $H$ 表示，单位为 m。当取物装置可以放到地面或轨道顶面以下时，其下放距离称为下放深度。起升高度和下放深度之和称为总起升高度。

在确定起重机的起升高度时，除考虑起吊物品的最大高度以及需要越过障碍主高度外，还应考虑吊具所占的高度（表 4-1）。

表 4-1　轮胎和汽车起重机的起升高度标准

| 起重量（×10kN） | | 3 | 5 | 8 | 12 | 16 | 25 | 40 | 65 | 100 |
|---|---|---|---|---|---|---|---|---|---|---|
| 起升高度（m） | 基本臂作业 | 5.5 | 6.5 | 7 | 7.5 | 8 | 8.5 | 9 | 10 | 11 |
| | 最长主臂作业 | — | — | 11 | 12 | 18 | 25 | 30 | 34 | 36 |

## 4.2.4 起重机械设备的强度及稳定性验算

运行式动臂起重机稳定性是指整个机身在起重作业时，或在空负荷停放状态时的稳定程度，这种稳定程度称为起重机的稳定性。当需要验明起重机的性能时需做稳定性计算。此外，当制定起重机性能以及特殊情况下为提高起重机性能而额外地接长起重臂杆时，也需对起重机的稳定性进行计算。只有稳定性符合要求，起重机在作业时才不会倾翻。为保证起重机机身稳定，应使复原力矩大于倾覆力矩。一般应符合式（4-5）要求，即

$$M_f \geqslant kM_q \tag{4-5}$$

式中　$M_f$——复原力矩；

　　　$M_q$——倾覆力矩；

　　　$k$——稳定性安全系数（表 4-2）。

表 4-2　稳定性安全系数的取值

| 起重机类型 | 稳定性安全系数 | 说　　明 |
|---|---|---|
| 履带式起重机 | 当考虑吊装荷载和所有附加荷载时，有 $k=\dfrac{复原力矩}{倾覆力矩} \geqslant 1.15$ 当仅考虑吊装荷载，不考虑附加荷载时，有 $k=\dfrac{复原力矩}{倾覆力矩} \geqslant 1.4$ | 倾覆力矩的倾覆支点：当车身与行驶方向垂直式，靠近荷载方向一边的链轨中心 |
| 汽车式（含履带式）起重机 | 当放下支腿时，有 $k=\dfrac{复原力矩}{倾覆力矩} \geqslant 1.33$ 当不用支腿时，有 $k=\dfrac{复原力矩}{倾覆力矩} \geqslant 1.5$ | 倾覆力矩的倾覆支点：当放下支腿时，为支腿的支点，不用支腿时，为外轮内侧支点 |

无论是复原力矩或是倾覆力矩，都有个倾覆边缘的问题，对于门座、塔式起重机以吊臂方向的车轮接触点为倾覆边缘；对于汽车式、轮胎式起重机以支承脚承压板中心为倾覆边缘；对于履带式起重机以履带宽度的中心（有的以履带边）为倾覆边缘。倾覆边缘确定后就可分别计算出倾覆力矩和复原力矩。倾覆力矩为：

$$M_q = M_{q1} + M_{q2} + M_{q3} + M_{q4} \tag{4-6}$$

式中　$M_{q1}$——吊物重引起的倾覆力矩（kN·m）；

　　　$M_{q2}$——臂杆重引起的倾覆力矩（kN·m）；

　　　$M_{q3}$——风对起重机和重物的风荷载引起的倾覆力矩（kN·m）；

　　　$M_{q4}$——惯性引起的倾覆力矩（kN·m）。

风荷载引起的倾覆力矩，要从安全角度来考虑，把风荷载视为倾倒方向，但规程规定五级风以上就停止作业，而五级风以下的风荷载对起重机的影响很小，一般对汽车式、轮胎式、履带式起重机，当臂杆长度小于 25m 时，就不计风荷载引起的倾覆力矩。

惯性引起的倾覆力矩由两部分组成，一个是由重物下降时突然制动冲击惯性引起的倾覆力矩，有时也不单独计算，而是将吊物重乘以动载系数即为计算荷载，特制动惯性包括在重物引起的倾覆力矩中；另一个是由于回转时产生的离心力所引起的倾覆力矩，但两样也引起

复原力矩。虽说它们之间有大小，但差值很小，在实际计算时可不予考虑。复原力矩为：

$$M_f = M_{f1} + M_{f2} + M_{f3} \tag{4-7}$$

式中　$M_{f1}$——平衡重引起的复原力矩（kN·m）；

　　　$M_{f2}$——回转部分重引起的复原力矩（kN·m）；

　　　$M_{f3}$——底盘（包括压重）重引起的复原力矩（kN·m）。

综上所述，机身稳定（包括配重）与负荷的关系可由稳定性安全系数（简称稳定系数）来表示。稳定系数大，起重作业就安全；反之，则不安全。当稳定系数不能满足上述要求时，最有效的措施是适当增加配重，或减小回转半径，以提高起重机的稳定性安全系数的值，从而达到起重机安全作业的目的。

# 4.3　塔式起重机安全技术

塔式起重机（简称塔机）常用于房屋建筑和工厂设备安装等场所，具有适用范围广、回转半径大、起升高度高、操作简便等特点。塔机主要用于房屋建筑施工中物料的垂直和水平输送及建筑构配件的安装。国家标准《塔式起重机》GB/T 5031—2008 规定以吊载（t）和幅度（m）的乘积（t·m）为塔机起重能力的计量单位。塔式起重机的起重高度般为 40~60m，最大的甚至超过 200m，一般可在 20~30m 的旋转半径范围内吊运构件和工作物。塔式起重机的使用减轻了建筑工人的劳动强度，加快了施工速度。进入 21 世纪，塔机制造业进入一个迅速的发展时期，自升式、水平臂小车变幅式塔机得到了广泛的应用。

## 4.3.1　塔式起重机的用途、特点与分类

塔式起重机是一种起重臂设置在塔身顶部的、可回转的臂式起重机，在建筑施工、工程建设、港口装卸等部门都有着广泛的应用，特别是在工业与民用建筑施工中，更是一种不可缺少的建筑施工机械。它可以安装在靠近建筑物的地方，能充分地发挥其起重能力，这是一般履带式或轮胎式起重机所不及的。有的塔式起重机还能附着在建筑物上，随建筑物的升高而升高，这就大大提高了它的起升高度，可满足高层或超高层建筑施工的需要。

**1. 塔式起重机的型号意义**

根据国家建筑机械与设备产品型号编制方法的规定，塔机的型号标识有明确的规定。如 QTZ80C 表示如下含义：

Q——起重，汉语拼音的第一个字母；

T——塔式，汉语拼音的第一个字母；

Z——自升，汉语拼音的第一个字母；

80——最大起重力矩（t·m）；

C——更新、变型代号。

其中，更新、变型代号用英文字母表示；主参数代号用阿拉伯数字表示，它等于塔机额定起重力矩（t·m）。

组、型、特性代号含义如下：

QT——上回转塔式起重机；

QTZ——上回转自升式塔式起重机；

QTA——下回转塔式起重机；

QTK——快装塔式起重机；

QTQ——汽车塔式起重机；

QTL——轮胎塔式起重机；

QTU——履带塔式起重机；

QTH——组合塔式起重机；

QTP——内爬升式塔式起量机；

QTG——固定式塔式起重机。

目前，许多塔机制造企业采用国外的标记方式进行编号，即用塔机最大幅度（m）处所能吊起的额定重量（kN）两个主要参数标记塔机的型号。如TC5013A，其意义：

T——塔的英语单词第一个字母（Tower）；

C——起重机的英语单词第一个字母（Crane）；

50——最大工作幅度50m；

13——最大工作幅度处的额定起重量13kN（≈1300kg）；

A——设计序号。

**2. 塔式起重机的分类**

塔式起重机的分类方法较多，若按塔身结构划分，有上回转式、下回转式、自身附着式三类。若按变幅方式划分，有动臂式和运行小车式两类；若按起重量划分，有轻型、中型与重型三类。

1）按塔身结构分类

（1）上回转塔式起重机。

上回转塔式起重机的塔身不回转，回转部分装在上部。按回转支承装置的形式，上回转部分的结构可分为塔帽式（图4-22）、转柱式（图4-23）和转盘式三种。

（2）下回转塔式起重机。

下回转塔式起重机都采用整体拖运、自行架设的方式。这种塔机拆装容易、转场快，多属于中小型塔式起重机。

2）下回转塔式起重机构造

下回转塔式起重机根据头部构造分有下列三种形式：

（1）具有杠杆式吊臂的下回转塔式起重机（图4-24）。该形式起重机吊臂铰接于塔身顶部，在荷载的作用下，吊臂受弯，塔身上受到的附加弯矩小，受力情况好，变幅机构及其钢丝绳缠绕方式简单。由于吊臂的高度受到塔机整体拖运的限制，故多在小型塔式起重机（起重量

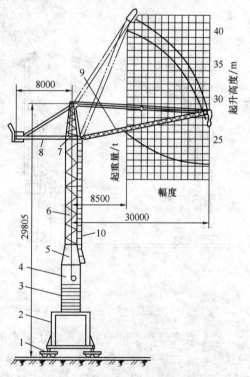

图 4-22 塔帽回转的塔式起重机

1—行走台车；2—龙门架；3、4—第一节架；

5—驾驶室架；6—延接架；7—塔顶；

8—平衡臂；9—起重臂；10—爬梯

267

小于 30t）上采用。这类塔式起重机按变幅方式的不同，可分为动臂式和小车式两种。

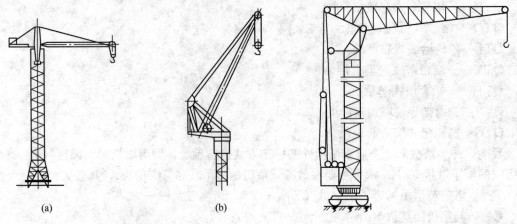

图 4-23 转柱回转的塔式起重机　　　　图 4-24 杠杆式吊臂下回转塔式起重机

（2）具有固定支撑的下回转塔式起重机（图 4-25）。该形式起重机的塔身带有尖顶，起人字架作用。塔身要承受很大的附加弯矩。为了减小塔身承受附加弯矩，应将变幅绳进行穿绕。其仅适用于中小型塔式起重机。

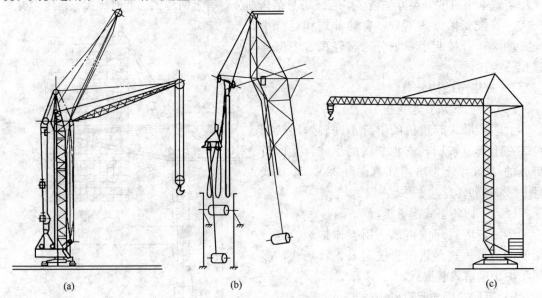

图 4-25 下回转塔式起重机

(a) 具有固定支撑的下回转塔式起重机；(b) 变幅绳穿绕方法；(c) 活动支撑的下回转塔机

（3）具有活动支撑的下回转塔式起重机。该形式的起重机没有尖顶，吊臂端部铰接在塔身顶部，设在塔身顶部的活动三角形支撑起到人字架作用。由于该形塔机塔身顶部构造简单、重量轻，拖运时撑架部分可以折放，减少了整机拖运长度，下回转塔机多采用这种形式。

下回转塔式起重机按行走方式的不同又可分为轨道式、轮胎式和履带式三种。轨道式塔式起重机是目前使用最广泛的。它可以带载行走，在较长的一个区域范围内作水平运输，效率较高，工作平稳，安全可靠。新一代的下回转塔式起重机多采用伸缩式塔身、折叠式吊臂。拖运时，使塔身后倾倒在回转平台上，大大缩短了整机拖运的长度。

3）自身附着式塔式起重机

随着高层和超高层建筑大量增加，上、下回转形式的塔式起重机已不能完全满足大高度吊装工作的需要。所以当建筑高度超过50m时，就需要根据安装特性采用自升附着式塔式起重机。这种起重机的塔身依附在建筑物上，随建筑物的升高而沿着层高逐渐爬升。

自升附着式塔式起重机可分为内部爬升式（简称内爬式）和外部附着式两种。

（1）内部爬升式塔式起重机：内部爬升式塔式起重机安装在建筑物内部（如电梯井、楼梯间等）。靠一套爬升机构，使塔身沿建筑物逐步上升。它的结构和普通上回转塔式起重机基本相同，只是增加了一个套架和一套爬升机构。由于其全部重量都压在建筑物上，建筑结构需进行增强。

（2）外部附着式塔式起重机：外部附着式塔式起重机（图4-26）安装在建筑物的一侧，它的底座固定在专门的基础上，沿塔身全高水平设置若干附着装置（由附着杆、抱箍、附着杆支承座等部件组成），使塔身依附在建筑物上，以改善塔身受力。

如果在外部附着式塔式起重机底架上安装行走台车，也可以作为在轨道上行走的自行塔式起重机。

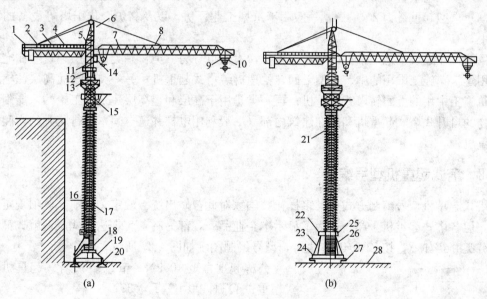

图 4-26　外部附着式塔式起重机（QT4-10）

（a）依附式；（b）自行式

1—平衡重；2—起升机构；3—平衡重移动机构；4—平衡臂；5—电气室；6—塔顶；7—小车牵引机构；8—吊臂；9—起重小车；10—吊钩；11—回转机；12—回转支承；13—顶升机构；14—司机室；15—爬升套架；16—附着装置；17—塔身；18—底架；19—活络支腿；20—基础；21—电梯；22—电梯卷扬机；23—压铁；24—电缆卷筒；25—电梯节；26—斜撑；27—行走台车；28—钢轨

4）按变幅方式分类

（1）动臂变幅式。

通过改变起重臂仰角来实现变幅的，叫做动臂变幅式。这类塔式起重机的吊钩滑轮组的定滑轮固定在吊臂头部，变幅比较高，一般是空载变幅，由仰角限制，有效幅度为最大幅度的 70% 左右。

（2）小车变幅式。

通过平移小车来实现变幅，叫小车变幅式，也叫小车运行式。其小车几乎能完全驶近塔身，荷载起升与变幅可以同时进行。因此，有效幅度大，变幅所需时间少，工效高，吊装方便，平移时平稳可靠，有利于提高吊装效率，这类塔式起重机的起重臂是固定在水平位置上。由于起重臂受较大的弯矩和压缩，故把起重臂制作得比较笨重。在相同条件下，动臂变幅起重臂要比小车变幅式起重臂轻 18%～20%。

（3）折臂变幅式。

这类塔式起重机的基本特点是小车变幅式，同时吸收了动臂变幅式的某些优点。它的吊臂由前后两段（前段吊臂永远保持水平状态，后段可以俯仰摆动）组成，也配有起重小车，构造上与小车变幅式的吊臂、小车相同。

5）按起重量分类

目前，塔式起重机多以起重量或力矩（kN·m）来分类。

（1）轻型起重量为 0.3～3t，一般用于五层以下的民用建筑施工中。

（2）中型起重量为 3～5t，一般用于工业建筑和较高层的民用建筑施工中。

（3）重型起重量为 20～40t，一般用于重型工业厂房，以及高炉、化工塔等设备的吊装工程中。

目前，在建筑工地上常见的塔式起重机，大致可分为三类：一类是多层建筑（住宅和一般民用建筑）施工中用的中、小型下回转快速拆装塔式起重机；另一类是普通高层住宅和民用建筑施工中用的上回转塔式起重机；再一类是用于高层和超高层建筑施工中的，能附着于建筑物的自升式塔式起重机和能在建筑内部（一般利用电梯井道空间）自行爬升的内爬式塔式起重机。

## 4.3.2 塔式起重机型号编制

塔式起重机型号编制方式极其多样化。国家对此曾做出统一规定。目前，此项规定虽仍执行，但各塔式起重机生产企业为了显示本企业品牌，都另有一套表达方式。现就典型编制方式分类介绍如下，按 ZBJ04008 执行，型号编制图示如图 4-27 所示。

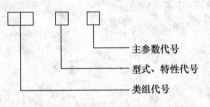

图 4-27 型号编制图

公称起重力矩 400kN·m 快装式塔式起重机：塔式超重机 QTK400 JG/T 5037；

公称起重力矩 600kN·m 固定塔式起重机：塔式起重机 QTG600 JG/T 5037；

公称起重力矩 1000kN·m 自升式塔机：塔式起重机 QTZ1000 JG/T 5037；

有些生产单位仍以 t·m 为起重力矩计量单位，上述三种产品的型号可改为 QTG40、QTG60、QTZ100。

**1. 塔式起重机的性能参数**

1）基本参数

塔式起重机的基本参数（图 4-28）有：幅度、额定起重量、吊钩高度、臂根铰点高度和起重力矩。其中，最能全面反映塔式起重机起重性能的是起重力矩，因为起重力矩本身是幅度和起重量两个参数的乘积。

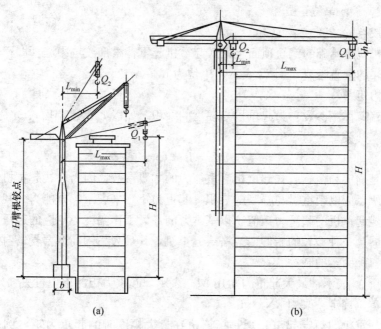

图 4-28　起重机参数图

（a）TQ60/80 塔式起重机基本参数；（b）TQZ200 型塔式起重机基本参数图

（1）幅度。

起重幅度即通常所谓的回转半径或工作半径，是从塔式起重机的回转中心线至吊钩中心线的水平距离。作为基本参数之一的幅度，本身又包含两个参数：最大幅度和最小幅度。在采用俯仰变幅臂架的情况下，最大幅度就是当动臂处于接近水平或与水平夹角为 13° 时，从塔式起重机回转中心线至吊钩中心线的水平距离，通常用 $L$ 最大或 $L_{max}$ 来表示，单位是 m。当动臂仰成 63°～65° 角（个别可仰至 73° 角）时，幅度为最小。在采用小车变幅的情况下，最大幅度就是小车行至臂架头部端点位置，自塔式起重机回转中心线至吊钩中心线的水平距离。当小车处于臂架根部端点位置时，幅度为最小。

（2）额定起重量。

基本参数额定起重量也包含两个参数：一个是最大幅度额定起重量，一个是最小幅度额定起重量。额定起重量就是吊钩所能吊起的重量，其中应包括吊索和铁扁担或容器的重量。

最大幅度额定起重量总是同吊钩滑轮组钢丝绳的绳数有关。俯仰变幅臂架最大幅度时的额定起重量随吊钩滑轮组绳数的不同而不同，单绳时最小，3 绳时最大。俯仰变幅臂架塔式起重机的最大额定起重量是在最小幅度位置，通常用 $Q$ 表示，单位为吨（t）。

（3）吊钩高度。

吊钩高度俗称起升高度。轨道行走式塔式起重机，吊钩高度为从轨道顶面起到吊钩中心的垂直距离。固定式塔式起重机吊钩高度为从混凝土基础表面算起到吊钩中心的垂直距离。

对小车变幅塔式起重机来说，无论幅度如何变化，其最大吊钩高度均指在塔身达到最大自由高度情况下的吊钩高度，不论形式如何，其概念并无变化（并不因幅度变化而有所改变）。对于俯仰变幅塔式超重机来说，其最大吊钩高度是随不同臂长和不同幅度而变化的。吊钩高度用 $H$ 表示，单位是 m。

(4) 臂根铰点的高度。

塔式起重机轨道基础的钢轨顶面至塔式起重机起重臂根部铰点中心（即臂根的塔架顶部的支座中心点）的垂直距离，用 $H$ 表示，单位为 m。

(5) 起重力矩。

起重力矩（又称主参数）为起重量与幅度的乘积。如以 $L$ 表示幅度，$Q$ 表示起重量，$M$ 表示起重力矩，其关系式为

$$M = L \times Q \tag{4-8}$$

起重力矩是确定和衡量塔式起重机起重能力的主要参数。因为塔式起重机经常在大幅度情况下工作，所以应以起重量与幅度的乘积（起重力矩）来表示起重能力。我国从实际使用出发，规定塔式起重机的起重力矩值，以基本臂的最大工作幅度与相应的起重荷载的乘积值表示。因此，同是一种型号的俯仰变幅塔式起重机，其最大吊钩高度要受塔身高度、臂架长度和工作幅度三种因素的制约。

起重力矩用 $M$ 表示，最大起重力矩用 $M_{max}$ 表示，起重力矩的单位过去惯用 t·m，现按国家法定计量单位规定，改用 kN·m。

通常塔式起重机的额定起重力矩是指该机在最大幅度时的起重力矩，例如红旗Ⅱ—16型塔式起重机的额定起重力矩为 160kN·m，是指该机在最大幅度 16m 时与该幅度最大额定起重量 10kN 的乘积。应当指出，塔式起重机型号中有时出现的 kN·m 数值并不是最大幅度时的额定起重力矩，而是某种臂长的最大起重力矩，例如 QTZ200 型塔式起重机是指35m 吊臂时的最大起重力矩。

2）主参数与基本参数系列

塔机的主参数是公称起重力矩。所谓公称起重力矩是指起重臂为基本臂长时最大幅度与相应额定起重量重力的乘积。

(1) 起重力矩系指最大工作幅度与起重量的乘积值。

(2) 起重量系指最大工作幅度时的最大起重量（包括索具）。

(3) 最大起重量系指塔式起重机的最大额定起重量（包括索具）。

起重机的工作级别的高低是由两种能力所决定的，其一是起重机的使用频繁程度，称为起重机利用等级；其二是起重机承受荷载的大小，称为起重的荷载状态。

**2. 塔式起重机的技术性能**

1）决定技术性能的主要参数

塔式起重机的技术性能是由其参数所决定的，前面所讲的是基本参数，这里讲的是其他一些参数，如工作速度、轴距和轨距、塔式起重机尾部外廓尺寸和结构重量等。

(1) 工作速度。

塔式起重机工作速度参数包括额定起升速度、额定回转速度、俯仰变幅速度，小车运行速度、大车运行速度及最低稳定速度等。

① 额定起升速度：在额定起升荷载时，对于一定的卷筒卷绕外层钢丝绳中心直径、变速挡位、滑轮组倍率和电动机额定工况所能达到的最大稳定起升速度叫做额定起升速度。如

不指明钢丝绳在卷筒上的卷绕层数，即按最外层钢丝绳中心计算和测量。

② 额定回转速度：带着额定起升荷载回转时的最大稳定转速。

③ 俯仰变幅速度：稳定运动状态下，额定荷载在变幅平面内水平位移的平均速度。

④ 小车运行速度：稳定运动状态下，小车运行的速度。

⑤ 大车运行速度：稳定运动状态下，起重机运行的速度。

⑥ 最低稳定速度：为了起升荷载安装就位的需要，起重机起升机构所具备的最小速度。

（2）在塔式起重机设计阶段确定其工作速度参数时，一般要考虑以下因素：

① 一个吊装作业循环所需的时间；

② 对塔式起重机台班生产率的要求。

③ 提高操作速度和制动能力带来的影响。

④ 加工制造条件以及机电设备配套供应能力。

塔式起重机的一个吊装作业循环可分解为下列一些运动过程：起钩＋起升＋加速起升＋回转＋下降＋减速制动＋就位＋空钩起升＋回转＋空钩下降到另一起吊点并进行挂钩。

由上述分析可见，加大起升速度，特别是提高空钩起落速度是缩短吊装作业循环时间和提高塔式起重机台班生产率的关键，只有充分压缩吊装作业循环时间，才能有效地提高吊装速度。

塔式起重机的起升速度不仅与起升机构牵引速度有关，而且与吊钩滑轮组的倍率有关。2绳的比4绳的快一倍，单绳的比双绳快一倍。

塔式起重机不仅要有较高的起升速度，而且还要能平稳地加速、减速及就位。变幅速度和大车运行速度一般不要求过快，但也要求能平稳地启动和制动。因为这两项速度参数并不像起升速度那样重要，对吊装作业循环时间有着非常关键性的影响。

2）轨距、轴距

轨距就是两条钢轨中心线之间的水平距离。常用的轨距是 2.8m、3.8m、4.5m、6m、8m。在有 8 个行走轮、12 个行走车轮或 16 个行走车轮的情况下，轴距为前后轮轴的中心距。轮胎式塔式起重机的轮距为两轮胎之间的中心距离，而轴距则是前后桥中心线之间的距离。

3）尾部外廓尺寸（图 4-29）

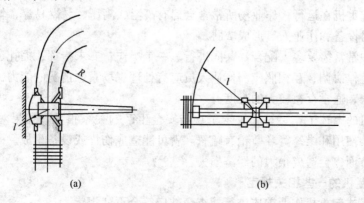

(a)            (b)

图 4-29　塔式起重机的尾部外廓尺寸示意图

（a）下回转塔式起重机转台尾部外廓尺寸及弯道半径；（b）上回转塔式起重机的尾部外廓尺寸

对下回转塔式起重机来说，就是由回转中心线至转台尾部（包括压重块）的最大回转半径。对于上回转塔式起重机来说，尾部回转半径则是由回转中心线至平衡尾部（包括平衡重）的最大回转半径。

4）结构重量

结构重量包括平衡重、压重和整机重。塔式起重机的轨距和轴距以及尾部外廓尺寸是很重要的参数，它们不仅关系到起重机幅度能否充分利用，而且对能否便于市区运输也有重要影响，因为市内交通对超宽和超长运输均有严格限制。

有些塔式起重机的轨距和轴距相等，而另有一些起重机的轨距和轴距不相等，往往是轴距大于轨距。对于后一类塔式起重机，其顺轨道方向（臂架平行于轨道）的整机稳定性好。

塔式起重机的结构重量与起重机的性能、起重能力、构造设计安排和材料的选用有关。起重机结构重量过大，将影响到塔式起重机的造价和一些实用性能。

**3. 塔式起重机的工作特性**

塔式起重机是以间歇、周期的工作方式，通过起重吊钩或其他取物装置的起升或起升加移动重物的机械设备。

塔式起重机械的工作特点，从安全技术角度分析，可概括如下：

（1）塔式起重机械通常结构庞大，机构复杂，能完成起升、变幅、回转和大车运行四个运动。在作业过程中，常常是几个不同方向的运动同时操作，技术难度较大。

（2）所吊运的重物多种多样，荷载是变化的。有的重物重达几百吨乃至上千吨，有的物体长达几十米，形状也很不规则，有散粒、热熔状态、易燃易爆危险品等，吊运过程复杂而危险。

（3）大多数塔式起重机，需要在较大的空间范围内运行，有的要装设轨道和车轮；有的要装上轮胎或履带在地面上行走，活动空间较大，一旦造成事故其影响的范围也较大。

（4）视野开阔。塔式起重机驾驶室随着建筑物上升而上升，驾驶员可以看到装配件的全过程，因此有利于塔式起重机操作等优点。

（5）暴露的、活动的零部件较多，且常与吊运作业人员直接接触（如吊钩、钢丝绳等），存在许多偶发的危险因素。

（6）作业环境复杂。从建筑工地到现代化港口、水电站、热电站、铁路枢纽等工作场地，都有塔式起重机在运行；作业场所常常会遇有高温、高压、易燃易爆、输电线路、强磁等危险因素，对设备和作业人员形成威胁。

（7）作业中常常需要多人配合，共同进行。一个操作，要求指挥、捆扎、驾驶等作业人员配合熟练、运作协调、互相照应。作业人员应有处理现场紧急情况的能力。多个作业人员之间的密切配合，通常存在较大的难度。

塔式起重机的上述工作特性，决定了它与安全生产的关系很大。如果对起重机械的设计、制造、安装使用和维修等环节稍有疏忽，就可能造成伤亡或设备事故。一方面造成人员的伤亡，另一方面也会造成很大的经济损失。

**4. 塔式起重机的一些相关规定**

（1）装拆塔式起重机作业前应进行检查，并应符合下列规定：

① 混凝土基础、路基和轨道铺设应符合技术要求。

② 应对所装拆塔式起重机的各机构、结构焊缝、重要部分螺栓、销轴、卷扬机构和钢

丝绳、吊钩、吊具、电气设备、线路等进行检查，消除隐患。

③ 应对自升塔式起重机顶升液压系统的液压缸和油管顶升套架结构、导向轮、顶升支撑（爬爪）等进行检查，使其处于完好工况。

④ 装拆人员应使用合格的工具、安全带、安全帽。

⑤ 装拆作业中配备的起重机械等辅助机械应状况良好，技术性能应满足装拆作业的安全要求。

⑥ 装拆现场的电源电压、运输道路、作业场地等应具备装拆作业条件。

⑦ 安全监督岗的设置及安全技术措施的贯彻落实应符合要求。

（2）塔式起重机升降作业时，应符合下列规定：

① 升降作业应有专人指挥，专人操作液压系统，专人拆装螺栓。非作业人员不得登上顶升套架的操作平台。操作室内应只准一人操作。

② 升降作业应在白天进行。

③ 顶升前应预先放松电缆，电缆长度应大于顶升总高度，并应紧固好电缆。下降时应适时收紧电缆。

④ 升降作业前，应对液压系统进行检查和试机，应在空载状态下将液压缸活塞杆伸缩3～4次，检查无误后，再将液压缸活塞杆通过顶升梁借助顶升套架的支撑，顶起荷载100～150mm，停10min，观察液压缸荷载是否有下滑现象。

⑤ 升降作业时，应调整好顶升套架滚轮与塔身标准节的间隙，并应按规定要求使起重臂和平衡臂处于平衡状态，将回转机构制动。当回转台与塔身标准节之间的最后一处连接螺栓（销轴）拆卸困难时，应将最后一处连接螺栓（销轴）对角方向的螺栓重新插入，再采取其他方法进行拆卸。不得用旋转起重臂的方法松动螺栓（销轴）。

⑥ 顶升撑脚（爬爪）就位后，应及时插上安全销，才能继续升降作业。

⑦ 升降作业完毕后，应按规定扭力紧固各连接螺栓，应将液压操纵杆扳到中间位置，并应切断液压升降机构电源。

（3）塔式起重机的附着装置应符合下列规定：

① 附着建筑物的锚固点的承载能力应满足塔式起重机技术要求。附着装置的布置方式应按使用说明书的规定执行。当有变动时，应另行设计。

② 附着杆件与附着支座（锚固点）应采取销轴铰接。

③ 安装附着框架和附着杆件时，应用经纬仪测量塔身垂直度，并应利用附着杆件进行调整，在最高锚固点以下垂直度允许偏差为2/1000。

④ 安装附着框架和附着支座时，各道附着装置所在平面与水平面的夹角不得超过10°。

⑤ 附着框架宜设置在塔身标准节连接处，并应箍紧塔身。

⑥ 塔身顶升到规定附着间距时，应及时增设附着装置。塔身高出附着装置的自由端高度，应符合使用说明书的规定。

⑦ 塔式起重机作业过程中，应经常检查附着装置，发现松动或异常情况时，应立即停止作业，故障未排除，不得继续作业。

⑧ 拆卸塔式起重机时，应随着降落塔身的进程拆卸相应的附着装置。严禁在落塔之前先拆附着装置。

⑨ 附着装置的安装、拆卸、检查和调整应由专人负责。

⑩ 行走式塔式起重机作固定式塔式起重机使用时，应提高轨道基础的承载能力，切断行走机构的电源，并应设置阻挡行走轮移动的支座。

（4）塔式起重机内爬升时应符合下列规定：

① 内爬升作业时，信号联络应通畅。

② 内爬升过程中，严禁进行塔式起重机的起升、回转、变幅等各种动作。

③ 塔式起重机爬升到指定楼层后，应立即拔出塔身底座的支承梁或支腿，通过内爬升框架及时固定在结构上，并应顶紧导向装置或用楔块塞紧。

④ 内爬升塔式起重机的塔身固定间距应符合使用说明书的要求。

⑤ 应对设置内爬升框架的建筑结构进行承载力复核，并应根据计算结果采取相应的加固措施。

### 4.3.3 塔式起重机基础的设计

塔式起重机的基础应按国家现行标准和使用说明书所规定的要求进行设计和施工。施工单位因根据地质勘察报告确认施工现场的地基承载能力。当施工现场无法满足塔式起重机使用说明书对基础的要求时，可自行设计基础，可采用下列常用的基础形式：板式基础、桩基承台式混凝土基础、组合式基础。

（1）板式基础进行设计计算时，应符合下列规定：①应进行抗倾覆稳定性和地基承载力验算；②整体抗倾覆稳定性应满足式（4-9）要求（图 4-30）：

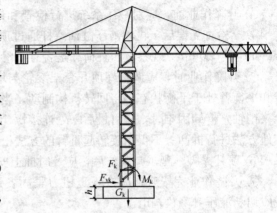

$$e = \frac{M_k + F_{vk} \cdot h}{F_k + G_k} \leqslant \frac{b}{4} \qquad (4-9)$$

式中　$M_k$——相应于荷载效应标准组合，作用于矩形基础顶面短边方向的力矩值（kN·m）；

图 4-30　塔式起重机板式基础计算简图

$F_{vk}$——相应于荷载效应标注组合时，作用于矩形基础顶面短边方向的水平荷载值（kN）；

　　$h$——基础的高度（m）；

$F_k$——塔机作用于基础顶面的竖向荷载标准值（kN）；

$G_k$——基础及其上土的自重标注值（kN）；

　　$b$——矩形基础底面的短边长度（m）。

（2）地基承载力应满足式（4-10）要求：

$$P_k = \frac{F_k + G_k}{bl} \leqslant f_a \qquad (4-10)$$

式中　$P_k$——相应于荷载效应标准组合时，基础底面处的平均压力值（kPa）；

　　$l$——矩形基础底面的长边长度（m）；

　　$f_a$——修正后的地基承载力特征值（kPa）。

地基承载力计算尚应满足式（4-11）的规定：

当偏心距 $e \leqslant b/6$ 时

$$P_{kmax} = \frac{F_k + G_k}{bl} + \frac{M_k + F_{vk}gh}{W} \leqslant 1.2f_a \tag{4-11}$$

当偏心距 $e > b/6$ 时

$$P_{kmax} = \frac{2(F_k + G_k)}{3la} \leqslant 1.2f_a \tag{4-12}$$

式中　$P_{kmax}$——相应于荷载效应标注组合时，基础底面边缘的最大压力值（kPa）；

　　　　$W$——基础底面的抵抗矩（m³）；

　　　　$a$——合力作用点至基础底面最大压力边缘的距离（m）。

（3）桩基承台式混凝土基础的设计计算应符合下列规定：

① 应对桩基单桩竖向抗压和抗拔承载力、桩身混凝土强度进行验算，承载的抗弯、抗剪、抗冲切强度应按现行行业标准《建筑桩基技术规范》JGJ 94—2008 的规定进行验算。

② 桩基单桩竖向承载力计算应符合式（4-13）和式（4-14）规定：

$$Q_k \leqslant R_a \tag{4-13}$$

$$Q_{kmax} \leqslant 1.2R_a \tag{4-14}$$

③ 桩基单桩的抗拔极限承载力与桩身混凝土强度应按现行行业标准《建筑桩基技术规范》JGJ 94—2008 的相关规定进行计算。

④ 承台的抗弯、抗剪、抗冲切强度计算应按现行行业标准《建筑桩基技术规范》JGJ 94—2008 的相关规定进行。

⑤ 当桩端持力层下有软弱下卧层时，还应对下卧层地基强度进行验算。

⑥ 桩中心距不宜小于桩身直径的 3 倍。

（4）组合式基础的设计中，大格构柱应按压弯构件、小格构柱应按轴心受压构件进行计算。

（5）桩基或钢格构柱顶部应锚入混凝土承台一定长度；钢格构柱下端应锚入混凝土桩基，且锚固长度能满足钢格构柱抗拔要求。

## 4.4　起重桅杆的安全使用

### 4.4.1　桅杆分类及其特点

桅杆式起重机是设备和结构吊装的主要起重机械，在国内外使用都很普遍，特别是用在扩建、改建工程或场地狭窄的设备吊装中，是运行式起重机所不能比拟的。目前，没有统一的设计规范和定型产品，都是由各施工单位自行设计、制造，自己使用。桅杆的种类很多，一般可以分为下面几类：

按桅杆材料分为木制桅杆和金属桅杆；按桅杆断面分为方形、圆形、三角形的桅杆及其他一些截面形式桅杆；按桅杆腹面形式分为实腹式桅杆和格构式桅杆；按桅杆结构形式分为独脚桅杆（可以单桅杆、双杆或多杆使用）、动臂桅杆（包括悬挂吊杆、地灵和腰灵）、人字桅杆（或 A 字桅杆）、龙门桅杆。

桅杆构造简单，维护方便，能吊装高、大、重的结构和设备，占地面积小，操作简单，但竖立和移动不便，特别是有构筑物障碍的情况下，竖立更为困难。桅杆属于工程机械，在工程机械标准汇编一书里，给桅杆规定了代号，即桅杆起重机 $QH$，$Q$ 表示起重机，$H$ 表示桅杆，桅杆的主要参数是最大起重量。

## 4.4.2 桅杆的起重性能

桅杆可以分为实腹式桅杆、格构式桅杆和组合桅杆。实腹式桅杆的最大起重量 $Q<$ 300kN，其起重性能不能满足大件设备安装的吊装就位。格构式桅杆是由许多根角钢焊接而成，对于单桅杆来讲，其起重量最高可达 10000kN。桅杆可以分为三类：格构式单桅杆起重量 50~1400kN，自身高度大于 30m；格构式回转桅杆；格构式人字桅杆。组合桅杆可以采用双桅杆、多桅杆、门式桅杆吊装。

杆件的金属结构都由单独的基本杆件（元件），按照一定的结构图式用铆接或焊接的方式组装成整体结构，用来承受外荷载的。如此，金属结构设计必须满足强度、刚度和稳定性要求。

整体金属结构都是由单个杆件组成的，而这些杆件按其受力性质可分为以下几种类型：轴向受力杆件（包括受压—弯和受拉—弯的杆件）、横向受弯杆件等。结构设计时按不同类型的杆件分别进行计算，然后再设计杆件之间的连接，根据要求还要对整体结构进行强度或稳定性验算。

**1. 实腹式杆件的计算**

（1）轴向受压杆件计算。

① 强度计算：

$$\sigma = \frac{N}{A_j} \leqslant [\sigma] \qquad (4-15)$$

式中　$N$——轴向压力；

　　$A_j$——杆件净截面面积；

　　$[\sigma]$——钢杆的许用应力，N/mm$^2$。

② 刚度计算：

$$\lambda = \frac{L_J}{r_{min}} \leqslant [\lambda] \qquad (4-16)$$

$$r_{min} = \sqrt{\frac{I}{A}} \qquad (4-17)$$

式中　$\lambda$——杆件的长细比；

　　$L_J$——杆件的计算长度，$L_J = \mu L$；

　　$\mu$——杆件的长度系数，视压杆端部固定情况而定，由于桅杆两端铰支，取 $\mu = 1$；

　　$r_{min}$——杆件与界面的最小回转半径；

　　$I$——杆件的毛截面最小惯性矩；

　　$A$——杆件的毛截面面积；

　　$[\lambda]$——杆件的容许长细比（表 4-3）。

表 4-3 杆件的容许长细比 [λ]

| 结构杆件名称 | 中心压杆 | 偏心压杆 |
|---|---|---|
| 臂架、柱、桅杆 | 120~150 | 80~100 |

③ 稳定性计算：

$$\sigma = \frac{N}{\varphi_p A} \leqslant [\sigma]$$ （4-18）

式中　N——轴向压力（包括压杆自重作用，此时可取自重的 1/3，算进 N 中进行稳定性计算）；

　　　A——杆件的毛截面面积；

　　　$\varphi_p$——实腹式杆件的稳定系数。

（2）偏心受压杆件计算。

① 强度计算：

$$\sigma = \frac{N}{A_j} + \frac{M}{W_j} \leqslant [\sigma]$$ （4-19）

式中　N——偏心压力；

　　　M——弯矩；

　　　$W_j$——净截面抗弯模量；

　　　$A_j$——杆件净截面。

② 稳定性计算。

偏心受压杆稳定性计算公式有两种：一种是理论式，另一种是经验式（即雅辛斯基公式），下面只介绍经验式，见式（4-20）

$$\sigma = \frac{N}{\varphi_p A} + \frac{M}{W} \leqslant [\sigma]$$ （4-20）

式中　$\varphi_p$——实腹式杆件的稳定系数；

　　　W——杆件的毛截面抗弯模量。

**2. 格构式中心受压组合杆件的计算**

（1）强度计算：

$$\sigma = \frac{N}{A_{mj}} \leqslant [\sigma]$$ （4-21）

式中　$A_{mj}$——所有柱肢净截面面积之和。

对于截面无削弱的组合杆件，满足稳定性条件，自然满足强度条件，不必验算强度。

（2）刚度计算：

$$\lambda = \frac{L_J}{r_{min}} \leqslant [\lambda]$$ （4-22）

式中　$r_{min}$——格构式截面的最小回转半径，取 $r_x$ 和 $r_y$ 中的较小者。

（3）稳定性计算：

$$\sigma = \frac{N}{\varphi A_m} \leqslant [\sigma]$$ （4-23）

式中 $\varphi$——组合杆件的稳定系数。

# 4.5 塔吊基础施工方案

**1. 塔吊的基本参数信息**

塔吊型号：QTZ63；塔吊起升高度（$H$）：101.000m；

塔身宽度（$B$）：2.5m；基础埋深（$D$）：1.200m；

自重（$F_1$）：450.8kN；基础承台厚度（$H_c$）：1.000m；

最大起重荷载（$F_2$）：60kN；基础承台宽度（$B_c$）：6.000m；

桩钢筋级别：HRB335；桩直径或者方桩边长：0.600m；

桩间距（$a$）：4.6m；承台箍筋间距（$S$）：200.000mm；

承台混凝土的保护层厚度：50mm；承台混凝土强度等级：C35。

**2. 塔吊基础承台顶面的竖向力和弯矩计算**

塔吊自重（包括压重）：$F_1 = 450.80$kN；

塔吊最大起重荷载：$F_2 = 60.00$kN；

作用于桩基承台顶面的竖向力：$F_k = F_1 + F_2 = 510.80$kN。

1）塔吊风荷载计算

依据《建筑结构荷载规范》GB 50009—2012中风荷载体型系数：

当地基本风压为 $\omega_0 = 0.55$kN/m² 时，荷载高度变化系数 $\mu_z = 1.61$。

挡风系数计算：

$$\varphi = [3B + 2b + (4B_2 + b_2)1/2]c/(Bb)$$

$$= [3 \times 2.5 + 2 \times 2.5 + (4 \times 2.52 + 2.52) \times 0.5] \times 0.12/(2.5 \times 2.5)$$

$$= 0.36$$

因为是角钢/方钢，体型系数 $\mu_s = 2.305$；高度 $z$ 处的风振系数取 $\beta_z = 1.0$。

所以风荷载设计值为：

$$\omega = 0.7 \times \beta_z \times \mu_s \times \mu_z \times \omega_0 = 0.7 \times 1.00 \times 2.305 \times 1.61 \times 0.55 = 1.429(\text{kN/m}^2)$$

2）塔吊弯矩计算

风荷载对塔吊基础产生的弯矩计算：

$$M_\omega = \omega \times \varphi \times B \times H \times H \times 0.5$$

$$= 1.429 \times 0.36 \times 2.5 \times 101 \times 101 \times 0.5$$

$$= 6559.75(\text{kN} \cdot \text{m})$$

$$M_{kmax} = M_e + M_\omega + P \times h_c = 630 + 6559.75 + 30 \times 1 = 7219.75(\text{kN} \cdot \text{m})$$

**3. 承台弯矩及单桩桩顶竖向力的计算**

（1）桩顶竖向力的计算。

依据《建筑桩基技术规范》JGJ 94—2008，在实际情况中 $x$、$y$ 轴是随机变化的，所以取最不利情况计算（图4-31）。

$$N_{ik} = (F_k + G_k)/n \pm M_{yk}x_i/\sum x_j^2 \pm M_{xk}y_i/\sum y_j^2$$

式中  $n$——单桩个数，$n=4$；

$F_k$——作用于桩基承台顶面的竖向力标准值，

$F_k = 510.80\text{kN}$；

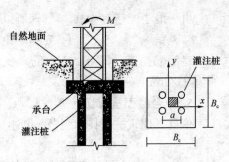

图 4-31  桩基础平面图

$G_k$——桩基承台的自重标准值：

$$G_k = 25 \times B_c \times B_c \times H_c$$
$$= 25 \times 6.00 \times 6.00 \times 1.00$$
$$= 900.00 \ (\text{kN})；$$

$M_{xk}$、$M_{yk}$——承台底面的弯矩标准值，取 7219.75kN·m；

$x_i$、$y_i$——单桩相对承台中心轴的 $x$、$y$ 方向距离 $a/(2^{0.5}) = 3.25\text{m}$；

$N_{ik}$——单桩桩顶竖向力标准值。

经计算得到单桩桩顶竖向力标准值：

$$N_{k\,max} = (510.80 + 900.00)/4 + 7219.75 \times 3.25/(2 \times 3.25^2) = 1463.43(\text{kN})$$
$$N_{k\,min} = (510.80 + 900.00)/4 - 7219.75 \times 3.25/(2 \times 3.25^2) = -758.03(\text{kN})$$

需要验算桩的抗拔承载力。

（2）承台弯矩的计算。

依据《建筑桩基技术规范》JGJ 94—2008。

$$M_x = \sum N_i y_i, \quad M_y = \sum N_i x_i$$

式中  $M_x$、$M_y$——计算截面处 $x$、$y$ 方向的弯矩设计值；

$x_i$、$y_i$——单桩相对承台中心轴的 $x$、$y$ 方向距离取 $a/2 - B/2 = 1.05\text{m}$；

$N_{i1}$——扣除承台自重的单桩桩顶竖向力设计值，$N_{i1} = 1.2 \times (N_{kmax} - G_k/4) = 1486.12 \ (\text{kN})$

经过计算得到弯矩设计值：

$$M_x = M_y = 2 \times 1486.12 \times 1.05 = 3120.85(\text{kN·m})$$

**4. 承台截面主筋的计算**

依据《混凝土结构设计规范（2015 年版）》GB 50010—2010 受弯构件承载力计算。

$$\alpha_s = M/(\alpha_1 f_c b h_0^2)$$
$$\zeta = 1 - (1 - 2\alpha_s)^{1/2}$$
$$\gamma_s = 1 - \zeta/2$$
$$A_s = M/(\gamma_s h_0 f_y)$$

式中  $\alpha_1$——系数，当混凝土强度不超过 C50 时，$\alpha_1$ 取为 1.0；当混凝土强度等级为 C80 时，$\alpha_1$ 取为 0.94，期间按线性内插法得 1.00；

$f_c$——混凝土抗压强度设计值查表得 16.70N/mm²；

$h_0$——承台的计算高度 $h_0$：$H_c - 50 = 950(\text{mm})$；

$f_y$——钢筋受拉强度设计值，$f_y = 360\text{N/mm}^2$；

经过计算得：$\alpha_s = 3120.85 \times 10^6/(1.00 \times 16.70 \times 6000 \times 950^2) = 0.035$

$$\xi = 1 - (1 - 2 \times 0.035)^{0.5} = 0.036$$

$$\gamma_s = 1 - 0.036/2 = 0.982$$

$$A_{sx} = A_{sy} = 3120.85 \times 10^6/(0.982 \times 950 \times 360) = 9292.56(\text{mm}^2)$$

由于最小配筋率为 0.15%，所以构造最小配筋面积为：

$$6000 \times 1000 \times 0.15\% = 9000 (mm^2)$$

建议配筋值：HRB400 钢筋，直径 25 间距 100mm。承台底面单向根数 19 根。实际配筋值 9329mm²。

### 5. 承台截面抗剪切计算

依据《建筑桩基技术规范》JGJ 94—2008，承台斜截面受剪承载力满足式（4-24）：

$$V \leqslant \beta_{hs} \alpha f_t b_0 h_0 \tag{4-24}$$

式中    $b_0$——承台计算截面处的计算宽度，$b_0 = 6000mm$；

     $f_t$——混凝土抗拉强度设计值（N/mm²）；

     $\beta_{hs}$——受剪切承载力截面高度影响系数，当 $h_0 < 800mm$ 时，取 $h_0 = 800mm$，$h_0 > 2000mm$ 时，取 $h_0 = 2000mm$，其间按内插法取值，$\beta_{hs} = (800/950)^{0.25} = 0.958$；

     $\lambda$——计算截面的剪跨比，$\lambda = a/h_0$，此处，$a = 0.81m$；当 $\lambda < 0.25$ 时，取 $\lambda = 0.25$；当 $\lambda > 3$ 时，取 $\lambda = 3$，得 $\lambda = 0.853$；

     $\alpha$——承台剪切系数，$\alpha = 1.75/(\lambda+1) = 1.75/(0.853+1) = 0.945$。

$$\beta_{hs} \alpha f_t b_0 h_0 = 0.958 \times 0.945 \times 1.57 \times 6000 \times 950 = 8097.76 (kN)$$

$$V = 1.2 N_{k.max} = 1.2 \times 1463.43 = 1756.12 (kN)$$

$$8097.76kN > 1756.12kN$$

经过计算承台已满足抗剪要求，只需构造配箍筋。

### 6. 桩竖向极限承载力验算

桩承载力计算依据《建筑桩基技术规范》JGJ 94—2008。

桩的轴向压力设计值中最大值：$N_k = 1463.43 (kN)$；

单桩竖向极限承载力标准值公式：

$$Q_{uk} = u \sum q_{sik} l_i + q_{pk} A_p \tag{4-25}$$

式中    $u$——桩身的周长，$u = 1.885m$；

     $q_{sik}$——桩侧表面第 $i$ 层土的抗压极限侧阻力标准值（kPa）；

     $q_{pk}$——桩端承载力标准值（kPa）；

     $A_p$——桩端面积，$A_p = 0.283m^2$。

各土层厚度及阻力标准值如表 4-4 所示。

表 4-4    各土层厚度及阻力标准值

| 序号 | 土厚度（m） | 土侧阻力标准值（kPa） | 土端阻力标准值（kPa） | 抗拔系数 | 土名称 |
|---|---|---|---|---|---|
| 1 | 3.50 | 1.00 | 1.00 | 0.70 | 粉土或砂土 |
| 2 | 7.00 | 65.00 | 1.00 | 0.70 | 松散粉土 |
| 3 | 1.00 | 30.00 | 1.00 | 0.70 | 粉土或砂土 |
| 4 | 4.00 | 110.00 | 1.00 | 0.70 | 密实粉土 |
| 5 | 4.00 | 80.00 | 2400.00 | 0.70 | 粉土或砂土 |
| 6 | 4.00 | 80.00 | 2400.00 | 0.70 | 粉土或砂土 |

由于桩的入土深度为 18.00m，所以桩端是在第 5 层土层。

单桩竖向承载力验算：$Q_{uk} = 1.885 \times 1128.5 + 2400 \times 0.283 = 2805.76 (kN)$

单桩竖向承载力特征值：$R = R_a = Q_{uk}/2 = 2805.76/2 = 1402.88 (kN)$

$$1.2R=1.2\times1402.88=1683.46 \text{ （kN）}$$
$$N_k=1463.43 \text{ （kN）} \leqslant1683.46 \text{ （kN）}$$

桩基竖向承载力满足要求。

**7. 桩基础抗拔承载力验算**

桩承载力计算依据《建筑桩基技术规范》JGJ 94—2008。

群桩呈非整体破坏时，桩基的抗拔极限承载力标准值：

$$T_{uk}=\sum \lambda_i q_{sik}u_il_i \tag{4-26}$$

式中　$T_{uk}$——桩基抗拔极限承载力标准值；

　　　$u_i$——破坏表面周长，取 $u_i=\pi d=3.142\times0.6=1.885(m)$；

　　　$q_{sik}$——桩侧表面第 $i$ 层土的抗压极限侧阻力标准值（kPa）；

　　　$\lambda_i$——抗拔系数，砂土取值为 $0.50\sim0.70$，黏性土、粉土取值为 $0.70\sim0.80$，桩长 $l$ 与桩径 $d$ 之比小于 20 时，$\lambda$ 取小值；

　　　$l_i$——第 $i$ 层土层的厚度。

经过计算得到：$T_{uk}=1489.02kN$；

群桩呈整体破坏时，桩基的抗拔极限承载力标准值：

$$T_{gk}=（u_l\sum \lambda_i q_{sik}l_i）/4=4107.74(kN)$$

　　　$u_l$——桩群外围周长，$u_l=4\times（4.6+0.6）=20.80$（m）。

桩基抗拔承载力公式：

$$N_k\leqslant T_{gk}/2+G_{gp} \tag{4-27}$$
$$N_k\leqslant T_{uk}/2+G_p \tag{4-28}$$

式中　$N_k$——桩基上拔力设计值，$N_k=721.60$（kN）；

　　　$G_{gp}$——群桩基础所包围体积的桩土总自重设计值除以总桩数，$G_{gp}=2433.60$（kN）；

　　　$G_p$——基桩自重设计值，$G_p=127.23kN$。

$$T_{gk}/2+G_{gp}=4107.74/2+2433.6=4487.47(kN) >721.60 \text{ （kN）}；$$
$$T_{uk}/2+G_p=1489.02/2+127.23=871.74(kN) >721.60 \text{ （kN）}；$$

桩抗拔承载力满足要求。

**8. 桩配筋计算**

1）桩构造配筋计算

$$A_s=\pi d^2/4\times0.65\%=3.14\times600^2/4\times0.65\%=1838 \text{ （mm）}$$

2）桩抗压钢筋计算

经过计算得到桩顶竖向极限承载力验算满足要求，只需构造配筋。

3）桩受拉钢筋计算

依据《混凝土结构设计规范（2015 年版）》GB 50010—2010 正截面受拉承载力计算。

$$N \leqslant f_yA_s \tag{4-29}$$

式中　$N$——轴向拉力设计值，$N=721.60kN$；

　　　$f_y$——钢筋强度抗压强度设计值，$f_y=300.00N/mm^2$；

　　　$A_s$——纵向普通钢筋的全部截面积。

$$A_s=N/f_y=721.60\times10^3/300.00=2405.33 \text{ （mm}^2）$$

建议配筋值：HRB335 钢筋，7 根直径为 22mm。实际配筋值为 2660.7mm²。

依据《建筑桩基设计规范》JGJ 94—2008，箍筋采用螺旋式，直径不应小于 6mm，间距宜为 200～300mm；受水平荷载较大的桩基、承受水平地震作用的桩基以及考虑主筋作用计算桩身受压承载力时，桩顶以下 5d 范围内箍筋应加密；间距不应大于 100mm；当桩身位于液化土层范围内时箍筋应加密；当考虑箍筋受力作用时，箍筋配置应符合现行国家标准《混凝土结构设计规范（2015 年版）》GB 50010—2010 的有关规定；当钢筋笼长度超过 4m 时，应每隔 2m 设一道直径不小于 12mm 的焊接加劲箍筋。

**9. 塔吊基础梁钢筋工程**

本塔吊基础梁为 16 根 $\phi22$ 的钢筋，上、下各 8 根，箍筋为 $\phi8@200$。

梁钢筋绑扎时，要进行技术交底，施工人员必须保证钢筋绑扎施工质量。梁主筋与箍筋的接触点全部用铁丝扎牢，钢筋绑扎的施工质量应控制在受力钢筋长度允许偏差为 ±10mm，受力钢筋间距允许偏差为 ±10mm，绑扎箍筋横向钢筋间距为 ±20mm，基础内锚固螺栓和预埋钢板必须按塔吊自带图纸要求放置，中心线位置允许偏差为 5mm，水平标高允许偏差为 +3.0mm。钢筋绑扎完毕后，在自检合格基础上报技术、质量检查人员、监理工程师验钢筋，验筋合格后方可进行下一步施工。浇捣混凝土时要派专人看护，随时随地对钢筋进行调整，对锚固螺栓必须随时校正，以免在浇筑混凝土时移位。

**10. 塔吊的安装及调试**

（1）安装要求：轴销必须插到底，并扣好开口销。基脚螺钉及塔身连接螺钉必须拧紧。附墙处电焊必须由专职电焊工焊接。垂直度必须控制在 1‰ 以内。

（2）塔吊的安装顺序：校验基础→安装底架→安装基础节→安装三个标准节→安装预升套架→安装回转机构总成→安装塔帽→安装司机室→安装平衡臂→吊起 1～2 块平衡重（根据设计要求）→拼装起重臂→吊装起重臂→吊装余下配重。各道工序严格按标准要求施工，上道工序未完严禁进行下道工序。

（3）注意事项：安装人员必须戴好安全帽；严禁酒后上班；非安装人员不得进入安装区域。安装拆卸时，必须注意吊物的重心位置；必须按安装拆卸顺序进行安装或拆卸，钢丝绳要拴牢，卸扣要拧紧，作业工具要抓牢，摆放要平稳，防止跌落伤人，吊物上面或下面都不准站人。基本高度安装完成后，应注意周围建筑物及高压线，严禁回转或进行吊重作业，下班后用钢筋卡牢。

（4）塔吊的顶升作业。

① 先将要加的几个标准节吊至塔身引入的方向一个个依次排列好，然后将大臂旋转至引进横梁的正上方，打开回转制动开关，使回转处于制动状态。

② 调整好爬升架导轮与塔身之间的间隙，以 3～5mm 为宜，放松电缆的长度，使至略大于总的爬升高度，用吊钩吊起一个标准节，放到引进横梁的小车上，移动小车的位置，使塔吊的上部重心落在顶升油缸上的铰点位置上，然后卸下支座与塔身连接的 8 个高强度螺栓，并检查爬爪是否影响爬升。

③ 将顶升横梁挂在塔身的踏步上，开动液压系统，活塞杆全部伸出后，稍缩活塞杆，使爬爪搁在塔身的踏步上，接着缩回全部活塞杆，重新使顶升横梁挂在塔身的上一级踏步上，再次伸出全部活塞杆，此时塔身上方刚好出现能装一节标准节的空间。

④ 拉动引进小车，把标准节引到塔身的正上方，对准标准节的螺栓连接结孔，缩回活塞杆至上、下标准节接触时，用高强度螺栓把上下标准节连接起来，调整油缸的伸缩长度，

用高强度螺栓将上、下支座与塔身连接起来。

以上为一次顶升加节过程，连续加节时，重复以上过程，在安装完 8 个标准节后，这样塔机才能吊重作业。

（5）顶升加节过程中的注意事项：

① 自顶升横梁挂在塔身的踏步上到油缸的活塞杆全部伸出，套架上的爬爪搁在踏步上这段过程中，必须认真观察套架相对顶升横梁和塔身的运动情况，有异常情况立即停止顶升。

② 自准备加节，拆除下支座与塔身相连的高强度螺栓，至加节完毕，连接好下支座与塔身之间的高强度螺栓，在这一过程中严禁起重臂回转或作业。

③ 连续加节，每加一个标准节后，用塔吊自身起吊下一个标准节之前，塔机下支座与塔身之间的高强螺栓应连接上，但可不拧紧。

④ 所加标准节有踏步的一面必须对准。

⑤ 塔机加节完毕，应使套架上所有导轮压紧塔身主弦杆外表面，并检查塔身标准节之间各接头的高强螺栓拧紧情况。

⑥ 在进行顶升作业过程中，必须有专人指挥，专人照管电源，专人操作爬升机构，专人紧固螺栓。非有关操作人员，不得登上爬升架的操作平台，更不能擅自启动泵阀开关和其他电气设备。

⑦ 顶升作业需在白天进行，若遇特殊情况，需在夜间作业时，必须有充足的照明设备。

⑧ 只许在风速低于 13m/s 时进行顶升作业，如在顶升过程中突然遇到风力加大，必须停止顶升作业，紧固各连接螺栓，使上、下塔身连接成一体。

⑨ 顶升前必须放松电缆，使电缆放松长度略大于总的爬升高度并做好电缆的坚固工作。

⑩ 在顶升过程中，应把回转机构紧紧刹住，严禁回转及其他作业。如发现故障，必须立即停车检查，未查明原因，未将故障排除，不得进行爬升作业。

（6）调试标准：必须按塔吊性能表中的重量进行限位及力矩限位，各限位开关调好后，必须动作灵敏，试用三次，每次必须合格。连接好接地线，接地线对称二点接地，接地电阻不大于 4Ω。

**11. 塔吊的拆除**

（1）工地使用完毕后，必须及时通知公司，由公司派人拆除。

（2）塔吊的塔身下降作业：

① 调整好爬升架导轮与塔身之间的间隙，以 3~5mm 为宜，移动小车的位置，使塔吊的上部重心落在顶升油缸上的铰点位置上，然后卸下支座与塔身连接的八个高强度螺栓，并检查爬爪是否影响塔吊的下降作业。

② 开动液压系统，活塞杆全部伸出后，将顶升横梁挂在塔身的下一级踏步上，卸下塔身与塔身的连接螺栓，稍升活塞杆，使上、下支座与塔身脱离，推出标准节到引进横梁顶端，接着缩回全部活塞杆，使爬爪搁在塔身的踏步上，再次伸出全部活塞杆，重新使顶升横梁在塔身的上一级踏步上，缩回全部活塞杆，使上、下支座与塔身连接，并插上高强度螺栓。

③ 以上为一次塔身下降过程，连续下降塔身时，重复以上过程。

④ 拆除时，必须按照先降后拆附墙的原则进行拆除，设专人现场安全监护，严禁操作场内人员通行。

（3）拆至基本高度时，用汽车吊辅助拆除，必须按拆卸顺序进行拆除。

**12. 扶墙装置的安拆**

当塔机高度超过独立高度时，应立即与建筑物进行附着。首先，根据说明书确定附着点高度，下好预埋件。如果首道附着点不在指定位置上，附着点只能降低不能提高；如果附着点离建筑物较远，应重新设计计算，并经审批后方可施工。

（1）在升塔前，要严格执行先装后升的原则，即先安装附墙装置，再进行升塔作业，当自由高度超过规定高度时，先加装附墙装置，然后才能升塔。

（2）在降塔拆除时，也必须严格遵守先降后拆的原则，即当爬升套降到附墙不能再拆塔身时，不能拆除附墙，严禁先拆附墙后再降塔。

**13. 塔吊的日常维护和操作使用**

（1）维护与保养：

① 机械的制动器应经常进行检查和调整制动瓦和制动轮的间隙，以保证制动的灵活可靠，其间隙在 0.5～1mm 之间，在摩擦面上不应有污物存在，遇有异物即用汽油洗净。

② 减速箱、变速箱、外啮合齿轮等部分的润滑按要求进行添加或更换。

③ 要注意检查钢丝绳有无断股和松股现象，如超过有关规定，必须立即更换。

④ 经常检查各部位的连接情况，如有松动，应予拧紧，塔身连接螺栓应在塔身受压时检查松紧度，所有连接销轴必须带有开口销，并需张开。

⑤ 安装、拆卸和调整回转机械时，要注意保证回转机械与行星减速器的中心线与回转大齿轮圈的中心线平行，回转小齿轮与大齿轮圈的啮合面不小于 70%，啮合间隙要合适。

⑥ 在运输中，尽量设法防止构件变形及碰撞损坏；必须定期检修和保养；经常检查节构连接螺栓，焊缝以及构件是否损坏、变形和松动。

（2）塔吊的操作使用。

① 塔顶的操作人员必须经过训练，持证上岗，了解机械的构造和使用方法，必须熟知机械的保养和安全操作规程，非安装维护人员未经许可不得攀爬塔机。

② 塔机的正常工作气温为 $-20°\sim40°$，风力不得大于六级。

③ 在夜间工作时，除塔机本身备有照明外，施工现场应备有充足的照明设备。

④ 在司机室内禁止存放润滑油，油棉纱及其他易燃、易爆物品。冬季用电炉取暖时更要注意防火，原则上不许使用。

⑤ 塔顶必须定机定人，专人负责，非机组人员不得进入司机室擅自进行操作。在处理电气故障时，须有各维修人员以上。

⑥ 司机操作必须严格按"十不吊"规则执行。

⑦ 塔上与地面用对讲机联系。

**14. 塔吊的安全措施**

（1）按住房城乡建设部《塔式起重机拆装许可证》要求，配备相关人员，明确分工，责任到人。

（2）上岗前必须对上岗人员进行安全教育，必须戴好安全帽，严禁酒后上班。

（3）塔机的安拆工作时，风力大于四级时和雨雪天，应严禁操作。

（4）操作人员应佩戴必要的安全装置，保证安全生产。

（5）严禁高空作业人员向下抛扔物体。

（6）未经验收合格，塔吊司机不准上台操作，工地现场不得随意自升塔吊、拆除塔吊及其他附属设备。

（7）严禁违章指挥，塔吊司机必须坚持十个不准吊。

（8）夜间施工必须有足够的照明，如不能满足要求，司机有权停止操作。

（9）拆装塔机的整个过程，必须严格按操作规程和施工方案进行，严禁违规操作。

（10）多塔作业时，要制订可靠的防碰撞措施。

**15. 塔吊的防碰撞措施**

（1）安装根据《塔式起重机安全规程》中 10.5 的规定"两台起重机之间的最小架设距离应保证处于低位的起重机臂架端部与另一台起重机的塔身之间至少有 2m 的距离；处于高位起重机的最低位置的部件（吊钩升至最高点或最高位置的平衡重）与低位的起重机中处于最高位置部件之间的垂直距离不得小于 2m"。安装在垂直距离上满足规程的要求。

（2）操作：

① 当两台塔吊吊臂或吊物相互靠近时，司机要相互鸣笛示警，以提醒对方注意。

② 夜间作业时，应该有足够亮度的照明。

③ 司机在操作时必须专心操作，作业中不得离开司机室，起重机运转时，司机不得离开操作位置。

④ 司机要严格遵守换班制度，不得疲劳作业，连续作业不许超过 8 小时。

⑤ 司机室的玻璃应平整、清洁，不得影响司机的视线。

⑥ 在作业过程中，必须听从指挥人员指挥，严禁无指挥操作，更不允许不服从指挥信号，擅自操作。

⑦ 回转作业速度要慢，不得快速回转。

⑧ 6 级以上大风严禁作业。

⑨ 操作后，吊臂应转到顺风方向，并放松回转制动器，并且将吊钩起升到最高点，吊钩上严禁吊挂重物。

# 参考文献

[1]　王洪健. 建筑施工技术[M]. 北京：清华大学出版社，2017.

[2]　中华人民共和国住房和城乡建设部. 混凝土结构设计规范：GB 50010—2010[S]. 北京：中国建筑工业出版社. 2010.

[3]　中华人民共和国住房和城乡建设部. 建筑施工碗扣式钢管脚手架安全技术规范：JGJ 166—2016[S]. 北京：中国建筑工业出版社. 2016.

[4]　中华人民共和国住房和城乡建设部. 建筑施工门式钢管脚手架安全技术规范：JGJ 128—2010[S]. 北京：中国建筑工业出版社. 2010.

[5]　中华人民共和国住房和城乡建设部. 建筑施工工具式脚手架安全技术规范：JGJ 202—2010[S]. 北京：中国建筑工业出版社. 2010.

[6]　中华人民共和国住房和城乡建设部. 建筑施工模板安全技术规范：JGJ 162—2008[S]. 北京：中国建筑工业出版社. 2008.

[7]　中华人民共和国住房和城乡建设部. 建筑施工脚手架安全技术统一标准：GB 51210—2016[S]. 北京：中国建筑工业出版社. 2016.

[8]　中华人民共和国住房和城乡建设部. 建筑基坑支护技术规程：JGJ 120—2012[S]. 北京：中国建筑工业出版社. 2012.

[9]　中华人民共和国住房和城乡建设部. 建筑施工塔式起重机安装、使用、拆卸安全技术规程：JGJ 196—2010[S]. 北京：中国建筑工业出版社. 2010.

[10]　中华人民共和国住房和城乡建设部. 建筑机械使用安全技术规程：JGJ 33—2012[S]. 北京：中国建筑工业出版社. 2012.

[11]　中华人民共和国住房和城乡建设部. 建筑施工扣件式钢管脚手架安全技术规范：JGJ 130—2011[S]. 北京：中国建筑工业出版社. 2011.

[12]　中华人民共和国住房和城乡建设部. 混凝土结构工程施工规范：GB 50666—2011[S]. 北京：中国建筑工业出版社. 2011.

[13]　中国土木工程学会. 注册岩土工程师专业考试复习教程[M]. 北京：中国建筑工业出版社. 2017.